U0700184

“101 计划”核心教材
数学领域

微分方程 I

柳　彬　肖冬梅　张伟年　编著

北京大学出版社
PEKING UNIVERSITY PRESS

内容提要

本书是按照教育部数学“101 计划”核心教材的要求为高等学校本科生编写的“常微分方程”课程教材，主要介绍常微分方程初步知识，内容包括基本概念、初等积分法、线性微分系统、微分方程一般理论、边值问题、定性理论初步等，涉及高阶线性微分方程与一阶线性微分方程组的通解结构和特征理论、微分方程解的存在性和唯一性、解对初值和参数的连续依赖性及可微性、边值问题的特征值和特征函数、平衡点的稳定性及其附近轨道的拓扑结构、周期轨道的存在性、非线性微分系统的线性化及结构稳定性等方面.

本书注重联系实际，通过工程、生态、经济等领域中的微分方程建模介绍微分方程的基本概念；同时，也注重结合学科发展趋势，将变量分离的微分方程和恰当方程等古典内容与可积理论建立联系，将常系数线性微分系统的特征值理论延伸到周期系数线性微分系统的 Floquet 理论，将解的存在性和唯一性的基础理论与解的数值逼近方法联系起来，并由此引出动力系统的定性分析. 另外，本书通过介绍周期轨道及极限环让读者了解中国学者对著名的 Hilbert 第 16 问题的重要贡献，通过介绍非线性微分系统的线性化理论展现特征值分析的重要作用.

本书以培养建立、计算、分析微分方程并用于解决实际问题的能力为目标，适用于数学专业本科生，也可供实验、工程学科的学生、教师和科研人员参考和使用.

总 序

自数学出现以来，世界上不同国家、地区的人们在生产实践中、在思考探索中以不同的节奏推动着数学的不断突破和飞跃，并使之成为一门系统的学科。尤其是进入 21 世纪之后，数学发展的速度、规模、抽象程度及其应用的广泛和深入都远远超过了以往任何时期。数学的发展不仅是在理论知识方面的增加和扩大，更是思维能力的转变和升级，数学深刻地改变了人类认识和改造世界的方式。对于新时代的数学研究和教育工作者而言，有责任将这些知识和能力的发展与革新及时体现到课程和教材改革等工作当中。

数学 “101 计划” 核心教材是我国高等教育领域数学教材的大型编写工程。作为教育部基础学科系列 “101 计划” 的一部分，数学 “101 计划” 旨在通过深化课程、教材改革，探索培养具有国际视野的数学拔尖创新人才，教材的编写是其中一项重要工作。教材是学生理解和掌握数学的主要载体，教材质量的高低对数学教育的变革与发展意义重大。优秀的数学教材可以为青年学生打下坚实的数学基础，培养他们的逻辑思维能力和解决问题的能力，激发他们进一步探索数学的兴趣和热情。为此，数学 “101 计划” 工作组统筹协调来自国内 16 所一流高校的师资力量，全面梳理知识点，强化协同创新，陆续编写完成符合数学学科 “教与学” 特点，体现学术前沿，具备中国特色的高质量核心教材。此次核心教材的编写者均为具有丰富教学成果和教材编写经验的数学家，他们当中很多人不仅有国际视野，还在各自的研究领域作出杰出的工作成果。在教材的内容方面，几乎是包括了分析学、代数学、几何学、微分方程、概率论、现代分析、数论基础、代数几何基础、拓扑学、微分几何、应用数学基础、统计学基础等现代数学的全部分支方向。考虑到不同层次的学生需要，编写组对个别教材设置了不同难度的版本。同时，还及时结合现代科技的最新动向，特别组织编写《人工智能的数学基础》等相关教材。

数学 “101 计划” 核心教材得以顺利完成离不开所有参与教材编写和审订的专家、学者及编辑人员的辛勤付出，在此深表感谢。希望读者们能通过数学 “101 计划” 核心教材更好地构建扎实的数学知识基础，锻炼数学思维能力，深化对数学的理解，进一步生发出自主学习探究的能力。期盼广大青年学生受益于这套核心教材，有更多的拔尖创新人才脱颖而出！

田 刚
数学“101 计划”工作组组长
中国科学院院士
北京大学讲席教授

前言

本书是按照教育部数学“101 计划”核心教材的要求编写的“常微分方程”课程教材, 介绍常微分方程 (以下简称微分方程) 的初步知识, 内容包括基本概念、初等积分法、线性微分系统、微分方程一般理论、边值问题、定性理论初步等, 涉及高阶线性微分方程与一阶线性微分方程组的通解结构和特征理论、微分方程解的存在性和唯一性、解对初值和参数的连续依赖性及可微性、边值问题的特征值和特征函数、平衡点的稳定性及其附近轨道的拓扑结构、周期轨道的存在性、非线性微分系统的线性化及结构稳定性等方面. 本书旨在帮助学生理解微分方程的基本概念和一般理论, 掌握微分方程的基本分析方法和求解技巧, 并使学生对平衡点的稳定性和动力系统定性理论的概念有初步认识, 培养学生建立、计算、分析微分方程并用于解决实际问题的能力.

在介绍基本概念并对微分方程有了感性认识的基础上, 我们首先介绍微分方程的初等解法, 包括分离变量法、积分因子法等. 然后, 我们系统介绍线性微分方程理论和一般微分方程理论. 这些理论不仅为微分方程解的数值逼近奠定基础, 而且也开启了微分方程几何定性研究的新篇章. 基本概念部分介绍在工程实际以及生物学、经济学等学科中的微分方程建模, 同时解释有什么样的微分方程、有什么样的解、什么是初值条件、什么是边值条件、微分方程有什么标准形式等. 初等积分法部分介绍变量分离的微分方程、一阶线性微分方程、全微分方程、一阶隐式微分方程和一阶微分方程组的初等解法及变换法. 这部分是微分方程的古典内容, 但它不仅是微分方程求解方法研究的开端, 也是微分方程现代理论的基础. 线性微分系统部分先讲解线性微分系统一般理论, 包括解的全局存在性和唯一性、叠加原理、广义叠加原理、解空间等, 进而讲解常系数线性微分系统、周期系数线性微分系统、高阶线性微分方程, 最后给出若干应用举例. 线性微分方程是微分方程在局部近似的主要部分, 因此讨论线性微分方程成为分析微分方程的首要任务. 一般理论部分先讲解微分方程初值问题解的存在性和唯一性, 涉及 Picard 定理、Peano 定理、Euler 折线、Ascoli 引理等; 再讲解解对初值和参数的依赖性, 涉及连续依赖性和可微依赖性; 最后讲解奇解, 包括 p-判别式及奇解存在的充分条件. 微分方程一般理论部分针对非线性的一般情况探讨微分方程 (组) 解的逼近、延拓以及对参数的依赖性. 边值问题部分首先介绍比较定理, 并在此基础上讲解 Sturm-Liouville 边值问题和周期边值问题, 然后介绍特征函数的正交性. 边值条件是不同于初值条件的另一类定解条件, 对于微分算子及偏微分方程的研究非常重要. 定性理论初步部分先引入轨道与动力系统的概念, 再讲解 Lyapunov 稳定性和平面平衡点分类, 最后介绍双曲性、线性化以及结构稳定性. 定性理论是关于微分方程的现代分析方法, 是针对大多数微分方程难以精确求解而从几何拓扑的角度探讨解的性质提出的.

微分方程是高等学校数学专业的一门基础课, 也是一个重要的数学研究领域. 微分方程的研究在理论上不断向解以及解构成的流形的几何结构做纵深探索, 需要结合泛函分析、代数学、几何学、拓扑学等多领域的知识. 微分方程在工程实践中有广泛应用, 在工程力学、电子信息、宏观经济、生态系统、流行病预测等方面有大量的微分方程模型需要分析和计算. 本书提供的教学内容能够满足大学本科微分方程基础内容的课内讲授及部分课外阅读需求. 希望本书能为对微分方程感兴趣的青年学子及其他读者提供一叶通向成功的小舟.

为了贴合教学实际, 同时贴近学科前沿, 体现学科发展方向, 以满足学生的实际需求, 我们借鉴了若干国内外相关优秀教材, 并参考了若干专著和论文. 在此, 我们向这些教材、专著和论文的作者表示感谢.

限于作者的知识水平, 在写作中难免出现疏漏与不足, 恳请读者批评指正.

柳 彬 肖冬梅 张伟年

2024 年 6 月

目录

第一章

基本概念

早在 17 世纪, I. Newton① 就提出了微分的概念, 他把时间看作自变量, 认为数学中的量是由连续运动生成的. 例如, 随着时间的变化, 点做连续运动产生曲线, 直线做连续运动产生曲面, 平面做连续运动产生几何体, 等等. 他将运动中发生变动的量称为流量, 而将流量的变化率称为它的流数. 已知流量之间的关系, 求它们的流数的关系相当于微分; 已知描述流数之间关系的方程, 求相应流量的关系相当于积分. 同一时期, G. W. Leibniz② 也给出了微分的定义. 他认为连接曲线上无限接近的两点的直线是曲线的一条切线. 曲线上两点的横坐标之差用 $\mathrm{d}x$ 表示, 纵坐标之差用 $\mathrm{d}y$ 表示, 它们之间有比例关系 "$\mathrm{d}y:\mathrm{d}x =$ 纵坐标 : 次切距". 因此, 可以看到求曲线的切线依赖于曲线上无限接近的两点的纵坐标差值与横坐标差值之比, 而求积则依赖于在横坐标的无限小区间上无限多个窄矩形面积之和. Newton 和 Leibniz 分别从运动和几何两个角度进行研究, 但殊途同归, 并由此建立了微积分. 值得一提的是, Newton 在 1687 年发表的《自然哲学的数学原理》(*Philosophiae Naturalis Principia Mathematica*) 中提出了经典力学中的三大运动定律. 其中, Newton 第二定律就是用微分方程描述的: 质点的动量随时间的变化率与其所受的外力成正比, 并且其方向与外力的方向相同. 又由于质点的动量是其质量和速度的乘积, 因此 Newton 第二定律的表达式可写为 $F = m\dfrac{\mathrm{d}v}{\mathrm{d}t}$, 其中 F 表示质点所受的外力, m 表示质点的质量, v 表示质点的运动速度, 而 $\dfrac{\mathrm{d}v}{\mathrm{d}t}$ 即为质点运动的加速度. 现在常将 Newton 第二定律描述为: 质点的加速度与其所受的外力成正比, 与其质量成反比, 并且加速度的方向与外力的方向相同.

1.1 微分方程模型

对于现实世界中存在的各类变化, 例如速度、加速度、分子浓度、种群密度等随时间的变化, 人们致力于寻找其变化规律, 以讨论、分析和揭示现象, 预测问题的事态发展, 调节和控制实际问题产生的影响和后果, 设计出合理的符合理想目标的方案. 正如上述介绍的 Newton 第二定律, 这些变化规律一般可以写成微分方程 (组) 的形式, 即利用微分方程 (组) 实现从分析实际问题到用数学符号和语言表述问题. 无论是在自然科学领域 (如物理、化学、生物、力学等), 还是在工程应用领域 (如电子工程、机械工程、航天技术等), 甚至在政治、经济、军事、人口等战略资源领域, 都有大量的微分方程. 下面我们通过一些经典的例子来具体说明.

例 1.1.1 (Duffing 方程) 考虑一个悬挂在竖直平面上且位于两个永磁体之间的质

---

① I. Newton (牛顿, 1643—1727), 英国数学家和物理学家, 微积分创立者之一.

② G. W. Leibniz (莱布尼茨, 1646—1716), 德国数学家、物理学家和哲学家, 微积分创立者之一.

量为 m 的弹簧. 弹簧振动导致其自由端发生位移, 记为 $x(t)$, 则 $x'(t)$ 表示弹簧自由端运动的速度, $x''(t)$ 表示弹簧自由端运动的加速度. 下面分析弹簧的受力情况. 首先, 弹簧受恢复力的作用, 可描述为恢复力 $f(x(t))$. 其次, 弹簧受由摩擦引起的黏性阻尼力和永磁体引起的磁性阻尼力的作用, 可描述为阻尼力 $-\psi(x'(t))$ (负号表示阻尼力的方向与恢复力的方向相反). 最后, 弹簧还受周期外力的作用, 可描述为外力 $F\cos\omega t$, 其中 F 为外力振幅, ω 为外力频率, 参数 m, F 和 ω 均为正的. 根据 Newton 第二定律, 可以建立弹簧振动的运动方程

$$mx''(t)-\psi(x'(t))+f(x(t))=F\cos\omega t. \tag{1.1}$$

若进一步假设恢复力 $f(x(t))$ 是具有三次刚度项的非线性函数, 即 $f(x(t))$ 具有如下形式:

$$f(x(t))=ax(t)+bx^3(t),$$

其中参数 $a,b\neq 0$, a 描述线性恢复力, b 描述非线性恢复力 ($b>0$ 用于描述硬弹簧, $b<0$ 用于描述软弹簧), 并且假设阻尼力为黏性阻尼力, 即 $-\psi(x'(t))=c\,x'(t)$ (c 为非零参数), 则由方程 (1.1) 两边除以质量 m 可得到

$$x''(t)+\gamma x'(t)+\alpha x(t)+\beta x^3(t)=F\cos\omega t, \tag{1.2}$$

其中 $\alpha=\dfrac{a}{m}$, $\beta=\dfrac{b}{m}$, $\gamma=\dfrac{c}{m}$ 且 $F=\dfrac{F}{m}$. 方程 (1.2) 由 G. Duffing[①]于 1918 年描述许多力学问题中所观察到的硬弹簧效应时提出, 因此方程 (1.2) 被称为 **Duffing 方程**.

例 1.1.2 (弦振动方程或一维波动方程) 考虑一根柔软、有弹性、绷紧、长度为 l 的均质细弦, 它受到相对较小的振动. 设弦保持在一个平面上且只受张力的作用, 因此只考虑弦在该平面上的位移. 设 $u(x,t)$ 为弦上点 x 在 t 时刻的位移, $T(x,t)$ 为弦上点 x 在 t 时刻所受的张力, ρ 为弦的密度, 即其单位长度的质量. 因为弦是柔软的, 所以张力的方向只能沿着弦的切方向. 又因为弦是均质的, 所以 ρ 是一个常数. 如图 1.1 所示, 考虑弦上相近的两点 x 和 $x+\Delta x$, 它们所受的张力分别为 $T(x,t)$ 和 $T(x+\Delta x,t)$, 张力与水平方向的夹角分别为 θ_0 和 θ_1 $\left(0\leqslant\theta_0,\theta_1\leqslant\dfrac{\pi}{2}\right)$. 弦上相近两点 x 和 $x+\Delta x$ 间的弧长为

$$\Delta s=\int_x^{x+\Delta x}\sqrt{1+\left(\frac{\partial u(x,t)}{\partial x}\right)^2}\,\mathrm{d}x.$$

弦的振幅相对于弦长较小, 故 $\dfrac{\partial u(x,t)}{\partial x}$ 远远小于 1, 从而

$$\Delta s\approx\int_x^{x+\Delta x}1\mathrm{d}x=\Delta x.$$

① G. Duffing (达芬, 1861—1944), 德国工程师.

这表明, 弦在水平方向上没有发生位移, 因此其水平方向上受力平衡, 即

$$T(x+\Delta x,t)\cos\theta_1 - T(x,t)\cos\theta_0 = 0. \tag{1.3}$$

注意在点 x 和 $x+\Delta x$ 处的张力方向分别为

$$\left(-1, -\frac{\partial u(x,t)}{\partial x}\right), \quad \left(1, \frac{\partial u(x+\Delta x,t)}{\partial x}\right),$$

而由前面分析已知 $\dfrac{\partial u(x,t)}{\partial x}$ 远远小于 1, 因此

$$\cos\theta_0 = \frac{1}{\sqrt{1+\left(\dfrac{\partial u(x,t)}{\partial x}\right)^2}} \approx 1, \quad \cos\theta_1 = \frac{1}{\sqrt{1+\left(\dfrac{\partial u(x+\Delta x,t)}{\partial x}\right)^2}} \approx 1,$$

从而由 (1.3) 式得到 $T(x+\Delta x,t) \approx T(x,t)$. 这意味着张力 $T(x,t)$ 沿着弦是一个常数.

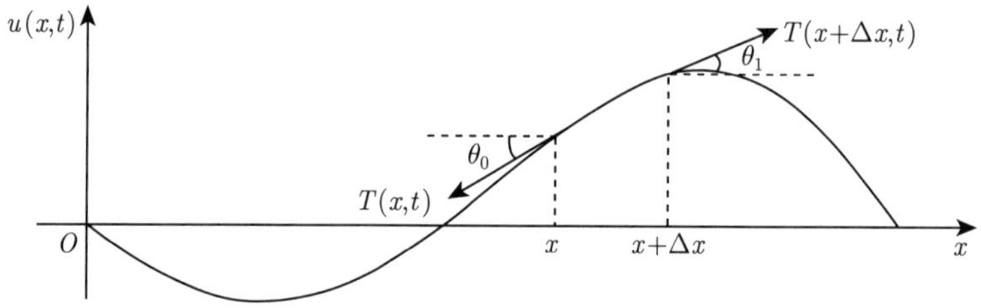

图 1.1 弦振动受力分析

下面再考虑弦在竖直方向上的受力情况. 根据 Newton 第二定律, 得到

$$T(x+\Delta x,t)\sin\theta_1 - T(x,t)\sin\theta_0 = \rho\Delta x\frac{\partial^2 u(x_*,t)}{\partial t^2}, \tag{1.4}$$

其中 x_* 为弦段 $[x, x+\Delta x]$ 上的重心位置. 由于 θ_0 和 θ_1 都很小, 因此当 θ 充分小时, 有 $\sin\theta \approx \tan\theta$, 从而

$$\sin\theta_0 \approx \tan\theta_0 = \frac{\partial u(x,t)}{\partial x}, \quad \sin\theta_1 \approx \tan\theta_1 = \frac{\partial u(x+\Delta x,t)}{\partial x}.$$

代入 (1.4) 式, 得到

$$T(x+\Delta x,t)\frac{\partial u(x+\Delta x,t)}{\partial x} - T(x,t)\frac{\partial u(x,t)}{\partial x} = \rho\Delta x\frac{\partial^2 u(x_*,t)}{\partial t^2}.$$

对上式左边用中值定理可知, 存在 $\xi \in (0,1)$, 使得

$$T(x+\xi\Delta x,t)\frac{\partial^2 u(x+\xi\Delta x,t)}{\partial x^2} = \rho\frac{\partial^2 u(x_*,t)}{\partial t^2}.$$

因 x_* 为弦段 $[x, x+\Delta x]$ 上的重心位置, 故可设 $x_* = x + l\Delta x$, 其中 $0 \leqslant l \leqslant 1$. 将其代入上式, 得到

$$T(x+\xi\Delta x,t)\frac{\partial^2 u(x+\xi\Delta x,t)}{\partial x^2}=\rho\frac{\partial^2 u(x+l\Delta x,t)}{\partial t^2}.$$

上式两边取 $\Delta x\to 0$, 整理即得**弦振动方程**

$$\frac{\partial^2 u(x,t)}{\partial t^2}=a^2\frac{\partial^2 u(x,t)}{\partial x^2},\tag{1.5}$$

其中 $a=\sqrt{\dfrac{T}{\rho}}$ 为常数. 又因为弦的两端固定, 且初始时刻的位置和速度分别由函数 $\phi(x)$ 和 $\psi(x)$ 决定, 即得

$$\begin{aligned}&u(0,t)=0,\quad u(l,t)=0,\quad (\text{边值条件})\\&u(x,0)=\phi(x),\quad \frac{\partial u}{\partial t}(x,0)=\psi(x).\quad (\text{初值条件})\end{aligned}\tag{1.6}$$

例 1.1.3 (具有时滞的捕食者-食饵方程) 考虑描述食饵种群和捕食者种群在某一地区内密度的变化过程. 用 $x(t)$ 和 $y(t)$ 分别表示食饵和捕食者在 t 时刻的种群密度. 设食饵种群存在种内竞争, 即种群的个体数量越多, 受自然资源有限的影响, 种内竞争越激烈, 最终导致种群的个体数量下降. 该过程可以用 Logistic 方程描述为

$$\frac{\mathrm{d}x(t)}{\mathrm{d}t}=rx(t)\left(1-\frac{x(t)}{K}\right),\tag{1.7}$$

其中 r 为内禀增长率, K 为环境容纳量, 即环境所能维持的种群个体最大数量. 下面考虑两种群间的相互作用. 设单位时间内任一捕食者对食饵的猎杀量与食饵种群的个体数量成正比, 且比例系数为 b, 这反映到方程 (1.7) 中得到

$$\frac{\mathrm{d}x(t)}{\mathrm{d}t}=rx(t)\left(1-\frac{x(t)}{K}\right)-bx(t)y(t).\tag{1.8}$$

与此同时, 注意到从捕食者猎杀了食饵到从食物中获取能量以供给捕食者的繁殖增长之间存在时间上的滞后. 也就是说, t 时刻捕食者的增长变化与 $t-\tau$ 时刻猎杀食饵的情况有关, 且设转化系数为 c. 又设在没有食饵时捕食者的死亡率为 β, 则得到描述捕食者种群密度变化的方程

$$\frac{\mathrm{d}y(t)}{\mathrm{d}t}=cx(t-\tau)y(t-\tau)-\beta y(t).\tag{1.9}$$

联立方程 (1.8) 和 (1.9) 就得到**具有时滞的捕食者-食饵方程**

$$\begin{cases}\dfrac{\mathrm{d}x(t)}{\mathrm{d}t}=rx(t)\left(1-\dfrac{x(t)}{K}\right)-bx(t)y(t),\\[2mm]\dfrac{\mathrm{d}y(t)}{\mathrm{d}t}=cx(t-\tau)y(t-\tau)-\beta y(t).\end{cases}\tag{1.10}$$

例 1.1.4 (Cournot-Puu方程) 1838 年, A. A. Cournot① 提出了 Cournot 均衡模型, 用于描述市场中几个公司之间的竞争行为. 该模型被视为现代产业组织经济学的基础之一. T. Puu② 在 Cournot 均衡模型的基础上引入了动态和非线性因素, 从而发展出了 Cournot-Puu 方程. 这个方程描述了在动态条件下公司之间的非线性竞争和价格形成过程. 下面简单介绍一下这个方程的导出过程, 参见文献 [34].

设两家有竞争关系的公司在时间 t 内的产量分别为 $x_1(t)$ 和 $x_2(t)$. 为达到利润最大化的目的, 需要预测时间 $t+1$ 内的产量, 使得在满足市场需求的同时降低生产成本. 对两家公司中的任一家而言, 它在下一时间段的产量都与两家公司在前一时间段的产量有关. 假设两家公司分别期望对方当下的产量与其在前一时间段的产量相同, 市场总需求量与价格互为倒数, 商品供需平衡, 市场总需求量是两公司产量的总和, 并且两家公司有不同的恒定成本. 根据

$$\text{利润} = \text{价格} \times \text{产量} - \text{成本} \times \text{产量},$$

可以得到产量分别为 $x_1(t)$, $x_2(t)$ 的两家公司的利润依次为

$$U_1(t+1) = \frac{1}{x_1(t+1)+x_2(t)} x_1(t+1) - C_1 x_1(t+1),$$
$$U_2(t+1) = \frac{1}{x_2(t+1)+x_1(t)} x_2(t+1) - C_2 x_2(t+1),$$

其中 C_1 和 C_2 分别是两家公司的成本. 为使利润最大化, 即 $U_1(t+1)$ 和 $U_2(t+1)$ 取关于产量 $x_1(t)$ 和 $x_2(t)$ 的极大值, 解方程组

$$\frac{\partial U_1}{\partial x_1} = 0, \quad \frac{\partial U_2}{\partial x_2} = 0,$$

即

$$\begin{cases} \dfrac{x_2(t)}{(x_1(t+1)+x_2(t))^2} - C_1 = 0, \\ \dfrac{x_1(t)}{(x_2(t+1)+x_1(t))^2} - C_2 = 0. \end{cases}$$

整理此方程组, 得到 **Cournot-Puu 方程**

$$\begin{cases} x_1(t+1) = \sqrt{\dfrac{x_2(t)}{C_1}} - x_2(t), \\ x_2(t+1) = \sqrt{\dfrac{x_1(t)}{C_2}} - x_1(t). \end{cases} \tag{1.11}$$

① A. A. Cournot (古诺, 1801—1877), 法国经济学家和数学家.

② T. Puu (普, 1936—2020), 瑞典经济学家和数学家.

习题 1.1

1. 设有一条柔软、均匀且不能伸缩的细线, 其两端固定. 该细线受重力作用而自然下垂并且保持静止. 根据受力平衡 (包括重力和张力), 推导出该细线的形状满足的微分方程.

2. 求平面直角坐标系 Oxy 的第一象限内一条曲线满足的微分方程, 使得该曲线上任一点到坐标原点的距离恒等于该点处的切线在 y 轴上的截距.

3. 由细线悬挂起来的小球在竖直平面内摆动, 其中细线的质量与小球的质量相比可以忽略不计, 并且小球的直径与细线的长度相比也可以忽略不计. 写出小球的运动方程.

1.2 微分方程概念

常微分方程是指联系着自变量 x, 一元未知函数 $y = y(x)$ 以及它的各阶导数 $y' = y'(x), \cdots, y^{(n)} = y^{(n)}(x)$ 的方程

$$F\left(x, y, y', \cdots, y^{(n)}\right) = 0, \tag{1.12}$$

其中 F 是一个已知的 $n+2$ 元函数. 方程 (1.12) 称为常微分方程的**一般形式**. 上一节的例 1.1.1 中介绍的 Duffing 方程是常微分方程. 常微分方程所含导数的最高阶数称为常微分方程的**阶**, 因此方程 (1.12) 称为 n **阶常微分方程** (简称 n **阶微分方程**或**微分方程**) . 对方程 (1.12) 而言, 若已知函数 F 关于未知函数 y 及其各阶导数 $y', \cdots, y^{(n)}$ 的全体都是一次的, 则称该方程是**线性**的; 否则, 称该方程为**非线性**的.

若函数 $y = y(x)$ 在区间 J 上连续, 有直到 n 阶导数, 并且对于一切 $x \in J$, (1.12) 式恒成立, 则称 $y = y(x)$ 是方程 (1.12) 在区间 J 上的一个**解**. 若关系式 $Y(x, y) = 0$ 所决定的隐函数 $y = y(x)$ 是方程 (1.12) 的解, 则称 $Y(x, y) = 0$ 是方程 (1.12) 的**隐式解**. 若 n 阶微分方程的解 $y = y(x)$ 包含 n 个独立的任意常数 $c_1, c_2, \cdots, c_n$, 则称它为**通解**, 这时也记通解为 $y = y(x; c_1, c_2, \cdots, c_n)$. 这里的 “独立” 是指 Jacobi① 行列式

$$\det \frac{\partial(y, y', \cdots, y^{(n-1)})}{\partial(c_1, c_2, \cdots, c_n)} = \begin{vmatrix} \dfrac{\partial y}{\partial c_1} & \dfrac{\partial y}{\partial c_2} & \cdots & \dfrac{\partial y}{\partial c_n} \\ \dfrac{\partial y'}{\partial c_1} & \dfrac{\partial y'}{\partial c_2} & \cdots & \dfrac{\partial y'}{\partial c_n} \\ \vdots & \vdots & & \vdots \\ \dfrac{\partial y^{(n-1)}}{\partial c_1} & \dfrac{\partial y^{(n-1)}}{\partial c_2} & \cdots & \dfrac{\partial y^{(n-1)}}{\partial c_n} \end{vmatrix}$$

① C. G. J. Jacobi (雅可比, 1804—1851), 德国数学家.

满足

$$\det \frac{\partial(y, y', \cdots, y^{(n-1)})}{\partial(c_1, c_2, \cdots, c_n)} \neq 0. \tag{1.13}$$

独立的任意常数的个数确定了解空间的维数. 特别地, 若方程 (1.12) 的通解是隐式的, 即具有形式 $Y(x, y, c_1, \cdots, c_n) = 0$, 则称其为**通积分**. 若方程 (1.12) 的解不包含任意常数, 即通解中所有的独立常数被完全确定, 此时得到一个**特解**. 需要注意的是, 通解是一族解, 它并不一定包括方程 (1.12) 的所有解, 还可能存在奇解. 若对方程 (1.12) 的一个特解 $y = y(x)$ 上的每一点 P, 在点 P 的任意邻域内, 方程 (1.12) 都存在一个不同于该特解的解在点 P 处与该特解相切, 则称该特解是方程 (1.12) 的**奇解**. 而一条曲线 Γ 称为带参数的曲线族的**包络**, 如果曲线 Γ 本身不在曲线族中, 但曲线 Γ 上的每一点都有曲线族中的一条曲线 γ 与之在此点处相切, 并且曲线 Γ 在每一段上都与曲线族中的曲线 γ 不同. 例如, 直线 $y = 0$ 是抛物线族 $y = (x - c)^2$ 的包络, 曲线 $y = x^2$ 是直线族 $y = cx - \dfrac{c^2}{4}$ 的包络, 其中 c 为参数. 所以, 方程 (1.12) 的奇解是通解的包络. 由于通解中的独立常数是任意的, 因此通解包含无穷多个特解. 这意味着方程 (1.12) 具有多解性.

为了解决对方程 (1.12) 求解后结果的不确定性, 考虑对方程 (1.12) 附加定解条件. 微分方程附加定解条件后构成定解问题. 定解条件包含初值条件和边值条件. **初值条件**是指未知函数及其各阶导数在自变量取定某一个值时所得到的等式. 方程 (1.12) 的初值条件为

$$y(x_0) = y_{0,1}, \quad y'(x_0) = y_{0,2}, \quad \cdots, \quad y^{(n-1)}(x_0) = y_{0,n}, \tag{1.14}$$

其中 $y_{0,1}, y_{0,2}, \cdots, y_{0,n}$ 分别是未知函数 $y(x)$ 及其各阶导数在 $x = x_0$ 时所确定的初值. 附加初值条件的微分方程称为**初值问题**. 方程 (1.12) 附加初值条件 (1.14) 得到的初值问题记为 (1.12)+(1.14). 由于 A.-L. Cauchy① 在 19 世纪 20 年代首次建立了初值问题解的存在性和唯一性定理, 因此我们又将初值问题称为 **Cauchy 问题**.

下面以 Newton 方程为例对初值问题进行说明. 一个质量为 m 的质点在只考虑重力的作用下做垂直于地面的自由落体运动. 取坐标轴 z 的方向为垂直向上, $z = z(t)$ 为质点在 t 时刻所在位置的坐标, 重力加速度为 g. 由 Newton 第二定律得到二阶微分方程

$$z''(t) = -g. \tag{1.15}$$

此方程两边关于 t 积分两次, 得到

$$z(t) = -\frac{1}{2}gt^2 + c_1 t + c_2, \tag{1.16}$$

---

① A.-L. Cauchy (柯西, 1789—1857), 法国数学家、物理学家, 现代数学分析和连续性理论的奠基人之一.

其中 c_1, c_2 是任意常数. 由于

$$\det\frac{\partial(z(t),z'(t))}{\partial(c_1,c_2)}=-1\neq 0,$$

因此 c_1 与 c_2 独立, 从而 (1.16) 式是方程 (1.15) 包含两个独立任意常数的解, 即它是方程 (1.15) 的通解. 给出质点运动的初值条件, 包括在初始时刻 ($t=0$ 时) 的位置 z_0 以及初速度 v_0, 即

$$z(0)=z_0,\quad z'(0)=v_0. \tag{1.17}$$

将初值条件 (1.17) 代入通解表达式 (1.16), 可以确定 $c_1=v_0$ 和 $c_2=z_0$, 从而得到唯一的满足初值条件 (1.17) 的特解

$$z(t)=-\frac{1}{2}gt^2+v_0t+z_0.$$

这里初值问题即为 (1.15)+(1.17). 由初值问题所确定的不含任意常数的解即为特解.

此外, 例 1.1.2 中 (1.6) 式的第二行也是一个初值条件, 而第一行是一个边值条件. **边值条件**是指未知函数及其各阶导数在定义域的边界上取值时所得到的等式. 附加边值条件的微分方程称为**边值问题**. 除了初值问题和边值问题外, 定解问题还包含**混合问题**, 它的定解条件既含有初值条件, 又含有边值条件. 例 1.1.2 中 (1.6) 式就既含有初值条件, 又含有边值条件.

下面我们在常微分方程的基础上进行一个扩展. 若未知函数是多元的, 如未知函数为 $y=y(x_1,\cdots,x_s)$, 则称联系着自变量 $x_1,\cdots,x_s$, 多元未知函数 $y=y(x_1,\cdots,x_s)$ 以及它的各阶偏导数的方程

$$F\left(x_1,\cdots,x_s,y,\frac{\partial y}{\partial x_1},\cdots,\frac{\partial y}{\partial x_s},\cdots,\frac{\partial^n y}{\partial^{n_1}x_1\partial^{n_2}x_2\cdots\partial^{n_s}x_s}\right)=0 \tag{1.18}$$

为**偏微分方程**, 其中 $n=n_1+n_2+\cdots+n_s$. 上一节例 1.1.2 中介绍的弦振动方程 (1.5) 就是偏微分方程. 在求解方程 (1.5) 时, 可以通过分离变量法将其转化为常微分方程来求解. 具体如下: 令 $u(x,t)=X(x)T(t)$, 并代入方程 (1.5), 得到

$$X(x)\frac{\mathrm{d}^2T(t)}{\mathrm{d}t^2}=a^2\frac{\mathrm{d}^2X(x)}{\mathrm{d}x^2}T(t),$$

上式两边除以 $a^2X(x)T(t)$, 得到

$$\frac{\dfrac{\mathrm{d}^2T(t)}{\mathrm{d}t^2}}{a^2T(t)}=\frac{\dfrac{\mathrm{d}^2X(x)}{\mathrm{d}x^2}}{X(x)}. \tag{1.19}$$

因为 (1.19) 式左边是只与 t 有关的函数, 而右边是只与 x 有关的函数, 所以它们相等就意味着它们必为常数, 记为 λ, 即

$$\frac{\dfrac{\mathrm{d}^2T(t)}{\mathrm{d}t^2}}{a^2T(t)}=\frac{\dfrac{\mathrm{d}^2X(x)}{\mathrm{d}x^2}}{X(x)}=\lambda.$$

因此, 得到两个常微分方程

$$\frac{\mathrm{d}^2T(t)}{\mathrm{d}t^2}=\lambda a^2T(t),\quad \frac{\mathrm{d}^2X(x)}{\mathrm{d}x^2}=\lambda X(x).$$

本书主要讨论常微分方程的相关问题, 以后除特殊说明外, 所提及的微分方程均指常微分方程.

此外, 例 1.1.3 的 (1.10) 式中的方程是带有滞后量 (差分算子作用在解上) 的微分方程, 属于**泛函微分方程**, 而例 1.1.4 的 (1.11) 式中的方程是**差分方程**. 差分方程中虽然不含有关于未知函数的导数, 但是它可以看作微分方程的离散化, 常用于求微分方程的数值解. 我们以一阶微分方程构成的初值问题

$$y'(x)=f(x,y),\quad y(a)=y_0,\tag{1.20}$$

为例进行说明, 其中 $x\in J=[a,b]$, 函数 f 连续. 该初值问题的解存在且唯一.

对区间 J 进行划分:

$$a=x_0<x_1<\cdots<x_i<\cdots<x_\ell=b.$$

目标是计算在这些划分点处初值问题的解 $y=y(x)$ 的近似值 y_n $(n=0,1,\cdots,\ell)$. 记 $h_n=x_{n+1}-x_n$ $(n=0,1,\cdots,\ell)$, 称为 x_n 到 x_{n+1} 的**步长**. 可取步长为常值 h, 即划分是均匀的. 当划分足够细时, 我们有

$$y'(x_n)=\lim_{h\to0}\frac{y(x_n+h)-y(x_n)}{h}=\lim_{h\to0}\frac{y(x_{n+1})-y(x_n)}{h}.$$

因此, 若用差商 $\dfrac{y(x_{n+1})-y(x_n)}{h}$ 代替导数 $y'(x_n)$, 再代入初值问题 (1.20) 中的微分方程, 则有

$$\frac{y(x_{n+1})-y(x_n)}{h}\approx f(x_n,y(x_n)),\quad n=0,1,\cdots,$$

化简得

$$y(x_{n+1})\approx y(x_n)+hf(x_n,y(x_n)),\quad n=0,1,\cdots.$$

由此得到一个递推关系, 若已知 $y(x_n)$ 的近似值 y_n, 即可计算出 $y(x_{n+1})$ 的近似值 y_{n+1}. 于是, 初值问题的近似解可通过求解差分方程初值问题

$$y_{n+1}=y_n+hf(x_n,y_n),\quad y(a)=y_0$$

得到, 其中 $n=0,1,\cdots$. 这种求解初值问题的数值方法称为 **Euler 方法**. 可以看出, 微分即是差分的极限过程, 而差分则是微分的离散化.

习题 1.2

1. 确定下列微分方程的阶:

(1) $(\sin x-2y^2)\mathrm{d}x+\mathrm{e}^{x+y}\mathrm{d}y=0$;

(2) $(y'')^3+x^2y'''-y^6+x^4y=0$;

(3) $\mathrm{e}^{y'''}+xy''+y=0$.

2. 判断函数

(1) $y=\ln x+6,\ x>0$,

(2) $x^2+y^2=1,\ -1<x<1$,

(3) $xy^3-\mathrm{e}^{-y}-1=0,\ 0<x<+\infty$

是否分别是微分方程

(i) $xy'-1=0$,

(ii) $yy'+x=0$,

(iii) $(27x^3y^6+\mathrm{e}^{-y}+2\mathrm{e}^{-2y}xy+\mathrm{e}^{-3y})y''-y^4(xy^2+\mathrm{e}^{-y})=0$

的解.

3. 判断函数

(1) $y=c_1+c_2\mathrm{e}^{-x}+1$,

(2) $y=c_1\mathrm{e}^{-2x}+c_2\mathrm{e}^{-x}+2\mathrm{e}^{x}$,

(3) $y=c_1x+c_2x^{-1}+x\ln x$

是否分别是微分方程

(i) $y''+y'-x^2-2x=0$,

(ii) $y''+3y'+2y-12\mathrm{e}^{x}=0$,

(iii) $x^2y''+xy'-y-x=0$

的解, 其中 c_1, c_2 是任意常数. 若是解, 其是否是通解?

4. 已知函数

(1) $y=c_1+c_2\mathrm{e}^{x}+c_3\mathrm{e}^{-x}+(\cos 3x-2\sin 3x)\mathrm{e}^{2x}$,

(2) $y=\sqrt{c_1x^2+c_2}$

是微分方程的通解, 其中 c_1, c_2, c_3 是任意常数, 求相应的微分方程.

5. 选择一种计算机语言编写算法程序, 取步长 $h=0.2$, 用 Euler 方法计算初值问题

$$\frac{\mathrm{d}x}{\mathrm{d}t}=x+\sin t,\quad x(0)=\frac{1}{2}$$

的近似解, 其中 $0\leqslant t\leqslant 1$, 并与它的解 $x(t)=\mathrm{e}^t-\dfrac{1}{2}(\sin t+\cos t)$ 进行比较.

1.3 微分方程形式

我们把具有形式 (1.12) 的 n 阶微分方程称为 n **阶隐式微分方程** (简称**隐式微分方程**或**隐式方程**). 若能在方程 (1.12) 中解出最高阶的导数, 则所得到的方程

$$y^{(n)}(x)=f(x,y,y',\cdots,y^{(n-1)}) \tag{1.21}$$

称为 n **阶显式微分方程** (简称**显式微分方程**或**显式方程**). (1.21) 式也称为 n 阶微分方程的**规范形式**或**标准形式**. 二阶及二阶以上的常微分方程统称为高阶微分方程. 根据化繁为简的思想, 我们需要把一个高阶微分方程化成阶尽可能低的微分方程组. 为此, 可令

$$u_1=y,\quad u_2=y',\quad \cdots,\quad u_n=y^{(n-1)},$$

从而由显式方程 (1.21) 可以得到一个微分方程组

$$\begin{cases}\dfrac{\mathrm{d}u_1}{\mathrm{d}x}=u_2,\\ \cdots\cdots\\ \dfrac{\mathrm{d}u_{n-1}}{\mathrm{d}x}=u_n,\\ \dfrac{\mathrm{d}u_n}{\mathrm{d}x}=f\left(x,u_1,u_2,\cdots,u_n\right).\end{cases} \tag{1.22}$$

称方程组 (1.22) 为方程 (1.21) 的**高维形式**. 方程组 (1.22) 是由 n 个一阶微分方程所组成的方程组, 我们也将这种方程组称为**一阶微分方程组**. 显然, 方程 (1.21) 和方程组 (1.22) 是等价的. 相应地, 可以将初值条件 (1.14) 等价地化成

$$u_1(x_0)=y_{01},\quad u_2(x_0)=y_{02},\quad \cdots,\quad u_n(x_0)=y_{0n}.$$

我们不仅可以将高阶微分方程化为一阶微分方程组, 还可以将含有高阶微分方程的方程组类似地化为等价的一阶微分方程组. 例如, 对于方程组

$$\begin{cases}\dfrac{\mathrm{d}^2y}{\mathrm{d}x^2}=U\left(x,y,\dfrac{\mathrm{d}y}{\mathrm{d}x},v,\dfrac{\mathrm{d}v}{\mathrm{d}x},\dfrac{\mathrm{d}^2v}{\mathrm{d}x^2},w\right),\\ \dfrac{\mathrm{d}^3v}{\mathrm{d}x^3}=V\left(x,y,\dfrac{\mathrm{d}y}{\mathrm{d}x},v,\dfrac{\mathrm{d}v}{\mathrm{d}x},\dfrac{\mathrm{d}^2v}{\mathrm{d}x^2},w\right),\\ \dfrac{\mathrm{d}w}{\mathrm{d}x}=W\left(x,y,\dfrac{\mathrm{d}y}{\mathrm{d}x},v,\dfrac{\mathrm{d}v}{\mathrm{d}x},\dfrac{\mathrm{d}^2v}{\mathrm{d}x^2},w\right),\end{cases}$$

我们可以类似地将其改写成方程组 (1.22) 的形式

$$\begin{cases}\dfrac{\mathrm{d}u_1}{\mathrm{d}x}=f_1(x,u_1,\cdots,u_6),\\ \dfrac{\mathrm{d}u_2}{\mathrm{d}x}=f_2(x,u_1,\cdots,u_6),\\ \cdots\cdots\\ \dfrac{\mathrm{d}u_6}{\mathrm{d}x}=f_6(x,u_1,\cdots,u_6),\end{cases}$$

其中

$$(u_1,u_2,\cdots,u_6)=\left(y,\frac{\mathrm{d}y}{\mathrm{d}x},v,\frac{\mathrm{d}v}{\mathrm{d}x},\frac{\mathrm{d}^2v}{\mathrm{d}x^2},w\right),$$

$$(f_1,f_2,\cdots,f_6)=(u_2,U(x,u_1,\cdots,u_6),u_4,u_5,V(x,u_1,\cdots,u_6),W(x,u_1,\cdots,u_6)).$$

由上面的讨论可知, 微分方程组的一般形式为

$$\frac{\mathrm{d}u_i}{\mathrm{d}x}=f_i\left(x,u_1,u_2,\cdots,u_n\right),\quad i=1,2,\cdots,n, \tag{1.23}$$

其中 $f_1,f_2,\cdots,f_n$ 是变量 $(x,u_1,u_2,\cdots,u_n)$ 在 $\mathbb{R}^{n+1}$ 的某个区域 D 内的已知连续函数. 给该方程组附加初值条件

$$u_1(x_0)=u_{01},\quad u_2(x_0)=u_{02},\quad \cdots,\quad u_n(x_0)=u_{0n}, \tag{1.24}$$

可得到微分方程组的初值问题 (1.23)+(1.24), 它是讨论微分方程组初值问题的基本形式.

引入第三章中介绍的向量导数, 我们还可以将 (1.23) 式写成更为简洁的**向量形式**

$$\frac{\mathrm{d}\boldsymbol{u}}{\mathrm{d}x}=\boldsymbol{\mathcal{F}}(x,\boldsymbol{u}),\quad \boldsymbol{u}(x_0)=\boldsymbol{y}_0, \tag{1.25}$$

其中

$$\boldsymbol{u}=\begin{pmatrix}u_1\\u_2\\\vdots\\u_n\end{pmatrix},\quad \boldsymbol{\mathcal{F}}(x,\boldsymbol{u})=\begin{pmatrix}f_1\left(x,u_1,u_2,\cdots,u_n\right)\\f_2\left(x,u_1,u_2,\cdots,u_n\right)\\\vdots\\f_n\left(x,u_1,u_2,\cdots,u_n\right)\end{pmatrix},\quad \boldsymbol{y}_0=\begin{pmatrix}y_{00}\\y_{01}\\\vdots\\y_{0,n-1}\end{pmatrix},$$

且有

$$\frac{\mathrm{d}\boldsymbol{u}}{\mathrm{d}x}=\left(\frac{\mathrm{d}u_1}{\mathrm{d}x},\frac{\mathrm{d}u_2}{\mathrm{d}x},\cdots,\frac{\mathrm{d}u_n}{\mathrm{d}x}\right)^{\mathrm{T}},$$

其中 T 表示向量或矩阵的转置.

若 $\boldsymbol{\mathcal{F}}$ 关于 $\boldsymbol{u}$ 是一次的, 即 $\boldsymbol{\mathcal{F}}$ 的每个分量 f_i 关于 $\boldsymbol{u}$ 的每个分量 u_j 都是一次的 $(i,j=1,2,\cdots,n)$, 则称方程组 (1.25) 为**线性微分方程组**; 否则, 称方程组 (1.25) 为**非线性微分方程组**. 线性微分方程组具有形式

$$\frac{\mathrm{d}\boldsymbol{u}}{\mathrm{d}x}=\boldsymbol{A}(x)\boldsymbol{u}+\boldsymbol{g}(x), \tag{1.26}$$

其中

$$\boldsymbol{A}(x)=\begin{pmatrix} a_{11}(x) & a_{12}(x) & \cdots & a_{1n}(x) \\ a_{21}(x) & a_{22}(x) & \cdots & a_{2n}(x) \\ \vdots & \vdots & & \vdots \\ a_{n1}(x) & a_{n2}(x) & \cdots & a_{nn}(x) \end{pmatrix}, \quad \boldsymbol{g}(x)=\begin{pmatrix} g_1(x) \\ g_2(x) \\ \vdots \\ g_n(x) \end{pmatrix}.$$

若 $\boldsymbol{g}=\boldsymbol{0}$, 即 $g_i=0\ (i=1,2,\cdots,n)$, 则称方程组 (1.26) 为**齐次线性微分方程组**; 否则, 称方程组 (1.26) 为**非齐次线性微分方程组**.

下面我们将注意力放在具有规范形式的一阶微分方程的初值问题

$$\frac{\mathrm{d}y}{\mathrm{d}x}=f(x,y), \quad y(x_0)=y_0 \tag{1.27}$$

上, 其中 $f(x,y)$ 在 $\mathbb{R}^2$ 上连续且关于 y 连续可微. 首先, 我们将初值问题 (1.27) 写成等价积分方程

$$y(x)=y_0+\int_{x_0}^{x} f(\xi,y(\xi))\mathrm{d}\xi; \tag{1.28}$$

然后, 构造一个满足如下递推关系的函数序列 $\{y_n(x)\}$ 来逼近初值问题 (1.27) 中微分方程的特解:

$$\begin{aligned} &y_0(x)\equiv y_0, \\ &y_n(x)=y_0+\int_{x_0}^{x} f(\xi,y_{n-1}(\xi))\mathrm{d}\xi, \quad n=1,2,\cdots. \end{aligned}$$

这个序列的收敛问题及初值问题 (1.27) 的解的唯一性将在第四章进行详细论述.

上述通过函数序列 $\{y_n(x)\}$ 来逼近微分方程特解的过程给出求解初值问题的一个算法, 利用该算法可以给出初值问题的任意误差的数值解. 但为了进一步讨论解的性质, 我们希望得到初值问题的精确解. 由此, 我们考虑一类特殊的微分方程. 假设存在连续可微的函数 $U(x,y)$, 使得 $f(x,y)=-\dfrac{P(x,y)}{Q(x,y)}$, 其中

$$P(x,y)=\frac{\partial U(x,y)}{\partial x}, \quad Q(x,y)=\frac{\partial U(x,y)}{\partial y}.$$

将初值问题 (1.27) 中的一阶微分方程改写成**微分形式**

$$\mathrm{d}y=f(x,y)\mathrm{d}x, \tag{1.29}$$

于是得到

$$P(x,y)\mathrm{d}x+Q(x,y)\mathrm{d}y=0. \tag{1.30}$$

称 (1.30) 式为一阶微分方程的**对称形式**. 需要注意的是, 当 $Q(x_0,y_0)\neq 0$ 时, 方程 (1.30) 在点 (x_0,y_0) 附近等价于

$$\frac{\mathrm{d}y}{\mathrm{d}x}=-\frac{P(x,y)}{Q(x,y)};$$

当 $P(x_0,y_0)\neq 0$ 时, 方程 (1.30) 在点 (x_0,y_0) 附近等价于

$$\frac{\mathrm{d}x}{\mathrm{d}y}=-\frac{Q(x,y)}{P(x,y)}.$$

通过第二章中介绍的初等积分法, 我们可求出 $U(x,y)$, 且 $U(x,y)=c$ 便是方程 (1.30) 的通积分, 其中 c 为任意常数. 同时, 我们也将看到能够这样使用初等积分方法求出精确解的微分方程是很少的. 但很多时候不需要给出解的精确表达式, 通过几何上的分析就可以获得解的很多重要信息. 下面来说明这一点.

仍然考虑初值问题 (1.27). 它的解 $y=y(x)$ 描述了 xy-平面上的一条光滑曲线, 我们将该曲线称为初值问题 (1.27) 中微分方程的一条**积分曲线**. 注意到, 该微分方程在 xy-平面上每个使 $f(x,y)$ 有意义的点处都给出了一个方向, 那就是其积分曲线在该点处的斜率. 具体来说, 在点 (x_0,y_0) 处的积分曲线的切线具有表达式

$$y=y_0+f(x_0,y_0)(x-x_0).$$

在 xy-平面上点 (x_0,y_0) 处作此切线上的一小线段, 就相当于在点 (x_0,y_0) 处定义一个向量 $(1,f(x_0,y_0))^{\mathrm{T}}$, 这就定义了该微分方程的**向量场**, 而积分曲线在该点处的瞬时变化可以由向量场在该点处的向量来描述. 因此, 对微分方程求解也可以看作寻找一条切向 (切线方向) 与微分方程所确定的向量场一致的积分曲线. 这表明, 对向量场的研究可以得到微分方程的解的一些定性性质. 对于向量场, 我们没有必要把每点处的方向都画出来, 可以先找出一些等倾线来窥其全貌. 所谓**等倾线**, 就是其上每一点处的向量场方向都一致的曲线. 对于初值问题 (1.27) 中的微分方程, 其等倾线由 $f(x,y)=k$ 确定, 其中 k 是常数. 特别地, 当 $k=0$ 时, 称相应的等倾线为**水平等倾线**, 此时可以发现该等倾线还是微分方程的一个常数解, 称其为**平衡解**. 通过等倾线上向量场的方向可以大致判断出积分曲线的趋势. 由此, 我们可以在不求解微分方程的情况下, 通过分析 $f(x,y)$ 的性质而得到微分方程解的性质. 这便是微分方程定性理论的基本思想. 在第六章中, 我们会沿用这个思想, 对微分方程进行进一步研究.

习题 1.3

1. 下列微分方程中哪些是线性的?

(1) $y'(x) = (\sin x)y + \cos y$;

(2) $y'(x) = (\sin y)x + \cos x$;

(3) $y'(x) = (\sin x)y + \cos x$.

2. 将下列微分方程 (组) 转化为高维形式, 即一阶微分方程组:

(1) $x''(t) + t\sin x'(t) - x(t) = 0$;

(2) $x''(t) + y(t) = 0,\ y''(t) - x(t) = 0$;

(3) $x''(t) + y'(t) + tf(x'(t), y(t)) = 0$.

第二章

初等积分法

本章将介绍一阶微分方程 (组) 的初等解法, 目标是求出一阶微分方程 (组) 的通解或通积分. **初等解法**是指通过变换将微分方程 (组) 的求解问题转换为初等函数的不定积分问题, 再通过初等函数的有限次积分把微分方程 (组) 的解显式或隐式地表达出来的方法, 所以也称为**初等积分法**. 17 世纪, 在微分方程发展的早期, 众多数学家 (如 Newton、Leibniz、Johann Bernoulli、Daniel Bernoulli、J. F. Riccati、J. Liouville、A.-C. Clairaut 等) 发现并总结出能用初等积分法求出通解的微分方程类型, 其中的数学思想和研究技巧闪耀着智慧的光芒, 照耀着后来者前行的道路. 对于一阶显式方程, 本章主要介绍三种基本类型 (变量分离的微分方程、线性微分方程和全微分方程) 的初等解法. 其他能用初等解法求解的微分方程, 都是通过微分方程的同解性以及变量替换转换成这三种基本类型之一来求出通解或通积分的. 而对于一阶隐式方程, 本章主要介绍参数化求解方法. 一阶微分方程组的求解, 是通过未知变量的组合或变量替换转化为一阶显式方程来实现的: 求解转化所得显式方程获得所谓的首次积分, 若能求出足够多独立的首次积分, 则将这些首次积分联立便可得到该方程组的通积分. 尽管 Liouville 证明绝大多数微分方程不能用初等积分法求出通解或特解, 但是初等积分法仍然是解决微分方程应用问题和促进微分方程理论发展的重要工具. 本章最后介绍三类应用问题.

2.1　变量分离的微分方程

考虑一阶微分方程

$$\frac{\mathrm{d}x}{\mathrm{d}t} = f(t,x), \quad t \in I \subseteq \mathbb{R},\ x \in D \subseteq \mathbb{R}, \tag{2.1}$$

这里 I 是实轴 $\mathbb{R}$ 上的某一区间, $f(t,x)$ 是 $I \times D \subseteq \mathbb{R}^2$ 上的连续函数.

定义 2.1　如果 $f(t,x) = a(t)b(x)$, 其中 $a(t)$ 和 $b(x)$ 分别是 I 和 D 上的连续函数, 那么称方程 (2.1) 为**变量分离的微分方程** (简称**变量分离方程**).

命题 2.1　设 $a(t)$, $b(x)$ 分别为区间 I 与区间 $J \subseteq D$ 上的连续函数, 且对于任意 $x \in J$, 有 $b(x) \neq 0$. 如果变量分离方程

$$\frac{\mathrm{d}x}{\mathrm{d}t} = a(t)b(x), \quad t \in I,\ x \in J \tag{2.2}$$

有解, 那么可以用初等积分法求出该解.

证明　设 $x = x(t)(t \in I_1)$ 是方程 (2.2) 的一个解, 这里 $I_1 \subseteq I$ 是一个区间, 则 $x(t) \in J$ 且 $\dfrac{\mathrm{d}x}{\mathrm{d}t} = a(t)b(x(t))$. 因为 $b(x(t)) \neq 0$, 所以

$$\frac{1}{b(x(t))} \cdot \frac{\mathrm{d}x}{\mathrm{d}t} = a(t).$$

于是

$$\int \frac{1}{b(x(t))} \cdot \frac{\mathrm{d}x}{\mathrm{d}t}\mathrm{d}t = \int a(t)\mathrm{d}t \implies \int \frac{1}{b(x)}\mathrm{d}x = \int a(t)\mathrm{d}t.$$

记 $B(x)$ 为 $\dfrac{1}{b(x)}$ 的一个原函数, $A(t)$ 为 $a(t)$ 的一个原函数, 则上式意味着这两个原函数的集合相等, 即

$$\{B(x(t)) + c_1 : \ c_1 \in \mathbb{R}\} = \{A(t) + c_2 : \ c_2 \in \mathbb{R}\}.$$

故存在 $c \in \mathbb{R}$, 使得

$$B(x(t)) = A(t) + c.$$

注意到 $b(x) \neq 0$, 所以 $B(x)$ 是严格单调函数. 设 $B^{-1}(\cdot)$ 是 $B(x)$ 的反函数, 则

$$x(t) = B^{-1}(A(t) + c), \quad t \in I_1 \tag{2.3}$$

是方程 (2.2) 的解, 并且 $\dfrac{\partial B^{-1}(A(t)+c)}{\partial c} \neq 0$. 由通解的定义知, $x(t) = B^{-1}(A(t) + c)$ $(t \in I_1)$ 是方程 (2.2) 的通解, 其中 c 为任意常数. □

从上述推理过程可知, 如果对于某个常数 c, 方程

$$B(x) = A(t) + c \tag{2.4}$$

能确定一个隐函数 $x = x(t)(t \in I_1)$, 满足 $x(I_1) \subseteq J$, 则对 (2.4) 式两边关于 t 求导数可得

$$\frac{1}{b(x)} \cdot \frac{\mathrm{d}x}{\mathrm{d}t} = a(t),$$

即 $x = x(t)(t \in I_1)$ 是方程 (2.2) 的一个解. 注意到 $B(x)(x \in J)$ 是严格单调函数, 即 $B(J)$ 是一个非单点集的区间, 故存在常数 c, 使得区间 $A(I) + c$ 与 $B(J)$ 的交非空, 换言之, 使得方程 (2.4) 能确定隐函数的 c 是存在的. 这说明方程 (2.2) 的解存在.

综合上述讨论及命题 2.1 可知, 变量分离方程 (2.2) 的求解可以简单地分为两步:

第一步, 分离变量, 得到

$$\frac{1}{b(x)}\mathrm{d}x = a(t)\mathrm{d}t;$$

第二步, 对上一步所得的等式两边求不定积分, 得到

$$\int \frac{1}{b(x)}\mathrm{d}x = \int a(t)\mathrm{d}t + c,$$

其中 c 为适当的任意常数.

这种求解方程 (2.2)的方法称为**分离变量法**.

对于变量分离方程 (2.2), 若 x_0 为函数 $b(x)$ 的零点 $(b(x_0) = 0)$, 则容易验证 $x = x(t) \equiv x_0(t \in \mathbb{R})$ 是方程 (2.2) 的一个特解. 因此, 在求解方程 (2.2) 时, 通常先求出函

数 $b(x)$ 的零点, 得到方程(2.2)的恒为常数的特解, 再在使得函数 $b(x)$ 非零的每个区间上使用分离变量法, 求出方程 (2.2) 的通解.

例 2.1.1　求微分方程 $\dfrac{\mathrm{d}x}{\mathrm{d}t}=(1+x^2)\sin t$ 的通解.

解　这是一个 $t\in\mathbb{R}, x\in\mathbb{R}$ 的变量分离方程. 注意到 $1+x^2\neq 0$, 利用分离变量法, 得到

$$\int\frac{1}{1+x^2}\mathrm{d}x=\int\sin t\mathrm{d}t+c,$$

其中 c 为适当的任意常数. 于是

$$\arctan x=-\cos t+c,\quad |c|<\frac{\pi}{2}+1,$$

从而求得

$$x=\tan(-\cos t+c),\quad |c|<\frac{\pi}{2}+1.$$

考虑到函数 $\tan x$ 是周期为 π 的函数, 于是该方程的通解可以表达为

$$x=\tan(-\cos t+c),\tag{2.5}$$

其中 c 为任意常数.

记 $\mathcal{C}=\bigcup\limits_{k\in\mathbb{Z}}\left(1-\dfrac{\pi}{2}+k\pi,\dfrac{\pi}{2}-1+k\pi\right)$. 从上面通解 (2.5) 中不难看出: 当 $c\in\mathcal{C}$ 时, 解的定义域为整条实轴; 而当 $c\in\mathbb{R}\setminus\mathcal{C}$ 时, 解的定义域为有界开区间. 例 2.1.1 说明, 在微分方程的通解中, 不同的常数 c 所对应解的定义域是不同的. 解的定义域称为**解的存在区间**. 在求通解时, 通常希望给出的解的存在区间是最大的.

例 2.1.2　求微分方程 $\dfrac{\mathrm{d}x}{\mathrm{d}t}=\sqrt{x}$ 的通解.

解　该方程是 $t\in\mathbb{R}, x\in[0,+\infty)$ 的变量分离方程. 函数 $b(x)=\sqrt{x}$ 有零点 $x=0$, 于是 $x=x(t)\equiv 0$ 为该方程的一个特解. 当 $x>0$ 时, 用分离变量法可求得

$$2\sqrt{x}=t+c,\quad c\in\mathbb{R}.$$

因为 $x>0$, 所以对于给定的 c, t 的取值范围为 $(-c,+\infty)$, 从而有

$$x=\frac{1}{4}(t+c)^2,\quad t\in(-c,+\infty).\tag{2.6}$$

注意到 $x=x(t)\equiv 0$ 为该方程的解, 于是 (2.6) 式中每个解的定义域可以进一步延拓. 故该方程的通解可以表达为

$$x=x(t)=\begin{cases}0, & t\leqslant -c,\\ \dfrac{1}{4}(t+c)^2, & t>-c,\end{cases}$$

这里 c 为任意常数.

在 tx-平面上画出微分方程的解 $x = x(t)$ 所表示的曲线, 就得到微分方程的积分曲线. 在例 2.1.2 中, 给定 $c \in (-\infty, +\infty)$, 就得到一条积分曲线; 当 c 在区间 $(-\infty, 0]$ 上连续变化时, 就得到一族过点 $(0, x(0)) = (0, 0)$ 的积分曲线. 这一族积分曲线对应的解都满足初值条件 $x(0) = 0$, 也就是说, 所给的方程满足初值条件 $x(0) = 0$ 的解有无穷多个, 见图 2.1. 有兴趣的同学可画出该方程满足初值条件 $x(0) = 1$ 的积分曲线, 观察它的特点, 思考为什么有时特解唯一, 有时特解有无穷多个. 对于这个问题, 从第四章介绍的基本理论中可发现答案.

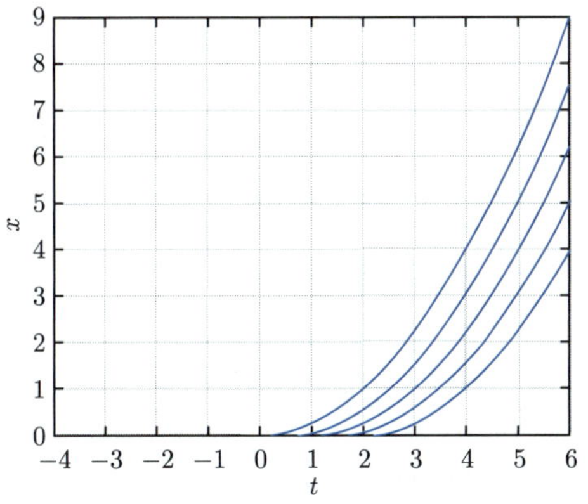

图 2.1 过点 $(0, 0)$ 的积分曲线

例 2.1.3 求微分方程 $\dfrac{\mathrm{d}x}{\mathrm{d}t} = kx(1-x)$ 的通解, 其中 $k\ (k > 0)$ 为参数.

解 该方程是 $t \in \mathbb{R}, x \in \mathbb{R}$ 的变量分离方程. 函数 $b(x) = kx(1-x)$ 有两个零点 $x = 0, 1$, 从而得到两个特解 $x = x(t) \equiv 0,\ x = x(t) \equiv 1$.

当 $x \in (-\infty, 0),\ x \in (0, 1)$ 或 $x \in (1, +\infty)$ 时, 该方程化为

$$\frac{\mathrm{d}x}{x(1-x)} = k\mathrm{d}t.$$

利用分离变量法可得: 当 $x \in (-\infty, 0)$ 时,

$$\ln(-x) - \ln(1-x) = kt + c_1 \implies x = \frac{\mathrm{e}^{c_1} \cdot \mathrm{e}^{kt}}{\mathrm{e}^{c_1} \cdot \mathrm{e}^{kt} - 1}, \quad t \in \left(-\infty, -\frac{c_1}{k}\right);$$

当 $x \in (0, 1)$ 时,

$$\ln x - \ln(1-x) = kt + c_1 \implies x = \frac{\mathrm{e}^{c_1} \cdot \mathrm{e}^{kt}}{\mathrm{e}^{c_1} \cdot \mathrm{e}^{kt} + 1}, \quad t \in \mathbb{R};$$

当 $x \in (1, +\infty)$ 时,

$$\ln x - \ln(x-1) = kt + c_1 \implies x = \frac{\mathrm{e}^{c_1} \cdot \mathrm{e}^{kt}}{\mathrm{e}^{c_1} \cdot \mathrm{e}^{kt} - 1}, \quad t \in \left(-\frac{c_1}{k}, +\infty\right),$$

这里 c_1 为任意常数. 取 $c = \mathrm{e}^{c_1}$, 以上三个区间上不同的通解形式上可统一写为

$$x = \frac{c\,\mathrm{e}^{kt}}{c\,\mathrm{e}^{kt} - 1},$$

其中 c 为任意非零常数. 注意到 $x\equiv 0$ 是一个特解, 因此该方程的通解为

$$x=\frac{c\,\mathrm{e}^{kt}}{c\,\mathrm{e}^{kt}-1}, \tag{2.7}$$

这里 c 为任意常数. 通解表达式 (2.7) 中不包含特解 $x\equiv 1$.

例 2.1.3 说明, 通解不一定包含所有解. 如果给定合适的初值条件, 则可由通解表达式 (2.7) 确定常数 c. 从通解表达式 (2.7) 可见, 对于不同的 c, 其解的存在区间可能不一样. 例如, 当 $c\leqslant 0$ 时, 解的存在区间为 $(-\infty,+\infty)$; 而当 $c>0$ 时, 解的存在区间为 $\left(-\infty,-\dfrac{\ln c}{k}\right)$ 或 $\left(-\dfrac{\ln c}{k},+\infty\right)$. 后者意味着积分曲线有垂直渐近线.

例 2.1.4 求初值问题 $\dfrac{\mathrm{d}x}{\mathrm{d}t}=kx(1-x), x(0)=x_0\in\mathbb{R}$ 的解, 画出其中微分方程的积分曲线并讨论这些积分曲线的渐近线, 其中 $k\,(k>0)$ 为参数.

解 将初值条件 $x(0)=x_0$ 代入通解表达式 (2.7), 得到

$$x_0=x(0)=\frac{c\,\mathrm{e}^0}{c\,\mathrm{e}^0-1}\implies c=\frac{x_0}{x_0-1}.$$

如果 $x_0\neq 1$, 那么满足 $x(0)=x_0$ 的解为

$$x(t)=\frac{x_0\mathrm{e}^{kt}}{x_0\mathrm{e}^{kt}-x_0+1};$$

如果 $x_0=1$, 那么满足 $x(0)=1$ 的解为 $x(t)\equiv 1$. 因此, 该初值问题的解的存在区间依赖于初值 x_0 的大小, 即

$$x(t)=\begin{cases}\dfrac{x_0\mathrm{e}^{kt}}{x_0\mathrm{e}^{kt}-x_0+1}, & \dfrac{1}{k}\ln\dfrac{x_0-1}{x_0}<t<+\infty, \quad \text{如果 } x_0>1,\\ \dfrac{x_0\mathrm{e}^{kt}}{x_0\mathrm{e}^{kt}-x_0+1}, & -\infty<t<+\infty, \quad \text{如果 } 0\leqslant x_0\leqslant 1,\\ \dfrac{x_0\mathrm{e}^{kt}}{x_0\mathrm{e}^{kt}-x_0+1}, & -\infty<t<\dfrac{1}{k}\ln\dfrac{x_0-1}{x_0}, \quad \text{如果 } x_0<0.\end{cases}$$

由此可见, 当 $x_0>1$ 或 $x_0<0$ 时, 该初值问题中的微分方程满足 $x(0)=x_0$ 的积分曲线 $x=x(t)$ 有一条垂直渐近线 $t=\dfrac{1}{k}\ln\left(1-\dfrac{1}{x_0}\right)$ 和一条水平渐近线, 其中前者有水平渐近线 $x=1$, 后者有水平渐近线 $x=0$; 当 $0<x_0<1$ 时, 这个微分方程满足 $x(0)=x_0$ 的积分曲线 $x=x(t)$ 有两条水平渐近线 $x=1$ 和 $x=0$, 参见图 2.2.

注 2.1 例 2.1.4 也说明了通解不一定包含该微分方程的所有解, 同时说明了给定初值问题可得到相应的微分方程的一个特解. 如果初始值对应的初值点取遍微分方程的整个定义域, 那么这些初值点对应的特解组成的集合就是微分方程的所有解.

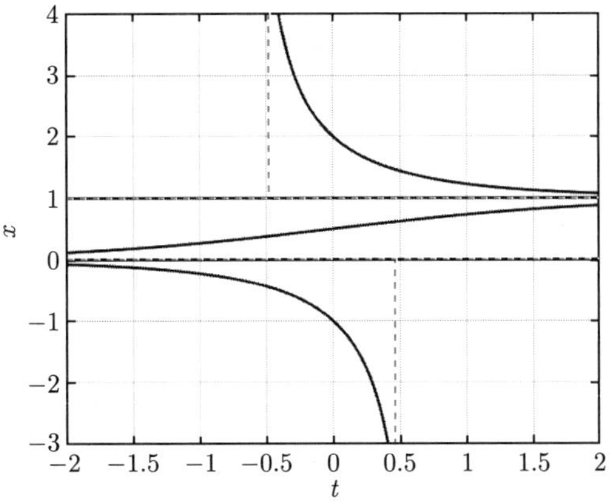

图 2.2 积分曲线及其渐近线示意图

例 2.1.5 求解微分方程 $\dfrac{\mathrm{d}x}{\mathrm{d}t}=\sin(3t+2x)$.

解 设 $z(t)=3t+2x(t)$, 则原方程可化为

$$\frac{\mathrm{d}z}{\mathrm{d}t}=3+2\sin z.$$

因为 $3+2\sin z\neq 0$, 所以

$$\frac{\mathrm{d}z}{3+2\sin z}=\mathrm{d}t.$$

上式两边积分, 得到

$$\frac{2}{\sqrt{5}}\arctan\frac{3\tan\dfrac{z}{2}+2}{\sqrt{5}}=t+c.$$

将 $z=3t+2x$ 代入上式可知, $x=x(t)$ 由下列方程确定:

$$\frac{2}{\sqrt{5}}\arctan\frac{3\tan\dfrac{3t+2x}{2}+2}{\sqrt{5}}=t+c,$$

这里 c 为任意常数. 这就是原方程的通积分.

从这个例子可看出, 形式上不是变量分离的微分方程, 有可能通过变量替换化为变量分离方程. 下面我们列出三类可通过变量替换化为变量分离方程来求解的微分方程. 有兴趣的读者可自己发现更多类型.

设 k 为非负整数, 称函数 $f(t,x)$ 为 k **次齐次函数**, 如果对于任意 $\lambda>0$, 都有

$$f(\lambda t,\lambda x)=\lambda^k f(t,x).$$

(I) 设 $f(t,x)$ 是 0 次齐次函数, 则 $\dfrac{\mathrm{d}x}{\mathrm{d}t}=f(t,x)$ 可通过变量替换化为变量分离方程来求解.

事实上, 由 0 次齐次函数的定义知, 存在函数 g, 使得 $f(t,x)=g\left(\frac{x}{t}\right)$ $\left[\text{或 } f(t,x)=g\left(\frac{t}{x}\right)\right]$. 令 $z=\frac{x}{t}$, 则原方程化为

$$t\frac{\mathrm{d}z}{\mathrm{d}t}=g(z)-z.$$

该方程为变量分离方程.

(Ⅱ) 设 f 是连续函数, a,b,m,n,c_1,c_2 都是常数, 并且 $(a^2+m^2)(b^2+n^2)\neq 0$, 则方程

$$\frac{\mathrm{d}x}{\mathrm{d}t}=f\left(\frac{at+bx+c_1}{mt+nx+c_2}\right)$$

可通过变量替换化为变量分离方程来求解.

(1) 当

$$\begin{vmatrix} a & b \\ m & n \end{vmatrix}\neq 0$$

时, 方程组

$$\begin{cases} at+bx+c_1=0, \\ mt+nx+c_2=0 \end{cases}$$

有唯一解, 记为 $t=\alpha, x=\beta$. 做变量替换 $\xi=t-\alpha, \eta=x-\beta$, 则原方程化为

$$\frac{\mathrm{d}\eta}{\mathrm{d}\xi}=f\left(\frac{a\xi+b\eta}{m\xi+n\eta}\right).$$

上式右边为变量 ξ 和 η 的 0 次齐次函数, 故可通过变量替换化为变量分离方程.

(2) 当

$$\begin{vmatrix} a & b \\ m & n \end{vmatrix}=0$$

时, 非零向量 (a,m) 与 (b,n) 平行. 于是, 存在非零常数 λ, 使得 $(a,m)=\lambda(b,n)$, 从而

$$\frac{at+bx+c_1}{mt+nx+c_2}=\frac{b(\lambda t+x)+c_1}{n(\lambda t+x)+c_2}.$$

令 $z=\lambda t+x$, 则原方程化为

$$\frac{\mathrm{d}z}{\mathrm{d}t}=\lambda+f\left(\frac{bz+c_1}{nz+c_2}\right).$$

这个方程为变量分离方程.

(Ⅲ) 设 a,b 均为非零常数, 则

$$\frac{\mathrm{d}x}{\mathrm{d}t}=f(at+bx+c_1)$$

可通过变量替换化为变量分离方程来求解.

事实上, 不难看出微分方程

$$\frac{\mathrm{d}x}{\mathrm{d}t}=f(at+bx+c_1)$$

为上述第二类微分方程的特殊情形, 即 $m=n=0,\ c_2=1$ 的情形. 对于这个方程, 也可以直接做变量替换 $z=at+bx+c_1$ 把它化为变量分离方程

$$\frac{\mathrm{d}z}{\mathrm{d}t}=a+bf(z).$$

习题 2.1

1. 求下列微分方程的通解或通积分:

(1) $\dfrac{\mathrm{d}x}{\mathrm{d}t}=\dfrac{2t}{x}$;　　(2) $\dfrac{\mathrm{d}x}{\mathrm{d}t}=2xt$;

(3) $\dfrac{\mathrm{d}x}{\mathrm{d}t}=\dfrac{2t+3x-1}{t-x+1}$;　　(4) $\dfrac{\mathrm{d}x}{\mathrm{d}t}=\dfrac{\sqrt{1-x^2}}{t}$;

(5) $\dfrac{\mathrm{d}x}{\mathrm{d}t}=\dfrac{x+t}{x-t+1}$;　　(6) $\dfrac{\mathrm{d}x}{\mathrm{d}t}=\mathrm{e}^{-x+2t}+2$;

(7) $t\dfrac{\mathrm{d}x}{\mathrm{d}t}=4x$;　　(8) $\dfrac{\mathrm{d}x}{\mathrm{d}t}=1+3x+2x^2$.

2. 求下列初值问题的解并画出积分曲线:

(1) $\begin{cases}\dfrac{\mathrm{d}x}{\mathrm{d}t}=\dfrac{tx}{t^2+1},\\ x(0)=1;\end{cases}$　　(2) $\begin{cases}\dfrac{\mathrm{d}x}{\mathrm{d}t}=\dfrac{x}{t}\left(1+\ln|x|-\ln|t|\right),\\ x(1)=2;\end{cases}$

(3) $\begin{cases}\dfrac{\mathrm{d}x}{\mathrm{d}t}=x^{\frac{1}{3}},\\ x(0)=0.\end{cases}$

3. 求一条过原点的曲线 $x=x(t)$, 使得其上任一点 (x,t) 处的切线斜率为 $\sqrt[3]{\dfrac{1+x^2}{1+t^4}}$, 并证明这条曲线有两条渐近线.

4. k 次齐次函数的概念可推广到具有权重的情形, 即如果存在正整数 s_1, s_2 和非负整数 k, 使得

$$f(\lambda^{s_1}t,\lambda^{s_2}x)=\lambda^k f(t,x),\quad \forall\lambda>0,$$

则称 $f(t,x)$ 是**具有权重** (s_1,s_2) **的** k **次拟齐次函数**. 这时, 试讨论 s_1, s_2 和 k 满足什么条件时, 微分方程 $\dfrac{\mathrm{d}x}{\mathrm{d}t}=f(t,x)$ 可通过变量替换化为变量分离方程来求解.

5. 寻找新类型函数 $f(t,x)$, 使得微分方程 $\frac{\mathrm{d}x}{\mathrm{d}t}=f(t,x)$ 可化为变量分离方程来求解.

2.2　一阶线性微分方程

本节考虑微分方程 (2.1) 中 $f(t,x)$ 具有形式

$$f(t,x)=q(t)-p(t)x,$$

即 $f(t,x)$ 是 x 的线性函数的情形. 这时, 方程 (2.1) 可写成

$$\frac{\mathrm{d}x}{\mathrm{d}t}+p(t)x=q(t), \tag{2.8}$$

其中 $p(t)$ 和 $q(t)$ 是区间 $I=(a,b)\subseteq\mathbb{R}$ 上的连续函数. 称方程 (2.8) 为**一阶线性微分方程**.

当 $q(t)\equiv 0$ 时, 方程 (2.8) 成为

$$\frac{\mathrm{d}x}{\mathrm{d}t}+p(t)x=0. \tag{2.9}$$

称方程 (2.9) 为**一阶齐次线性微分方程**, 也称它是方程 (2.8) 对应的齐次方程. 注意, 这里"齐次"的含义与上一节齐次函数中"齐次"的含义不同.

当 $q(t)\not\equiv 0$ 时, 方程 (2.8) 称为**一阶非齐次线性微分方程**.

显然, 一阶齐次线性微分方程 (2.9) 是变量分离方程, 其通解为

$$x(t)=c\,\mathrm{e}^{-\int p(t)\mathrm{d}t},\quad t\in I, \tag{2.10}$$

这里 c 是任意常数.

注意到一阶齐次线性微分方程 (2.9) 的通解的定义域与函数 $p(t)$ 的定义域相同. 不难证明, 方程 (2.9) 的任意解都可以利用通解公式 (2.10) 通过适当选择常数 c 得到, 并且它要么恒为零, 要么恒不为零 (这个解为定号函数). 而且, 可以证明, 方程 (2.9) 的任意两个解 $x=\varphi(t)$ 和 $x=\phi(t)$ 的线性组合 $k_1\varphi(t)+k_2\phi(t)$ 仍然是方程 (2.9) 的解, 这里 $k_1,k_2\in\mathbb{R}$. 这种性质称为**叠加原理**, 它是齐次线性微分方程独有的. 在第三章中, 我们将对任意阶齐次线性微分方程组证明其解满足叠加原理.

下面介绍求解一阶非齐次线性微分方程的方法. 尝试将方程 (2.9) 的通解公式 (2.10) 中的常数 c 置换成 t 的函数, 并且记为 $c(t)$. 假设方程 (2.8) 有形如 $c(t)\mathrm{e}^{-\int p(t)\mathrm{d}t}$ 的解, 其中 $c(t)$ 是待定函数. 若能通过代入方程 (2.8) 确定一个函数 $c(t)$, 则得到方程 (2.8) 的一个解. 若能确定一族函数 $c(t)$, 则可能得到 (2.8) 的通解. 这种求解方法称为**常数变易法**.

下面我们用常数变易法求解方程 (2.8).

设

$$x(t)=c(t)\mathrm{e}^{-\int p(t)\mathrm{d}t}$$

是方程 (2.8) 的解, 其中 $c(t)$ 是待定的可微函数, 则

$$c'(t)\mathrm{e}^{-\int p(t)\mathrm{d}t}-c(t)p(t)\mathrm{e}^{-\int p(t)\mathrm{d}t}+p(t)c(t)\mathrm{e}^{-\int p(t)\mathrm{d}t}=q(t),$$

即

$$c'(t)=q(t)\mathrm{e}^{\int p(t)\mathrm{d}t}.$$

上式是未知函数 $c(t)$ 的变量分离方程, 其解为

$$c(t)=\int q(t)\mathrm{e}^{\int p(t)\mathrm{d}t}\mathrm{d}t+c,$$

其中 c 为任意常数. 故方程 (2.8) 的通解为

$$x(t)=c\,\mathrm{e}^{-\int p(t)\mathrm{d}t}+\mathrm{e}^{-\int p(t)\mathrm{d}t}\int q(t)\mathrm{e}^{\int p(t)\mathrm{d}t}\mathrm{d}t,\quad t\in I. \tag{2.11}$$

这里需要指出的是, 在 (2.11) 式中出现了 3 次不定积分 $\int p(t)\mathrm{d}t$, 应将它们理解为函数 $p(t)$ 的同一个确定的原函数. 同样, 不定积分 $\int q(t)\mathrm{e}^{\int p(t)\mathrm{d}t}\mathrm{d}t$ 也应理解为函数 $q(t)\mathrm{e}^{\int p(t)\mathrm{d}t}$ 的某个确定的原函数. 于是, 取 $c=0$ 时,

$$x(t)=\mathrm{e}^{-\int p(t)\mathrm{d}t}\int q(t)\mathrm{e}^{\int p(t)\mathrm{d}t}\mathrm{d}t,\quad t\in I$$

给出了方程 (2.8) 的一个特解.

通常为避免理解上的歧义, 将不定积分换为定积分, 即给定 $t_0,t_1\in I$, 直接将通解 (2.11) 改写成

$$x(t)=c\,\mathrm{e}^{-\int_{t_0}^{t}p(s)\mathrm{d}s}+\mathrm{e}^{-\int_{t_0}^{t}p(s)\mathrm{d}s}\int_{t_1}^{t}q(s)\mathrm{e}^{\int_{t_0}^{s}p(\tau)\mathrm{d}\tau}\mathrm{d}s,\quad t\in I. \tag{2.12}$$

这样, 取 $c=0$ 时, 得到方程 (2.8) 的一个特解

$$x(t)=\mathrm{e}^{-\int_{t_0}^{t}p(s)\mathrm{d}s}\int_{t_1}^{t}q(s)\mathrm{e}^{\int_{t_0}^{s}p(\tau)\mathrm{d}\tau}\mathrm{d}s,$$

该特解满足初值条件

$$x(t_0)=\int_{t_1}^{t_0}q(s)\mathrm{e}^{\int_{t_0}^{s}p(\tau)\mathrm{d}\tau}\mathrm{d}s.$$

可以验证, 一阶非齐次线性微分方程 (2.8) 的解具有以下性质:

(1) 方程 (2.8) 的通解的存在区间为 I, 即通解的存在区间就是方程 (2.8) 中连续函数 $p(t)$ 和 $q(t)$ 有定义的共同区间.

(2) 方程 (2.8) 的任意两个有共同存在区间的特解 $x=\varphi_1(t)$ 和 $x=\varphi_2(t)$ 之差 $\varphi_1(t)-\varphi_2(t)$ 是对应的齐次方程 (2.9) 的特解.

(3) 方程 (2.8) 的任意解都可以利用通解公式 (2.11) 通过适当选择常数 c 得到. 因此, 方程 (2.8) 所有解的定义域都是 I.

(4) 方程 (2.8) 的通解等于对应的齐次方程 (2.9) 的通解 $c\mathrm{e}^{-\int p(t)\mathrm{d}t}$ 与方程 (2.8) 的一个特解之和.

(5) 方程 (2.8) 满足初值条件 $x(t_0)=x_0$ 的特解为

$$x(t)=\mathrm{e}^{-\int_{t_0}^{t}p(s)\mathrm{d}s}\left(x_0+\int_{t_0}^{t}q(t)\mathrm{e}^{\int_{t_0}^{t}p(s)\mathrm{d}s}\mathrm{d}t\right).$$

注 2.2 一阶齐次线性微分方程和非齐次线性微分方程的解的性质可分别推广到高阶齐次线性微分方程 (组) 和非齐次线性微分方程 (组) 上. 这表明, 线性微分方程 (组) 的通解有一致的结构. 我们将在第三章给出其证明.

由性质 (4) 可知, 求方程 (2.8) 的通解的过程可分为两步:

第一步, 求出相应的齐次方程 (2.9) 的通解;

第二步, 求出方程 (2.8) 的一个特解 (这一步可以用常数变易法, 也可以用观察、待定的方法).

例 2.2.1 求线性微分方程 $\dfrac{\mathrm{d}x}{\mathrm{d}t}-2tx=1$ 的通解.

解 先求原方程对应的齐次方程

$$\frac{\mathrm{d}x}{\mathrm{d}t}-2tx=0$$

的通解, 得到

$$x(t)=c\,\mathrm{e}^{t^2},$$

其中 c 为任意常数. 再应用常数变易法. 设原方程的解为 $x(t)=c(t)\mathrm{e}^{t^2}$, 代入原方程, 得到

$$c'(t)\mathrm{e}^{t^2}+c(t)\cdot 2t\mathrm{e}^{t^2}-2tc(t)\mathrm{e}^{t^2}=1,$$

化简得到

$$c'(t)\mathrm{e}^{t^2}=1,\quad c(t)=\int \mathrm{e}^{-t^2}\mathrm{d}t+c\,,$$

其中 c 为任意常数. 代回到所设的解, 得到原方程的通解

$$x(t)=c\,\mathrm{e}^{t^2}+\mathrm{e}^{t^2}\int \mathrm{e}^{-t^2}\mathrm{d}t,$$

这里将 $\int \mathrm{e}^{-t^2}\mathrm{d}t$ 看作 e^{-t^2} 的一个原函数.

注 2.3 在例 2.2.1 中, 函数 e^{-t^2} 的原函数是存在的, 但不是初等函数. 这告诉我们, 微分方程的解不一定都能用初等函数来表示.

例 2.2.2 求线性微分方程 $\dfrac{\mathrm{d}x}{\mathrm{d}t}+x=t+t^2$ 的通解.

解 原方程对应的齐次方程 $\dfrac{\mathrm{d}x}{\mathrm{d}t}+x=0$ 的通解为

$$x(t)=c\,\mathrm{e}^{-t},$$

其中 c 为任意常数.

下面通过观察, 确定原方程的一个特解. 注意到原方程右边是 t 的二次多项式, 左边是未知函数 x 及其导数之和. 于是, 设

$$x^*=a_0+a_1t+t^2$$

是原方程的一个特解, 其中 a_0,a_1 为待定的常数, 则

$$2t+a_1+a_0+a_1t+t^2=t+t^2 \Longrightarrow a_1=-1, a_0=1.$$

因此, 原方程有一个特解 $x^*=t^2-t+1$. 故原方程的通解为

$$x(t)=c\,\mathrm{e}^{-t}+x^*=c\,\mathrm{e}^{-t}+t^2-t+1,$$

其中 c 为任意常数.

例 2.2.3 求微分方程 $\dfrac{\mathrm{d}x}{\mathrm{d}t}=\dfrac{\alpha(t)x^2+\beta(t)}{2x}$ 的通解.

解 显然, 原方程不是线性微分方程, 也不是变量分离方程. 令 $z=x^2$, 则原方程化为

$$\frac{\mathrm{d}z}{\mathrm{d}t}=\alpha(t)z+\beta(t).$$

这是一个一阶线性微分方程, 由通解公式 (2.11) 可得

$$z=c\,\mathrm{e}^{\int\alpha(t)\mathrm{d}t}+\mathrm{e}^{\int\alpha(t)\mathrm{d}t}\int\beta(t)\mathrm{e}^{-\int\alpha(t)\mathrm{d}t}\mathrm{d}t,$$

即

$$x^2=c\,\mathrm{e}^{\int\alpha(t)\mathrm{d}t}+\mathrm{e}^{\int\alpha(t)\mathrm{d}t}\int\beta(t)\mathrm{e}^{-\int\alpha(t)\mathrm{d}t}\mathrm{d}t,$$

其中 c 为任意常数. 当 c 取定时, 解 $x(t)$ 的定义域由不等式

$$c+\int\beta(t)\mathrm{e}^{-\int\alpha(t)\mathrm{d}t}\mathrm{d}t\geqslant 0$$

确定.

从例 2.2.3 可看出, 某些一阶非线性微分方程可以通过变量替换化为线性微分方程, 而一阶线性微分方程有通解公式. 这极大地鼓舞了人们去寻找更多可通过变量替换转化为线性微分方程的一阶非线性微分方程. 下面我们介绍 1695 年 Jacob Bernoulli① 找到的一类一阶非线性微分方程

$$\frac{\mathrm{d}x}{\mathrm{d}t}+p(t)x=q(t)x^{\alpha},$$

这里常数 $\alpha\neq 0,1$, 这类方程称为 **Bernoulli 方程**.

例 2.2.4 求 Bernoulli 方程 $\frac{\mathrm{d}x}{\mathrm{d}t}+p(t)x=q(t)x^{\alpha}$ 的通解, 这里 $p(t)$ 和 $q(t)$ 是区间 $I=(a,b)$ 上的连续函数, 常数 $\alpha\neq 0,1$.

解 当 $\alpha>0$ 时, $x\equiv 0$ 是 Bernoulli 方程的特解. 当 $\alpha<0$ 时, Bernoulli 方程的定义域为 $\{(t,x)\in I\times\mathbb{R}\setminus\{0\}\}$. 因此, 考虑 $x\neq 0$ 的情形. 当 $x\neq 0$ 时, Bernoulli 方程两边除以 x^{α}, 得到

$$x^{-\alpha}\frac{\mathrm{d}x}{\mathrm{d}t}+p(t)x^{1-\alpha}=q(t).$$

令 $y=x^{1-\alpha}$, 则上式化为

$$\frac{\mathrm{d}y}{\mathrm{d}t}+(1-\alpha)p(t)y=(1-\alpha)q(t).$$

这是一阶非齐次线性微分方程, 由通解公式 (2.11) 得到其通解

$$y(t)=c\,\mathrm{e}^{-\int(1-\alpha)p(t)\mathrm{d}t}+\mathrm{e}^{-\int(1-\alpha)p(t)\mathrm{d}t}\int(1-\alpha)q(t)\mathrm{e}^{\int(1-\alpha)p(t)\mathrm{d}t}\mathrm{d}t,\quad t\in I,$$

这里 c 为任意常数. 再将 $y(t)=x^{1-\alpha}(t)$ 代入上式, 可得到 Bernoulli 方程的通解

$$x^{1-\alpha}(t)=c\,\mathrm{e}^{-\int(1-\alpha)p(t)\mathrm{d}t}+\mathrm{e}^{-\int(1-\alpha)p(t)\mathrm{d}t}\int(1-\alpha)q(t)\mathrm{e}^{\int(1-\alpha)p(t)\mathrm{d}t}\mathrm{d}t,\quad t\in I.$$

17 世纪, J. F. Riccati② 在 Bernoulli 方程的基础上提出微分方程

$$\frac{\mathrm{d}x}{\mathrm{d}t}+p(t)x=q(t)x^{2}+r(t).\tag{2.13}$$

后人把方程 (2.13) 称为 **Riccati 方程**.

定理 2.1 如果已知 Riccati 方程 (2.13) 的一个特解 $x=\varphi(t)$, 则能通过变量替换将方程 (2.13) 的通解用初等积分法求出.

证明 做变量替换 $x(t)=u(t)+\varphi(t)$, 则

$$\frac{\mathrm{d}u}{\mathrm{d}t}+\frac{\mathrm{d}\varphi}{\mathrm{d}t}=q(t)(u^{2}+2u\varphi+\varphi^{2})-p(t)(u+\varphi)+r(t).$$

---

① Jacob Bernoulli (雅各布 • 伯努利, 1654—1705), 瑞士数学家.

② J. F. Riccati (黎卡提, 1676—1754), 意大利数学家和物理学家.

注意到 $\varphi(t)$ 是方程 (2.13) 的一个特解, 故有 $\frac{\mathrm{d}\varphi}{\mathrm{d}t}=q(t)\varphi^2-p(t)\varphi+r(t)$. 代入上式, 得到

$$\frac{\mathrm{d}u}{\mathrm{d}t}+(p(t)-2q(t)\varphi)u=q(t)u^2.$$

这是一个 Bernoulli 方程, 利用例 2.2.4 的结果即可得到定理的结论. □

然而, 求出 Riccati 方程的一个特解是很困难的. 1725 年, Daniel Bernoulli① 对 Riccati 方程的特殊形式给出了能用初等积分法求出通解的条件.

定理 2.2 设有 Riccati 方程 $\frac{\mathrm{d}x}{\mathrm{d}t}+ax^2=bt^m$, 其中 a, b, m 都是常数, $a\neq 0$, 则当

$$m=0,-2,-\frac{4k}{2k-1},-\frac{4k}{2k+1},\quad k\in\mathbb{Z}_+$$

时, 能通过变量替换使得该方程可用初等积分法求出通解.

证明 不妨设 $a=1$ (否则, 做变量替换 $\xi=at$, 可化为 $a=1$ 的情形). 因此, 我们只需考虑如下微分方程即可:

$$\frac{\mathrm{d}x}{\mathrm{d}t}+x^2=bt^m. \tag{2.14}$$

(1) 当 $m=0$ 时, 方程 (2.14) 是变量分离方程, 所以它的通解可以用初等积分法求出.

(2) 当 $m=-2$ 时, $t\neq 0$, 于是方程 (2.14) 可以化为

$$\frac{\mathrm{d}x}{\mathrm{d}t^{-1}}=\frac{x^2}{t^{-2}}-b.$$

注意到

$$\frac{x^2}{t^{-2}}-b$$

是关于 x 和 t^{-1} 的 0 次齐次函数, 故设 $z=xt$, 代入方程 (2.14), 得到

$$\frac{\mathrm{d}z}{\mathrm{d}t}=\frac{b+z-z^2}{t}.$$

这是变量分离方程, 所以它的通解可以用初等积分法求出.

(3) 当 $m=-\frac{4k}{2k-1}$, $k\in\mathbb{Z}_+$ 时, 做变量替换

$$t=\frac{1}{\tau},\quad x=\tau-y\tau^2, \tag{2.15}$$

则方程 (2.14) 化为

$$\frac{\mathrm{d}y}{\mathrm{d}\tau}+y^2=b\tau^{-m-4}. \tag{2.16}$$

---

① Daniel Bernoulli (丹尼尔 • 伯努利, 1700—1782), 瑞士数学家、物理学家和医生, Jacob Bernoulli 的侄子.

比较新的 Riccati 方程 (2.16) 与方程 (2.14), 发现形式完全相同, 仅仅方程右边自变量的指数变为

$$-m-4=-\frac{4(k-1)}{2(k-1)+1}.$$

这说明, 方程 (2.14) 经过 1 次变量替换 (2.15), 其右边自变量的指数关于正整数 k 将减少 1. 因此, 对于任意给定的正整数 k, 方程 (2.14) 经过 k 次变量替换 (2.15) 后, 其右边自变量的指数 m 将化为零, 即 $m=0$, 从而方程 (2.14) 可化为情形 (1), 即可化为变量分离方程.

(4) 当 $m=-\frac{4k}{2k+1}$, $k\in\mathbb{Z}_+$ 时, $m\neq -1$. 做变量替换

$$t=\xi^{\frac{1}{1+m}},\quad x=\frac{b}{(m+1)\eta}, \tag{2.17}$$

则方程 (2.14) 化为

$$\frac{\mathrm{d}\eta}{\mathrm{d}\xi}+\eta^2=\frac{b}{(1+m)^2}\xi^{-\frac{m}{m+1}}, \tag{2.18}$$

其中 ξ 是自变量, η 是未知函数, 且

$$-\frac{m}{m+1}=-\frac{4k}{2k-1}.$$

这说明, 方程 (2.18) 右边自变量的指数为 $-\frac{4k}{2k-1}$. 这与情形 (3) 中的 m 相同. 利用变量替换 (2.15) 可将给定的正整数 k 一步一步化为零, 即这种情形下方程 (2.14) 可化为变量分离方程. □

注 2.4　定理 2.2 给出了一类特殊 Riccati 方程能用初等积分法求解的充分条件. 1841 年, J. Liouville[①] 证明了该定理的逆也是正确的, 即这类特殊 Riccati 方程能用初等积分法求解的充要条件是

$$m=0,-2,-\frac{4k}{2k-1},-\frac{4k}{2k+1},\quad k\in\mathbb{Z}_+.$$

由此可见, 一些看上去非常简单的微分方程, 如 $x'(t)=x^2+t^2$, 都不能用初等积分法求解. 这件令人费解的事, 也成为微分方程发展史上的一个里程碑, 标志着对微分方程的研究从寻找微分方程的初等解法转向探究微分方程的适定性问题, 即关心解是否存在, 是否唯一, 对写不出表达式的解能否讨论解的性质, 等等. 这些内容详见第四章的基本理论.

对非线性微分方程的求解, 用变量替换将其转化成已知可求解的类型是通用做法. 有时把自变量与未知函数的位置交换也能达到这个效果.

① J. Liouville (刘维尔, 1809—1882), 法国数学家.

例 2.2.5 求微分方程 $\dfrac{\mathrm{d}x}{\mathrm{d}t}=\dfrac{x}{t+x^2}$ 的通解.

解 显然, 该方程的定义域为 $D=\{(t,x)\in\mathbb{R}^2: t+x^2\neq 0\}$. 易知 $x(t)\equiv 0$ $(t>0)$ 或 $x(t)\equiv 0$ $(t<0)$ 为该方程的特解. 考虑 $x\neq 0$ 的情形. 这时, 该方程可改写为

$$\frac{\mathrm{d}t}{\mathrm{d}x}=\frac{t+x^2}{x}.$$

这是一个一阶非齐次线性微分方程, 求解得到

$$t(x)=x^2+c\,x,\quad x\in(-\infty,0)\text{ 或 }x\in(0,+\infty),$$

其中 c 为任意常数. 当给定 c 时, 原方程的解 $x(t)$ 的定义域为某个区间, 使得

$$t+(x(t))^2\neq 0.$$

例如, 当给定 $c>0$ 时, 原方程的解为

$$x(t)=\frac{-c-\sqrt{c^2+4t}}{2},\quad t\in\left(-\frac{c^2}{4},+\infty\right),$$

或者

$$x(t)=\frac{-c+\sqrt{c^2+4t}}{2},\quad t\in\left(-\frac{c^2}{4},0\right)\text{ 或 }t\in(0,+\infty).$$

因为一阶导数是未知函数 x 与自变量 t 的微分之商, 所以可以交换这两者的位置, 以便求出微分方程的解, 但一定要注意原方程的定义域, 从而确定出解的存在区间. 为了方便求解, 下一节我们将把 x 和 t 看成地位平等的两个变量, 那么一阶显式方程

$$\frac{\mathrm{d}x}{\mathrm{d}t}=-\frac{M(t,x)}{N(t,x)}$$

可以写成对称形式

$$M(t,x)\mathrm{d}t+N(t,x)\mathrm{d}x=0,$$

这里 $M(t,x)$ 和 $N(t,x)$ 是 $I\times G\subseteq\mathbb{R}^2$ 上的连续函数.

习题 2.2

1. 求解下列微分方程:

(1) $\dfrac{\mathrm{d}x}{\mathrm{d}t}-\dfrac{2x}{t+1}=(t+1)^{\frac{5}{2}}$;

(2) $\dfrac{\mathrm{d}x}{\mathrm{d}t}=\dfrac{x}{t+x^3}$;

(3) $\left(t^2+3\right)\cos x\dfrac{\mathrm{d}x}{\mathrm{d}t}+2t\sin x=t\left(t^2+3\right)$;

(4) $\dfrac{\mathrm{d}x}{\mathrm{d}t}+\dfrac{x}{t}=a(\ln t)x^2$;

(5) $\dfrac{\mathrm{d}x}{\mathrm{d}t}-\dfrac{4}{t}x=t^2\sqrt{x}$.

2. 当 $\alpha>0$ 时, 是否存在某个 $t_0\in I$, 使得 Bernoulli 方程有满足 $x(t_0)=0$ 的非零解 $x(t)$?

3. 若已知一阶线性微分方程两个不同的解, 请写出该方程的通解; 若已知 Riccati 方程的两个不同的解, 请写出该方程的通解. 比较这两个通解之间的差异.

4. 设有微分方程 $\dfrac{\mathrm{d}x}{\mathrm{d}t}+p(t)x=q(t)$, 其中 $p(t)$ 和 $q(t)$ 分别是周期为 T_1 和 T_2 的连续函数, 请给出该方程有周期为 T_1 或 T_2 的周期解的条件, 并讨论周期解的个数.

5. 设有微分方程 $\dfrac{\mathrm{d}x}{\mathrm{d}t}+2x=q(t)$, 其中 $q(t)$ 是 $\mathbb{R}$ 上的有界连续函数, 证明: 该方程的所有解 $x(t)$ 都是全局解, 即 $t\in\mathbb{R}$, 并且只有一个有界解. 进一步, 证明: 如果 $q(t)$ 是周期为 T 的连续函数, 那么它有一个周期解, 且周期为 T.

2.3 全微分方程

这一节考虑具有如下形式的一阶微分方程

$$M(t,x)\mathrm{d}t+N(t,x)\mathrm{d}x=0, \tag{2.19}$$

这里 $M(t,x)$ 和 $N(t,x)$ 是 $I\times G\subseteq\mathbb{R}^2$ 上的连续函数.

定义 2.2 如果存在 $I\times G$ 上的一个可微函数 $u(t,x)$, 使得

$$\mathrm{d}u(t,x)=M(t,x)\mathrm{d}t+N(t,x)\mathrm{d}x,$$

那么称方程 (2.19) 为**全微分方程**或**恰当方程**.

显然, 如果方程 (2.19) 是全微分方程, 那么它有通积分

$$u(t,x)=c,$$

这里 c 是任意常数.

例 2.3.1 求微分方程 $3x^2\mathrm{d}x+2(t+1)\mathrm{d}t=0$ 的通积分.

解 因为 $\mathrm{d}(x^3+t^2+2t)=3x^2\mathrm{d}x+2(t+1)\mathrm{d}t$, 所以这是一个全微分方程, 从而该方程的通积分为

$$x^3+t^2+2t=c,$$

其中 c 为任意常数.

在例 2.3.1 中, 通过微积分知识观察出函数 x^3+t^2+2t 的全微分正好是微分方程的左边. 对于任意给定的微分方程 (2.19), 自然的问题是: 如何判定它是不是全微分方

程? 如果是全微分方程, 怎样求出其通积分中的函数 $u(t,x)$? 如果不是全微分方程, 能否通过乘以适当的函数因子使之成为全微分方程? 本节将解决这些问题.

定理 2.3 设函数 $M(t,x)$ 和 $N(t,x)$ 在区域 $I\times J\subseteq\mathbb{R}^2$ 上连续, 且有连续偏导数 $\dfrac{\partial M(t,x)}{\partial x}$ 与 $\dfrac{\partial N(t,x)}{\partial t}$, 其中 I,J 均为区间, 则方程 (2.19) 是全微分方程的充要条件为

$$\frac{\partial M(t,x)}{\partial x}=\frac{\partial N(t,x)}{\partial t} \tag{2.20}$$

在 D 上恒成立. 进一步, 如果方程 (2.19) 满足条件 (2.20), 那么方程 (2.19) 的通积分为

$$\int_{t_0}^{t}M(t,x)\mathrm{d}t+\int_{x_0}^{x}N(t_0,x)\mathrm{d}x=c,\quad \forall(t_0,x_0)\in I\times J$$

或

$$\int_{t_0}^{t}M(t,x_0)\mathrm{d}t+\int_{x_0}^{x}N(t,x)\mathrm{d}x=c,\quad \forall(t_0,x_0)\in I\times J,$$

这里 c 为任意常数.

证明 必要性 设方程 (2.19) 是全微分方程. 由定义 2.2 知, 存在函数 $u(t,x)$, 满足

$$\frac{\partial u(t,x)}{\partial t}=M(t,x),\quad \frac{\partial u(t,x)}{\partial x}=N(t,x). \tag{2.21}$$

对上两式分别关于 x 和 t 求偏导数, 得到

$$\frac{\partial M(t,x)}{\partial x}=\frac{\partial^2u(t,x)}{\partial x\partial t},\quad \frac{\partial N(t,x)}{\partial t}=\frac{\partial^2u(t,x)}{\partial t\partial x}.$$

由于 $\dfrac{\partial M(t,x)}{\partial x}$ 与 $\dfrac{\partial N(t,x)}{\partial t}$ 在区域 $I\times J$ 上连续, 所以

$$\frac{\partial^2u(t,x)}{\partial x\partial t}=\frac{\partial^2u(t,x)}{\partial t\partial x},\quad \forall(t,x)\in I\times J.$$

故

$$\frac{\partial M(t,x)}{\partial x}=\frac{\partial N(t,x)}{\partial t},\quad \forall(t,x)\in I\times J.$$

充分性 设 $M(t,x)$ 和 $N(t,x)$ 满足条件 (2.20), 只要证明存在可微函数 $u(t,x)$, 满足 (2.21) 式, 从而 $\mathrm{d}u(t,x)=M(t,x)\mathrm{d}t+N(t,x)\mathrm{d}x$, 即方程 (2.19) 是全微分方程. 任意给定 $(t_0,x_0)\in I\times J$, 令

$$u(t,x)=\int_{t_0}^{t}M(t,x)\mathrm{d}t+\psi(x),\quad \forall(t,x)\in I\times J,$$

它满足 $\dfrac{\partial u(t,x)}{\partial t}=M(t,x)$, 其中 $\psi(x)$ 是待定的连续可微函数.

因为 $\dfrac{\partial M(t,x)}{\partial x}$ 存在且连续, 所以

$$\frac{\partial u(t,x)}{\partial x}=\frac{\partial}{\partial x}\left(\int_{t_0}^{t}M(t,x)\mathrm{d}t+\psi(x)\right)=\int_{t_0}^{t}\frac{\partial M(t,x)}{\partial x}\mathrm{d}t+\frac{\mathrm{d}\psi(x)}{\mathrm{d}x}.$$

利用条件 (2.20), 上式可写为

$$\frac{\partial u(t,x)}{\partial x}=\int_{t_0}^{t}\frac{\partial N(t,x)}{\partial t}\mathrm{d}t+\frac{\mathrm{d}\psi(x)}{\mathrm{d}x}=N(t,x)-N(t_0,x)+\frac{\mathrm{d}\psi(x)}{\mathrm{d}x}.$$

令 $\dfrac{\mathrm{d}\psi(x)}{\mathrm{d}x}=N(t_0,x)$, 则

$$\psi(x)=\int_{x_0}^{x}N(t_0,x)\mathrm{d}x.$$

于是

$$u(t,x)=\int_{t_0}^{t}M(t,x)\mathrm{d}t+\int_{x_0}^{x}N(t_0,x)\mathrm{d}x$$

满足条件 (2.21). 故充分性得证.

进一步, 如果方程 (2.19) 满足条件 (2.20), 那么它是全微分方程. 由定义 2.2 知, 方程 (2.19) 的通积分为 $u(t,x)=c$, 即

$$\int_{t_0}^{t}M(t,x)\mathrm{d}t+\int_{x_0}^{x}N(t_0,x)\mathrm{d}x=c,$$

这里 c 为任意常数.

注意到上面可微函数 $u(t,x)$ 的构造是从 $\dfrac{\partial u(t,x)}{\partial t}=M(t,x)$ 出发得到的. 如果从 $\dfrac{\partial u(t,x)}{\partial x}=N(t,x)$ 出发构造可微函数

$$\widetilde{u}(t,x)=\int_{x_0}^{x}N(t,x)\mathrm{d}x+\phi(t),$$

其中 $\phi(t)$ 是待定的连续可微函数, 那么由条件 (2.20) 可类似地确定出

$$\widetilde{u}(t,x)=\int_{t_0}^{t}M(t,x_0)\mathrm{d}t+\int_{x_0}^{x}N(t,x)\mathrm{d}x.$$

因此, 得到通积分 $\widetilde{u}(t,x)=c$, 即

$$\int_{t_0}^{t}M(t,x_0)\mathrm{d}t+\int_{x_0}^{x}N(t,x)\mathrm{d}x=c,$$

这里 c 为任意常数. □

注 2.5 定理 2.3 中的区域 $I\times J$ 可以替换为单连通区域 $D\subseteq\mathbb{R}^2$. 任意取定 $(t_0,x_0),(t,x)\in D$, 设 L 是从起点 (t_0,x_0) 到终点 (t,x) 的分段光滑曲线, 且 $L\subset D$. 因为 D 为单连通区域, 所以由 Green[①] 公式可知, 条件 (2.20) 保证了第二类曲线积分 $\displaystyle\int_L M(t,x)\mathrm{d}t+N(t,x)\mathrm{d}x$ 所定义的函数

① G. Green (格林, 1793—1841), 英国数学家和物理学家.

$$u(t,x)=\int_{(t_0,x_0)}^{(t,x)} M(t,x)\mathrm{d}t+N(t,x)\mathrm{d}x \tag{2.22}$$

是唯一确定的, 只与积分路径 L 的起点与终点有关, 而与具体积分路径无关. 因此, 在 (2.22) 式中, 计算 $u(t,x)$ 时可选择易计算的积分路径 L. 通常取 L 为以 (t_0,x_0) 为起点, (t,x) 为终点的折线且 $L\subset D$. 若该折线不属于 D, 则用分段折线代替, 使得 $L\subset D$ (图 2.3), 进而类似证明即可.

若 D 不是单连通区域, 则条件(2.20)不能保证第二类曲线积分

$$\int_L M(t,x)\mathrm{d}t+N(t,x)\mathrm{d}x$$

与积分路径 L 无关. 因此, 沿不同积分路径 L 从点 (t_0,x_0) 到 (t,x) 的积分得到的函数 $u(t,x)$ 可能不相同. 于是, 在 D 不是单连通区域时, 通常将 D 分割成若干单连通区域来进行计算.

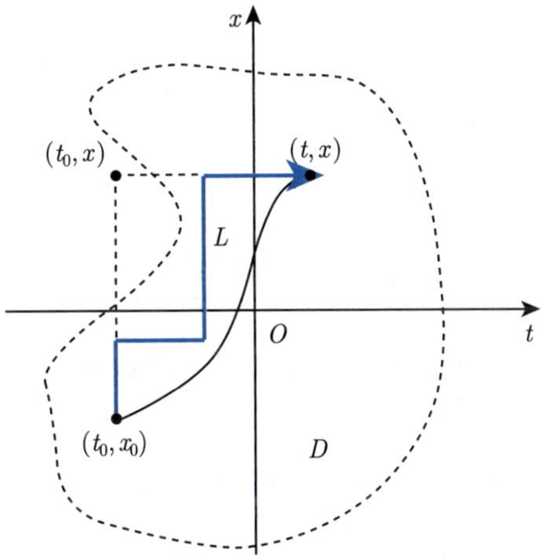

图 2.3 积分路径示意图

例 2.3.2 求微分方程 $x^2\mathrm{d}t+2(|x|+tx)\mathrm{d}x=0$ 的通积分.

解 令

$$M(t,x)=x^2,\quad N(t,x)=2(|x|+tx),$$

则 $M(t,x)$ 和 $N(t,x)$ 是 $\mathbb{R}^2$ 上连续且分别关于 x 和 t 有连续偏导数的函数, 而且

$$\frac{\partial M(t,x)}{\partial x}=2x=\frac{\partial N(t,x)}{\partial t}.$$

所以, 由定理 2.3 知这是一个全微分方程. 于是, 存在连续可微函数

$$u(t,x)=x^2t+\phi(x),$$

其中 $\phi(x)$ 是待定的连续可微函数, 使得

$$\mathrm{d}u(t,x)=x^2\mathrm{d}t+2(|x|+tx)\mathrm{d}x,$$

从而 $\dfrac{\partial u(t,x)}{\partial x}=2(|x|+tx)$. 故

$$2xt+\phi'(x)=2(|x|+tx),$$

即 $\phi'(x)=2|x|$. 由此求得 $\phi(x)$ 的一个表达式为 $\phi(x)=x|x|$, 从而 $u(t,x)=x^2t+x|x|$, 故原方程的通积分为

$$x^2t+x|x|=c,$$

这里 c 为任意常数.

例 2.3.3　求微分方程

$$\frac{t}{t^2+x^2}\mathrm{d}x-\frac{x}{t^2+x^2}\mathrm{d}t=0$$

的通积分.

解　令

$$M(t,x)=-\frac{x}{t^2+x^2},\quad N(t,x)=\frac{t}{t^2+x^2},$$

则 $M(t,x)$ 和 $N(t,x)$ 是区域 $D=\{(t,x)\in\mathbb{R}^2:\ t^2+x^2\neq 0\}=\mathbb{R}^2\setminus\{(0,0)\}$ 上的连续可微函数. 显然, D 非单连通.

注意到 $t(x)\equiv 0\,(x\neq 0)$ 是原方程的一个特解. 当 $t\neq 0$ 时, 通过观察得到

$$\mathrm{d}\left(\arctan\frac{x}{t}\right)=\frac{t\mathrm{d}x-x\mathrm{d}t}{t^2+x^2}.$$

故在右半平面 $t>0$ (或左半平面 $t<0$) 这一单连通区域上, 原方程是全微分方程, 从而其通积分为

$$\arctan\frac{x}{t}=c,\quad t>0\ (\text{或 } t<0),$$

其中 c 为区间 $\left(-\dfrac{\pi}{2},\dfrac{\pi}{2}\right)$ 上的任意常数.

例 2.3.4　求微分方程 $t\mathrm{d}x-x\mathrm{d}t=0$ 的通积分.

解　该方程的定义域是 $\{(t,x)\in\mathbb{R}^2\}$. 由定理 2.3 知, 该方程不是全微分方程. 显然, $x(t)\equiv 0$ 或 $t(x)\equiv 0$ 都是该方程的特解.

在单连通区域 $D_{1+}=\{(t,x)\in\mathbb{R}^2:t>0\}$ (或 $D_{1-}=\{(t,x)\in\mathbb{R}^2:t<0\}$) 上, 原方程两边乘以 t^{-2}, 得到

$$\frac{t\mathrm{d}x-x\mathrm{d}t}{t^2}=0,\quad \text{即}\quad \mathrm{d}\left(\frac{x}{t}\right)=0.$$

这是 D_{1+} (或 D_{1-}) 上的全微分方程, 其通积分为

$$\frac{x}{t}=c,\quad t>0\ (\text{或 } t<0),$$

其中 c 为任意常数.

在单连通区域 $D_{2+}=\{(t,x)\in\mathbb{R}^2: x>0\}$ (或 $D_{2-}=\{(t,x)\in\mathbb{R}^2: x<0\}$) 上, 原方程两边乘以 $-x^{-2}$, 得到

$$\frac{-t\mathrm{d}x+x\mathrm{d}t}{x^2}=0,\quad 即\quad \mathrm{d}\left(\frac{t}{x}\right)=0.$$

这是 D_{2+} (或 D_{2-}) 上的全微分方程, 其通积分为

$$\frac{t}{x}=c,\quad x>0\ (或\ x<0),$$

其中 c 为任意常数.

在以上四个单连通区域中的任一区域上, 原方程两边乘以 $(t^2+x^2)^{-1}$, 得到

$$\frac{t\mathrm{d}x-x\mathrm{d}t}{t^2+x^2}=0,\quad 即\quad \mathrm{d}\left(\arctan\frac{x}{t}\right)=0.$$

这是全微分方程, 其通积分为

$$\begin{aligned}
&\arctan\frac{x}{t}=c,\quad (t,x)\in D_{1+}\ 或\ (t,x)\in D_{1-},\\
&\arctan\frac{t}{x}=c,\quad (t,x)\in D_{2+}\ 或\ (t,x)\in D_{2-},
\end{aligned}$$

其中 c 为区间 $\left(-\frac{\pi}{2},\frac{\pi}{2}\right)$ 上的任意常数.

从例 2.3.4 看出, 尽管原方程不是全微分方程, 但是能通过选取适当的函数, 使其乘上该函数后成为全微分方程, 且原方程与这个全微分方程在适当的区域上是同解的.

定义 2.3 若存在单连通区域 D 上处处不为零的连续函数 $\mu(t,x)$, 使得

$$\mu(t,x)M(t,x)\mathrm{d}t+\mu(t,x)N(t,x)\mathrm{d}x=0,\quad (t,x)\in D \tag{2.23}$$

是全微分方程, 则称函数 $\mu(t,x)$ 为方程 (2.19) 的一个**积分因子**.

根据定义 2.3, 例 2.3.4 中函数 t^{-2} 是原方程在区域 D_{1+} 和 D_{1-} 上的积分因子, 函数 $-x^{-2}$ 是原方程在区域 D_{2+} 和 D_{2-} 上的积分因子, 函数 $(t^2+x^2)^{-1}$ 是原方程在这四个区域上的积分因子. 对于任意给定的微分方程, 寻找它的积分因子是一件有意义的事.

注意到积分因子的定义和全微分方程的充要条件 (见定理 2.3), 考虑单连通区域 D 上处处不为零且满足如下条件的函数 $\mu(t,x)$: $\mu(t,x)M(t,x)$, $\mu(t,x)N(t,x)$, $\dfrac{\partial\mu(t,x)M(t,x)}{\partial x}$ 和 $\dfrac{\partial\mu(t,x)N(t,x)}{\partial t}$ 在区域 D 上连续. 若函数 $\mu(t,x)$ 为方程 (2.19) 的一个积分因子, 则存在可微函数 $u(t,x)$, 使得

$$\mathrm{d}u(t,x)=\mu(t,x)M(t,x)\mathrm{d}t+\mu(t,x)N(t,x)\mathrm{d}x.$$

由定理 2.3 知

$$\frac{\partial\mu(t,x)M(t,x)}{\partial x}=\frac{\partial\mu(t,x)N(t,x)}{\partial t},\quad \forall(t,x)\in D.$$

由此可得 $\mu(t,x)$ 必须满足偏微分方程

$$M(t,x)\frac{\partial\mu(t,x)}{\partial x}-N(t,x)\frac{\partial\mu(t,x)}{\partial t}=\left(\frac{\partial N(t,x)}{\partial t}-\frac{\partial M(t,x)}{\partial x}\right)\mu(t,x). \tag{2.24}$$

反之, 若函数 $\mu(t,x)$ 为偏微分方程 (2.24) 的一个解, 则它就是方程 (2.19) 的一个积分因子.

然而, 一般来说求解偏微分方程 (2.24) 是困难的. 我们讨论方程 (2.24) 的特殊形式解 (如只依赖于单变量 x 或 t 的解) 的存在性.

命题 2.2 考虑区域 D 上的一阶微分方程 (2.19).

(i) 如果

$$\frac{1}{M(t,x)}\left(\frac{\partial N(t,x)}{\partial t}-\frac{\partial M(t,x)}{\partial x}\right)=g(x)$$

是区域 D 上的连续函数, 那么方程 (2.19) 在区域 D 上有一个积分因子

$$\mu(x)=\mathrm{e}^{\int g(x)\mathrm{d}x}.$$

(ii) 如果

$$\frac{1}{N(t,x)}\left(\frac{\partial M(t,x)}{\partial x}-\frac{\partial N(t,x)}{\partial t}\right)=h(t)$$

是区域 D 上的连续函数, 那么方程 (2.19) 在区域 D 上有一个积分因子

$$\mu(t)=\mathrm{e}^{\int h(t)\mathrm{d}t}.$$

证明 显然, $\mu(x)=\mathrm{e}^{\int g(x)\mathrm{d}x}$ 和 $\mu(t)=\mathrm{e}^{\int h(t)\mathrm{d}t}$ 均在区域 D 上处处不为零并且连续可微. 由前面分析, 仅需验证 $\mu(x)$ 和 $\mu(t)$ 分别满足方程 (2.24) 即可.

对 (i) , 将 $\mu(x)=\mathrm{e}^{\int g(x)\mathrm{d}x}$ 代入方程 (2.24) 的左边, 得到

$$左边=M(t,x)\mu(x)g(x)=\left(\frac{\partial N(t,x)}{\partial t}-\frac{\partial M(t,x)}{\partial x}\right)\mu(x)=右边.$$

对 (ii) 的验证留给读者. □

例 2.3.5 求微分方程

$$\left(\frac{x}{t}+2t\right)\mathrm{d}t+\left(1+\frac{t^2}{x}\right)\mathrm{d}x=0$$

的通积分.

解 将该方程变形为

$$\left(\frac{x}{t}\mathrm{d}t+\mathrm{d}x\right)+\left(2t\mathrm{d}t+\frac{t^2}{x}\mathrm{d}x\right)=\frac{1}{t}(x\mathrm{d}t+t\mathrm{d}x)+\frac{1}{x}(2tx\mathrm{d}t+t^2\mathrm{d}x)$$

$$= \frac{1}{t}\mathrm{d}(tx) + \frac{1}{x}\mathrm{d}(t^2x).$$

不难看出 t^4x^3 是原方程的一个积分因子, 于是得到原方程的通积分

$$\frac{1}{4}(tx)^4 + \frac{1}{3}(t^2x)^3 = c,$$

这里 c 为任意常数.

在例 2.3.5 的求解过程中, 利用了微积分的知识进行 "凑微分", 从多个凑成的微分中寻找原方程整体的积分因子. 下面的定理给出了寻找微分方程整体积分因子的途径.

定理 2.4 若 $\mu(t,x)$ 是方程 (2.19) 的一个积分因子, 使得

$$\mu(t,x)M(t,x)\mathrm{d}t + \mu(t,x)N(t,x)\mathrm{d}x = \mathrm{d}u(t,x),$$

则 $\mu(t,x)F(u(t,x))$ 也是方程 (2.19) 的一个积分因子, 其中 $F(\cdot)$ 是任意给定且处处非零的连续可微函数.

证明 由 $\mathrm{d}u(t,x) = \mu(t,x)M(t,x)\mathrm{d}t + \mu(t,x)N(t,x)\mathrm{d}x$ 知

$$\frac{\partial u(t,x)}{\partial t} = \mu(t,x)M(t,x), \quad \frac{\partial u(t,x)}{\partial x} = \mu(t,x)N(t,x).$$

又因为 $\mu(t,x)$ 是方程 (2.19) 的一个积分因子, 所以 $\mu(t,x)$ 处处不为零且满足方程 (2.24), 从而 $\mu(t,x)F(u(t,x))$ 是处处不为零的函数. 将 $\mu(t,x)F(u(t,x))$ 代入方程 (2.24) 的左边, 得到

$$\begin{aligned}
\text{左边} &= M(t,x)\left(\frac{\partial\mu(t,x)}{\partial x}F(u) + \mu(t,x)\frac{\mathrm{d}F(u)}{\mathrm{d}u}\cdot\frac{\partial u}{\partial x}\right) \\
&\quad - N(t,x)\left(\frac{\partial\mu(t,x)}{\partial t}F(u) + \mu(t,x)\frac{\mathrm{d}F(u)}{\mathrm{d}u}\cdot\frac{\partial u}{\partial t}\right) \\
&= \left(M(t,x)\frac{\partial\mu(t,x)}{\partial x} - N(t,x)\frac{\partial\mu(t,x)}{\partial t}\right)F(u) \\
&= \left(\frac{\partial N(t,x)}{\partial t} - \frac{\partial M(t,x)}{\partial x}\right)\mu(t,x)F(u) = \text{右边},
\end{aligned}$$

故 $\mu(t,x)F(u(t,x))$ 也是方程 (2.19) 的一个积分因子. □

注 2.6 前两节学习的两类可用初等积分法求解的一阶微分方程中, 容易验证变量分离方程是全微分方程, 而对于一阶线性微分方程 (2.8), 存在积分因子 $\mathrm{e}^{\int_{t_0}^{t}p(s)\mathrm{d}s}$ 使其成为全微分方程. 所以, 从这种意义上说, 求解全微分方程的方法是更广泛的初等积分法, 而且它在高阶微分方程或微分方程组求解中也发挥了重要作用, 详见第四节.

习题 2.3

1. 判断下列微分方程是否为全微分方程, 若是, 请求出其通积分:

(1) $(3t^2-1)\mathrm{d}t+(2x+1)\mathrm{d}x=0$;

(2) $(t^2+1)\cos x\mathrm{d}x+2t\sin x\mathrm{d}t=0$;

(3) $\left(\dfrac{x}{t}+t^2\right)\mathrm{d}t+(\ln t-2x)\mathrm{d}x=0$;

(4) $\dfrac{2x-1}{t}\mathrm{d}x+\dfrac{x-x^2}{t^2}\mathrm{d}t=0$.

2. 求下列微分方程的积分因子和通积分:

(1) $(3x^2t+2tx+x^3)\mathrm{d}t+(t^2+x^2)\mathrm{d}x=0$;

(2) $x\mathrm{d}t+(2tx-\mathrm{e}^{-2x})\mathrm{d}x=0$;

(3) $2tx^3\mathrm{d}t+(t^2x^2-1)\mathrm{d}x=0$;

(4) $\mathrm{e}^t\mathrm{d}t+(\mathrm{e}^t\cot x+2x\cos x)\mathrm{d}x=0$.

3. 请给出一阶微分方程 (2.19) 有形如 $\mu(t,x)=\mu(\varphi(t,x))$ 的积分因子的充要条件, 其中 $\varphi(t,x)$ 分别为 tx, $\mathrm{e}^{at+bx}(ab\neq 0, a,b\in\mathbb{R})$ 和 $(t^2+x^2)^\alpha(\alpha\neq 0,\alpha\in\mathbb{R})$.

4. 设 $M(t,x)$ 和 $N(t,x)$ 是单连通区域 $D\subseteq\mathbb{R}^2$ 上的连续可微函数, $\mu_1(t,x)$ 和 $\mu_2(t,x)$ 是一阶微分方程 (2.19) 在区域 D 上的两个连续可微的积分因子, 且它们线性无关, 即不存在常数 k, 使得 $\mu_1(t,x)=k\mu_2(t,x)$, 证明: $\dfrac{\mu_1(t,x)}{\mu_2(t,x)}=c$ 是方程 (2.19) 的通积分, 这里 c 是任意常数.

2.4 隐式微分方程

前三节我们考虑的一阶微分方程都是显式方程, 即一阶导数 $\dfrac{\mathrm{d}x}{\mathrm{d}t}$ 表示成未知函数 x 和自变量 t 的函数这样形式的微分方程. 记一阶导数 $\dfrac{\mathrm{d}x}{\mathrm{d}t}$ 为 $x'(t)$, 简记为 x'. 本节考虑一阶隐式方程

$$f(t,x,x'(t))=0, \tag{2.25}$$

这里 "隐式" 的含义是 (2.25) 式中一阶导数 $x'(t)$ 没有明显写成未知函数 x 和自变量 t 的函数关系式, $f(t,x,x'(t))$ 是关于 $(t,x,x'(t))$ 的连续函数.

求解方程 (2.25) 的一个自然想法是: 先将隐式方程转化成显式方程, 即从方程 (2.25) 中求出一阶导数 $x'(t)$, 然后用前三节学过的方法求解所得到的显式方程.

令 $p=\dfrac{\mathrm{d}x}{\mathrm{d}t}$, 将 p 视为独立变量, 则方程 (2.25) 转化为函数方程

$$f(t,x,p)=0. \tag{2.26}$$

如果从方程 (2.26) 能求出 p 的所有显式解, 那么方程 (2.25) 可写成一个或多个显式方程, 求解所得到的显式方程, 就得到方程 (2.25) 的解.

例 2.4.1 求微分方程 $(x'(t))^3-x(x'(t))^2-t^2x'(t)+t^2x=0$ 的通解.

解 令 $p=x'(t)$, 则该方程转化为函数方程

$$p^3-xp^2-t^2p+t^2x=0.$$

因式分解上式得到 $(p-t)(p+t)(p-x)=0$, 于是得到下面三个显式方程:

$$x'(t)=t,\quad x'(t)=-t\quad 或\quad x'(t)=x.$$

解这三个显式方程, 得到它们的通解分别为

$$x(t)=\frac{1}{2}t^2+c,\quad x(t)=-\frac{1}{2}t^2+c\quad 或\quad x(t)=c\,\mathrm{e}^t,$$

这里 c 为任意常数. 由通解的定义, 这三个解都是原方程的通解.

记

$$\psi_1(t,x)=x-\frac{1}{2}t^2,\quad \psi_2(t,x)=x+\frac{1}{2}t^2,\quad \psi_3(t,x)=x\,\mathrm{e}^{-t},$$

不难验证这三个函数两两线性无关, 即

$$\det\frac{\partial(\psi_i,\psi_j)}{\partial(t,x)}=\frac{\partial\psi_i}{\partial t}\cdot\frac{\partial\psi_j}{\partial x}-\frac{\partial\psi_i}{\partial x}\cdot\frac{\partial\psi_j}{\partial t}\neq 0,\quad i\neq j,\ i,j\in\{1,2,3\}.$$

也就是说, 上述三个通解不能相互表示, 它们是独立的.

例 2.4.1 告诉我们, 存在一阶隐式方程, 其通解不唯一. 这与前三节看见的一阶显式方程的通解不同. 注意到求解隐式方程的自然想法是先化隐式方程为显式方程, 再求解显式方程, 但按这一想法去做不一定奏效.

例 2.4.2 求微分方程 $x-tx'(t)+\frac{1}{4}(x'(t))^2=0$ 的通解.

解 令 $p=x'(t)$, 则该方程化为函数方程

$$x-tp+\frac{1}{4}p^2=0. \tag{2.27}$$

从方程 (2.27) 中求出 p. 如果 $t^2-x\geqslant 0$, 那么得到

$$p=2t+2\sqrt{t^2-x},\quad p=2t-2\sqrt{t^2-x}.$$

这是两个显式方程

$$x'(t)=2t+2\sqrt{t^2-x}\quad 或\quad x'(t)=2t-2\sqrt{t^2-x}.$$

然而, 这两个显式方程不易求出通解, 并且还额外加了条件 $t^2-x\geqslant 0$. 因此, 需要重新观察原方程的特点, 寻找其他解法.

由观察发现, 从方程 (2.27) 可以无条件解出 x, 即

$$x = tp - \frac{1}{4}p^2. \tag{2.28}$$

如果 p 关于 t 可导, 即 $x(t)$ 关于 t 二阶可导, 那么对 (2.28) 式两边关于 t 求导数, 得到

$$x' = p + tp' - \frac{1}{2}pp'.$$

注意到 $x' = p$, 故上式可以化简为

$$\left(t - \frac{1}{2}p\right)p' = 0.$$

于是 $p' = 0$ 或 $t - \frac{1}{2}p = 0$.

由 $p' = 0$ 得到 $p = c$, 其中 c 为任意常数. 将 $p = c$ 代入 (2.28) 式, 得到

$$x(t) = ct - \frac{1}{4}c^2.$$

经验证, 它是原方程的通解.

由 $t - \frac{1}{2}p = 0$ 得到显式方程 $x'(t) = 2t$, 解得 $x(t) = t^2 + c$, 其中 c 为任意常数. 将该解代入 (2.28) 式, 得到 $c = 0$, 从而得到原方程的一个特解 $x = t^2$. 显然, 特解 $x = t^2$ 不能通过适当选择常数 c 从通解 $x(t) = ct - \frac{1}{4}c^2$ 中得到, 参见图 2.4.

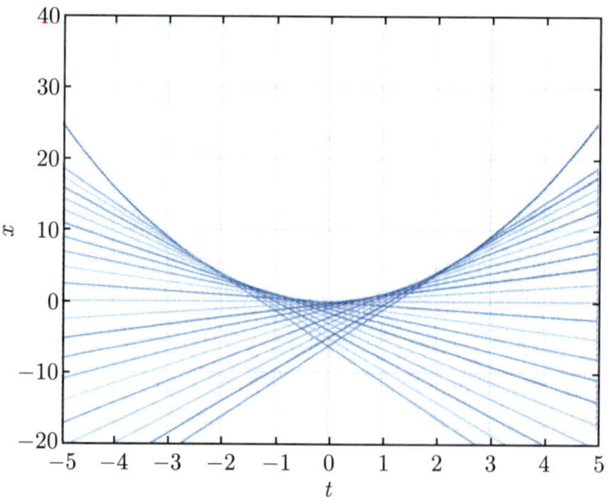

图 2.4 原方程的积分曲线

注 2.7 从例 2.4.2 中微分方程的积分曲线可见 (证明留作习题), 特解对应的光滑曲线 $x = t^2$ 是通解对应的曲线族 $x(t) = ct - \frac{1}{4}c^2$ 的包络. 回顾一下曲线族包络的定义. 考虑 tx-平面上的曲线族 $K(c): F(t,x,c) = 0$ 和一条连续可微曲线 $\gamma: g(t,x) = 0$. 如果对于任一点 $q \in \gamma$, 都存在 c^*, 使得曲线

族 $K(c)$ 中有一条曲线 $K(c^*): F(t,x,c^*)=0$ 与曲线 γ 在点 q 处相切, 并且曲线 $K(c^*)$ 在点 q 的某一邻域内与曲线 γ 不重合, 则称曲线 γ 为曲线族 $K(c)$ 的一支**包络**. 因此, 在例 2.4.2 中, 特解 $x=t^2$ 上每一点都有微分方程的两个解经过, 这种解称为**奇解** (见第四章). 例 2.4.2 是 Clairaut[①] 方程

$$x=t+f(x'(t)), \quad f''(x'(t))\neq 0$$

的一种特殊情形, 解这种特殊 Clairaut 方程的方法也可用于解一般 Clairaut 方程 (见第四章), 甚至对于一般的一阶隐式方程 (2.25), 如果它能写成

$$x=g(t,x'(t)),$$

令 $p=x'(t)$, 则 $x=g(t,p)$, 那么都可尝试对上式两边关于 t 求导数, 解出 p 或 p' 的关系式, 从而求出原方程的解. 这种解法称为**微分法**. 注意到微分法在求解过程中, 人为对微分方程求导数, 有可能增加额外的解, 所以求出解后一定要验证.

若一阶隐式方程 (2.25) 不能写成显式方程, 也不能写成 $x=g(t,x'(t))$ 的形式, 则考虑用所谓的参数法求解. 令 $p=x'(t)$, 则方程 (2.25) 可写成

$$f(t,x,p)=0. \tag{2.29}$$

方程 (2.29) 描述了 (t,x,p)-空间中的一个曲面. 利用曲面方程的参数形式

$$t=t(u,v), \quad x=x(u,v), \quad p=p(u,v),$$

其中 u,v 是参数, 计算该曲面参数方程中函数 $t(u,v)$ 和 $x(u,v)$ 的全微分, 得到

$$\begin{aligned} \mathrm{d}t&=\frac{\partial t(u,v)}{\partial u}\mathrm{d}u+\frac{\partial t(u,v)}{\partial v}\mathrm{d}v,\\ \mathrm{d}x&=\frac{\partial x(u,v)}{\partial u}\mathrm{d}u+\frac{\partial x(u,v)}{\partial v}\mathrm{d}v. \end{aligned} \tag{2.30}$$

因为 $\mathrm{d}x=p\mathrm{d}t$, 将 (2.30) 式代入 $\mathrm{d}x=p\mathrm{d}t$ 并合并同类项, 得到

$$\left(\frac{\partial x(u,v)}{\partial u}-p(u,v)\frac{\partial t(u,v)}{\partial u}\right)\mathrm{d}u+\left(\frac{\partial x(u,v)}{\partial v}-p(u,v)\frac{\partial t(u,v)}{\partial v}\right)\mathrm{d}v=0. \tag{2.31}$$

方程 (2.31) 是关于变量 u 和 v 的显式方程. 如果能用前三节的初等积分法求出方程 (2.31) 的通解, 记为

$$u=u(v,c) \quad 或 \quad v=v(u,c),$$

① A.-C. Clairaut (克莱罗, 1713—1765), 法国数学家和天文学家.

其中 c 为任意常数, 则方程 (2.25) 的通解为

$$t=t(u(v,c),v),\ x=x(u(v,c),v)\quad \text{或}\quad t=t(u,v(u,c)),\ x=x(u,v(u,c)).$$

称以上求解方程 (2.25) 的方法为**参数法**.

例 2.4.3　求微分方程 $(x'(t))^3-xx'(t)+t=0$ 的解.

解　令 $x'(t)=p$, 则该方程化为 txp-空间中的曲面方程

$$p^3-xp+t=0,$$

其参数形式可选为

$$t=uv-v^3,\quad x=u,\quad p=v.$$

于是

$$\mathrm{d}t=v\mathrm{d}u+u\mathrm{d}v-3v^2\mathrm{d}v,\quad \mathrm{d}x=\mathrm{d}u.$$

注意到 $\mathrm{d}x=v\mathrm{d}t$, 故

$$\mathrm{d}u=v(v\mathrm{d}u+u\mathrm{d}v-3v^2\mathrm{d}v),$$

即

$$(1-v^2)\mathrm{d}u+(3v^3-uv)\mathrm{d}v=0. \tag{2.32}$$

由命题 2.2 (i) 知, 方程 (2.32) 在区间 $|v|<1$ 内有积分因子 $\dfrac{1}{\sqrt{1-v^2}}$. 所以, 方程 (2.32) 在区间 $|v|<1$ 内有通解

$$u=\frac{c}{\sqrt{1-v^2}}-\frac{1}{\sqrt{1-v^2}}\int_0^v\frac{3v^3}{\sqrt{1-v^2}}\mathrm{d}v=\frac{c}{\sqrt{1-v^2}}+v^2+2,$$

其中 c 为任意常数. 故原方程的通解为

$$t=uv-v^3=\frac{cv}{\sqrt{1-v^2}}+2v,$$

$$x=u=\frac{c}{\sqrt{1-v^2}}+v^2+2,$$

其中 c 为任意常数, v 为满足 $|v|<1$ 的参数.

习题 2.4

1. 求下列微分方程的解:

(1) $(x'(t))^2-xx'(t)-2x^2=0$;　　(2) $(x'(t))^3-(x'(t))^2-x=0$;

(3) $(x'(t))^2-xx'(t)-t=0$;　　(4) $x-tx'(t)-4\sqrt{x'(t)}=0$;

(5) $(x'(t))^2+x^2-4txx'(t)=0$;　　(6) $(x'(t))^3-(x'(t))^2-2t=0$.

2. 证明: 例 2.4.2 的特解确定的光滑曲线 $x = t^2$ 是通解确定的曲线族 $x(t) = ct - \frac{1}{4}c^2$ 的包络.

3. 求与同心圆族 $(t-1)^2 + (x-1)^2 = r^2$ (r 为任意正常数) 正交的曲线族.

2.5 一阶微分方程组

本章前三节介绍了一阶微分方程的初等解法, 对由多个一阶微分方程组成的方程组是否也有初等解法是人们关心的问题. 本节将介绍通过求一阶微分方程组的首次积分获得该方程组通解的方法. 首次积分是微分方程研究领域的一个重要概念, 它与描述自然界物体运动规律的守恒量紧密相关, 也在动力系统理论和求解偏微分方程的研究中发挥重要作用.

考虑由 n 个一阶微分方程组成的方程组

$$\begin{cases} \dfrac{\mathrm{d}x_1}{\mathrm{d}t} = f_1(t, x_1, \cdots, x_n), \\ \cdots\cdots \\ \dfrac{\mathrm{d}x_i}{\mathrm{d}t} = f_i(t, x_1, \cdots, x_n), \\ \cdots\cdots \\ \dfrac{\mathrm{d}x_n}{\mathrm{d}t} = f_n(t, x_1, \cdots, x_n), \end{cases} \tag{2.33}$$

其中 $f_1(t, x_1, \cdots, x_n), \cdots, f_n(t, x_1, \cdots, x_n)$ 是区域 $D \subseteq \mathbb{R}^{n+1}$ 上的连续函数并且对 $(x_1, \cdots, x_n)$ 连续可微. 一阶微分方程组 (2.33) 也称为 n **维微分系统** (简称**微分系统**或**系统**).

例 2.5.1 求微分系统

$$\begin{cases} \dfrac{\mathrm{d}x}{\mathrm{d}t} = 2y, \\ \dfrac{\mathrm{d}y}{\mathrm{d}t} = -2x \end{cases}$$

的解.

解 考虑 $\mathbb{R}^3$ 的子区域 $D_+ = \{(t, x, y) \in \mathbb{R}^3 :\ y > 0\}$ 或 $D_- = \{(t, x, y) \in \mathbb{R}^3 :\ y < 0\}$. 该系统在区域 D_+ 或 D_- 上可改写为

$$\frac{\mathrm{d}y}{\mathrm{d}x} = \frac{-2x}{2y}. \tag{2.34}$$

方程 (2.34) 是变量分离方程, 其通解为

$$y^2=-x^2+c,\quad 即\quad y^2+x^2=c,$$

其中 c 为任意正常数.

对任意给定的正数 c, 若 $c-x^2>0$, 则在区域 D_+(或 D_-) 上

$$y=\sqrt{c-x^2}\quad\left(或\ y=-\sqrt{c-x^2}\right),\tag{2.35}$$

从而该系统中的第一个方程在区域 D_+(或 D_-) 上可化为

$$\frac{\mathrm{d}x}{\mathrm{d}t}=2\sqrt{c-x^2}\quad\left(或\ \frac{\mathrm{d}x}{\mathrm{d}t}=-2\sqrt{c-x^2}\right).$$

这是变量分离方程, 其通解为

$$t=\frac{1}{2}\int\frac{1}{\sqrt{c-x^2}}\mathrm{d}x+\widetilde{c}=\frac{1}{2}\arcsin\frac{x}{\sqrt{c}}+\widetilde{c}\quad\left(或\ t=-\frac{1}{2}\arcsin\frac{x}{\sqrt{c}}+\widetilde{c}\right),$$

其中 $\widetilde{c}$ 为任意常数. 于是, 由 (2.35) 式得到该系统在区域 D_+ 和 D_- 上的解分别为

$$\begin{cases}x(t)=\sqrt{c}\sin(2t-2\widetilde{c}),\\ y(t)=\sqrt{c}\cos(2t-2\widetilde{c}),\ t\in\mathbb{R},\end{cases}\qquad\begin{cases}x(t)=\sqrt{c}\sin(-2t+2\widetilde{c}),\\ y(t)=-\sqrt{c}\cos(-2t+2\widetilde{c}),\ t\in\mathbb{R},\end{cases}\tag{2.36}$$

这里 c 为任意正常数, $\widetilde{c}$ 为任意常数. 进一步, 由于

$$\det\frac{\partial(x(t),y(t))}{\partial(c,\widetilde{c})}=\frac{\partial x(t)}{\partial c}\frac{\partial y(t)}{\partial\widetilde{c}}-\frac{\partial x(t)}{\partial\widetilde{c}}\frac{\partial y(t)}{\partial c}=1\neq 0,$$

所以它们分别是该系统在区域 D_+ 和 D_- 上的通解.

在例 2.5.1 的求解过程中, 我们在微分系统定义域的适当子区域上求出了未知函数 x 和 y 的函数关系式 $x^2+y^2=c$. 这个函数关系式对把微分系统的求解问题转化成解单个微分方程起到了关键作用. 由此, 解单个微分方程并利用该函数关系式, 便得到微分系统的通解 (2.36). 显然, 对于任意 $t\in\mathbb{R}$, 将通解 (2.36) 代入这个函数关系式可得到与 t 无关的恒等式. 这样的函数关系式就称为微分系统的首次积分. 对于一般的微分系统 (2.33), 首次积分的定义如下:

定义 2.4 设 $F=F(t,x_1,\cdots,x_n)$ 是某个区域 $G\subseteq D$ 上的连续非常值函数. 如果对于系统 (2.33) 在区域 G 上的任一解, 即任一积分曲线

$$\gamma\colon\ x_1=x_1(t),\cdots,x_n=x_n(t),\ t\in I,$$

都存在一个常数 c_γ, 使得

$$F(t,x_1(t),\cdots,x_n(t))\equiv c_\gamma,\quad t\in I,$$

则称 $F(t,x_1,\cdots,x_n)=c$ 为系统 (2.33) 在区域 G 上的一个**首次积分**, 其中 c 为任意常数.

由定义 2.4, 可验证例 2.5.1 中的微分系统有一个首次积分 $x^2+y^2=c$, 也可验证第三节中全微分方程的通积分就是该方程的一个首次积分. 从定义 2.4 可见, 要判断一个函数关系式是否是系统 (2.33) 的一个首次积分, 需要知道该系统的解在这个函数的定义区域内的表达式. 这对一般的微分系统甚至一阶微分方程往往都是一个不可能完成的任务. 为此, 需要寻找不依赖微分系统解的表达式就能判别某个函数关系式是否为微分系统的首次积分的方法.

定理 2.5 设 $F(t,x_1,\cdots,x_n)$ 是某个区域 $G\subseteq D$ 上的连续可微函数, 并且它在 G 的任意子区域上都不是常值函数, 则 $F(t,x_1,\cdots,x_n)=c$ (c 为任意常数) 是系统 (2.33) 在区域 G 上的首次积分当且仅当

$$\frac{\partial F}{\partial t}+\sum_{i=1}^{n}\frac{\partial F}{\partial x_i}f_i(t,x_1,\cdots,x_n)=0,\quad \forall(t,x_1,\cdots,x_n)\in G.$$

证明 必要性 设 $F(t,x_1,\cdots,x_n)=c$ 是系统 (2.33) 在区域 G 上的一个首次积分. 任取 $(t_0,x_1^0,\cdots,x_n^0)\in G$, 我们将证明

$$\left.\left(\frac{\partial F}{\partial t}+\sum_{i=1}^{n}\frac{\partial F}{\partial x_i}f_i(t,x_1,\cdots,x_n)\right)\right|_{(t_0,x_1^0,\cdots,x_n^0)}=0.$$

设区域 G 上系统 (2.33) 的积分曲线

$$\gamma\colon x_1=x_1(t),\cdots,x_n=x_n(t),\ t\in I$$

满足初值条件 $x_1(t_0)=x_1^0,\cdots,x_n(t_0)=x_n^0$, 则由定义 2.4 知, 存在常数 c_γ, 使得

$$F(t,x_1(t),\cdots,x_n(t))\equiv c_\gamma,\quad t\in I.$$

因为函数 $F(t,x_1,\cdots,x_n)$ 在区域 G 上连续可微, 所以对上式两边关于 t 求导数得到

$$\frac{\partial F}{\partial t}+\sum_{i=1}^{n}\frac{\partial F}{\partial x_i}\cdot\frac{\mathrm{d}x_i}{\mathrm{d}t}=0,\quad \forall t\in I,$$

即

$$\frac{\partial F}{\partial t}+\sum_{i=1}^{n}\frac{\partial F}{\partial x_i}f_i(t,x_1,\cdots,x_n)=0,\quad \forall t\in I,\ (x_1,\cdots,x_n)\in\gamma.$$

由于积分曲线 γ 过点 $(t_0,x_1^0,\cdots,x_n^0)$, 故

$$\left.\left(\frac{\partial F}{\partial t}+\sum_{i=1}^{n}\frac{\partial F}{\partial x_i}f_i(t,x_1,\cdots,x_n)\right)\right|_{(t_0,x_1^0,\cdots,x_n^0)}=0.$$

充分性 由于对于任意 $(t,x_1,\cdots,x_n)\in G$, 有

$$\frac{\partial F}{\partial t}+\sum_{i=1}^{n}\frac{\partial F}{\partial x_i}f_i(t,x_1,\cdots,x_n)=0,$$

所以在区域 G 上任取系统 (2.33) 的一条积分曲线 $\gamma: x_1=x_1(t),\cdots,x_n=x_n(t),\ t\in I$, 以下等式成立:

$$\frac{\partial F}{\partial t}+\sum_{i=1}^{n}\frac{\partial F}{\partial x_i}f_i(t,x_1,\cdots,x_n)=0,\quad \forall t\in I,\ (x_1,\cdots,x_n)\in\gamma.$$

注意到在 γ 上有 $\dfrac{\mathrm{d}x_i}{\mathrm{d}t}=f_i(t,x_1,\cdots,x_n)(i=1,2,\cdots,n)$, 从而得到

$$\frac{\partial F}{\partial t}+\sum_{i=1}^{n}\frac{\partial F}{\partial x_i}\cdot\frac{\mathrm{d}x_i}{\mathrm{d}t}=0,\quad \forall t\in I,$$

故存在常数 c_γ, 使得

$$F(t,x_1(t),\cdots,x_n(t))\equiv c_\gamma,\quad t\in I.$$

由定义 2.4 知, $F(t,x_1,\cdots,x_n)=c$ 是系统 (2.33) 在区域 G 上的一个首次积分, 其中 c 为任意常数. □

注 2.8 定理 2.5 给出了一个函数关系式是系统 (2.33) 的首次积分的充要条件, 与首次积分的定义相比, 它提高了对这个函数光滑性的要求. 注意到在求微分系统的首次积分时, 通常是在微分系统定义域的一个子区域上得到该系统的一个首次积分. 如在例 2.5.1 中, 我们在区域 D_+ 和 D_- 上分别得到微分系统的首次积分 $x^2+y^2=c$. 如果这个首次积分在更大的区域上满足定理 2.5 的条件, 那么就可从较小区域上的首次积分得到较大区域上的首次积分. 显然, $x^2+y^2=c$ 在整个 $\mathbb{R}^3$ 上满足定理 2.5 的条件, 故它是例 2.5.1 中微分系统在 $\mathbb{R}^3$ 上的首次积分.

例 2.5.2 求微分系统

$$\begin{cases}\dfrac{\mathrm{d}x}{\mathrm{d}t}=y-x(x^2+y^2-1),\\[2mm] \dfrac{\mathrm{d}y}{\mathrm{d}t}=-x-y(x^2+y^2-1)\end{cases}\tag{2.37}$$

的首次积分, 并求其解.

解 在满足 $xy\neq 0$ 的某个区域 G 上, 如取 $G=\{(t,x,y)\in\mathbb{R}^3: x>0,\ y>0\}$, 考虑系统 (2.37) 的某种组合形式

$$2x\frac{\mathrm{d}x}{\mathrm{d}t}+2y\frac{\mathrm{d}y}{\mathrm{d}t}=-2(x^2+y^2)(x^2+y^2-1),$$

即

$$\frac{\mathrm{d}(x^2+y^2)}{\mathrm{d}t}=-2(x^2+y^2)(x^2+y^2-1).$$

这是一个变量分离方程, 其通解为

$$\frac{x^2+y^2-1}{x^2+y^2}\mathrm{e}^{2t}=c_1, \tag{2.38}$$

其中 c_1 是任意常数.

下面我们证明函数关系式 (2.38) 是系统 (2.37) 的一个首次积分. 令

$$F_1(t,x,y)=\frac{x^2+y^2-1}{x^2+y^2}\mathrm{e}^{2t}.$$

显然, 函数 $F_1(t,x,y)$ 在区域 G 上连续可微且在 G 的任意子区域上都不是常值函数, 所以由定理 2.5, 只需证明 $F_1(t,x,y)$ 沿系统 (2.37) 的积分曲线的导数 $\left.\frac{\mathrm{d}F_1(t,x,y)}{\mathrm{d}t}\right|_{(2.37)}$ 为零即可. 因

$$\begin{aligned}\left.\frac{\mathrm{d}F_1(t,x,y)}{\mathrm{d}t}\right|_{(2.37)}&=\frac{\partial F_1}{\partial t}+\frac{\partial F_1}{\partial x}\cdot\frac{\mathrm{d}x}{\mathrm{d}t}+\frac{\partial F_1}{\partial y}\cdot\frac{\mathrm{d}y}{\mathrm{d}t}\\&=\frac{2(x^2+y^2-1)}{x^2+y^2}\mathrm{e}^{2t}+\frac{2x\mathrm{e}^{2t}}{(x^2+y^2)^2}\left[y-x(x^2+y^2-1)\right]\\&\quad-\frac{2y\mathrm{e}^{2t}}{(x^2+y^2)^2}\left[x+y(x^2+y^2-1)\right]=0,\end{aligned}$$

故 $F_1(t,x,y)=c_1$ 是系统 (2.37) 在区域 G 上的一个首次积分.

再考虑系统 (2.37) 在区域 G 上的另一种组合形式

$$x\frac{\mathrm{d}y}{\mathrm{d}t}-y\frac{\mathrm{d}x}{\mathrm{d}t}=-(x^2+y^2),$$

即

$$\frac{-y\mathrm{d}x+x\mathrm{d}y}{x^2+y^2}=-\mathrm{d}t.$$

其通积分为

$$\arctan\frac{y}{x}+t=c_2,$$

这里 c_2 是任意常数. 令

$$F_2(t,x,y)=\arctan\frac{y}{x}+t.$$

显然, 函数 $F_2(t,x,y)$ 在区域 G 上连续可微且在 G 的任意子区域上都不是常值函数, 并且

$$\left.\frac{\mathrm{d}F_2(t,x,y)}{\mathrm{d}t}\right|_{(2.37)}=\frac{\partial F_2}{\partial t}+\frac{\partial F_2}{\partial x}\cdot\frac{\mathrm{d}x}{\mathrm{d}t}+\frac{\partial F_2}{\partial y}\cdot\frac{\mathrm{d}y}{\mathrm{d}t}=0.$$

由定理 2.5 知, $F_2(t,x,y)=c_2$ 也是系统 (2.37) 在区域 G 上的一个首次积分.

在区域 G 上考虑这两个首次积分组成的方程组

$$\begin{cases} F_1(t,x,y)-c_1=0, \\ F_2(t,x,y)-c_2=0. \end{cases} \tag{2.39}$$

令 $\widetilde{F_1}(t,x,y,c_1)=F_1(t,x,y)-c_1$, $\widetilde{F_2}(t,x,y,c_1)=F_2(t,x,y)-c_2$. 因为

$$\det\frac{\partial(\widetilde{F_1},\widetilde{F_2})}{\partial(x,y)}=\frac{\partial F_1}{\partial x}\cdot\frac{\partial F_2}{\partial y}-\frac{\partial F_1}{\partial y}\cdot\frac{\partial F_2}{\partial x}=\frac{2\mathrm{e}^{2t}}{(x^2+y^2)^2}\neq 0,\quad \forall (t,x,y)\in G,$$

所以由隐函数存在定理知, 存在区间 I, 使得方程组 (2.39) 在区域 G 上有唯一解:

$$x(t)=\varphi(t,c_1,c_2),\quad y(t)=\psi(t,c_1,c_2),\quad t\in I, \tag{2.40}$$

其中 c_1, c_2 都是任意常数. 不难验证, (2.40) 式是系统 (2.37) 的通解 (留作习题).

由定义 2.4 知, 若系统 (2.33) 有一个首次积分, 则它将有无穷多个首次积分. 事实上, 若 $F(t,x_1,\cdots,x_n)=c$ 是系统 (2.33) 在区域 G 上的一个首次积分, 考虑区域 G 上一元连续非常值函数 $h(\cdot)$, 则 $h(F(t,x_1,\cdots,x_n))=c$ 也是系统 (2.33) 在区域 G 上的一个首次积分. 由于区域 G 上一元连续非常值函数有无穷多个, 所以由一个首次积分可生成无穷多个首次积分. 在例 2.5.2 中, 我们求出了系统 (2.37) 在区域 G 上的两个首次积分. 这两个首次积分有某种关系, 使得可应用隐函数存在定理来获得系统 (2.37) 的通解.

定义 2.5　设 $F_i(t,x_1,\cdots,x_n)=c_i$ (c_i 为任意常数, $i=1,2,\cdots,k$) 是系统 (2.33) 在区域 G 上的 k 个首次积分, 并且 $F_i(t,x_1,\cdots,x_n)$ 关于 $t,x_1,\cdots,x_n$ 有连续偏导数. 若 $F_1(t,x_1,\cdots,x_n),\cdots,F_k(t,x_1,\cdots,x_n)$ 关于 $x_1,\cdots,x_n$ 的 Jacobi 矩阵在区域 G 内是行满秩的, 则称这 k 个首次积分是**函数独立**的; 否则, 称这 k 个首次积分是**函数相关**的.

例 2.5.3　求微分系统

$$\frac{\mathrm{d}x_1}{\mathrm{d}t}=\alpha x_2,\quad \frac{\mathrm{d}x_2}{\mathrm{d}t}=-\alpha x_1,\quad \frac{\mathrm{d}x_3}{\mathrm{d}t}=\beta t x_4,\quad \frac{\mathrm{d}x_4}{\mathrm{d}t}=\beta t x_3$$

的首次积分, 并判断它们是否函数独立, 其中 α,β 是常数, 且 $\alpha\beta\neq 0$.

解　记 $\boldsymbol{x}=(x_1,x_2,x_3,x_4)$. 在 $\mathbb{R}^5$ 中满足 $x_1x_2(x_3+x_4)\neq 0$ 的子区域

$$G=\{(t,\boldsymbol{x})\in\mathbb{R}\times\mathbb{R}^4:\ x_1>0,\ x_2>0,\ x_3>x_4>0\}$$

上考虑该系统前两个方程和后两个方程的可积组合, 得到

$$2x_1\frac{\mathrm{d}x_1}{\mathrm{d}t}+2x_2\frac{\mathrm{d}x_2}{\mathrm{d}t}=0,\quad \frac{\mathrm{d}x_3}{\mathrm{d}t}+\frac{\mathrm{d}x_4}{\mathrm{d}t}=\beta t(x_4+x_3). \tag{2.41}$$

解微分方程组 (2.41), 得到两个首次积分

$$F_1(t,\boldsymbol{x})=x_1^2+x_2^2=c_1,\quad F_2(t,\boldsymbol{x})=(x_3+x_4)\mathrm{e}^{-\frac{1}{2}\beta t^2}=c_2,$$

这里 c_1, c_2 都是任意常数.

考虑该系统的另一种可积组合, 得到

$$x_2\frac{\mathrm{d}x_1}{\mathrm{d}t}-x_1\frac{\mathrm{d}x_2}{\mathrm{d}t}=\alpha(x_1^2+x_2^2),\quad \frac{\mathrm{d}x_3}{\mathrm{d}t}-\frac{\mathrm{d}x_4}{\mathrm{d}t}=\beta t(x_4-x_3). \tag{2.42}$$

解微分方程组 (2.42), 得到另外两个首次积分

$$F_3(t,\boldsymbol{x})=\arctan\frac{x_1}{x_2}-\alpha t=c_3,\quad F_4(t,\boldsymbol{x})=(x_3-x_4)\mathrm{e}^{\frac{1}{2}\beta t^2}=c_4,$$

这里 c_3, c_4 是任意常数.

可验证, 四个函数 $F_i(t,\boldsymbol{x})$ $(i=1,2,3,4)$ 关于 x_1,x_2,x_3,x_4 的 Jacobi 矩阵在区域 G 内满秩, 即

$$\det\frac{\partial(F_1,F_2,F_3,F_4)}{\partial(x_1,x_2,x_3,x_4)}\neq 0,\quad \forall(t,\boldsymbol{x})\in G.$$

所以, 四个首次积分 $F_i(t,\boldsymbol{x})=c_i$ $(i=1,2,3,4)$ 是函数独立的.

另外, 若取 $F_5(t,\boldsymbol{x})=F_1(t,\boldsymbol{x})+\sum\limits_{i=2}^{4}k_iF_i(t,\boldsymbol{x})$, $k_i\in\mathbb{R}$ $(i=2,3,4)$. 利用定理 2.5, 可以判定 $F_5(t,\boldsymbol{x})=c_5$ (c_5 为任意常数) 是该系统的一个首次积分, 并且容易证明 $F_5(t,\boldsymbol{x})$ 与 $F_1(t,\boldsymbol{x})$, $F_2(t,\boldsymbol{x})$, $F_3(t,\boldsymbol{x})$, $F_4(t,\boldsymbol{x})$ 函数相关.

定理 2.6 n 维微分系统 (2.33) 在区域 G 上最多有 n 个函数独立的首次积分.

证明 假设系统 (2.33) 在区域 G 上有 $n+1$ 个函数独立的首次积分

$$F_i(t,x_1,\cdots,x_n)=c_i,\quad i=1,2,\cdots,n+1,$$

其中 $c_1,c_2,\cdots,c_{n+1}$ 均为任意常数. 由首次积分函数独立的定义 2.5 知, $F_i(t,x_1,\cdots,x_n)$ 关于 $t,x_1,\cdots,x_n$ 有连续偏导数, 其中 $i=1,2,\cdots,n+1$. 因此, 根据光滑首次积分存在的充要条件 (见定理 2.5), 在区域 G 上每个首次积分 $F_i(t,x_1,\cdots,x_n)=c_i$ 满足

$$\frac{\partial F_i}{\partial t}+\sum_{j=1}^{n}\frac{\partial F_i}{\partial x_j}f_j=0,\quad i=1,2,\cdots,n+1,$$

这里 $f_j=f_j(t,x_1,\cdots,x_n)$ $(j=1,2,\cdots,n)$, 即得到含 $n+1$ 个方程的方程组

$$\begin{pmatrix}\dfrac{\partial F_1}{\partial t} & \dfrac{\partial F_1}{\partial x_1} & \cdots & \dfrac{\partial F_1}{\partial x_n}\\ \dfrac{\partial F_2}{\partial t} & \dfrac{\partial F_2}{\partial x_1} & \cdots & \dfrac{\partial F_2}{\partial x_n}\\ \vdots & \vdots & & \vdots\\ \dfrac{\partial F_{n+1}}{\partial t} & \dfrac{\partial F_{n+1}}{\partial x_1} & \cdots & \dfrac{\partial F_{n+1}}{\partial x_n}\end{pmatrix}\begin{pmatrix}1\\ f_1\\ \vdots\\ f_n\end{pmatrix}=\begin{pmatrix}0\\ 0\\ \vdots\\ 0\end{pmatrix}. \tag{2.43}$$

方程组 (2.43) 有一个非零解 $(1, f_1, \cdots, f_n)^{\mathrm{T}}$, 从而其系数行列式为零, 即

$$\begin{vmatrix} \dfrac{\partial F_1}{\partial t} & \dfrac{\partial F_1}{\partial x_1} & \cdots & \dfrac{\partial F_1}{\partial x_n} \\ \dfrac{\partial F_2}{\partial t} & \dfrac{\partial F_2}{\partial x_1} & \cdots & \dfrac{\partial F_2}{\partial x_n} \\ \vdots & \vdots & & \vdots \\ \dfrac{\partial F_{n+1}}{\partial t} & \dfrac{\partial F_{n+1}}{\partial x_1} & \cdots & \dfrac{\partial F_{n+1}}{\partial x_n} \end{vmatrix} = \det \frac{\partial(F_1, F_2, \cdots, F_{n+1})}{\partial(t, x_1, \cdots, x_n)} = 0.$$

这表明, 上述 $n+1$ 个首次积分函数相关, 与假设矛盾. 故系统 (2.33) 的任意 $n+1$ 个首次积分均函数相关, 即该系统在区域 G 上最多有 n 个函数独立的首次积分. □

定理 2.7 若 n 维微分系统 (2.33) 在区域 G 上有 n 个函数独立的首次积分, 则这 n 个函数独立的首次积分组成的方程组唯一确定了系统 (2.33) 在区域 G 上的通解.

证明 设系统 (2.33) 在区域 G 上有 n 个函数独立的首次积分

$$F_i(t, x_1, \cdots, x_n) = c_i, \quad i = 1, 2, \cdots, n,$$

其中 $c_1, c_2, \cdots, c_n$ 均为任意常数. 考虑在区域 G 上的函数方程组

$$F_i(t, x_1, \cdots, x_n) - c_i = 0, \quad i = 1, 2, \cdots, n. \tag{2.44}$$

由于

$$\det \frac{\partial(F_1, F_2, \cdots, F_n)}{\partial(x_1, x_2, \cdots, x_n)} \neq 0,$$

根据隐函数定理, 存在区间 I_c, 使得当 $t \in I_c$ 时, 方程组 (2.44) 有唯一解:

$$\begin{cases} x_1 = \varphi_1(t, c_1, c_2, \cdots, c_n), \\ x_2 = \varphi_2(t, c_1, c_2, \cdots, c_n), \\ \cdots\cdots \\ x_n = \varphi_n(t, c_1, c_2, \cdots, c_n). \end{cases} \tag{2.45}$$

将上面 $x_1, x_2, \cdots, x_n$ 的表达式代入 $F_i(t, x_1, \cdots, x_n) = c_i$, 并对 t 求导数, 得到

$$\frac{\partial F_i}{\partial t} + \sum_{j=1}^{n} \frac{\partial F_i}{\partial x_j} \varphi_j' = 0, \quad t \in I_c, i = 1, 2, \cdots, n, \tag{2.46}$$

其中 $\varphi_j' = \dfrac{\partial \varphi_j}{\partial t}$ $(j = 1, 2, \cdots, n)$. 因为 $F_i(t, x_1, \cdots, x_n) = c_i$ $(i = 1, 2, \cdots, n)$ 为系统 (2.33) 的首次积分, 由定理 2.5 可得

$$\frac{\partial F_i}{\partial t} + \sum_{j=1}^{n} \frac{\partial F_i}{\partial x_j} f_j = 0, \quad t \in I_c, i = 1, 2, \cdots, n, \tag{2.47}$$

其中 $f_j = f_j(t, x_1, \cdots, x_n)$ $(j = 1, 2, \cdots, n)$. 于是, 对每个给定的 $i \in \{1, 2, \cdots, n\}$, 计算等式 (2.46) 与等式 (2.47) 之差, 得到

$$\sum_{j=1}^{n} \frac{\partial F_i}{\partial x_j}(\varphi_j' - f_j) = 0, \quad t \in I_c, i = 1, 2, \cdots, n.$$

上式可写成如下形式:

$$\begin{pmatrix} \dfrac{\partial F_1}{\partial x_1} & \dfrac{\partial F_1}{\partial x_2} & \cdots & \dfrac{\partial F_1}{\partial x_n} \\ \dfrac{\partial F_2}{\partial x_1} & \dfrac{\partial F_2}{\partial x_2} & \cdots & \dfrac{\partial F_2}{\partial x_n} \\ \vdots & \vdots & & \vdots \\ \dfrac{\partial F_n}{\partial x_1} & \dfrac{\partial F_n}{\partial x_2} & \cdots & \dfrac{\partial F_n}{\partial x_n} \end{pmatrix} \begin{pmatrix} \varphi_1' - f_1 \\ \varphi_2' - f_2 \\ \vdots \\ \varphi_n' - f_n \end{pmatrix} = \begin{pmatrix} 0 \\ 0 \\ \vdots \\ 0 \end{pmatrix}, \quad t \in I_c.$$

注意到

$$\begin{vmatrix} \dfrac{\partial F_1}{\partial x_1} & \dfrac{\partial F_1}{\partial x_2} & \cdots & \dfrac{\partial F_1}{\partial x_n} \\ \dfrac{\partial F_2}{\partial x_1} & \dfrac{\partial F_2}{\partial x_2} & \cdots & \dfrac{\partial F_2}{\partial x_n} \\ \vdots & \vdots & & \vdots \\ \dfrac{\partial F_n}{\partial x_1} & \dfrac{\partial F_n}{\partial x_2} & \cdots & \dfrac{\partial F_n}{\partial x_n} \end{vmatrix} = \det \frac{\partial(F_1, F_2, \cdots, F_n)}{\partial(x_1, x_2, \cdots, x_n)} \neq 0,$$

因此得到

$$\varphi_1' = f_1, \quad \varphi_2' = f_2, \quad \cdots, \quad \varphi_n' = f_n, \quad t \in I_c.$$

这说明, (2.45) 式是系统 (2.33) 的一个解. 另外, 由于首次积分中 $c_1, c_2, \cdots, c_n$ 的任意性, 这个解含 n 个任意常数. 显然

$$\sum_{k=1}^{n} \frac{\partial F_i}{\partial x_k} \cdot \frac{\partial \varphi_k}{\partial c_j} = \delta_{ij}, \quad i, j = 1, 2, \cdots, n,$$

其中 δ_{ij} $(i, j = 1, 2, \cdots, n)$ 为 Kronecker 符号. 由此得到

$$\det \frac{\partial(\varphi_1, \varphi_2, \cdots, \varphi_n)}{\partial(c_1, c_2, \cdots, c_n)} = \det \left(\frac{\partial(F_1, F_2, \cdots, F_n)}{\partial(x_1, x_2, \cdots, x_n)} \right)^{-1} \neq 0.$$

这表明 $c_1, c_2, \cdots, c_n$ 是相互独立的, 故 (2.45) 式是系统 (2.33) 在区域 G 上的通解. □

注 2.9 由定理 2.7 知, 求 n 维微分系统 (2.33) 的通解可以通过寻找该系统的 n 个函数独立的首次积分获得. 例 2.5.2 找出了系统 (2.37) 在区域 G 上的两个函数独立的首次积分, 意味着该系统在区域 G 上的通解已求出, 尽管解的表达式没有写出来. 所以, 对于 n 维微分系统, 求 n 个函数独立的首次积分是求通解的一种方法. 在第三章中, 我们将介绍对线性微分系统求通解

的另一种方法. 而如何求微分系统的首次积分是一个困难的问题, 用适当组合把微分系统转化为可求解的一阶微分方程是一种途径.

注意到描述自然界物体运动规律的微分方程 (如万有引力定律) 转化为微分系统后, 其右端函数与自变量 t 无关, 这样的微分系统称为**自治微分系统** (简称**自治系统**). 自治系统的不含自变量的首次积分通常表示某种能量守恒, 其存在性及个数对理解物体运动规律有重要作用, 参见下一节中的应用问题. 下面考虑 n 维自治系统

$$\frac{\mathrm{d}x_i}{\mathrm{d}t}=f_i(x_1,x_2,\cdots,x_n),\quad i=1,2,\cdots,n, \tag{2.48}$$

其中 $f_1(x_1,x_2,\cdots,x_n),\cdots,f_n(x_1,x_2,\cdots,x_n)$ 是区域 $D\subseteq\mathbb{R}^n$ 上的连续可微函数.

定义 2.6　若系统 (2.48) 在区域 $G\subset D$ 上有一个不依赖于自变量 t 的首次积分 $F(x_1,x_2,\cdots,x_n)=c$ (c 为任意常数), 则称集合

$$F_c=\{(x_1,x_2,\cdots,x_n):\ F(x_1,x_2,\cdots,x_n)=c\}\subseteq G$$

为系统 (2.48) 的**等势面**或**等量面**.

例 2.5.4　设单位质量的弹簧振子在无外力作用下的运动方程为

$$x''+f(x,x')x'+g(x)=0,$$

其中 $g(x)$ 代表弹性力, $f(x,x')x'$ 表示阻尼力. 若 $f(x,x')x'=0$, 即该弹簧振子运动过程中没有受到阻尼力, 求该弹簧振子的总能量.

解　令 $y=x'$, 则该运动方程转化为自治系统

$$\frac{\mathrm{d}x}{\mathrm{d}t}=y,\quad \frac{\mathrm{d}y}{\mathrm{d}t}=-g(x). \tag{2.49}$$

系统 (2.49) 有一个首次积分

$$F(x,y)=\frac{1}{2}y^2+\int g(x)\mathrm{d}x=c,$$

其中 c 为任意常数. 注意到上式中 $\frac{1}{2}y^2$ 这一项表示该弹簧振子的动能, $\int g(x)\mathrm{d}x$ 这一项则代表它的势能, 所以 $F(x,y)$ 是该弹簧振子的总能量. 首次积分 $F(x,y)=c$ 的存在性意味着该弹簧振子在运动过程中没有消耗能量, 保持总能量守恒.

对自治系统 (2.48), 人们比较关心它最多有多少个函数独立的等势面.

定理 2.8　任意 n 维自治系统 (2.48) 最多有 $n-1$ 个不依赖于自变量 t 的函数独立的首次积分.

证明　假设系统 (2.48) 有 n 个不依赖于自变量 t 的函数独立的首次积分

$$F_i(x_1,x_2,\cdots,x_n)=c_i\quad(i=1,2,\cdots,n),$$

其中 $c_1, c_2, \cdots, c_n$ 均为任意常数, 则由定理 2.5 知

$$\begin{aligned}
&\frac{\partial F_1}{\partial x_1}f_1+\frac{\partial F_1}{\partial x_2}f_2+\cdots+\frac{\partial F_1}{\partial x_n}f_n=0,\\
&\frac{\partial F_2}{\partial x_1}f_1+\frac{\partial F_2}{\partial x_2}f_2+\cdots+\frac{\partial F_2}{\partial x_n}f_n=0,\\
&\cdots\cdots\\
&\frac{\partial F_n}{\partial x_1}f_1+\frac{\partial F_n}{\partial x_2}f_2+\cdots+\frac{\partial F_n}{\partial x_n}f_n=0,
\end{aligned}$$

其中 $f_j = f_j(x_1, x_2, \cdots, x_n)(j = 1, 2, \cdots, n)$. 因为 n 个首次积分 $F_i(x_1, x_2, \cdots, x_n) = c_i\,(i = 1, 2, \cdots, n)$ 是函数独立的, 所以上式关于 $f_1, f_2, \cdots, f_n$ 的线性方程组的系数行列式非零, 从而

$$f_i(x_1, x_2, \cdots, x_n) \equiv 0, \quad i = 1, 2, \cdots, n.$$

这与 $f_i(x_1, x_2, \cdots, x_n)$ 的任意性矛盾, 故定理成立. □

由定理 2.8 知, 例 2.5.4 中系统 (2.49) 只有一个函数独立的首次积分. 系统 (2.49) 是经典力学中的 Hamilton① 系统. 考虑 n 个物体 (或质点) 的运动, 用 $\boldsymbol{q} = (q_1, q_2, \cdots, q_n)$ 表示物体 (或质点) 的位置坐标, $\boldsymbol{p} = (p_1, p_2, \cdots, p_n)$ 表示物体 (或质点) 的动量. 设 $H(\boldsymbol{q}, \boldsymbol{p})$ 是 $\mathbb{R}^{2n}$ 上的连续可微函数. 称 $2n$ 维微分系统

$$\left.\begin{aligned}
\frac{\mathrm{d}q_i(t)}{\mathrm{d}t}&=\frac{\partial H(\boldsymbol{q},\boldsymbol{p})}{\partial p_i},\\
\frac{\mathrm{d}p_i(t)}{\mathrm{d}t}&=-\frac{\partial H(\boldsymbol{q},\boldsymbol{p})}{\partial q_i},
\end{aligned}\right.\quad i=1,2,\cdots,n \tag{2.50}$$

为**具有 n 个自由度的 Hamilton 系统** (简称 **Hamilton 系统**). 函数 $H(\boldsymbol{q}, \boldsymbol{p})$ 称为 Hamilton 系统 (2.50) 的 **Hamilton 函数**. 显然, $H(\boldsymbol{q}, \boldsymbol{p}) = c$ 是 Hamilton 系统 (2.50) 的首次积分, 这表明物体 (或质点) 的总能量 (动能与势能之和) 守恒. Hamilton 系统 (2.50) 最多有多少个不含自变量 t 的函数独立的首次积分, 这一问题涉及 Liouville 可积理论, 参见文献 [3].

习题 2.5

1. 试讨论例 2.5.2 中微分系统的两个首次积分的最大存在区域, 并证明由这两个首次积分唯一确定该系统在最大存在区域上的通解. 你能求出该系统的不依赖于自变量 t 的首次积分吗?

2. 求下列微分系统的函数独立的首次积分, 并确定其解:

(1) $\dfrac{\mathrm{d}x}{\mathrm{d}t} = x^2 - y^2 - z^2,\ \dfrac{\mathrm{d}y}{\mathrm{d}t} = 2xy,\ \dfrac{\mathrm{d}z}{\mathrm{d}t} = 2xz;$

---

① W. R. Hamilton (哈密顿, 1805—1865), 英国数学家和物理学家.

(2) $\dfrac{\mathrm{d}x}{\mathrm{d}t}=yz,\ \dfrac{\mathrm{d}y}{\mathrm{d}t}=xz,\ \dfrac{\mathrm{d}z}{\mathrm{d}t}=xy;$

(3) $\dfrac{\mathrm{d}x}{\mathrm{d}t}=\dfrac{y}{x-y},\ \dfrac{\mathrm{d}y}{\mathrm{d}t}=\dfrac{x}{x-y};$

(4) $\dfrac{\mathrm{d}x}{\mathrm{d}t}=\dfrac{1}{2},\ \dfrac{\mathrm{d}y}{\mathrm{d}t}=1+\sqrt{t-x-y}.$

3. 设 n 维微分系统 (2.33) 在区域 G 上有一个首次积分, 证明: 系统 (2.33) 在区域 G 上的求解问题可以转化为 $n-1$ 维微分系统在区域 G 上的求解问题.

2.6 应用问题举例

第一章介绍了微分方程能广泛用于实际问题的数学建模, 这一节将用学过的初等积分法研究几类微分方程模型, 从中体会数学工具在理解自然现象、发现规律等方面的重要性. 一般在利用微分方程研究实际问题时, 首先要在适当假设下, 根据已有的物理学、生物学、医学等方面的知识找出实际问题中的某些等量关系, 列出微分方程模型及满足的条件, 然后求解、分析该微分方程问题, 根据求解、分析获得的理论结果, 结合已有数据, 理解实际问题, 优化微分方程模型, 最后发现解决实际问题的办法. 由于篇幅所限, 数据部分省略, 聚焦微分方程问题的求解、分析.

2.6.1 传染病传播问题

2020 年年初由 “严重急性呼吸综合征冠状病毒” (severe acute respiratory syndrome-related coronavirus) 所引发的新型冠状病毒感染席卷全球, 成为到目前为止史上最严重的公共卫生事件之一. 五年来人们经常听到 “基本再生数” (basic reproduction number) 这个词以及它在疫情预测中的作用. 一般传染病是由某种病原体 (或寄生虫) 感染人群导致疾病的, 人群之间通过某种方式接触造成疾病流行. 在流行病学中, **基本再生数**是指新发传染病散发初期, 一个染病者 (一个病例) 进入一个都是易感者的区域, 在没有人为干预的情况下, 该染病者在其病程内传染的人数之和 (这个区域中易感者被这个染病者在其病好或因病去世之前传染而成为新染病者的人数). 所以, 基本再生数被用于量化新发传染病的传播能力, 其值成为新发传染病是否流行或暴发的标志性参数. 若基本再生数小于 1, 则意味着平均每个染病者在其病程内致使产生的新染病者不到一个, 因此染病者的人数随着时间减少, 最终该传染病消失. 反之, 若基本再生数大于 1, 染病者的人数随着时间增加, 该传染病将会暴发. 本小节介绍描述新发传染病传播动力学的微分方程模型——SIR (Susceptible Infectious Removed) 仓室模型, 并从 SIR 仓室模型着手, 从数学角度解释基本再生数的概念以及疫情预测中的相关术语.

SIR 仓室模型是 1927 年 Kermack 与 McKendrick 研究当时伦敦黑死病传播动力学时建立的, 参见文献 [27, 30]. 这个模型考虑一个没有人口流动、自然出生率和自然死亡率相同的社区 (人口保持恒定的社区), 其中社区人口结构均匀, 即同质混合, 所有个体的易感性、感染率和康复率相同. 在这样的前提假设下, 将社区所有人分为三类 (对应三个仓室): 易感者、染病者和移出者. 这三类人在 t 时刻的人数分别记为 $S(t)$, $I(t)$ 和 $R(t)$, 即 $S(t)$ 表示 t 时刻未染病但对该类病原体没有免疫能力而易被传染的人数, $I(t)$ 表示 t 时刻已被该类病原体感染并且具有将该类病原体传染给易感者的人数, $R(t)$ 表示 t 时刻从染病者类移出的人数, 这里移出既包括康复且康复后具有免疫能力使其不会被该类病原体再次感染生病的人数, 又包括因感染这类传染病而死亡的人数.

为了简化问题, 对该类病原体的传播过程和染病者人数的变化进行如下假设:

(1) 社区的总人口数为 N, 该类病原体的传播方式为接触传播. 一个染病者一旦与易感者接触就有可能把体内病原体传染给易感者. 单位时间内一个染病者与他人接触的平均次数记为 $k(N)$, 每次接触让易感者被传染的概率为 β. 称 $\beta k(N)$ 为**有效接触率**.

(2) 一个染病者单位时间内传染易感者的平均人数为 $\beta k(N)\dfrac{S(t)}{N}$, 称为**传染率**. 被感染的易感者成为新染病者. 单位时间内所有染病者传染易感者而产生的新染病者总人数为 $\beta k(N)\dfrac{S(t)}{N}I(t)$, 称为**疾病发生率**.

(3) 单位时间内从染病者类移出的人数与染病者的人数成正比. 记比例系数为 γ, 称为**移出率系数**或**恢复率系数**, 则 $\dfrac{1}{\gamma}$ 是染病者的平均病程.

根据以上假设, 易感者、染病者和移出者的人数变化率分别为

$$
\begin{aligned}
\frac{\mathrm{d}S(t)}{\mathrm{d}t} &= -\beta k(N)\frac{S(t)}{N}I(t), \\
\frac{\mathrm{d}I(t)}{\mathrm{d}t} &= \beta k(N)\frac{S(t)}{N}I(t) - \gamma I(t), \\
\frac{\mathrm{d}R(t)}{\mathrm{d}t} &= \gamma I(t).
\end{aligned} \tag{2.51}
$$

当社区规模不大时, 假定 $k(N) = N$, 或者社区规模适当时, 假定 $\dfrac{\beta k(N)}{N}$ 是个常数 (为符号简单起见仍记为 β), 则系统 (2.51) 成为 **SIR 方程**

$$
\begin{cases}
\dfrac{\mathrm{d}S(t)}{\mathrm{d}t} = -\beta S(t)I(t), \\
\dfrac{\mathrm{d}I(t)}{\mathrm{d}t} = \beta S(t)I(t) - \gamma I(t), \\
\dfrac{\mathrm{d}R(t)}{\mathrm{d}t} = \gamma I(t),
\end{cases} \tag{2.52}
$$

这里 β 和 γ 是正常数, $S(t) \geqslant 0$, $I(t) \geqslant 0$, $R(t) \geqslant 0$, 即 $(S(t), I(t), R(t)) \in \mathbb{R}_+^3$.

将系统 (2.52) 中的三个方程相加, 得到

$$\frac{\mathrm{d}(S(t)+I(t)+R(t))}{\mathrm{d}t}=0\,,$$

从而系统 (2.52) 有一个首次积分

$$S(t)+I(t)+R(t)=c,$$

其中 c 为任意常数. 根据模型假设, 这里的 c 是社区的总人口数, 因此 $c=N$, 即有

$$S(t)+I(t)+R(t)=N.$$

注意到我们考虑的是传染病散发初期无人为干预的情形, 因此有初值条件

$$S(t_0)=S_0>0,\quad I(t_0)=I_0>0,\quad R(t_0)=R_0\geqslant 0.$$

也就是说, 我们考虑系统 (2.52) 的初值问题

$$\begin{cases}\dfrac{\mathrm{d}S(t)}{\mathrm{d}t}=-\beta S(t)I(t),\\ \dfrac{\mathrm{d}I(t)}{\mathrm{d}t}=\beta S(t)I(t)-\gamma I(t),\\ \dfrac{\mathrm{d}R(t)}{\mathrm{d}t}=\gamma I(t),\\ S(t_0)=S_0>0, I(t_0)=I_0>0, R(t_0)=R_0\geqslant 0\end{cases}\tag{2.53}$$

当 $t\geqslant t_0$ 时解的性质, 其中 $S(t)\geqslant 0$, $I(t)\geqslant 0$, $R(t)\geqslant 0$. 通常称初值问题 (2.53) 为 **SIR 仓室模型**.

由初值问题 (2.53) 的第一个方程知, 当 $t\geqslant t_0$ 时, $\dfrac{\mathrm{d}S(t)}{\mathrm{d}t}\leqslant 0$. 因此, $S=S(t)$ 是关于 t 的单调递减且有下界的连续可微函数, 从而下面的极限存在

$$\lim_{t\to+\infty}S(t)\triangleq S_\infty\geqslant 0,$$

而且 t 可视为 S 的函数. 故初值问题 (2.53) 的前两个方程及初值条件可约化为

$$\frac{\mathrm{d}I}{\mathrm{d}S}=-1+\frac{\rho}{S},\quad I(S_0)=I_0,\tag{2.54}$$

其中 $\rho=\dfrac{\gamma}{\beta}$, $S\geqslant S_\infty$, $I\geqslant 0$.

初值问题 (2.54) 的解为

$$I-I_0=-(S-S_0)+\rho\ln\frac{S}{S_0},$$

即

$$I = I_0 + \rho \ln \frac{S}{S_0} - (S - S_0).$$

不难验证, 上式给出的 I 是 S 的单峰函数, 且当 $S = \rho$ 时, 染病者人数 I 达到最大值 $I_{\max} = I_0 + \rho \ln \dfrac{\rho}{S_0} - (\rho - S_0)$, 见图 2.5.

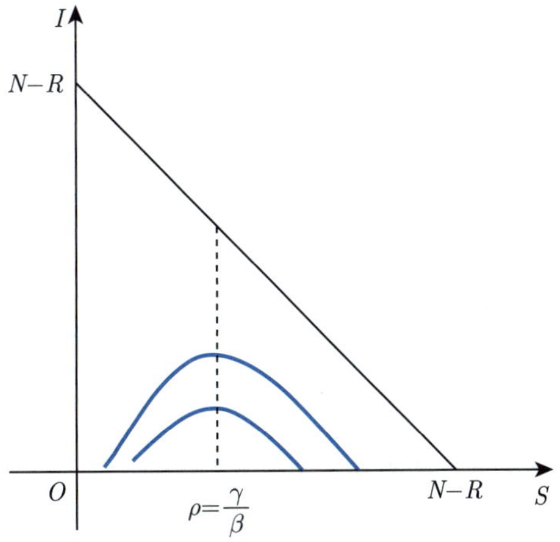

图 2.5 初值问题 (2.54) 中微分方程的解曲线

进一步, 由初值问题 (2.53) 的第一个方程和初值问题 (2.54) 的解有

$$\frac{\mathrm{d}S(t)}{\mathrm{d}t} = -\beta S\left[I_0 + \rho \ln \frac{S}{S_0} - (S - S_0)\right],$$

由此及 $S(t_0) = S_0$ 可计算出从初始 t_0 时刻到传染病暴发 (染病者人数达到最大值) 所需要的时间

$$t_m - t_0 = -\int_{S_0}^{\rho} \frac{1}{\beta S\left[I_0 + \rho \ln \dfrac{S}{S_0} - (S - S_0)\right]}\mathrm{d}S.$$

因此, 当易感者初始人数 $S(t_0) = S_0 > \rho$ 时, 随着时间 t 从 t_0 增加到 t_m, 染病者人数 $I(t)$ 从 I_0 逐渐增加直至达到最大值 $I_{\max}$, 即传染病呈流行趋势直至暴发, 然后随着时间 t 的持续增加, 染病者人数 $I(t)$ 逐渐减少, 最终趋于零, 即该传染病消亡. 这表明, 若 $S_0 > \rho$, 该传染病就会流行直至暴发; 若 $S_0 < \rho$, 该传染病就不会流行、暴发.

令

$$\mathcal{R}_0 = \frac{S_0}{\rho} = \frac{S_0 \beta}{\gamma},$$

则当 $\mathcal{R}_0 > 1$ 时, 该传染病将流行并暴发; 当 $\mathcal{R}_0 < 1$ 时, 该传染病将不会流行、暴发, 染病者人数 $I(t)$ 将单调递减并趋于零. $\mathcal{R}_0 = 1$ 是区分该传染病能否流行的阈值, 故 $\mathcal{R}_0$ 是 SIR 仓室模型 (2.53) 的基本再生数.

由基本再生数 $\mathcal{R}_0$ 的表达式可知, 要减小 $\mathcal{R}_0$ 的值, 我们需要降低接触传染的概率 β, 减少易感者人数 S_0, 提高移出率 γ, 即缩短病程. 这为疫情防控提供了方向.

注 2.10 SIR 仓室模型是疾病传播动力学的基本模型. 根据不同的人群特点和接触方式, 对 $k(N)$ 取不同的函数形式, 得到的基本再生数表达式将会有所不同. 另外, 由于造成疾病的病原体不同, 传播方式和途径也各异, 所以根据传染病的特点或关注的问题, SIR 仓室模型有很多衍生模型. 例如, 有些疾病易感者被病原体感染后不是马上成为染病者, 而是有一段时间的潜伏期, 对此人们增加“暴露者”仓室, 得到 SEIR 模型, 有兴趣的读者可参阅相关文献.

2.6.2 等角轨线问题

日常生活中在做物体外形和室内装修设计时, 常用到曲线, 并且要求一条 (或族) 曲线与另一条 (或族) 曲线相交成给定的角度. 这类问题称为**等角轨线问题**, 它在物理学、天文学、地理等学科中也广泛存在. 例如, 静电场中的电力线与等势线之间是相互正交的曲线族. 早在 16 世纪, Newton 和 Leibniz 都曾研究过这类问题. 他们把这类问题转化为如下数学问题: 假设给定 xy-平面上的一曲线族 γ_c, 它是由带有参数 c 的方程确定的:

$$\gamma_c : \Phi(x,y,c)=0, \tag{2.55}$$

求 xy-平面上另一曲线族

$$\Gamma_k : \Psi(x,y,k)=0 \quad (k \text{ 为参数}), \tag{2.56}$$

使得曲线族 γ_c 中每条曲线与曲线族 Γ_k 中任一曲线都相交, 且交角都是定角 α, 如图 2.6 所示. 称曲线族 Γ_k 是曲线族 γ_c 的**等角轨线族**. 特别地, 当 $\alpha=\dfrac{\pi}{2}$ 时, 曲线族 Γ_k 称为曲线族 γ_c 的**正交轨线族**.

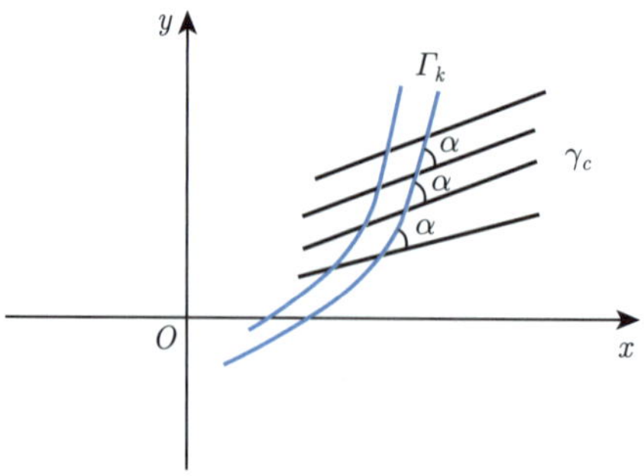

图 2.6 等角轨线族

对曲线族 γ_c 中任一曲线, 由方程 (2.55) 可求出其上每一点 (x,y) 处的切线斜率. 具体地说, 由方程组

$$\Phi(x,y,c)=0,\quad \frac{\partial\Phi(x,y,c)}{\partial x}\mathrm{d}x+\frac{\partial\Phi(x,y,c)}{\partial y}\mathrm{d}y=0$$

消去参数 c, 可得到曲线族 γ_c 在点 (x,y) 处的切线斜率, 不妨设

$$\frac{\mathrm{d}y}{\mathrm{d}x}=H(x,y)\quad 或\quad \frac{\mathrm{d}x}{\mathrm{d}y}=\widetilde{H}(x,y).$$

以下仅以切线斜率 $\frac{\mathrm{d}y}{\mathrm{d}x}$ 为例讨论 γ_c 的等角轨线族 Γ_k, 对切线斜率 $\frac{\mathrm{d}x}{\mathrm{d}y}$ 可做类似讨论. 记等角轨线族 Γ_k 在点 (x,y) 处的切线斜率为 y', 则由等角轨线族的定义, 当 $\alpha\neq\frac{\pi}{2}$ 时, 有

$$\frac{y'-H(x,y)}{1+y'H(x,y)}=\tan\alpha\quad 或\quad \frac{y'-H(x,y)}{1+y'H(x,y)}=\tan(-\alpha),$$

从而求得等角轨线族 Γ_k 所满足的微分方程

$$y'=\frac{H(x,y)+\tan\alpha}{1-H(x,y)\tan\alpha}\quad 或\quad y'=\frac{H(x,y)+\tan(-\alpha)}{1-H(x,y)\tan(-\alpha)}.$$

该方程的通解即为曲线族 γ_c 的等角轨线族 Γ_k.

当 $\alpha=\frac{\pi}{2}$ 时, 有

$$y'=-\frac{1}{H(x,y)}.$$

它是曲线族 γ_c 的正交轨线族 Γ_k 所满足的微分方程, 因此其通解就是曲线族 γ_c 的正交轨线族 Γ_k.

例 2.6.1 求 xy-平面上直线族 $y=cx$ 的等角轨线族和正交轨线族, 其中 c 为参数.

解 先求直线族 γ_c: $y=cx$ 所满足的微分方程. 由方程组

$$y-cx=0,\quad \mathrm{d}y-c\,\mathrm{d}x=0$$

消去 c, 得到该直线族所满足的微分方程

$$\frac{\mathrm{d}y}{\mathrm{d}x}=\frac{y}{x}.$$

于是, 与直线族 γ_c 交角为 $\alpha\left(\alpha\neq\frac{\pi}{2}\right)$ 的等角轨线族满足微分方程

$$\frac{\mathrm{d}y}{\mathrm{d}x}=\frac{\frac{y}{x}+\tan\alpha}{1-\frac{y}{x}\tan\alpha}=\frac{y+x\tan\alpha}{x-y\tan\alpha}\tag{2.57}$$

或

$$\frac{\mathrm{d}y}{\mathrm{d}x}=\frac{\frac{y}{x}+\tan(-\alpha)}{1-\frac{y}{x}\tan(-\alpha)}=\frac{y+x\tan(-\alpha)}{x-y\tan(-\alpha)}. \tag{2.58}$$

方程 (2.57) 可化为

$$x\mathrm{d}x+y\mathrm{d}y=\frac{1}{\tan\alpha}\left(x\mathrm{d}y-y\mathrm{d}x\right).$$

令 $\tan\alpha=a$, 则

$$\frac{x\mathrm{d}x+y\mathrm{d}y}{x^2+y^2}=\frac{1}{a}\cdot\frac{\mathrm{d}\left(\frac{y}{x}\right)}{1+\left(\frac{y}{x}\right)^2}.$$

解这个全微分方程, 得到

$$\frac{1}{2}\ln(x^2+y^2)=\frac{1}{a}\arctan\frac{y}{x}+\ln k,$$

其中 k 为任意正常数, 即

$$\sqrt{x^2+y^2}=k\mathrm{e}^{\frac{1}{a}\arctan\frac{y}{x}}.$$

同理, 可以得到方程 (2.58) 的解

$$\sqrt{x^2+y^2}=k\mathrm{e}^{-\frac{1}{a}\arctan\frac{y}{x}},$$

其中 k 为任意正常数.

为了看清这族等角轨线的形状, 把直角坐标变换成极坐标. 令 $x=r\cos\theta$, $y=r\sin\theta$, 则不难看出直线族 γ_c 的等角轨线族为对数螺线族

$$\Gamma_k:\ \rho=k\mathrm{e}^{\frac{\theta}{a}},$$

见图 2.7.

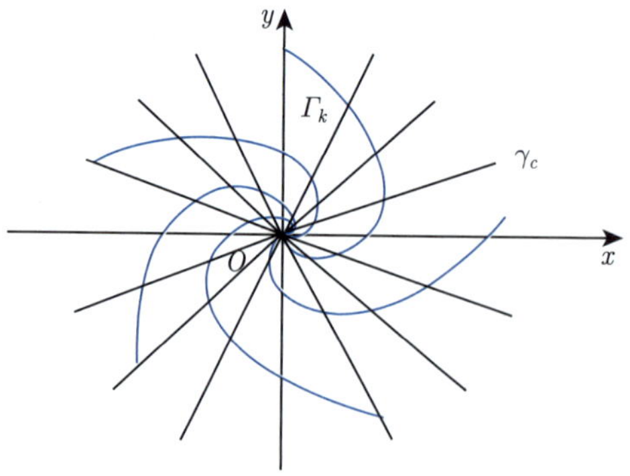

图 2.7　直线族 γ_c 与它的等角轨线族 Γ_k

如果 $\alpha=\frac{\pi}{2}$, 那么直线族 γ_c 的等角轨线族为正交轨线族, 它满足的微分方程为

$$\frac{\mathrm{d}y}{\mathrm{d}x}=-\frac{x}{y}.$$

解这个变量分离方程, 得到通解为

$$x^2 + y^2 = k^2,$$

其中 k 为任意常数. 所以, 直线族 γ_c 的正交轨线族为

$$\Gamma_k:\ x^2 + y^2 = k^2,$$

它是一族同心圆, 见图 2.8.

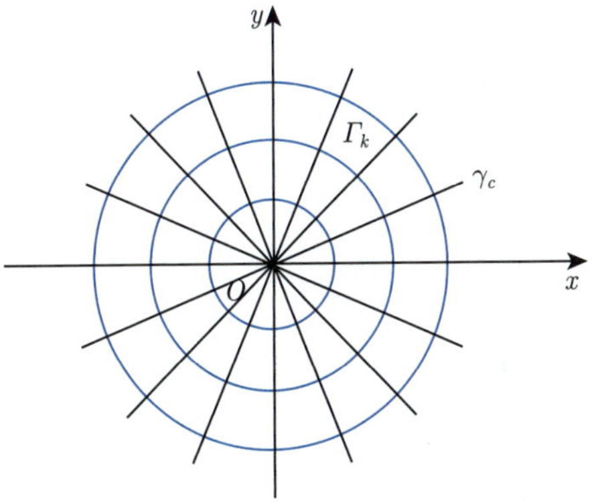

图 2.8 直线族 γ_c 与它的正交轨线族 Γ_k

2.6.3 天体力学中的二体问题

仰望星空, 浩瀚天空中星体运动令人浮想联翩: 什么力推动星体在浩瀚天空中运动? 1687 年, Newton 发表了著名的《自然哲学的数学原理》, 书中给出了 Newton 三大运动定律, 并考虑任意两个质量分别为 m_1 和 m_2 的物体 (抽象为质点) 的相互作用, 由此提出了万有引力定律. 这是科学史上最伟大的成果之一, 它揭示了物体在相互引力作用下的运动规律, 奠定了物理学和天体力学的研究基础, 成就了哈雷彗星、海王星和冥王星的发现.

Newton 提出的万有引力定律可表述为: 三维空间 $\mathbb{R}^3$ 中质量分别为 m_1 和 m_2 的两个质点 $\boldsymbol{q}_1$ 和 $\boldsymbol{q}_2$, 通过质点间连线方向上的力相互吸引, 该力的大小与它们质量的乘积成正比, 而与它们之间的距离平方成反比. 万有引力定律用数学符号表示如下:

$$\boldsymbol{F} = -G\frac{m_1 m_2}{|\boldsymbol{q}_2 - \boldsymbol{q}_1|^2} \cdot \frac{\boldsymbol{q}_2 - \boldsymbol{q}_1}{|\boldsymbol{q}_2 - \boldsymbol{q}_1|},$$

其中 $\boldsymbol{F}$ 表示三维空间 $\mathbb{R}^3$ 中质点 $\boldsymbol{q}_1 = (x_1, y_1, z_1)$ 对质点 $\boldsymbol{q}_2 = (x_2, y_2, z_2)$ 的作用力, G 是万有引力常数, $|\boldsymbol{q}_2 - \boldsymbol{q}_1| = \sqrt{(x_2 - x_1)^2 + (y_2 - y_1)^2 + (z_2 - z_1)^2}$.

若考虑三维空间 $\mathbb{R}^3$ 中 N 个星体的运动, 可以将其抽象为 N 个分别具有质量 $m_i(i = 1, 2, \cdots, N)$ 的质点 $\boldsymbol{q}_i = (x_i, y_i, z_i)$ 在万有引力相互作用下按 Newton 第二定律所做的

运动, 则第 i 个质点 $\boldsymbol{q}_i$ 的运动规律满足如下微分方程:

$$m_i\frac{\mathrm{d}^2\boldsymbol{q}_i}{\mathrm{d}t^2}=G\sum_{1\leqslant j\leqslant N,j\neq i}m_im_j\frac{\boldsymbol{q}_j-\boldsymbol{q}_i}{|\boldsymbol{q}_j-\boldsymbol{q}_i|^3},$$

这里 $|\boldsymbol{q}_j-\boldsymbol{q}_i|=\sqrt{(x_j-x_i)^2+(y_j-y_i)^2+(z_j-z_i)^2}$. 上式中取 $i=1,2,\cdots,N$ 时所得到的 N 个微分方程就构成 N 个星体组成的天体运动系统.

为了数学上讨论简单起见, 做时间尺度变换 $\tau=t\sqrt{G}$, 仍记 τ 为 t, 则上面 N 个星体组成的天体运动系统可约去万有引力常数 G 而化为

$$m_i\frac{\mathrm{d}^2\boldsymbol{q}_i}{\mathrm{d}t^2}=\sum_{1\leqslant j\leqslant N,\ j\neq i}m_im_j\frac{\boldsymbol{q}_j-\boldsymbol{q}_i}{|\boldsymbol{q}_j-\boldsymbol{q}_i|^3},\quad i=1,2,\cdots,N. \tag{2.59}$$

引入新变量

$$\boldsymbol{p}_i=m_i\frac{\mathrm{d}\boldsymbol{q}_i}{\mathrm{d}t},\quad i=1,2,\cdots,N,$$

则 $\boldsymbol{p}_i$ 是质点 $\boldsymbol{q}_i$ 的动量, 并且系统 (2.59) 可写成由 $2N$ 个一阶微分方程组成的微分系统

$$\begin{cases}\dfrac{\mathrm{d}\boldsymbol{q}_i}{\mathrm{d}t}=m_i^{-1}\boldsymbol{p}_i,\\ \dfrac{\mathrm{d}\boldsymbol{p}_i}{\mathrm{d}t}=\displaystyle\sum_{1\leqslant j\leqslant N,j\neq i}m_im_j\frac{\boldsymbol{q}_j-\boldsymbol{q}_i}{|\boldsymbol{q}_j-\boldsymbol{q}_i|^3},\end{cases}\quad i=1,2,\cdots,N. \tag{2.60}$$

注意到三维空间 $\mathbb{R}^3$ 中每个质点 $\boldsymbol{q}_i$ 有三个坐标 x_i,y_i,z_i, 质点 $\boldsymbol{q}_i$ 的运动由它的空间位置 (x_i,y_i,z_i) 和三个坐标方向的动量 $\left(m_i\dfrac{\mathrm{d}x_i}{\mathrm{d}t},m_i\dfrac{\mathrm{d}y_i}{\mathrm{d}t},m_i\dfrac{\mathrm{d}z_i}{\mathrm{d}t}\right)$ 确定, 因此系统 (2.60) 是三维空间 $\mathbb{R}^3$ 中的 $6N$ 维微分系统. 可证明系统 (2.60) 是 Hamilton 系统 (留作作业).

天体力学中的 N **体问题**就是求解系统 (2.60) 的初值问题. 当 $N=2$ 时, 其称为**二体问题**, 也叫作 **Kepler**[①] **问题**. 1710 年, Kepler 问题被 Johann Bernoulli[②] 完全解决. 下面介绍该问题及其初等解法.

考虑地球与太阳两个星体的运动, 忽略太阳系其他天体引力的影响. 设太阳的质量为 M, 地球的质量为 m, 由于 $M\gg m$, 即太阳的质量相对于地球来说是巨大的, 所以太阳与地球 (看作两个质点) 的质心可近似认为就位于太阳处, 故把太阳固定在惯性坐标系的坐标原点 $\boldsymbol{O}=(0,0,0)$, 研究地球的运动规律. 设地球在 t 时刻的位置是点 $\boldsymbol{E}=(x(t),y(t),z(t))$, 则由系统 (2.59) 得到地球的运动方程

$$m\frac{\mathrm{d}^2\boldsymbol{E}}{\mathrm{d}t^2}=mM\frac{\boldsymbol{O}-\boldsymbol{E}}{|\boldsymbol{O}-\boldsymbol{E}|^3}. \tag{2.61}$$

---

① J. Kepler (开普勒, 1571—1630), 德国天文学家, 发现了 Kepler 三大定律.

② Johann Bernoulli (约翰·伯努利, 1667—1748), 瑞士数学家, Jacob Bernoulli 的弟弟, Daniel Bernoulli 的父亲.

因此, 令 $u(t)=m\dfrac{\mathrm{d}x}{\mathrm{d}t}, v(t)=m\dfrac{\mathrm{d}y}{\mathrm{d}t}, w(t)=m\dfrac{\mathrm{d}z}{\mathrm{d}t}$, 则 $(u(t),v(t),w(t))$ 是 t 时刻地球在三个坐标方向的动量, 并且方程 (2.61) 可写成如下六维微分系统:

$$
\begin{aligned}
&\frac{\mathrm{d}x}{\mathrm{d}t}=\frac{1}{m}u, \quad \frac{\mathrm{d}y}{\mathrm{d}t}=\frac{1}{m}v, \quad \frac{\mathrm{d}z}{\mathrm{d}t}=\frac{1}{m}w,\\
&\frac{\mathrm{d}u}{\mathrm{d}t}=-\frac{mMx}{r^3}, \quad \frac{\mathrm{d}v}{\mathrm{d}t}=-\frac{mMy}{r^3}, \quad \frac{\mathrm{d}w}{\mathrm{d}t}=-\frac{mMz}{r^3},
\end{aligned}
\tag{2.62}
$$

这里 $r=\sqrt{x^2+y^2+z^2}$.

不难计算, 系统 (2.62) 有三个首次积分

$$
yw-zv=c_1, \quad zu-xw=c_2, \quad xv-yu=c_3, \tag{2.63}
$$

其中 c_1,c_2,c_3 为任意常数. 因此, 有

$$
c_1x+c_2y+c_3z=0.
$$

这说明, 地球的运动轨迹在一个平面上. 不妨设该平面为坐标平面 $z=0$, 则系统 (2.62) 约化为

$$
\begin{aligned}
&\frac{\mathrm{d}x}{\mathrm{d}t}=\frac{1}{m}u, \quad \frac{\mathrm{d}y}{\mathrm{d}t}=\frac{1}{m}v,\\
&\frac{\mathrm{d}u}{\mathrm{d}t}=-\frac{mMx}{r^3}, \quad \frac{\mathrm{d}v}{\mathrm{d}t}=-\frac{mMy}{r^3},
\end{aligned}
\tag{2.64}
$$

这里 $r=\sqrt{x^2+y^2}$. 由系统 (2.64) 可知

$$
\frac{\mathrm{d}x}{\mathrm{d}t}\cdot\frac{\mathrm{d}u}{\mathrm{d}t}+\frac{\mathrm{d}y}{\mathrm{d}t}\cdot\frac{\mathrm{d}v}{\mathrm{d}t}+M\frac{xu+yv}{\left(\sqrt{x^2+y^2}\right)^3}=0,
$$

即

$$
\frac{\mathrm{d}}{\mathrm{d}t}\left(u^2+v^2\right)-2Mm^2\frac{\mathrm{d}}{\mathrm{d}t}\frac{1}{\sqrt{x^2+y^2}}=0,
$$

故系统 (2.64) 有一个首次积分

$$
u^2+v^2-2Mm^2\frac{1}{\sqrt{x^2+y^2}}=c_4, \tag{2.65}
$$

其中 c_4 为任意常数.

注意到 (2.63) 式中第三个关系式与 (2.65) 式均为系统 (2.64) 的首次积分, 在这两个首次积分确定的超曲面上, 引入极坐标, 令

$$
x=\rho\cos\theta, \quad y=\rho\sin\theta,
$$

则

$$
u=m\left(\frac{\mathrm{d}\rho}{\mathrm{d}t}\cos\theta-\rho\frac{\mathrm{d}\theta}{\mathrm{d}t}\sin\theta\right), \quad v=m\left(\frac{\mathrm{d}\rho}{\mathrm{d}t}\sin\theta+\rho\frac{\mathrm{d}\theta}{\mathrm{d}t}\cos\theta\right).
$$

于是, 这两个首次积分分别化为

$$m^2\left[\left(\frac{\mathrm{d}\rho}{\mathrm{d}t}\right)^2+\rho^2\left(\frac{\mathrm{d}\theta}{\mathrm{d}t}\right)^2\right]-\frac{2Mm^2}{\rho}=c_4,\quad m\rho^2\frac{\mathrm{d}\theta}{\mathrm{d}t}=c_3. \tag{2.66}$$

若 $c_3=0$, 则 $\theta=c^*$ 是一个常数, 即地球的运动轨迹是直线. 这不符合观察数据, 故 $c_3\neq 0$.

当 $c_3\neq 0$ 且

$$\frac{c_4}{m^2}+\left(\frac{Mm}{c_3}\right)^2>0$$

时, 系统 (2.66) 可化为

$$\frac{\mathrm{d}\theta}{\mathrm{d}t}=\frac{c_3}{m\rho^2},\quad \frac{\mathrm{d}\rho}{\mathrm{d}t}=\pm\sqrt{\frac{c_4}{m^2}+\left(\frac{Mm}{c_3}\right)^2-\left(\frac{c_3}{m\rho}-\frac{Mm}{c_3}\right)^2}. \tag{2.67}$$

此系统又可约化为

$$\begin{aligned}\frac{\mathrm{d}\rho}{\mathrm{d}\theta}&=\pm\frac{\rho^2m}{c_3}\sqrt{\frac{c_4}{m^2}+\left(\frac{Mm}{c_3}\right)^2-\left(\frac{c_3}{m\rho}-\frac{Mm}{c_3}\right)^2}\\&=\pm\frac{\rho^2}{c_3}\sqrt{c_4+\left(\frac{Mm^2}{c_3}\right)^2-\left(\frac{c_3}{\rho}-\frac{Mm^2}{c_3}\right)^2}.\end{aligned}$$

注意到 c_3 的符号仅确定质点 (地球) 绕质心转动的方向 (逆时针或是顺时针), 不妨设 $c_3>0$. 令 $\rho_*=c_3\rho^{-1}$, 则上式变为

$$\frac{\mathrm{d}\rho_*}{\mathrm{d}\theta}=\pm\sqrt{c_4+\left(\frac{Mm^2}{c_3}\right)^2-\left(\rho_*-\frac{Mm^2}{c_3}\right)^2}. \tag{2.68}$$

这是变量分离方程, 其通解为

$$\theta-c_5=\mp\arccos\frac{\rho_*-\dfrac{Mm^2}{c_3}}{\sqrt{c_4+\left(\dfrac{Mm^2}{c_3}\right)^2}},$$

其中 c_5 是任意常数. 故

$$\rho=\frac{p}{1+k\cos(\theta-c_5)}, \tag{2.69}$$

其中

$$p=\frac{c_3^2}{Mm^2}>0,\quad k=\frac{c_3}{Mm^2}\sqrt{c_4+\left(\frac{Mm^2}{c_3}\right)^2}>0.$$

由平面几何知识知, 这是一条圆锥曲线, 而且当 $0<k<1$ 时, 它是焦点位于原点的椭圆; 当 $k=1$ 时, 它是抛物线; 当 $k>1$ 时, 它是双曲线, 见图 2.9.

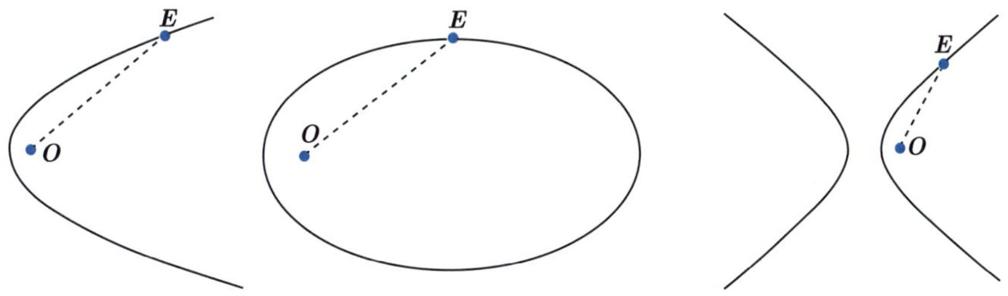

图 2.9 圆锥曲线运动轨迹

二体问题以给定的观测数据

$$x(t_0)=x_0,\quad y(t_0)=y_0,\quad z(t_0)=z_0,\quad u(t_0)=u_0,\quad v(t_0)=v_0,\quad w(t_0)=w_0$$

作为初值条件, 由此可以确定参数 c_3,c_4,c_5 的值, 且得到

$$-\left(\frac{Mm^2}{c_3}\right)^2<c_4<0.$$

这说明, 地球绕太阳做椭圆运动, 太阳位于这个椭圆的一个焦点上. 这就是 **Kepler 第一定律**.

现在考虑地球的向径在轨道平面上相同时间段内所扫过的面积. 若 $c_3>0$, 则地球沿着椭圆轨道逆时针旋转. 设地球在 t_1 时刻的位置为点 (ρ_1,θ_1), 在 t_2 时刻的位置为点 (ρ_2,θ_2), 则 $\theta_2>\theta_1$, 并且由系统 (2.67) 中的第一个方程

$$\frac{\mathrm{d}\theta}{\mathrm{d}t}=\frac{c_3}{m\rho^2},$$

得到

$$\frac{1}{2}\int_{\theta_1}^{\theta_2}\rho^2(\theta)\mathrm{d}\theta=\frac{c_3}{2m}(t_2-t_1). \tag{2.70}$$

上式表明, 地球沿着椭圆轨道逆时针旋转, 向径扫过的面积只与时间差 t_2-t_1 和固定的常数 $\dfrac{c_3}{2m}$ 相关, 即相同时间段内向径所扫过的面积相等. 这是 **Kepler 第二定律**.

进一步, 可计算地球沿着椭圆轨道逆时针旋转一周所用的时间 (周期). 记周期为 T, 则由 (2.70) 式和 (2.69) 式知

$$\frac{c_3}{2m}T=\frac{1}{2}\int_0^{2\pi}\rho^2(\theta)\mathrm{d}\theta=\frac{1}{2}\int_0^{2\pi}\left(\frac{p}{1+k\cos(\theta-c_5)}\right)^2\mathrm{d}\theta.$$

注意到

$$\int_0^{2\pi}\left(\frac{p}{1+k\cos(\theta-c_5)}\right)^2\mathrm{d}\theta=\frac{2p^2\pi}{\sqrt{(1-k^2)^3}},$$

于是

$$T=\frac{2mp^2\pi}{c_3\sqrt{(1-k^2)^3}}.$$

当 (2.69) 式表示椭圆时, 椭圆的长半轴为 $\frac{p}{1-k^2}$, 因此周期的平方与它所在椭圆轨道的长半轴的立方之比为

$$\frac{T^2}{\left(\frac{p}{1-k^2}\right)^3}=4c_3^{-2}m^2p\pi^2=4\pi^2\frac{1}{M},$$

即周期的平方与它所在椭圆轨道的长半轴的立方之比是一个常数. 这是 **Kepler 第三定律**.

注意到 Kepler 是通过观察数据发现天体运行的三大定律的, 而 Newton 是借助 Kepler 三大定律通过数学演算发现万有引力定律的. 这是一个数据驱动理论发展的典范. 三百多年前二体问题已完全解决, 但三体问题是至今没有解决的难题, H. Poincaré① 在研究三体问题时发现了混沌现象, 并开辟了微分方程定性理论研究领域, 见第六章.

习题 2.6

1. 请阅读相关文献写出传染病 SEIR 模型, 并求出它的基本再生数.

2. 求与曲线族 $y=x\ln(cx)$ 相交成 $\frac{\pi}{3}$ 的曲线族, 其中 c 为任意非零常数.

3. 证明: 系统 (2.60) 是 Hamilton 系统.

4. 从地球表面上的一点 P, 以初速度 v_0 射出一个质量为 m 的物体, 发射方向与水平方向的夹角为 $\alpha\left(\alpha\neq\frac{\pi}{2}\right)$, 求该物体的运动轨道.

5. (跟踪问题) 已知 A 从原点出发沿某个方向前进, 同时 B 从非原点处出发开始跟踪 A, 即 B 与 A 永远保持等距, 求 B 的光滑运动轨迹.

① H. Poincaré (庞加莱, 1854—1912), 法国数学家、物理学家, 20 世纪最伟大的数学家之一.

第三章

线性微分系统

从第二章我们知道, 所有一阶线性微分方程都能求出通解, 并且有结构一致的通解公式. 一个自然问题是: 由多个一阶线性微分方程组成的微分方程组, 或者高阶线性微分方程, 是不是也有通解公式? 若有通解公式, 通解公式的结构如何? 本章将综合应用线性代数、矩阵分析和数学分析知识回答这些问题, 并从常系数齐次线性系统初值问题解的性质中提炼出动力系统和线性稳定性的概念, 由周期齐次线性系统基本解矩阵的性质给出线性系统零解线性稳定性的判据. 另外, 高阶线性微分方程在经典力学中有广泛应用, 需对其进行研究. 尽管高阶线性微分方程可以转化为线性系统来研究, 但它的解法有其独特之处. 我们将在本章最后介绍高阶线性微分方程的理论与高阶常系数线性微分方程的求解方法.

3.1 一般理论

考虑含有 n 个未知函数 $x_1(t), x_2(t), \cdots, x_n(t)$ 的一阶线性微分方程组

$$\begin{cases} \dfrac{\mathrm{d}x_1}{\mathrm{d}t} = a_{11}(t)x_1 + a_{12}(t)x_2 + \cdots + a_{1n}(t)x_n + b_1(t), \\ \dfrac{\mathrm{d}x_2}{\mathrm{d}t} = a_{21}(t)x_1 + a_{22}(t)x_2 + \cdots + a_{2n}(t)x_n + b_2(t), \\ \quad \cdots\cdots \\ \dfrac{\mathrm{d}x_n}{\mathrm{d}t} = a_{n1}(t)x_1 + a_{n2}(t)x_2 + \cdots + a_{nn}(t)x_n + b_n(t), \end{cases} \tag{3.1}$$

其中 $a_{ij}(t)$ 和 $b_i(t)$ 是区间 I 上的实值连续函数, $i, j = 1, 2, \cdots, n$. 通常称方程组或系统 (3.1) 为 n **维线性微分系统** (简称**线性微分系统**或**线性系统**) 或**一阶线性微分方程组** (简称**线性微分方程组**或**线性方程组**).

利用矩阵函数和向量函数的记号, 系统 (3.1) 可写为

$$\frac{\mathrm{d}\boldsymbol{x}}{\mathrm{d}t} = \boldsymbol{A}(t)\boldsymbol{x} + \boldsymbol{b}(t), \tag{3.2}$$

这里 $\boldsymbol{x}$ 是 n 维未知向量函数, $\boldsymbol{A}(t)$ 是 n 阶矩阵函数, $\boldsymbol{b}(t)$ 是 n 维向量函数:

$$\boldsymbol{x} = \begin{pmatrix} x_1(t) \\ x_2(t) \\ \vdots \\ x_n(t) \end{pmatrix}, \quad \boldsymbol{A}(t) = \begin{pmatrix} a_{11}(t) & a_{12}(t) & \cdots & a_{1n}(t) \\ a_{21}(t) & a_{22}(t) & \cdots & a_{2n}(t) \\ \vdots & \vdots & & \vdots \\ a_{n1}(t) & a_{n2}(t) & \cdots & a_{nn}(t) \end{pmatrix}, \quad \boldsymbol{b}(t) = \begin{pmatrix} b_1(t) \\ b_2(t) \\ \vdots \\ b_n(t) \end{pmatrix}.$$

如果 $\boldsymbol{b}(t) \neq \boldsymbol{0}$, 那么称系统 (3.2) 为 n **维非齐次线性微分系统** (简称**非齐次线性系统**) 或**一阶非齐次线性微分方程组** (简称**非齐次线性方程组**). 如果 $\boldsymbol{b}(t) \equiv \boldsymbol{0}$, 那么称系

统 (3.2) 为 n **维齐次线性微分系统** (简称**齐次线性系统**) 或**一阶齐次线性微分方程组** (简称**齐次线性方程组**). 这时系统 (3.2) 成为

$$\frac{\mathrm{d}\boldsymbol{x}}{\mathrm{d}t}=\boldsymbol{A}(t)\boldsymbol{x},$$

也称它为非齐次线性系统 (3.2) 对应的齐次系统.

3.1.1 预备知识

本小节我们介绍本章需要用到的线性代数、数学分析以及矩阵分析中的某些概念、方法和理论. 所谓矩阵分析, 粗略地说, 就是对矩阵函数讨论数学分析课程中的数学运算 (如微分、求积分)、映射序列的极限、收敛性或一致收敛性等问题. 所介绍内容的更多细节可以参见文献 [40].

为了讨论 n 维线性空间 $\mathbb{R}^n$ 中序列的收敛性问题, 对 $\mathbb{R}^n$ 中的向量引入范数的概念. 在 $\mathbb{R}^n$ 中任取 $\boldsymbol{x}=(x_1,x_2,\cdots,x_n)^{\mathrm{T}}$, 称 $\boldsymbol{x}$ 的实函数 $|\boldsymbol{x}|$ 为 $\boldsymbol{x}$ 的**范数**或**模**, 如果它满足下述条件:

(1) 正定性: $|\boldsymbol{x}|\geqslant 0$, 且 $|\boldsymbol{x}|=0$ 当且仅当 $\boldsymbol{x}=\boldsymbol{0}$;

(2) 三角不等式: $|\boldsymbol{y}+\boldsymbol{z}|\leqslant|\boldsymbol{y}|+|\boldsymbol{z}|$.

由上述定义可知, $\mathbb{R}^n$ 中向量范数的具体形式并不是唯一的. 常用的范数有下面三种:

(1) L^1-范数: $|\boldsymbol{x}|_1=|x_1|+|x_2|+\cdots+|x_n|$;

(2) Euclid 范数: $|\boldsymbol{x}|_2=\sqrt{x_1^2+x_2^2+\cdots+x_n^2}$;

(3) L^∞-范数: $|\boldsymbol{x}|_\infty=\max\limits_{1\leqslant j\leqslant n}|x_j|$.

可以证明, 这三种范数彼此等价, 即对于任意 $\boldsymbol{x}\in\mathbb{R}^n$, 存在常数 $K,L>0\,(K<L)$, 使得

$$K|\boldsymbol{x}|_1\leqslant|\boldsymbol{x}|_2\leqslant L|\boldsymbol{x}|_1,\quad K|\boldsymbol{x}|_2\leqslant|\boldsymbol{x}|_1\leqslant L|\boldsymbol{x}|_2,$$

$$K|\boldsymbol{x}|_1\leqslant|\boldsymbol{x}|_\infty\leqslant L|\boldsymbol{x}|_1,\quad K|\boldsymbol{x}|_\infty\leqslant|\boldsymbol{x}|_1\leqslant L|\boldsymbol{x}|_\infty.$$

这意味着, 这三种范数所定义的开集是一样的. 换言之, 由这三种范数所定义的 Cauchy 列的收敛性是一致的. 这样一来, 可按照这三种范数中的任意一种来理解向量的范数.

此外, 用 $\mathcal{L}(\mathbb{R}^n,\mathbb{R}^m)$ 表示所有从 $\mathbb{R}^n$ 到 $\mathbb{R}^m$ 的线性映射组成的集合, 并将 $\mathcal{L}(\mathbb{R}^n,\mathbb{R}^n)$ 简记为 $\mathcal{L}(\mathbb{R}^n)$. 在取定 $\mathbb{R}^n$ 和 $\mathbb{R}^m$ 的基后, $\mathcal{L}(\mathbb{R}^n,\mathbb{R}^m)$ 中的任一元素 $\mathcal{A}$ 便可表示为某个矩阵 $\boldsymbol{A}=(a_{ij})_{m\times n}$. 又 $m\times n$ 矩阵可视为 $\mathbb{R}^{m\times n}$ 中的向量, 从而可类似于向量范数定义矩阵范数. 但需要注意的是, $\mathcal{L}(\mathbb{R}^n,\mathbb{R}^m)$ 中的矩阵 $\boldsymbol{A}$ 是作为从 $\mathbb{R}^n$ 到 $\mathbb{R}^m$ 的线性映射而引入的, 因此对矩阵定义的范数 $\|*\|$ 要适合在 $\mathbb{R}^n$ 上定义的范数 $|*|$, 即满足 $|\boldsymbol{A}\boldsymbol{x}|\leqslant\|\boldsymbol{A}\||\boldsymbol{x}|$. 可以验证, $\|\boldsymbol{A}\|=\sup\limits_{\boldsymbol{x}\neq\boldsymbol{0}}\dfrac{|\boldsymbol{A}\boldsymbol{x}|}{|\boldsymbol{x}|}$ 是满足上述关系的最小矩阵范数.

例 3.1.1 在 $\mathbb{R}^n$ 上取 L^1-范数, 那么对相应的 $\mathcal{L}(\mathbb{R}^n)$ 上的矩阵 $\boldsymbol{A}=(a_{ij})$ 定义的最小范数为

$$\begin{aligned}\|\boldsymbol{A}\| &= \sup_{\boldsymbol{x}\neq\boldsymbol{0}}\frac{|\boldsymbol{Ax}|_1}{|\boldsymbol{x}|_1}=\sup_{\boldsymbol{x}\neq\boldsymbol{0}}\frac{\left|\boldsymbol{A}\left(\dfrac{\boldsymbol{x}}{|\boldsymbol{x}|_1}\right)\right|_1}{\left|\left(\dfrac{\boldsymbol{x}}{|\boldsymbol{x}|_1}\right)\right|_1}=\sup_{|\boldsymbol{y}|_1=1}\frac{|\boldsymbol{Ay}|_1}{|\boldsymbol{y}|_1}\\ &=\sup_{|\boldsymbol{y}|_1=1}\sum_{i=1}^n\sum_{j=1}^n|a_{ij}y_j|=\sup_{|\boldsymbol{y}|_1=1}\sum_{j=1}^n\left(\sum_{i=1}^n|a_{ij}|\right)|y_j|\\ &=\max_{1\leqslant j\leqslant n}\sum_{i=1}^n|a_{ij}|=\max\{|\boldsymbol{A}_{c_1}|_1,|\boldsymbol{A}_{c_2}|_1,\cdots,|\boldsymbol{A}_{c_n}|_1\},\end{aligned}$$

其中 $\boldsymbol{A}_{c_j}$ $(j=1,2,\cdots,n)$ 是矩阵 $\boldsymbol{A}$ 的第 j 列, $\boldsymbol{y}=(y_1,y_2,\cdots,y_n)^{\mathrm{T}}\in\mathbb{R}^{\mathrm{T}}$.

上述例子表明, 对 n 维向量取 L^1-范数且对与之相应的 n 阶矩阵同样取 L^1-范数, 则所取的向量范数与矩阵范数是相配的. 此时, 可以验证

$$\|\boldsymbol{BA}\|_1\leqslant\|\boldsymbol{B}\|_1\cdot\|\boldsymbol{A}\|_1,$$

其中 $\boldsymbol{B}$ 是 $l\times m$ 矩阵, $\boldsymbol{A}$ 是 $m\times n$ 矩阵. 同样, 对另外两种常用的范数也有相应的结果. 因此, 在下面的讨论中我们不再区分具体使用的是哪一种范数. 在 n 维线性空间 $\mathbb{R}^n$ 中一旦引入了范数, 就称 $\mathbb{R}^n$ 为 n **维赋范线性空间**. 而在 n 维赋范线性空间中可以建立大家熟知的连续、可导和一致收敛等概念.

称 $\boldsymbol{M}(t)=(m_{ij}(t))_{n\times m}$ 是定义在区间 I 上的 $n\times m$ **矩阵函数**. $n\times 1$ 矩阵函数通常称为 n **维列向量函数** (简称**向量函数**). 如果 $\boldsymbol{M}(t)$ 的每个元素, 即一元函数 $m_{ij}(t)$ $(i=1,2,\cdots,n;j=1,2,\cdots,m)$ 都是区间 I 内的可微 (或连续) 函数, 则称 $\boldsymbol{M}(t)$ 是区间 I 上**可导** (**或连续**) **矩阵函数**. 对可导 (或连续) 矩阵函数 $\boldsymbol{M}(t)$ 求导数 (或求积分) 就是对矩阵 $\boldsymbol{M}(t)$ 中的每个元素 $m_{ij}(t)$ 求导数 (或求积分), 即

$$\frac{\mathrm{d}}{\mathrm{d}t}\boldsymbol{M}(t)=\left(\frac{\mathrm{d}}{\mathrm{d}t}m_{ij}(t)\right)_{n\times m}=\begin{pmatrix}m'_{11}(t)&m'_{12}(t)&m'_{13}(t)&\cdots&m'_{1m}(t)\\ m'_{21}(t)&m'_{22}(t)&m'_{23}(t)&\cdots&m'_{2m}(t)\\ \vdots&\vdots&\vdots&&\vdots\\ m'_{n1}(t)&m'_{n2}(t)&m'_{n3}(t)&\cdots&m'_{nm}(t)\end{pmatrix}$$

$$\left(\text{或}\int_a^b\boldsymbol{M}(t)\mathrm{d}t=\left(\int_a^b m_{ij}(t)\mathrm{d}t\right)_{n\times m}=\begin{pmatrix}\displaystyle\int_a^b m_{11}(t)\mathrm{d}t&\cdots&\displaystyle\int_a^b m_{1m}(t)\mathrm{d}t\\ \displaystyle\int_a^b m_{21}(t)\mathrm{d}t&\cdots&\displaystyle\int_a^b m_{2m}(t)\mathrm{d}t\\ \vdots&&\vdots\\ \displaystyle\int_a^b m_{n1}(t)\mathrm{d}t&\cdots&\displaystyle\int_a^b m_{nm}(t)\mathrm{d}t\end{pmatrix}\right),$$

并且矩阵函数 $\boldsymbol{M}(t)$ 的导数记为 $\boldsymbol{M}'(t)$. 此外, 设 $\boldsymbol{M}(t,x)=(m_{ij}(t,x))_{n\times m}$ 是定义在区域 $I\times\mathbb{R}$ 上的 $n\times m$ 矩阵函数, 其中 $m_{ij}(t,x)$ $(i=1,2,\cdots,n;j=1,2,\cdots,m)$ 关于 t 和 x 都是可微的. 那么, 对 $\boldsymbol{M}(t,x)$ 关于 x 求偏导数就是对其每个元素 $m_{ij}(t,x)$ 关于 x 求偏导数, 即

$$\frac{\partial}{\partial x}\boldsymbol{M}(t,x)=\left(\frac{\partial}{\partial x}m_{ij}(t,x)\right)_{n\times m}.$$

有时也将 $\dfrac{\partial}{\partial x}\boldsymbol{M}(t,x)$ 简记为 $\partial_x\boldsymbol{M}(t,x)$ 或 $\partial_2\boldsymbol{M}(t,x)$(对第二个分量求偏导数). 类似地, $\dfrac{\partial}{\partial t}\boldsymbol{M}(t,x)$ 表示 $\boldsymbol{M}(t,x)$ 关于 t 求偏导数, 也简记为 $\partial_t\boldsymbol{M}(t,x)$ 或 $\partial_1\boldsymbol{M}(t,x)$.

设 $\boldsymbol{L}(t),\boldsymbol{M}(t)$ 均为 $l\times m$ 矩阵函数, $\boldsymbol{N}(t)$ 为 $m\times n$ 矩阵函数. 若这些矩阵函数均可导, 则利用矩阵的加法、乘法和矩阵函数求导数的定义可以得到下列等式:

$$(\boldsymbol{L}(t)+\boldsymbol{M}(t))'=\boldsymbol{L}'(t)+\boldsymbol{M}'(t),\quad (\boldsymbol{M}(t)\boldsymbol{N}(t))'=\boldsymbol{M}'(t)\boldsymbol{N}(t)+\boldsymbol{M}(t)\boldsymbol{N}'(t).$$

设矩阵 $\boldsymbol{A}_k=\left(a_{ij}^{(k)}\right)_{n\times m}$. 矩阵序列 $\{\boldsymbol{A}_k\}$ 称为**收敛** (或**绝对收敛**) 的, 如果对每一对 i,j $(i=1,2,\cdots,n;j=1,2,\cdots,m)$, 数列 $\left\{a_{ij}^{(k)}\right\}$ 都是收敛 (或绝对收敛) 的. 不难证明, 矩阵序列 $\{\boldsymbol{A}_k\}$ 绝对收敛的充要条件是矩阵 $\boldsymbol{A}_k$ $(k=1,2,\cdots)$ 的范数 $\|\boldsymbol{A}_k\|$ 组成的数列 $\{\|\boldsymbol{A}_k\|\}$ 是收敛的.

设矩阵函数 $\boldsymbol{A}_k(t)=\left(a_{ij}^{(k)}(t)\right)_{n\times m}$ 定义在区间 I 上, 矩阵函数序列 $\{\boldsymbol{A}_k(t)\}$ 称为在区间 I 上**收敛** (或**一致收敛**) 的, 如果对每一对 i,j $(i=1,2,\cdots,n;\ j=1,2,\cdots,m)$, 函数序列 $\left\{a_{ij}^{(k)}(t)\right\}$ 在区间 I 上都是收敛 (或一致收敛) 的. 这时, 矩阵函数序列 $\{\boldsymbol{A}_k(t)\}$ 存在极限矩阵函数, 记为 $\boldsymbol{A}(t)$, 即

$$\lim_{k\to+\infty}\boldsymbol{A}_k(t)=\boldsymbol{A}(t),\quad t\in I.$$

如果矩阵函数序列 $\{\boldsymbol{A}_k(t)\}$ 在区间 I 上连续并且一致收敛到矩阵函数 $\boldsymbol{A}(t)$, 由数学分析知识可得极限矩阵函数 $\boldsymbol{A}(t)$ 在区间 I 上也是连续的.

矩阵函数项级数 $\sum\limits_{k=1}^{\infty}\boldsymbol{A}_k(t)$ 称为在区间 I 上**收敛** (或**绝对收敛**、**一致收敛**) 的, 如果其部分和构成的矩阵函数序列 $\left\{\boldsymbol{S}_n(t)=\sum\limits_{k=1}^{n}\boldsymbol{A}_k(t)\right\}$ 在区间 I 上是收敛 (或绝对收敛、一致收敛) 的. 判别函数项级数一致收敛的 M-**判别法**, 或称 **Weierstrass**[①] **判别法**, 对于矩阵函数项级数也是成立的, 即如果

$$\|\boldsymbol{A}_k(t)\|\leqslant M_k,\quad t\in I,$$

① K. Weierstrass (魏尔斯特拉斯, 1815—1897), 德国数学家.

并且数项级数 $\sum_{k=1}^{\infty} M_k$ 是收敛的, 则矩阵函数项级数 $\sum_{k=1}^{\infty} \boldsymbol{A}_k(t)$ 在区间 I 上是一致收敛的, 并且也是绝对收敛的.

关于连续函数序列求积分与求极限可交换顺序的定理对于矩阵函数序列也成立, 即如果连续矩阵函数序列 $\{\boldsymbol{A}_k(t)\}$ 在区间 $[a,b]$ 上是一致收敛的, 那么

$$\lim_{k\to+\infty}\int_a^b \boldsymbol{A}_k(t)\mathrm{d}t = \int_a^b \lim_{k\to+\infty} \boldsymbol{A}_k(t)\mathrm{d}t.$$

3.1.2 解的全局存在性与唯一性

这一小节我们讨论一般 n 维线性微分系统 (3.2) 是否有解, 有解时其解的存在区间有多大以及解是否唯一等问题. 为此, 对于任意给定的 $t_0 \in I$ 和 $\boldsymbol{x}_0 \in \mathbb{R}^n$, 我们考虑系统 (3.2) 的初值问题 (也称 **Cauchy 问题**)

$$\begin{cases} \dfrac{\mathrm{d}\boldsymbol{x}}{\mathrm{d}t} = \boldsymbol{A}(t)\boldsymbol{x} + \boldsymbol{b}(t), \\ \boldsymbol{x}(t_0) = \boldsymbol{x}_0, \end{cases} \tag{3.3}$$

其中 $\boldsymbol{A}(t)$ 和 $\boldsymbol{b}(t)$ 分别是区间 I 上的实值连续 n 阶矩阵函数和 n 维向量函数. 如果初值问题 (3.3) 有解且解的存在区间为 I, 即解在 $\boldsymbol{A}(t)$ 和 $\boldsymbol{b}(t)$ 的共同定义域上存在, 那么称该初值问题的解**全局存在**, 并称相应的解为**全局解**.

引理 3.1 设 $\boldsymbol{A}(t)$ 和 $\boldsymbol{b}(t)$ 在区间 I 上连续, 则初值问题 (3.3) 在区间 I 上解的存在性等价于积分方程组

$$\boldsymbol{x}(t) = \boldsymbol{x}_0 + \int_{t_0}^{t} (\boldsymbol{A}(s)\boldsymbol{x}(s) + \boldsymbol{b}(s))\mathrm{d}s \tag{3.4}$$

在区间 I 上连续解的存在性.

证明 设 $\boldsymbol{x}(t)$ 是初值问题 (3.3) 定义在区间 I 上的解, 则

$$\frac{\mathrm{d}\boldsymbol{x}}{\mathrm{d}t} = \boldsymbol{A}(t)\boldsymbol{x} + \boldsymbol{b}(t), \quad \boldsymbol{x}(t_0) = \boldsymbol{x}_0.$$

对初值问题 (3.3) 中的微分系统两边在区间 $[t_0,t]$ ($[t_0,t] \subseteq I$) 上求定积分, 有

$$\int_{t_0}^{t} \frac{\mathrm{d}\boldsymbol{x}}{\mathrm{d}s}\mathrm{d}s = \int_{t_0}^{t} (\boldsymbol{A}(s)\boldsymbol{x}(s) + \boldsymbol{b}(s))\mathrm{d}s,$$

从而得到

$$\boldsymbol{x}(t) = \boldsymbol{x}_0 + \int_{t_0}^{t} (\boldsymbol{A}(s)\boldsymbol{x}(s) + \boldsymbol{b}(s))\mathrm{d}s.$$

设 $\boldsymbol{x}(t)$ 是积分方程组 (3.4) 在区间 I 上的连续解, 则

$$\boldsymbol{x}(t) = \boldsymbol{x}_0 + \int_{t_0}^{t} (\boldsymbol{A}(s)\boldsymbol{x}(s) + \boldsymbol{b}(s))\mathrm{d}s,$$

从而 $\boldsymbol{x}(t_0)=\boldsymbol{x}_0$, 且向量函数 $\boldsymbol{x}(t)$ 关于 t 可微. 对上式两边关于 t 求导数, 得到

$$\frac{\mathrm{d}\boldsymbol{x}}{\mathrm{d}t}=\boldsymbol{A}(t)\boldsymbol{x}+\boldsymbol{b}(t),$$

即向量函数 $\boldsymbol{x}(t)$ 为初值问题 (3.3) 在区间 I 上的解. □

引理 3.1 告诉我们: 微分系统初值问题 (3.3) 的求解可转化为积分方程组 (3.4) 的求解, 而积分方程组 (3.4) 的解可视为区间 I 上连续函数构成的空间上的映射

$$F:\boldsymbol{x}(t)\mapsto\boldsymbol{x}_0+\int_{t_0}^{t}(\boldsymbol{A}(s)\boldsymbol{x}(s)+\boldsymbol{b}(s))\mathrm{d}s$$

的不动点, 即 $F(\boldsymbol{x}(t))=\boldsymbol{x}(t)$. 为此, C. Picard① 构造一种迭代向量函数序列—— Picard 序列, 想用逼近的思想求不动点, 从而求得该积分方程组的解. 幸运的是, 能用数学分析方法证明这个 Picard 序列的一致收敛性, 从而得到该积分方程组解的存在性, 由此得到本节的主要结果.

定理 3.1 (解的全局存在性与唯一性) 如果实值矩阵函数 $\boldsymbol{A}(t)$ 和向量函数 $\boldsymbol{b}(t)$ 在区间 I 上连续, 那么初值问题 (3.3) 的解在区间 I 上存在且唯一.

证明 证明分两步: 第一步, 证明初值问题 (3.3) 的解在区间 I 上存在; 第二步, 证明初值问题 (3.3) 的解是唯一的.

由引理 3.1 知, 初值问题 (3.3) 的解在区间 I 上存在等价于积分方程组 (3.4) 在区间 I 上有连续解.

在区间 I 上构造迭代向量函数序列 (称为 **Picard 序列**): 对于任意正整数 k 和任意 $t\in I$, 令

$$\boldsymbol{x}_k(t)=\boldsymbol{x}_0+\int_{t_0}^{t}(\boldsymbol{A}(s)\boldsymbol{x}_{k-1}(s)+\boldsymbol{b}(s))\mathrm{d}s,\quad \boldsymbol{x}_0(t)\equiv\boldsymbol{x}_0. \tag{3.5}$$

显然, 对于所有正整数 k, 向量函数 $\boldsymbol{x}_k(t)$ 在区间 I 上都有定义且连续.

下面利用数学归纳法证明 Picard 序列 $\{\boldsymbol{x}_k(t)\}$ 在区间 I 的任意包含 t_0 的闭子区间 $[a_1,a_2]$ 上一致收敛.

因为 $\boldsymbol{A}(t),\boldsymbol{b}(t)$ 均在区间 $[a_1,a_2]$ 上连续, 所以存在正数 $K>0$, 使得

$$\|\boldsymbol{A}(t)\|\leqslant K,\quad |\boldsymbol{b}(t)|\leqslant K,\quad \forall t\in[a_1,a_2].$$

注意到, 对于任意 $t\in[a_1,a_2]$, 有

$$|\boldsymbol{x}_1(t)-\boldsymbol{x}_0(t)|=\left|\int_{t_0}^{t}(\boldsymbol{A}(s)\boldsymbol{x}_0(s)+\boldsymbol{b}(s))\mathrm{d}s\right|\leqslant K(1+|\boldsymbol{x}_0|)|t-t_0|.$$

① C. Picard (皮卡, 1856—1941), 法国数学家.

假设对于正整数 k, 有

$$|\boldsymbol{x}_k(t)-\boldsymbol{x}_{k-1}(t)|\leqslant(1+|\boldsymbol{x}_0|)\frac{K^k|t-t_0|^k}{k!},\quad \forall\, t\in[a_1,a_2]. \tag{3.6}$$

于是, 对于任意 $t\in[a_1,a_2]$, 由 (3.5) 式我们有

$$\begin{aligned}|\boldsymbol{x}_{k+1}(t)-\boldsymbol{x}_k(t)|&=\left|\int_{t_0}^t\boldsymbol{A}(s)(\boldsymbol{x}_k(s)-\boldsymbol{x}_{k-1}(s))\mathrm{d}s\right|\\&\leqslant\operatorname{sgn}(t-t_0)\int_{t_0}^t\|\boldsymbol{A}(s)\||\boldsymbol{x}_k(s)-\boldsymbol{x}_{k-1}(s)|\mathrm{d}s\\&\leqslant\operatorname{sgn}(t-t_0)\int_{t_0}^t(1+|\boldsymbol{x}_0|)\frac{K^{k+1}|s-t_0|^k}{k!}\mathrm{d}s\\&=(1+|\boldsymbol{x}_0|)\frac{K^{k+1}|t-t_0|^{k+1}}{(k+1)!}.\end{aligned}$$

由数学归纳法得到, (3.6) 式对任意正整数 k 均成立.

又注意到

$$\boldsymbol{x}_n(t)=\boldsymbol{x}_0(t)+\sum_{k=0}^{n-1}(\boldsymbol{x}_{k+1}(t)-\boldsymbol{x}_k(t)),\quad \boldsymbol{x}_0(t)=\boldsymbol{x}_0,$$

因此定义在区间 $[a_1,a_2]$ 上的向量函数序列 $\{\boldsymbol{x}_n(t)\}$ 的收敛性等价于向量函数项级数 $\boldsymbol{x}_0(t)+\sum\limits_{k=0}^{\infty}(\boldsymbol{x}_{k+1}(t)-\boldsymbol{x}_k(t))$ 在区间 $[a_1,a_2]$ 上的收敛性. 下面考虑这个向量函数项级数在区间 $[a_1,a_2]$ 上的收敛性. 由 (3.6) 式可得

$$\begin{aligned}|\boldsymbol{x}_{k+1}(t)-\boldsymbol{x}_k(t)|&\leqslant(1+|\boldsymbol{x}_0|)\frac{K^{k+1}|t-t_0|^{k+1}}{(k+1)!}\\&\leqslant(1+|\boldsymbol{x}_0|)\frac{K^{k+1}(a_2-a_1)^{k+1}}{(k+1)!},\quad \forall k\in\mathbb{N},t\in[a_1,a_2],\end{aligned}$$

而

$$\sum_{k=0}^{\infty}(1+|\boldsymbol{x}_0|)\frac{K^{k+1}(a_2-a_1)^{k+1}}{(k+1)!}\leqslant(1+|\boldsymbol{x}_0|)\mathrm{e}^{K(a_2-a_1)},\quad \forall t\in[a_1,a_2],$$

于是由 M-判别法知, 向量函数项级数 $\boldsymbol{x}_0(t)+\sum\limits_{k=0}^{\infty}(\boldsymbol{x}_{k+1}(t)-\boldsymbol{x}_k(t))$ 在区间 $[a_1,a_2]$ 上一致收敛, 从而由其前 n 项和 $\boldsymbol{x}_0(t)+\sum\limits_{k=0}^{n-1}(\boldsymbol{x}_{k+1}(t)-\boldsymbol{x}_k(t))=\boldsymbol{x}_n(t)$ 构成的向量函数序列 $\{\boldsymbol{x}_n(t)\}$ 在区间 $[a_1,a_2]$ 上一致收敛.

设连续向量函数序列 $\{\boldsymbol{x}_n(t)\}$ 在区间 $[a_1,a_2]$ 上一致收敛到向量函数 $\boldsymbol{x}^*(t)$, 即

$$\lim_{n\to+\infty}\boldsymbol{x}_n(t)=\boldsymbol{x}^*(t),\quad t\in[a_1,a_2],$$

则向量函数 $\boldsymbol{x}^*(t)$ 在区间 $[a_1,a_2]$ 上连续.

对 (3.5) 式两边取极限, 得到

$$\lim_{k\to+\infty}\boldsymbol{x}_k(t)=\boldsymbol{x}_0+\int_{t_0}^{t}(\boldsymbol{A}(s)\lim_{k\to+\infty}\boldsymbol{x}_{k-1}(s)+\boldsymbol{b}(s))\mathrm{d}s,$$

即

$$\boldsymbol{x}^*(t)=\boldsymbol{x}_0+\int_{t_0}^{t}(\boldsymbol{A}(s)\boldsymbol{x}^*(t)+\boldsymbol{b}(s))\mathrm{d}s,\quad t\in[a_1,a_2].$$

这意味着积分方程组 (3.4) 在区间 $[a_1,a_2]$ 上有连续解 $\boldsymbol{x}^*(t)$, 从而 $\boldsymbol{x}^*(t)$ 是区间 $[a_1,a_2]$ 上的可微向量函数.

因为区间 $[a_1,a_2]$ 是在区间 I 中任意选取的, 所以积分方程组 (3.4) 在区间 I 上有连续解 $\boldsymbol{x}^*(t)$. 由引理 3.1 知, 初值问题 (3.3) 有定义在区间 I 上的解 $\boldsymbol{x}^*(t)$, 即初值问题 (3.3) 的解全局存在.

下面证明解的唯一性. 用反证法, 假设初值问题 (3.3) 有两个定义在区间 I 上的解 $\boldsymbol{x}_1^*(t)$ 和 $\boldsymbol{x}_2^*(t)$, 则在区间 I 的任意闭子区间 $[a_1,a_2]$ 上有

$$\begin{aligned}|\boldsymbol{x}_1^*(t)-\boldsymbol{x}_2^*(t)|&=\left|\int_{t_0}^{t}\boldsymbol{A}(s)(\boldsymbol{x}_1^*(s)-\boldsymbol{x}_2^*(s))\mathrm{d}s\right|\\&\leqslant K\left|\int_{t_0}^{t}|\boldsymbol{x}_1^*(s)-\boldsymbol{x}_2^*(s)|\mathrm{d}s\right|,\quad t\in[a_1,a_2].\end{aligned}\tag{3.7}$$

由于 $\boldsymbol{x}_1^*(t)-\boldsymbol{x}_2^*(t)$ 在区间 $[a_1,a_2]$ 上连续, 因此存在 $L>0$, 使得

$$|\boldsymbol{x}_1^*(t)-\boldsymbol{x}_2^*(t)|\leqslant L.$$

将上式代入 (3.7) 式, 得到

$$|\boldsymbol{x}_1^*(t)-\boldsymbol{x}_2^*(t)|\leqslant KL|t-t_0|,\quad t\in[a_1,a_2].$$

假设对于正整数 n, 有

$$|\boldsymbol{x}_1^*(t)-\boldsymbol{x}_2^*(t)|\leqslant L\frac{(K|t-t_0|)^n}{n!},\quad t\in[a_1,a_2].\tag{3.8}$$

再将上式代入 (3.7) 式, 得到

$$\begin{aligned}|\boldsymbol{x}_1^*(t)-\boldsymbol{x}_2^*(t)|&\leqslant K\left|\int_{t_0}^{t}|\boldsymbol{x}_1^*(s)-\boldsymbol{x}_2^*(s)|\mathrm{d}s\right|\leqslant K\left|\int_{t_0}^{t}L\frac{(K|s-t_0|)^n}{n!}\mathrm{d}s\right|\\&=L\frac{(K|t-t_0|)^{n+1}}{(n+1)!},\quad t\in[a_1,a_2].\end{aligned}$$

所以, 由数学归纳法可知, (3.8) 式对所有正整数 n 均成立. 注意到, 对于任意给定的 $t \in [a_1, a_2]$, 有

$$\lim_{n\to+\infty} L\frac{(K|t-t_0|)^n}{n!} = 0,$$

于是由 (3.8) 式可得 $\boldsymbol{x}_1^*(t) = \boldsymbol{x}_2^*(t)$. 由区间 $[a_1, a_2]$ 在区间 I 中选取的任意性可知, $\boldsymbol{x}^*(t)$ 是初值问题 (3.3) 在区间 I 上的唯一解. □

注 3.1 由于 $t_0 \in I$ 和 $\boldsymbol{x}_0 \in \mathbb{R}^n$ 是任意选取的, 定理 3.1 意味着无论齐次线性系统还是非齐次线性系统, 它们的任一解都是全局存在并且唯一的. 另外, 利用 Picard 序列证明线性系统初值问题的解存在且唯一的方法可推广到非线性系统初值问题解的存在性和唯一性研究中, 见第四章.

3.1.3 齐次线性微分系统解的结构

考虑 n 维齐次线性系统

$$\frac{\mathrm{d}\boldsymbol{x}}{\mathrm{d}t} = \boldsymbol{A}(t)\boldsymbol{x}, \tag{3.9}$$

其中矩阵函数 $\boldsymbol{A}(t)$ 在区间 I 上连续.

由定理 3.1 知, 齐次线性系统 (3.9) 的解不仅存在、唯一, 而且所有解的存在区间都是 I. 本节讨论这些解之间的关系, 寻找齐次线性系统的通解结构.

引理 3.2 (叠加原理) 设 $\boldsymbol{x}_1(t)$ 和 $\boldsymbol{x}_2(t)$ 是齐次线性系统 (3.9) 的两个解, 则它们的任意线性组合

$$\boldsymbol{x}(t) = c_1\boldsymbol{x}_1(t) + c_2\boldsymbol{x}_2(t)$$

也是系统 (3.9) 的解, 这里 c_1, c_2 是任意常数.

证明 将 $\boldsymbol{x}(t) = c_1\boldsymbol{x}_1(t) + c_2\boldsymbol{x}_2(t)$ 代入系统 (3.9), 得到

$$\frac{\mathrm{d}\boldsymbol{x}}{\mathrm{d}t} = c_1\frac{\mathrm{d}\boldsymbol{x}_1}{\mathrm{d}t} + c_2\frac{\mathrm{d}\boldsymbol{x}_2}{\mathrm{d}t}.$$

注意到 $\boldsymbol{x}_1(t)$, $\boldsymbol{x}_2(t)$ 是系统 (3.9) 的解, 因此上式可化为

$$\frac{\mathrm{d}\boldsymbol{x}}{\mathrm{d}t} = c_1\boldsymbol{A}(t)\boldsymbol{x}_1 + c_2\boldsymbol{A}(t)\boldsymbol{x}_2 = \boldsymbol{A}(t)(c_1\boldsymbol{x}_1 + c_2\boldsymbol{x}_2) = \boldsymbol{A}(t)\boldsymbol{x},$$

即 $\boldsymbol{x}(t)$ 是系统 (3.9) 的解. □

将齐次线性系统 (3.9) 的所有解组成的集合记为 $\mathcal{S}(\boldsymbol{A})$, 即

$$\mathcal{S}(\boldsymbol{A}) = \{\boldsymbol{x}(t):\ \boldsymbol{x}(t) \text{ 是齐次线性系统 (3.9) 的解}\}.$$

显然, 零向量函数 $\mathbf{0} \in \mathcal{S}(\boldsymbol{A})$.

将区间 I 上所有 C^m 光滑的向量函数组成的集合记为 $C^m(I, \mathbb{R}^n)$, 其中 m 为非负整数. 例如, $C^0(I, \mathbb{R}^n)$ 是区间 I 上所有连续向量函数组成的集合, $C^1(I, \mathbb{R}^n)$ 是区间 I 上

所有连续可微向量函数组成的集合. 由线性代数知识知, $C^m(I,\mathbb{R}^n)$ 在通常向量函数加法和数乘运算下构成一个线性空间. 由解的定义知, $\mathcal{S}(\boldsymbol{A}) \subset C^1(I,\mathbb{R}^n)$, 并且有下面的结论.

定理 3.2 $\mathcal{S}(\boldsymbol{A})$ 是 $C^1(I,\mathbb{R}^n)$ 的 n 维线性子空间.

证明 因为 $\mathcal{S}(\boldsymbol{A}) \subset C^1(I,\mathbb{R}^n)$, 要证明 $\mathcal{S}(\boldsymbol{A})$ 是 $C^1(I,\mathbb{R}^n)$ 的线性子空间, 仅需要证明 $\mathcal{S}(\boldsymbol{A})$ 中的向量函数在线性空间 $C^1(I,\mathbb{R}^n)$ 的加法和数乘运算下封闭, 即对于任意 $\boldsymbol{x}_1(t),\boldsymbol{x}_2(t) \in \mathcal{S}(\boldsymbol{A}), c_1,c_2 \in \mathbb{R}$, 有

$$c_1\boldsymbol{x}_1(t)+c_2\boldsymbol{x}_2(t) \in \mathcal{S}(\boldsymbol{A}). \tag{3.10}$$

由叠加原理知, 上式成立, 故 $\mathcal{S}(\boldsymbol{A})$ 是 $C^1(I,\mathbb{R}^n)$ 的线性子空间.

下面通过建立 $\mathcal{S}(\boldsymbol{A})$ 与 $\mathbb{R}^n$ 之间的线性同构来证明 $\dim\mathcal{S}(\boldsymbol{A})=n$.

任意固定 $t_0 \in I$, 定义映射 $P:\mathcal{S}(\boldsymbol{A}) \to \mathbb{R}^n$ 如下:

$$P(\boldsymbol{x}(t))=\boldsymbol{x}(t_0), \quad \forall \boldsymbol{x}(t) \in \mathcal{S}(\boldsymbol{A}).$$

下面验证 P 是线性同构映射: (i) P 是满射; (ii) P 是单射; (iii) P 是线性映射.

(i) 对于任意 $\boldsymbol{x}_0 \in \mathbb{R}^n$, 考虑初值问题

$$\begin{cases} \dfrac{\mathrm{d}\boldsymbol{x}}{\mathrm{d}t}=\boldsymbol{A}(t)\boldsymbol{x}, \\ \boldsymbol{x}(t_0)=\boldsymbol{x}_0. \end{cases} \tag{3.11}$$

由定理 3.1 中解的全局存在性知, 初值问题 (3.11) 在区间 I 上有唯一解, 记为 $\boldsymbol{x}(t,t_0,\boldsymbol{x}_0)$, 则 $\boldsymbol{x}(t,t_0,\boldsymbol{x}_0) \in \mathcal{S}(\boldsymbol{A})$. 又 $P(\boldsymbol{x}(t,t_0,\boldsymbol{x}_0))=\boldsymbol{x}(t_0,t_0,\boldsymbol{x}_0)=\boldsymbol{x}_0$, 从而 P 是满射.

(ii) 对于任意 $\boldsymbol{x}_1(t),\boldsymbol{x}_2(t) \in \mathcal{S}(\boldsymbol{A})$, 且 $\boldsymbol{x}_1(t) \neq \boldsymbol{x}_2(t)$, 由定理 3.1 中解的唯一性可知 $\boldsymbol{x}_1(t_0) \neq \boldsymbol{x}_2(t_0)$, 故有

$$P(\boldsymbol{x}_1(t))=\boldsymbol{x}_1(t_0) \neq \boldsymbol{x}_2(t_0)=P(\boldsymbol{x}_2(t)),$$

从而 P 是单射.

(iii) 对于任意 $\boldsymbol{x}_1(t),\boldsymbol{x}_2(t) \in \mathcal{S}(\boldsymbol{A})$, $c_1,c_2 \in \mathbb{R}$, 由叠加原理和映射 P 的定义知

$$P(c_1\boldsymbol{x}_1(t)+c_2\boldsymbol{x}_2(t))=c_1\boldsymbol{x}_1(t_0)+c_2\boldsymbol{x}_2(t_0)=c_1P(\boldsymbol{x}_1(t))+c_2P(\boldsymbol{x}_2(t)),$$

从而 P 是线性映射.

又知同构的线性空间有相同的维数, 故 $\dim\mathcal{S}(\boldsymbol{A})=n$. □

定义 3.1 设 $\boldsymbol{\varphi}_1(t),\boldsymbol{\varphi}_2(t),\cdots,\boldsymbol{\varphi}_k(t) \in C^m(I,\mathbb{R}^n)$, 其中 m 为非负整数. 如果存在 $c_1,c_2,\cdots,c_k \in \mathbb{R}$, 使得

$$c_1\boldsymbol{\varphi}_1(t)+c_2\boldsymbol{\varphi}_2(t)+\cdots+c_k\boldsymbol{\varphi}_k(t) \equiv \boldsymbol{0}, \quad t \in I$$

时, 必有 $c_1=c_2=\cdots=c_k=0$ 成立, 那么称向量函数组 $\boldsymbol{\varphi}_1(t),\boldsymbol{\varphi}_2(t),\cdots,\boldsymbol{\varphi}_k(t)$ 是**线性无关的**; 否则, 称向量函数组 $\boldsymbol{\varphi}_1(t),\boldsymbol{\varphi}_2(t),\cdots,\boldsymbol{\varphi}_k(t)$ 是**线性相关的**.

例 3.1.2　判断下列向量函数组在区间 $(-\infty,+\infty)$ 和 $(0,+\infty)$ 上的线性相关性:

(1) $\begin{pmatrix} t \\ t^2 \end{pmatrix}, \begin{pmatrix} |t| \\ t|t| \end{pmatrix}$;　　(2) $\begin{pmatrix} \cos t \\ 0 \end{pmatrix}, \begin{pmatrix} \sin t \\ 0 \end{pmatrix}$.

解　(1) 设存在 $c_1, c_2 \in \mathbb{R}$, 使得

$$c_1 \begin{pmatrix} t \\ t^2 \end{pmatrix} + c_2 \begin{pmatrix} |t| \\ t|t| \end{pmatrix} = \begin{pmatrix} c_1 t + c_2|t| \\ c_1 t^2 + c_2 t|t| \end{pmatrix} \equiv \mathbf{0}, \quad t \in (-\infty,+\infty).$$

分别取 $t=1, t=-1$, 可得 $c_1+c_2=0$ 与 $c_1-c_2=0$, 从而必有 $c_1=c_2=0$. 于是, 定义在区间 $(-\infty,+\infty)$ 上的向量函数组

$$\begin{pmatrix} t \\ t^2 \end{pmatrix}, \quad \begin{pmatrix} |t| \\ t|t| \end{pmatrix}$$

是线性无关的. 但在区间 $(0,+\infty)$ 上, 该向量函数组是线性相关的, 因为取 $c_1=1, c_2=-1$, 则有

$$c_1 \begin{pmatrix} t \\ t^2 \end{pmatrix} + c_2 \begin{pmatrix} |t| \\ t|t| \end{pmatrix} = \begin{pmatrix} t \\ t^2 \end{pmatrix} - \begin{pmatrix} |t| \\ t|t| \end{pmatrix} \equiv \mathbf{0}, \quad t \in (0,+\infty).$$

(2) 设存在 $c_1, c_2 \in \mathbb{R}$, 使得

$$c_1 \begin{pmatrix} \cos t \\ 0 \end{pmatrix} + c_2 \begin{pmatrix} \sin t \\ 0 \end{pmatrix} \equiv \mathbf{0}, \quad t \in (0,+\infty).$$

分别取 $t=\pi, t=\dfrac{\pi}{2}$ 可得到 $c_1=c_2=0$, 故定义在区间 $(0,+\infty)$ 上的向量函数组

$$\begin{pmatrix} \cos t \\ 0 \end{pmatrix}, \quad \begin{pmatrix} \sin t \\ 0 \end{pmatrix}$$

是线性无关的. 显然, 该向量函数组在区间 $(-\infty,+\infty)$ 上也是线性无关的.

注 3.2　实值向量函数组的线性相关性与 $\mathbb{R}^n$ 中实向量组的线性相关性有本质区别. 例如, 例 3.1.2 中的向量函数组 (2) 在区间 $(-\infty,+\infty)$ 和 $(0,+\infty)$ 上都是线性无关的, 但对于任意给定的 $t_0 \in (-\infty,+\infty)$, 作为 $\mathbb{R}^2$ 中的实向量组

$$\begin{pmatrix} \cos t_0 \\ 0 \end{pmatrix}, \quad \begin{pmatrix} \sin t_0 \\ 0 \end{pmatrix},$$

它们都是线性相关的.

由线性空间维数的定义，不难证明 $C^1(I,\mathbb{R}^n)$ 是无穷维线性空间. 因为 $\mathcal{S}(\boldsymbol{A}) \subset C^1(I,\mathbb{R}^n)$ 是 n 维线性空间, 所以 $\mathcal{S}(\boldsymbol{A})$ 中存在 n 个线性无关的向量函数, 它们构成 n 维线性空间 $\mathcal{S}(\boldsymbol{A})$ 的基, 从而 $\mathcal{S}(\boldsymbol{A})$ 中的任意向量函数都可由这组基线性表出. 由此, 我们得到下面的结论.

推论 3.1 齐次线性系统 (3.9) 存在 n 个线性无关的全局解, 记为

$$\boldsymbol{\varphi}_1(t)=\begin{pmatrix}\varphi_{11}(t)\\ \varphi_{21}(t)\\ \vdots\\ \varphi_{n1}(t)\end{pmatrix},\quad \boldsymbol{\varphi}_2(t)=\begin{pmatrix}\varphi_{12}(t)\\ \varphi_{22}(t)\\ \vdots\\ \varphi_{n2}(t)\end{pmatrix},\quad \cdots,\quad \boldsymbol{\varphi}_n(t)=\begin{pmatrix}\varphi_{1n}(t)\\ \varphi_{2n}(t)\\ \vdots\\ \varphi_{nn}(t)\end{pmatrix},\quad t\in I;$$

并且, 系统 (3.9) 的任意解 $\boldsymbol{x}(t)$ 都可由这 n 个线性无关的全局解线性表示, 即

$$\boldsymbol{x}(t)=c_1\boldsymbol{\varphi}_1(t)+c_2\boldsymbol{\varphi}_2(t)+\cdots+c_n\boldsymbol{\varphi}_n(t),\quad t\in I, \tag{3.12}$$

这里 $c_1,c_2,\cdots,c_n$ 是常数. 由通解的定义可知, 当 $c_1,c_2,\cdots,c_n$ 为任意常数时, (3.12) 式就是系统 (3.9) 的通解.

齐次线性系统 (3.9) 的任意 n 个解

$$\boldsymbol{\phi}_1(t)=\begin{pmatrix}\phi_{11}(t)\\ \phi_{21}(t)\\ \vdots\\ \phi_{n1}(t)\end{pmatrix},\quad \boldsymbol{\phi}_2(t)=\begin{pmatrix}\phi_{12}(t)\\ \phi_{22}(t)\\ \vdots\\ \phi_{n2}(t)\end{pmatrix},\quad \cdots,\quad \boldsymbol{\phi}_n(t)=\begin{pmatrix}\phi_{1n}(t)\\ \phi_{2n}(t)\\ \vdots\\ \phi_{nn}(t)\end{pmatrix}$$

组成的矩阵

$$\boldsymbol{\Phi}(t)=(\boldsymbol{\phi}_1(t),\boldsymbol{\phi}_2(t),\cdots,\boldsymbol{\phi}_n(t))=\begin{pmatrix}\phi_{11}(t) & \phi_{12}(t) & \cdots & \phi_{1n}(t)\\ \phi_{21}(t) & \phi_{22}(t) & \cdots & \phi_{2n}(t)\\ \vdots & \vdots & & \vdots\\ \phi_{n1}(t) & \phi_{n2}(t) & \cdots & \phi_{nn}(t)\end{pmatrix}_{n\times n},$$

称为系统 (3.9) 的**解矩阵**. 也就是说, 解矩阵 $\boldsymbol{\Phi}(t)$ 的每一列都是系统 (3.9) 的解. 系统 (3.9) 的解矩阵 $\boldsymbol{\Phi}(t)$ 的行列式称为 **Wronski**① **行列式**, 记为 $W(t)$, 即 $W(t)=\det\boldsymbol{\Phi}(t)$.

系统 (3.9) 的 n 个线性无关的解组成的矩阵称为**基本解矩阵**. 如果系统 (3.9) 的一个基本解矩阵的 Wronski 行列式在某点 t_0 处等于 1, 即 $W(t_0)=1$, 那么称该解矩阵为**标准基本解矩阵**.

① J. Wronski (朗斯基, 1776—1853), 波兰数学家.

定理 3.3 (Liouville 公式) 设 $\boldsymbol{\phi}_1(t), \boldsymbol{\phi}_2(t), \cdots, \boldsymbol{\phi}_n(t)$ 为齐次线性系统 (3.9) 的任意 n 个解, 它们组成解矩阵 $\boldsymbol{\Phi}(t)$, 则对于任意 $t_0 \in I$, 有

$$W(t) = W(t_0)\mathrm{e}^{\int_{t_0}^{t} \mathrm{tr}\boldsymbol{A}(s)\mathrm{d}s}, \quad t \in I,$$

这里 $W(t) = \det \boldsymbol{\Phi}(t)$ 为解矩阵 $\boldsymbol{\Phi}(t)$ 的 Wronski 行列式, $\mathrm{tr}\boldsymbol{A}(t) = \sum_{i=1}^{n} a_{ii}(t)$ 为矩阵 $\boldsymbol{A}(t)$ 的迹.

证明 注意到

$$\frac{\mathrm{d}W}{\mathrm{d}t} = \sum_{i=1}^{n} \begin{vmatrix} \phi_{11}(t) & \phi_{12}(t) & \cdots & \phi_{1n}(t) \\ \vdots & \vdots & & \vdots \\ \phi'_{i1}(t) & \phi'_{i2}(t) & \cdots & \phi'_{in}(t) \\ \vdots & \vdots & & \vdots \\ \phi_{n1}(t) & \phi_{n2}(t) & \cdots & \phi_{nn}(t) \end{vmatrix}. \tag{3.13}$$

因为 $\boldsymbol{\phi}_1(t), \boldsymbol{\phi}_2(t), \cdots, \boldsymbol{\phi}_n(t)$ 都是系统 (3.9)的解, 所以

$$\phi'_{i1}(t) = \sum_{j=1}^{n} a_{ij}(t)\phi_{j1}(t), \quad \phi'_{i2}(t) = \sum_{j=1}^{n} a_{ij}(t)\phi_{j2}(t), \quad \cdots, \quad \phi'_{in}(t) = \sum_{j=1}^{n} a_{ij}(t)\phi_{jn}(t).$$

将这 n 个式子代入 (3.13) 式并根据行列式加法运算规则和性质化简, 可得到一阶齐次线性微分方程

$$\frac{\mathrm{d}W}{\mathrm{d}t} = \mathrm{tr}\boldsymbol{A}(t) \cdot W.$$

任取 $t_0 \in I$, 则初值问题

$$\frac{\mathrm{d}W}{\mathrm{d}t} = \mathrm{tr}\boldsymbol{A}(t) \cdot W, \quad W(t_0) = W_0$$

有唯一全局解

$$W(t) = W_0\mathrm{e}^{\int_{t_0}^{t} \mathrm{tr}\boldsymbol{A}(s)\mathrm{d}s} = W(t_0)\mathrm{e}^{\int_{t_0}^{t} \mathrm{tr}\boldsymbol{A}(s)\mathrm{d}s}, \quad t \in I.$$ □

注 3.3 Liouville 公式建立了齐次线性系统解矩阵的 Wronski 行列式与该系统系数之间的联系. 这一公式早在 1827 年被 N. H. Abel① 在研究二维齐次线性系统时发现, 见文献 [1]. 1838 年, Liouville 将其推广到任意 n 维齐次线性系统上. 该公式在动力系统和统计力学等领域有重要的应用.

Liouville 公式表明, 齐次线性系统 (3.9) 的解矩阵的 Wronski 行列式要么恒不为零, 要么恒为零. 也就是说, Wronski 行列式 $W(t)$ 没有孤立的零点. 这也说明, 如果 n 个向量函数所组成矩阵的行列式有孤立的零点, 那么这 n 个向量函数不可能是齐次线性系统的 n 个解.

① N. H. Abel (阿贝尔, 1802—1829), 挪威数学家.

定理 3.4 设 $\varphi_1(t),\varphi_2(t),\cdots,\varphi_n(t)$ 为齐次线性系统 (3.9) 的 n 个解, 则这 n 个解线性无关的充要条件是对应的 Wronski 行列式 $W(t)$ 恒不为零.

证明 必要性 设 $\varphi_1(t),\varphi_2(t),\cdots,\varphi_n(t)$ 线性无关, 我们证明 $W(t)$ 恒不为零. 用反证法, 假设存在 $t_0\in I$, 使得 $W(t_0)=0$, 则线性方程组

$$c_1\boldsymbol{\varphi}_1(t_0)+c_2\boldsymbol{\varphi}_2(t_0)+\cdots+c_n\boldsymbol{\varphi}_n(t_0)=\mathbf{0}$$

有不全为零的实数解 $c_1^*,c_2^*,\cdots,c_n^*$. 现在我们考虑系统 (3.9) 满足初值条件

$$\boldsymbol{x}(t_0)=c_1^*\boldsymbol{\varphi}_1(t_0)+c_2^*\boldsymbol{\varphi}_2(t_0)+\cdots+c_n^*\boldsymbol{\varphi}_n(t_0)=\mathbf{0}$$

的解. 易验证该初值问题有两个解:

$$\boldsymbol{x}(t)\equiv\mathbf{0},\ t\in I \quad 和 \quad \boldsymbol{x}(t)=c_1^*\boldsymbol{\varphi}_1(t)+c_2^*\boldsymbol{\varphi}_2(t)+\cdots+c_n^*\boldsymbol{\varphi}_n(t),\ t\in I.$$

由定理 3.1中解的唯一性, 可得

$$c_1^*\boldsymbol{\varphi}_1(t)+c_2^*\boldsymbol{\varphi}_2(t)+\cdots+c_n^*\boldsymbol{\varphi}_n(t)\equiv\mathbf{0},$$

即 $\varphi_1(t),\varphi_2(t),\cdots,\varphi_n(t)$ 线性相关. 这与条件 $\varphi_1(t),\varphi_2(t),\cdots,\varphi_n(t)$ 线性无关矛盾, 故 $W(t)$ 恒不为零.

充分性 如果 $W(t)\neq 0$, $\forall t\in I$, 任意取定 $t_0\in I$, 那么关于 $c_1,c_2,\cdots,c_n$ 的线性方程组

$$c_1\boldsymbol{\varphi}_1(t_0)+c_2\boldsymbol{\varphi}_2(t_0)+\cdots+c_n\boldsymbol{\varphi}_n(t_0)=\mathbf{0}$$

只有零解 $(c_1,c_2,\cdots,c_n)=(0,0,\cdots,0)$. 由定义 3.1 可知, $\varphi_1(t),\varphi_2(t),\cdots,\varphi_n(t)$ 在区间 I 上线性无关. □

注 3.4 定理 3.4 蕴含着, 齐次线性系统 (3.9) 的 n 个解 $\varphi_1(t),\varphi_2(t),\cdots,\varphi_n(t)$ 线性相关的充要条件是它们对应的 Wronski 行列式 $W(t)$ 恒为零. 如果 n 个向量函数所组成矩阵的行列式恒为零, 但这 n 个向量函数不是线性相关的, 那么这 n 个向量函数不可能成为某个齐次线性系统的 n 个解.

推论 3.2 $\varphi_1(t),\varphi_2(t),\cdots,\varphi_n(t)$ 是线性空间 $\mathcal{S}(\boldsymbol{A})$ 的一个基当且仅当它们所对应的 Wronski 行列式 $W(t)$ 在某个点 $t_0\in I$ 处不为零, 即 $W(t_0)\neq 0$.

由推论 3.2, 我们可以构造齐次线性系统 (3.9) 的 n 个线性无关的解: 在 $\mathbb{R}^n$ 中取 n 个线性无关的向量 $\boldsymbol{x}_{i0}$ $(i=1,2,\cdots,n)$, 任意固定 $t_0\in I$, 考虑 n 个初值问题

$$\frac{\mathrm{d}\boldsymbol{x}}{\mathrm{d}t}=\boldsymbol{A}(t)\boldsymbol{x},\quad \boldsymbol{x}(t_0)=\boldsymbol{x}_{i0},\quad i=1,2,\cdots,n. \tag{3.14}$$

由解的全局存在性知, 存在 n 个解 $\boldsymbol{x}_i(t,t_0,\boldsymbol{x}_{i0})$ $(i=1,2,\cdots,n)$. 由推论 3.2 可知它们是线性无关的. 特别地, 若取

$$\boldsymbol{x}_{i0}=\boldsymbol{e}_i=(0,\cdots,\underset{第\ i\ 个分量}{1},\cdots,0)^{\mathrm{T}},\quad i=1,2,\cdots,n,$$

则得到 n 个线性无关的解, 它们组成标准基本解矩阵.

例 3.1.3　求齐次线性系统

$$\frac{\mathrm{d}x_1}{\mathrm{d}t}=-x_2,\quad \frac{\mathrm{d}x_2}{\mathrm{d}t}=x_1$$

的基本解矩阵和通解.

解　我们仅需要分别求出如下两个初值问题的解就可得到该系统的两个线性无关的解:

$$\begin{cases}\dfrac{\mathrm{d}x_1}{\mathrm{d}t}=-x_2,\\[2ex] \dfrac{\mathrm{d}x_2}{\mathrm{d}t}=x_1,\\[2ex] x_1(0)=1,\ x_2(0)=0;\end{cases}\qquad \begin{cases}\dfrac{\mathrm{d}x_1}{\mathrm{d}t}=-x_2,\\[2ex] \dfrac{\mathrm{d}x_2}{\mathrm{d}t}=x_1,\\[2ex] x_1(0)=0,\ x_2(0)=1.\end{cases}$$

注意到可以用构造 Picard 序列的方法 [见习题 3.1 中第 2 题的第 (1) 题], 分别求出这两个初值问题的解

$$\boldsymbol{\phi}_1(t)=\begin{pmatrix}\cos t\\ \sin t\end{pmatrix},\quad \boldsymbol{\phi}_2(t)=\begin{pmatrix}-\sin t\\ \cos t\end{pmatrix}.$$

它们是该系统的两个线性无关解, 从而该系统的基本解矩阵和通解分别为

$$\boldsymbol{\Phi}(t)=\begin{pmatrix}\cos t & -\sin t\\ \sin t & \cos t\end{pmatrix},\quad \boldsymbol{x}(t)=c_1\begin{pmatrix}\cos t\\ \sin t\end{pmatrix}+c_2\begin{pmatrix}-\sin t\\ \cos t\end{pmatrix},\quad t\in\mathbb{R},$$

其中 c_1, c_2 都是任意常数, 这里 $\boldsymbol{\Phi}(t)$ 也是标准基本解矩阵.

由定理 3.1 和定理 3.4 可得齐次线性系统 (3.9) 的基本解矩阵之间满足一定的关系, 见下面的推论.

推论 3.3　设 $\boldsymbol{\Phi}(t)$ 和 $\boldsymbol{\Psi}(t)$ 都是齐次线性系统 (3.9) 的基本解矩阵, 那么

(i) 对于任一非奇异的 n 阶常数矩阵 $\boldsymbol{C}$, 即 $\det \boldsymbol{C}\neq 0$,

$$\boldsymbol{\Psi}(t)=\boldsymbol{\Phi}(t)\boldsymbol{C}$$

也是系统 (3.9) 的基本解矩阵;

(ii) 必存在一个非奇异的 n 阶常数矩阵 $\boldsymbol{C}$, 使得

$$\boldsymbol{\Psi}(t)=\boldsymbol{\Phi}(t)\boldsymbol{C}.$$

证明　(i) 因为矩阵函数 $\boldsymbol{\Psi}(t)=\boldsymbol{\Phi}(t)\boldsymbol{C}$ 的每一列均为系统 (3.9) 的解的线性组合, 所以 $\boldsymbol{\Psi}(t)$ 是系统 (3.9) 的解矩阵. 又任取 $t_0\in I$, 有

$$\det \boldsymbol{\Psi}(t_0)=\det(\boldsymbol{\Phi}(t_0)\boldsymbol{C})=\det \boldsymbol{\Phi}(t_0)\cdot \det \boldsymbol{C}\neq 0,$$

于是 $\boldsymbol{\Psi}(t)=\boldsymbol{\Phi}(t)C$ 也是系统 (3.9) 的基本解矩阵.

(ii) 注意到矩阵函数 $\boldsymbol{\Psi}(t)$ 的每一列作为系统 (3.9) 的解, 它可以由矩阵函数 $\boldsymbol{\Phi}(t)$ 中的列向量函数线性表出, 于是存在 n 阶常数矩阵 $\boldsymbol{C}$, 使得 $\boldsymbol{\Psi}(t)=\boldsymbol{\Phi}(t)\boldsymbol{C}$. 任意取定 $t_0\in I$, 由题设 $\det\boldsymbol{\Psi}(t_0)$ 与 $\det\boldsymbol{\Phi}(t_0)$ 均非零, 故由 $\det\boldsymbol{\Psi}(t_0)=\det\boldsymbol{\Phi}(t_0)\cdot\det\boldsymbol{C}\neq 0$ 可得矩阵 $\boldsymbol{C}$ 是非奇异的. □

综上所述, 可得下面的定理.

定理 3.5 设 $\boldsymbol{\Phi}(t)$ 为齐次线性系统 (3.9) 的一个基本解矩阵, 则系统 (3.9) 的通解为

$$\boldsymbol{x}(t)=\boldsymbol{\Phi}(t)\boldsymbol{c},\quad t\in I,\tag{3.15}$$

其中 $\boldsymbol{c}=(c_1,c_2,\cdots,c_n)^{\mathrm{T}}$ 为任意 n 维常向量. 设系统 (3.9) 满足初值条件 $\boldsymbol{x}(t_0)=\boldsymbol{x}_0$ 的解为 $\boldsymbol{x}(t;t_0,\boldsymbol{x}_0)$, 则

$$\boldsymbol{x}(t;t_0,\boldsymbol{x}_0)=\boldsymbol{\Phi}(t)\boldsymbol{\Phi}^{-1}(t_0)\boldsymbol{x}_0,\quad t\in I.$$

上述定理中 $\boldsymbol{\Phi}(t)\boldsymbol{\Phi}^{-1}(t_0)$ 可以看作对 $\boldsymbol{\Phi}(t)$ 的标准化, 即 $\boldsymbol{\Phi}(t)\boldsymbol{\Phi}^{-1}(t_0)$ 是标准基本解矩阵. 该定理中的通解包含了系统 (3.9) 的所有的解.

3.1.4 非齐次线性微分系统解的结构

本小节考虑非齐次线性系统

$$\frac{\mathrm{d}\boldsymbol{x}}{\mathrm{d}t}=\boldsymbol{A}(t)\boldsymbol{x}+\boldsymbol{b}(t)\tag{3.16}$$

的解的性质及结构, 其中 n 阶矩阵函数 $\boldsymbol{A}(t)$ 和 n 维向量函数 $\boldsymbol{b}(t)\neq\boldsymbol{0}$ 在区间 I 上连续. 根据定理 3.1 知, 系统 (3.16) 的解全局存在且唯一. 进一步, 系统 (3.16) 的解具有如下性质:

命题 3.1 (广义叠加原理) 考虑非齐次线性系统 (3.16) 和它对应的齐次系统

$$\frac{\mathrm{d}\boldsymbol{x}}{\mathrm{d}t}=\boldsymbol{A}(t)\boldsymbol{x}.\tag{3.17}$$

(i) 设 $\boldsymbol{x}_1(t)$ 和 $\boldsymbol{x}_2(t)$ 是系统 (3.16) 的两个解, 则

$$\boldsymbol{x}(t)=\boldsymbol{x}_1(t)-\boldsymbol{x}_2(t)$$

是对应的齐次系统 (3.17) 的解;

(ii) 设 $\boldsymbol{x}^*(t)$ 是系统 (3.16) 的一个特解, $\boldsymbol{x}(t)$ 是对应的齐次系统 (3.17) 的一个解, 则

$$\boldsymbol{x}(t)+\boldsymbol{x}^*(t)$$

是系统 (3.16) 的一个解;

(iii) 若 $\boldsymbol{b}(t)=\boldsymbol{b}_1(t)+\boldsymbol{b}_2(t)$, 而 $\boldsymbol{x}_1^*(t)$ 和 $\boldsymbol{x}_2^*(t)$ 分别是非齐次线性系统

$$\frac{\mathrm{d}\boldsymbol{x}}{\mathrm{d}t}=\boldsymbol{A}(t)\boldsymbol{x}+\boldsymbol{b}_1(t),\quad \frac{\mathrm{d}\boldsymbol{x}}{\mathrm{d}t}=\boldsymbol{A}(t)\boldsymbol{x}+\boldsymbol{b}_2(t),$$

的一个特解, 则 $\boldsymbol{x}_1^*(t)+\boldsymbol{x}_2^*(t)$ 是系统 (3.16) 的一个特解.

证明 因为系统 (3.16) 及其对应的齐次系统 (3.17) 的任意解的存在区间都为 I, 所以这些解之间可以做加法或减法运算, 从而本命题的证明可基于微分系统解的定义直接验证得到.

(i) 因为

$$\begin{aligned}\frac{\mathrm{d}\boldsymbol{x}}{\mathrm{d}t}&=\frac{\mathrm{d}\boldsymbol{x}_1}{\mathrm{d}t}-\frac{\mathrm{d}\boldsymbol{x}_2}{\mathrm{d}t}=(\boldsymbol{A}(t)\boldsymbol{x}_1+\boldsymbol{b}(t))-(\boldsymbol{A}(t)\boldsymbol{x}_2+\boldsymbol{b}(t))\\&=\boldsymbol{A}(t)(\boldsymbol{x}_1-\boldsymbol{x}_2)=\boldsymbol{A}(t)\boldsymbol{x},\end{aligned}$$

所以 $\boldsymbol{x}(t)=\boldsymbol{x}_1(t)-\boldsymbol{x}_2(t)$ 是系统 (3.17) 的解.

(ii) 注意到

$$\begin{aligned}\frac{\mathrm{d}}{\mathrm{d}t}(\boldsymbol{x}+\boldsymbol{x}^*)=\frac{\mathrm{d}\boldsymbol{x}}{\mathrm{d}t}+\frac{\mathrm{d}\boldsymbol{x}^*}{\mathrm{d}t}&=\boldsymbol{A}(t)\boldsymbol{x}+(\boldsymbol{A}(t)\boldsymbol{x}^*+\boldsymbol{b}(t))\\&=\boldsymbol{A}(t)(\boldsymbol{x}+\boldsymbol{x}^*)+\boldsymbol{b}(t),\end{aligned}$$

于是由解的定义知 $\boldsymbol{x}(t)+\boldsymbol{x}^*(t)$ 是系统 (3.16) 的一个解.

(iii) 计算向量函数 $\boldsymbol{x}_1^*(t)+\boldsymbol{x}_2^*(t)$ 关于 t 的导数, 得到

$$\begin{aligned}\frac{\mathrm{d}}{\mathrm{d}t}(\boldsymbol{x}_1^*+\boldsymbol{x}_2^*)&=\frac{\mathrm{d}\boldsymbol{x}_1^*}{\mathrm{d}t}+\frac{\mathrm{d}\boldsymbol{x}_2^*}{\mathrm{d}t}\\&=\boldsymbol{A}(t)\boldsymbol{x}_1^*+\boldsymbol{b}_1(t)+\boldsymbol{A}(t)\boldsymbol{x}_2^*+\boldsymbol{b}_2(t)\\&=\boldsymbol{A}(t)(\boldsymbol{x}_1^*+\boldsymbol{x}_2^*)+(\boldsymbol{b}_1(t)+\boldsymbol{b}_2(t))\\&=\boldsymbol{A}(t)(\boldsymbol{x}_1^*+\boldsymbol{x}_2^*)+\boldsymbol{b}(t).\end{aligned}$$

由解的定义知 $\boldsymbol{x}_1^*(t)+\boldsymbol{x}_2^*(t)$ 是系统 (3.16) 的一个特解. □

从命题 3.1 可观察到, 非齐次线性系统 (3.16) 的解有如下定理所给出的结构.

定理 3.6 设 $\boldsymbol{\phi}^*(t)$ 是非齐次线性系统 (3.16) 的一个特解, $\boldsymbol{\Phi}(t)$ 是对应的齐次系统 (3.17) 的基本解矩阵, 则对于系统 (3.16) 的任一解 $\boldsymbol{\phi}(t)$, 都存在常向量 $\tilde{\boldsymbol{c}}$, 使得

$$\boldsymbol{\phi}(t)=\boldsymbol{\Phi}(t)\tilde{\boldsymbol{c}}+\boldsymbol{\phi}^*(t),\quad t\in I.$$

因此, 系统 (3.16) 有通解公式

$$\boldsymbol{\phi}(t)=\boldsymbol{\Phi}(t)\boldsymbol{c}+\boldsymbol{\phi}^*(t),\quad t\in I,\tag{3.18}$$

这里 $\boldsymbol{c}$ 是任意 n 维常向量.

证明 设系统 (3.16) 的所有解构成的集合为 $\mathcal{S}(\boldsymbol{Ab})$, 则对于任意 $\boldsymbol{\phi}(t) \in \mathcal{S}(\boldsymbol{Ab})$, 由命题 3.1 (i) 知

$$\boldsymbol{\phi}(t) - \boldsymbol{\phi}^*(t) \in \mathcal{S}(\boldsymbol{A}),$$

这里 $\mathcal{S}(\boldsymbol{A})$ 是系统 (3.16) 对应的齐次系统 (3.17) 的所有解构成的集合.

由定理 3.5 知, 对于对应的齐次系统 (3.17) 的解 $\boldsymbol{\phi}(t) - \boldsymbol{\phi}^*(t)$, 存在常向量 $\tilde{\boldsymbol{c}}$, 使得

$$\boldsymbol{\phi}(t) - \boldsymbol{\phi}^*(t) = \boldsymbol{\Phi}(t)\tilde{\boldsymbol{c}},$$

从而

$$\boldsymbol{\phi}(t) = \boldsymbol{\Phi}(t)\tilde{\boldsymbol{c}} + \boldsymbol{\phi}^*(t).$$

直接验证可知, (3.18) 式给出的 $\boldsymbol{\phi}(t)$ 是系统 (3.16) 的解, 并且含有 n 个独立的任意常数组成的常向量 $\boldsymbol{c}$. 由通解的定义知, 系统 (3.16) 有通解公式 (3.18). □

注 3.5 定理 3.6 告诉我们: 非齐次线性系统 (3.16) 的通解是对应的齐次系统 (3.17) 的通解与系统 (3.16) 的一个特解之和. 也就是说, $\mathcal{S}(\boldsymbol{Ab})$ 是仿射线性空间, 即

$$\mathcal{S}(\boldsymbol{Ab}) = \boldsymbol{\phi}^*(t) + \mathcal{S}(\boldsymbol{A}) = \{\boldsymbol{\phi}(t):\ \boldsymbol{\phi}(t) = \boldsymbol{\phi}^*(t) + \boldsymbol{\varphi}(t), \boldsymbol{\varphi}(t) \in \mathcal{S}(\boldsymbol{A})\}.$$

如何求非齐次线性系统 (3.16) 的通解呢? 让我们回忆一下第二章中求一阶非齐次线性微分方程通解的方法: 先求出一阶非齐次线性微分方程对应的齐次方程的通解, 然后用常数变易法求出一阶非齐次线性微分方程的一个特解, 最后由通解公式得到一阶非齐次线性微分方程的通解. 这个方法能否推广到求非齐次线性系统 (3.16) 的通解呢? 即已知系统 (3.16) 对应的齐次系统 (3.17) 的基本解矩阵, 能否求出系统 (3.16) 的通解? 下面的定理对这个问题给出了肯定的回答.

定理 3.7 设 $\boldsymbol{\Phi}(t)$ 是非齐次线性系统 (3.16) 对应的齐次系统 (3.17) 的基本解矩阵, 则系统 (3.16) 有特解

$$\boldsymbol{\phi}^*(t) = \boldsymbol{\Phi}(t)\int \boldsymbol{\Phi}^{-1}(t)\boldsymbol{b}(t)\mathrm{d}t,$$

并且系统 (3.16) 的通解为

$$\boldsymbol{x}(t) = \boldsymbol{\Phi}(t)\boldsymbol{c} + \boldsymbol{\Phi}(t)\int \boldsymbol{\Phi}^{-1}(t)\boldsymbol{b}(t)\mathrm{d}t, \quad t \in I,$$

这里 $\boldsymbol{c}$ 是任意 n 维常向量. 设系统 (3.16) 满足初值条件 $\boldsymbol{x}(t_0) = \boldsymbol{x}_0$ 的解为 $\boldsymbol{x}(t; t_0, \boldsymbol{x}_0)$, 则

$$\boldsymbol{x}(t; t_0, \boldsymbol{x}_0) = \boldsymbol{\Phi}(t)\left(\boldsymbol{\Phi}^{-1}(t_0)\boldsymbol{x}_0 + \int_{t_0}^{t} \boldsymbol{\Phi}^{-1}(s)\boldsymbol{b}(s)\mathrm{d}s\right), \quad t \in I.$$

证明 用常数变易法求系统 (3.16) 的特解 $\boldsymbol{\phi}^*(t)$.

假设系统 (3.16) 的特解 $\boldsymbol{\phi}^*(t)$ 具有如下形式:

$$\boldsymbol{\phi}^*(t)=\boldsymbol{\Phi}(t)\boldsymbol{c}(t),$$

这里 $\boldsymbol{c}(t)$ 是待定的 n 维向量函数. 将 $\boldsymbol{\phi}^*(t)$ 代入系统 (3.16) 的左、右两边, 则有

$$\begin{aligned}&\text{左边}=\frac{\mathrm{d}\boldsymbol{\phi}^*}{\mathrm{d}t}=\frac{\mathrm{d}\boldsymbol{\Phi}}{\mathrm{d}t}\boldsymbol{c}(t)+\boldsymbol{\Phi}(t)\frac{\mathrm{d}\boldsymbol{c}(t)}{\mathrm{d}t}=\boldsymbol{A}(t)\boldsymbol{\Phi}(t)\boldsymbol{c}(t)+\boldsymbol{\Phi}(t)\frac{\mathrm{d}\boldsymbol{c}(t)}{\mathrm{d}t},\\&\text{右边}=\boldsymbol{A}(t)\boldsymbol{\phi}^*(t)+\boldsymbol{b}(t)=\boldsymbol{A}(t)\boldsymbol{\Phi}(t)\boldsymbol{c}(t)+\boldsymbol{b}(t).\end{aligned}$$

于是

$$\boldsymbol{\Phi}(t)\frac{\mathrm{d}\boldsymbol{c}(t)}{\mathrm{d}t}=\boldsymbol{b}(t),\quad \text{即}\quad \frac{\mathrm{d}\boldsymbol{c}(t)}{\mathrm{d}t}=\boldsymbol{\Phi}^{-1}(t)\boldsymbol{b}(t),$$

其中 $\boldsymbol{\Phi}^{-1}(t)$ 是系统 (3.16) 对应的齐次系统 (3.17) 的基本解矩阵 $\boldsymbol{\Phi}(t)$ 的逆矩阵. 这是关于 $\boldsymbol{c}(t)$ 的一阶变量分离方程组, 从中可确定出向量函数

$$\boldsymbol{c}(t)=\int\boldsymbol{\Phi}^{-1}(t)\boldsymbol{b}(t)\mathrm{d}t.$$

故

$$\boldsymbol{\phi}^*(t)=\boldsymbol{\Phi}(t)\int\boldsymbol{\Phi}^{-1}(t)\boldsymbol{b}(t)\mathrm{d}t.$$

由非齐次线性系统的通解公式 (3.18) 和特解 $\boldsymbol{\phi}^*(t)$ 的表达式, 可得系统 (3.16) 的通解

$$\boldsymbol{x}(t)=\boldsymbol{\Phi}(t)\boldsymbol{c}+\boldsymbol{\Phi}(t)\int\boldsymbol{\Phi}^{-1}(t)\boldsymbol{b}(t)\mathrm{d}t,\quad t\in I,\tag{3.19}$$

这里 $\boldsymbol{c}$ 是任意 n 维常向量. 在通解公式 (3.19) 中, $\int\boldsymbol{\Phi}^{-1}(t)\boldsymbol{b}(t)\mathrm{d}t$ 为向量函数 $\boldsymbol{\Phi}^{-1}(t)\boldsymbol{b}(t)$ 的某个确定的原向量函数, 例如可以将它取成 $\int_{t_1}^{t}\boldsymbol{\Phi}^{-1}(s)\boldsymbol{b}(s)\mathrm{d}s$, 这里 t_1 为区间 I 中取定的一个值. 这样, 系统 (3.16) 的通解亦可以写成

$$\boldsymbol{x}(t)=\boldsymbol{\Phi}(t)\boldsymbol{c}+\boldsymbol{\Phi}(t)\int_{t_1}^{t}\boldsymbol{\Phi}^{-1}(s)\boldsymbol{b}(s)\mathrm{d}s,\quad t\in I.\tag{3.20}$$

若给定初值条件 $\boldsymbol{x}(t_0)=\boldsymbol{x}_0$, 将该初值条件代入通解公式 (3.20), 可得到

$$\boldsymbol{x}_0=\boldsymbol{x}(t_0)=\boldsymbol{\Phi}(t_0)\boldsymbol{c}+\boldsymbol{\Phi}(t_0)\int_{t_1}^{t_0}\boldsymbol{\Phi}^{-1}(s)\boldsymbol{b}(s)\mathrm{d}s,$$

于是

$$\boldsymbol{c}=\boldsymbol{\Phi}^{-1}(t_0)\boldsymbol{x}_0-\int_{t_1}^{t_0}\boldsymbol{\Phi}^{-1}(s)\boldsymbol{b}(s)\mathrm{d}s.$$

将其代入通解公式 (3.20), 得到

$$\boldsymbol{x}(t;t_0,\boldsymbol{x}_0)=\boldsymbol{\Phi}(t)\left(\boldsymbol{\Phi}^{-1}(t_0)\boldsymbol{x}_0+\int_{t_0}^{t}\boldsymbol{\Phi}^{-1}(s)\boldsymbol{b}(s)\mathrm{d}s\right),\quad t\in I.$$

由此定理得证. □

例 3.1.4 求非齐次线性系统

$$\frac{\mathrm{d}\boldsymbol{x}}{\mathrm{d}t}=\begin{pmatrix}2t & 2-2t\\ 0 & 2\end{pmatrix}\boldsymbol{x}+\begin{pmatrix}t\\ 0\end{pmatrix}$$

的通解.

解 首先求对应的齐次系统

$$\frac{\mathrm{d}\boldsymbol{x}}{\mathrm{d}t}=\begin{pmatrix}2t & 2-2t\\ 0 & 2\end{pmatrix}\boldsymbol{x},\quad 即\quad \begin{cases}\dfrac{\mathrm{d}x_1}{\mathrm{d}t}=2tx_1+(2-2t)x_2,\\ \dfrac{\mathrm{d}x_2}{\mathrm{d}t}=2x_2\end{cases}$$

的基本解矩阵.

不难求得对应的齐次系统的两个解

$$\begin{pmatrix}\mathrm{e}^{2t}+\mathrm{e}^{t^2}\\ \mathrm{e}^{2t}\end{pmatrix},\quad \begin{pmatrix}-\mathrm{e}^{2t}+\mathrm{e}^{t^2}\\ -\mathrm{e}^{2t}\end{pmatrix},$$

它们构成的解矩阵为

$$\boldsymbol{\Phi}(t)=\begin{pmatrix}\mathrm{e}^{2t}+\mathrm{e}^{t^2} & -\mathrm{e}^{2t}+\mathrm{e}^{t^2}\\ \mathrm{e}^{2t} & -\mathrm{e}^{2t}\end{pmatrix}.$$

因为 $\det\boldsymbol{\Phi}(0)\neq 0$, 所以 $\boldsymbol{\Phi}(t)$ 为对应的齐次系统的基本解矩阵. 容易求得

$$\boldsymbol{\Phi}^{-1}(t)=\begin{pmatrix}\dfrac{1}{2}\mathrm{e}^{-t^2} & \dfrac{1}{2}(\mathrm{e}^{-2t}-\mathrm{e}^{-t^2})\\ \dfrac{1}{2}\mathrm{e}^{-t^2} & -\dfrac{1}{2}(\mathrm{e}^{-2t}+\mathrm{e}^{-t^2})\end{pmatrix}.$$

由定理 3.7 可得原系统的通解为

$$\begin{aligned}\boldsymbol{x}(t)&=\begin{pmatrix}\mathrm{e}^{2t}+\mathrm{e}^{t^2} & -\mathrm{e}^{2t}+\mathrm{e}^{t^2}\\ \mathrm{e}^{2t} & -\mathrm{e}^{2t}\end{pmatrix}\left(\begin{pmatrix}c_1\\ c_2\end{pmatrix}+\int\begin{pmatrix}\dfrac{1}{2}\mathrm{e}^{-t^2} & \dfrac{1}{2}(\mathrm{e}^{-2t}-\mathrm{e}^{-t^2})\\ \dfrac{1}{2}\mathrm{e}^{-t^2} & -\dfrac{1}{2}(\mathrm{e}^{-2t}+\mathrm{e}^{-t^2})\end{pmatrix}\begin{pmatrix}t\\ 0\end{pmatrix}\mathrm{d}t\right)\\ &=\begin{pmatrix}\mathrm{e}^{2t}+\mathrm{e}^{t^2} & -\mathrm{e}^{2t}+\mathrm{e}^{t^2}\\ \mathrm{e}^{2t} & -\mathrm{e}^{2t}\end{pmatrix}\begin{pmatrix}c_1-\dfrac{1}{4}\mathrm{e}^{-t^2}\\ c_2-\dfrac{1}{4}\mathrm{e}^{-t^2}\end{pmatrix}=\begin{pmatrix}(c_1+c_2)\mathrm{e}^{t^2}+(c_1-c_2)\mathrm{e}^{2t}-\dfrac{1}{2}\\ (c_1-c_2)\mathrm{e}^{2t}\end{pmatrix},\end{aligned}$$

这里 c_1,c_2 为任意常数.

习题 3.1

1. 构造下列微分系统初值问题的 Picard 序列, 并证明其在 $\mathbb{R}$ 上一致收敛:

(1) $\dfrac{\mathrm{d}\boldsymbol{x}}{\mathrm{d}t}=\begin{pmatrix} t & -t^2 \\ t^2 & 1 \end{pmatrix}\boldsymbol{x}+\begin{pmatrix} \mathrm{e}^t \\ 1 \end{pmatrix},\ \boldsymbol{x}(0)=\begin{pmatrix} 0 \\ 0 \end{pmatrix}$;

(2) $\dfrac{\mathrm{d}\boldsymbol{x}}{\mathrm{d}t}=\begin{pmatrix} t & 0 & -t^2 \\ -t^2 & 0 & 1 \\ 0 & \mathrm{e}^t & 1 \end{pmatrix}\boldsymbol{x}+\begin{pmatrix} \cos t \\ \sin t \\ 1 \end{pmatrix},\ \boldsymbol{x}(0)=\begin{pmatrix} 0 \\ 0 \\ 1 \end{pmatrix}$;

(3) $\dfrac{\mathrm{d}\boldsymbol{x}}{\mathrm{d}t}=\begin{pmatrix} \sin t & \cos t & \sin 2t \\ \sin 3t & \cos 2t & \cos 4t \\ \cos t & \cos 4t & \sin 3t \end{pmatrix}\boldsymbol{x}+\begin{pmatrix} 1 \\ \sin t \\ \cos 6t \end{pmatrix},\ \boldsymbol{x}(0)=\begin{pmatrix} 0 \\ 0 \\ 0 \end{pmatrix}$.

2. 用构造 Picard 序列的方法求下列微分系统初值问题的解:

(1) $\dfrac{\mathrm{d}\boldsymbol{x}}{\mathrm{d}t}=\begin{pmatrix} 0 & -1 \\ 1 & 0 \end{pmatrix}\boldsymbol{x},\ \boldsymbol{x}(0)=\begin{pmatrix} 1 \\ 0 \end{pmatrix}$;

(2) $\dfrac{\mathrm{d}\boldsymbol{x}}{\mathrm{d}t}=\begin{pmatrix} 0 & -2 \\ 2 & 0 \end{pmatrix}\boldsymbol{x}+\begin{pmatrix} 1 \\ 1 \end{pmatrix},\ \boldsymbol{x}(0)=\begin{pmatrix} 0 \\ 0 \end{pmatrix}$;

(3) $\dfrac{\mathrm{d}\boldsymbol{x}}{\mathrm{d}t}=\begin{pmatrix} 0 & 1 & 0 \\ -1 & 0 & 0 \\ 0 & 0 & 2 \end{pmatrix}\boldsymbol{x},\ \boldsymbol{x}(0)=\begin{pmatrix} 1 \\ 0 \\ 1 \end{pmatrix}$.

3. 讨论下列向量函数组在 $\mathbb{R}$ 上是否线性相关, 以及其中哪些向量函数组能构成某个齐次线性系统的基本解矩阵:

(1) $\begin{pmatrix} 1 \\ t \end{pmatrix},\ \begin{pmatrix} t \\ 2t \end{pmatrix}$;　　(2) $\begin{pmatrix} \mathrm{e}^t\cos t \\ \mathrm{e}^t\sin t \end{pmatrix},\ \begin{pmatrix} -\sin t \\ \cos t \end{pmatrix}$;

(3) $\begin{pmatrix} 1 \\ 0 \\ 0 \end{pmatrix},\ \begin{pmatrix} t \\ 0 \\ 0 \end{pmatrix},\ \begin{pmatrix} t^2 \\ 0 \\ 0 \end{pmatrix}$;　　(4) $\begin{pmatrix} 1 \\ t \\ \mathrm{e}^t \end{pmatrix},\ \begin{pmatrix} 2 \\ 2t \\ 2\mathrm{e}^t \end{pmatrix},\ \begin{pmatrix} t \\ \cos t \\ t\mathrm{e}^t \end{pmatrix}$.

4. 求齐次线性系统

$$\frac{\mathrm{d}\boldsymbol{x}}{\mathrm{d}t}=\boldsymbol{A}(t)\boldsymbol{x}$$

的基本解矩阵和通解, 其中 $\boldsymbol{A}(t)$ 分别如下:

(1) $\begin{pmatrix} \dfrac{1}{t} & 0 \\ 0 & \dfrac{1}{t} \end{pmatrix}\ (t>0)$;　　(2) $\begin{pmatrix} 1 & 1 \\ 0 & 1 \end{pmatrix}$;

(3) $\begin{pmatrix} 0 & 1 & 0 \\ -1 & 0 & 0 \\ 0 & 0 & -1 \end{pmatrix}$;　　(4) $\begin{pmatrix} t & \mathrm{e}^t & 1 \\ 0 & t^2 & 0 \\ 0 & 0 & 1 \end{pmatrix}$.

5. 试证基本解矩阵完全决定齐次线性系统, 即如果下列两个齐次线性系统

$$\frac{\mathrm{d}\boldsymbol{x}}{\mathrm{d}t} = \boldsymbol{A}(t)\boldsymbol{x}, \quad \frac{\mathrm{d}\boldsymbol{x}}{\mathrm{d}t} = \boldsymbol{B}(t)\boldsymbol{x},$$

有相同的基本解矩阵, 则

$$\boldsymbol{A}(t) \equiv \boldsymbol{B}(t).$$

6. 设下列矩阵分别是某个齐次线性系统的基本解矩阵, 求对应的齐次线性系统并确定其定义域:

(1) $\begin{pmatrix} \mathrm{e}^t & 0 \\ -(t+1) & 1 \end{pmatrix}$;　　(2) $\begin{pmatrix} \mathrm{e}^t & -(t+1) \\ 0 & t \end{pmatrix}$.

7. 称 $\boldsymbol{U}(t,s)$ 是齐次线性系统 $\dfrac{\mathrm{d}\boldsymbol{x}}{\mathrm{d}t} = \boldsymbol{A}(t)\boldsymbol{x}\,(t \in I \subset \mathbb{R})$ 的**状态转移矩阵**, 如果 $\boldsymbol{U}(t,s)$ 是该系统的一族由初值 s 参数化的基本解矩阵 $\Big($对于任意给定的 $s \in I$, $\boldsymbol{U}(t,s)$ 都是 $\dfrac{\mathrm{d}\boldsymbol{x}}{\mathrm{d}t} = \boldsymbol{A}(t)\boldsymbol{x}$ 的基本解矩阵$\Big)$, 并且满足 $\boldsymbol{U}(s,s) = \boldsymbol{I}$, $\forall s \in I$, 其中 $\boldsymbol{I}$ 为单位矩阵.

设 $\boldsymbol{\Phi}(t)$ 是齐次线性系统 $\dfrac{\mathrm{d}\boldsymbol{x}}{\mathrm{d}t} = \boldsymbol{A}(t)\boldsymbol{x}$ 的一个基本解矩阵, 证明: 对于任意 $s \in I$, $\boldsymbol{\Phi}(t)\boldsymbol{\Phi}^{-1}(s)$ 是该系统的状态转移矩阵, 记为 $\boldsymbol{U}(t,s)$, 并且 $\boldsymbol{U}(t,s)$ 满足下列 Chapman-Kolmogorov 恒等式:

$$\left.\begin{aligned} &\boldsymbol{U}(s,s) = \boldsymbol{I}, \quad \boldsymbol{U}(t,\tau)\boldsymbol{U}(\tau,s) = \boldsymbol{U}(t,s), \\ &\boldsymbol{U}^{-1}(t,s) = \boldsymbol{U}(s,t), \quad \frac{\partial \boldsymbol{U}}{\partial s} = -\boldsymbol{U}(t,s)\boldsymbol{A}(s), \end{aligned}\right. \quad \forall t, \tau \in I.$$

请用第 4 题中的齐次线性系统求状态转移矩阵; 给定相应的初始状态 $\boldsymbol{x}(0)$, 求转移状态 $\boldsymbol{x}(t)$; 验证所求得的状态转移矩阵满足 Chapman-Kolmogorov 恒等式.

8. 求下列齐次线性系统的基本解矩阵:

(1) $\dfrac{\mathrm{d}\boldsymbol{x}}{\mathrm{d}t} = \begin{pmatrix} 1 & -\dfrac{1}{t} \\ 1+t & -1 \end{pmatrix}\boldsymbol{x}\ (t>0)$;　　(2) $\dfrac{\mathrm{d}\boldsymbol{x}}{\mathrm{d}t} = \begin{pmatrix} -\dfrac{2}{t} & 0 \\ 1+\dfrac{2}{t} & 1 \end{pmatrix}\boldsymbol{x}\ (t>0)$.

9. 求解下列非齐次线性系统的初值问题:

(1) $\begin{cases} \dfrac{\mathrm{d}x_1}{\mathrm{d}t} = -\dfrac{2}{t}x_1 + 1, \dfrac{\mathrm{d}x_2}{\mathrm{d}t} = \left(1+\dfrac{2}{t}\right)x_1 + x_2 - 1\,(t>0), \\ x_1(1) = \dfrac{1}{3}, x_2(1) = -\dfrac{1}{3}; \end{cases}$

(2) $\begin{cases}\dfrac{\mathrm{d}x_1}{\mathrm{d}t}=\dfrac{2t}{1+t^2}x_1,\dfrac{\mathrm{d}x_2}{\mathrm{d}t}=-\dfrac{1}{t}x_2+x_1+t\ (t>0),\\ x_1(1)=0,x_2(1)=\dfrac{4}{3};\end{cases}$

(3) $\begin{cases}\dfrac{\mathrm{d}x_1}{\mathrm{d}t}=2tx_1+t^2x_2,\dfrac{\mathrm{d}x_2}{\mathrm{d}t}=-tx_2+\mathrm{e}^{-t},\\ x_1(0)=1,x_2(0)=-1.\end{cases}$

10. 设 $\boldsymbol{A}(t)$ 和 $\boldsymbol{b}(t)$ 分别是区间 I 上的连续 n 阶矩阵函数和 n 维向量函数, 并且 $\boldsymbol{b}(t)\not\equiv\boldsymbol{0}$, 证明: 非齐次线性系统 $\dfrac{\mathrm{d}\boldsymbol{x}}{\mathrm{d}t}=\boldsymbol{A}(t)\boldsymbol{x}+\boldsymbol{b}(t)$ 在区间 I 上至多有 $n+1$ 个线性无关的解.

3.2 常系数线性微分系统

在第一节中我们看到, 对于线性系统, 不论是齐次的还是非齐次的, 它们的求解问题都集中在求齐次线性系统的基本解矩阵上. 理论上已经证明了 n 维齐次线性系统 $\dfrac{\mathrm{d}\boldsymbol{x}}{\mathrm{d}t}=\boldsymbol{A}(t)\boldsymbol{x}$ 的基本解矩阵存在, 并且可以通过选择 n 个线性无关的初值, 分别构造一致收敛的 Picard 序列来获得对应的 n 个初值问题的解. 但对于一般的矩阵函数 $\boldsymbol{A}(t)$, 很难获得 Picard 序列一致收敛到的向量函数的具体表达式, 所以很难写出齐次线性系统 $\dfrac{\mathrm{d}\boldsymbol{x}}{\mathrm{d}t}=\boldsymbol{A}(t)$ 的具体的基本解矩阵. 自然的问题是: 对于特殊的矩阵函数 $\boldsymbol{A}(t)$, 是否有其他求解方法? 本节考虑 $\boldsymbol{A}(t)$ 为实常数矩阵 $\boldsymbol{A}$ 的情况, 即考虑线性系统

$$\frac{\mathrm{d}\boldsymbol{x}}{\mathrm{d}t}=\boldsymbol{A}\boldsymbol{x}+\boldsymbol{b}(t), \tag{3.21}$$

其中

$$\boldsymbol{A}=\begin{pmatrix}a_{11}&a_{12}&\cdots&a_{1n}\\a_{21}&a_{22}&\cdots&a_{2n}\\\vdots&\vdots&&\vdots\\a_{n1}&a_{n2}&\cdots&a_{nn}\end{pmatrix},\quad \boldsymbol{b}(t)=\begin{pmatrix}b_1(t)\\b_2(t)\\\vdots\\b_n(t)\end{pmatrix},$$

这里 $a_{ij}\in\mathbb{R}\,(i,j=1,2,\cdots,n)$, $\boldsymbol{b}(t)$ 是区间 I 上实连续向量函数. 称系统 (3.21) 为**常系数线性微分系统** (简称**常系数线性系统**).

我们将求解常系数齐次线性系统

$$\frac{\mathrm{d}\boldsymbol{x}}{\mathrm{d}t}=\boldsymbol{A}\boldsymbol{x}, \tag{3.22}$$

的基本解矩阵 $\boldsymbol{\Phi}(t)$ 的问题转化为线性代数问题, 希望借助线性代数知识写出 $\boldsymbol{\Phi}(t)$ 的表达式, 以便探讨常系数线性系统 (3.21) 的解的性质, 为研究一般线性系统的解的性质提供思路.

3.2.1 常系数线性微分系统的求解

通常求微分方程的解是指求出它的实函数解 (实值解). 为讨论需要, 本节中我们允许常系数齐次线性系统 (3.22) 有复值解. 所谓**复值解**, 是指存在一个复值向量函数 $\boldsymbol{x}_1(t)+\mathrm{i}\boldsymbol{x}_2(t)$ $(\mathrm{i}^2=-1)$, 满足系统 (3.22), 即

$$\frac{\mathrm{d}(\boldsymbol{x}_1+\mathrm{i}\boldsymbol{x}_2)}{\mathrm{d}t}=\boldsymbol{A}(\boldsymbol{x}_1+\mathrm{i}\boldsymbol{x}_2),$$

其中 $\boldsymbol{x}_1(t), \boldsymbol{x}_2(t)$ 都是区间 I 上的实连续可微向量函数. 由于 $\boldsymbol{A}$ 是实矩阵, 故由复值解的定义, 不难得到下面的结论.

命题 3.2 $\boldsymbol{x}_1(t)+\mathrm{i}\boldsymbol{x}_2(t)$ 为常系数齐次线性系统 (3.22) 的一个复值解当且仅当 $\boldsymbol{x}_1(t)$ 与 $\boldsymbol{x}_2(t)$ 均为系统 (3.22) 的实值解. 而且, 如果系统 (3.22) 有一个复值解 $\boldsymbol{x}_1(t)+\mathrm{i}\boldsymbol{x}_2(t)$, 则 $\boldsymbol{x}_1(t)-\mathrm{i}\boldsymbol{x}_2(t)$ 也是系统 (3.22) 的复值解.

为简便起见, 下面所说的常系数齐次线性系统的解包含复值解.

受一阶齐次线性微分方程的解的启发, 我们假设常系数齐次线性系统 (3.22) 有形如

$$\boldsymbol{x}(t)=\mathrm{e}^{\lambda t}\boldsymbol{v}=\mathrm{e}^{\lambda t}(v_1,v_2,\cdots,v_n)^{\mathrm{T}}$$

的解, 其中常数 λ 和常向量 $\boldsymbol{v}=(v_1,v_2,\cdots,v_n)^{\mathrm{T}}$ 均待定.

命题 3.3 常系数齐次线性系统 (3.22) 有非零解 $\boldsymbol{x}(t)=\mathrm{e}^{\lambda t}\boldsymbol{v}$ 的充要条件是 λ 为矩阵 $\boldsymbol{A}$ 的特征值, $\boldsymbol{v}$ 为对应的特征向量.

证明 由微分系统解的定义, $\boldsymbol{x}(t)=\mathrm{e}^{\lambda t}\boldsymbol{v}$ 是系统 (3.22) 的解当且仅当

$$\lambda\mathrm{e}^{\lambda t}\boldsymbol{v}=\frac{\mathrm{d}\boldsymbol{x}}{\mathrm{d}t}=\boldsymbol{A}\boldsymbol{x}(t)=\boldsymbol{A}\mathrm{e}^{\lambda t}\boldsymbol{v},$$

即

$$\boldsymbol{A}\boldsymbol{v}=\lambda\boldsymbol{v}.$$

上式意味着, λ 是矩阵 $\boldsymbol{A}$ 的特征值, $\boldsymbol{v}$ 是对应的特征向量. □

定理 3.8 如果矩阵 $\boldsymbol{A}$ 具有 n 个线性无关的特征向量 $\boldsymbol{v}_1,\boldsymbol{v}_2,\cdots,\boldsymbol{v}_n$, 它们对应的特征值为 $\lambda_1,\lambda_2,\cdots,\lambda_n$ (不一定互不相同), 则矩阵

$$\boldsymbol{\Phi}(t)=(\mathrm{e}^{\lambda_1 t}\boldsymbol{v}_1,\mathrm{e}^{\lambda_2 t}\boldsymbol{v}_2,\cdots,\mathrm{e}^{\lambda_n t}\boldsymbol{v}_n)$$

是常系数齐次线性系统 (3.22) 的基本解矩阵.

证明 由命题 3.3 可知, $\mathrm{e}^{\lambda_i t}\boldsymbol{v}_i$ $(i=1,2,\cdots,n)$ 是系统 (3.22) 的 n 个解. 下证这 n 个解线性无关. 设存在 $c_1,c_2,\cdots,c_n\in\mathbb{C}$, 使得

$$c_1\mathrm{e}^{\lambda_1 t}\boldsymbol{v}_1 + c_2\mathrm{e}^{\lambda_2 t}\boldsymbol{v}_2 + \cdots + c_n\mathrm{e}^{\lambda_n t}\boldsymbol{v}_n = \boldsymbol{0}, \quad \forall t \in (-\infty, +\infty).$$

取 $t = 0$, 得到

$$c_1\boldsymbol{v}_2 + c_2\boldsymbol{v}_2 + \cdots + c_n\boldsymbol{v}_n = \boldsymbol{0}.$$

因为 $\boldsymbol{v}_1, \boldsymbol{v}_2, \cdots, \boldsymbol{v}_n$ 为 $\mathbb{C}^n$ 中的线性无关向量组, 所以 $c_1 = c_2 = \cdots = c_n = 0$. 故 $\mathrm{e}^{\lambda_i t}\boldsymbol{v}_i$ $(i = 1, 2, \cdots, n)$ 线性无关. □

例 3.2.1 求微分系统

$$\frac{\mathrm{d}\boldsymbol{x}}{\mathrm{d}t} = \begin{pmatrix} 2 & 1 \\ 2 & 3 \end{pmatrix}\boldsymbol{x}$$

的通解.

解 矩阵 $\boldsymbol{A} = \begin{pmatrix} 2 & 1 \\ 2 & 3 \end{pmatrix}$ 的特征方程为

$$\det(\lambda\boldsymbol{I} - \boldsymbol{A}) = \begin{vmatrix} \lambda - 2 & -1 \\ -2 & \lambda - 3 \end{vmatrix} = 0, \quad \text{即} \quad \lambda^2 - 5\lambda + 4 = 0.$$

由此求得两个实特征值 $\lambda_1 = 1, \lambda_2 = 4$. 解线性方程组

$$(\lambda_1\boldsymbol{I} - \boldsymbol{A})\boldsymbol{v}_1 = \begin{pmatrix} -1 & -1 \\ -2 & -2 \end{pmatrix}\boldsymbol{v}_1 = \boldsymbol{0}, \quad (\lambda_2\boldsymbol{I} - \boldsymbol{A})\boldsymbol{v}_2 = \begin{pmatrix} 2 & -1 \\ -2 & 1 \end{pmatrix}\boldsymbol{v}_2 = \boldsymbol{0},$$

得到分别对应于特征值 $\lambda_1 = 1, \lambda_2 = 4$ 的两个特征向量 $(1, -1)^{\mathrm{T}}$ 和 $(1, 2)^{\mathrm{T}}$, 它们是线性无关的. 由定理 3.8 可得该系统的一个基本解矩阵

$$\boldsymbol{\Phi}(t) = \begin{pmatrix} \mathrm{e}^t & \mathrm{e}^{4t} \\ -\mathrm{e}^t & 2\mathrm{e}^{4t} \end{pmatrix},$$

于是得到该系统的通解

$$\boldsymbol{x}(t) = \boldsymbol{\Phi}(t)\boldsymbol{c} = c_1\begin{pmatrix} \mathrm{e}^t \\ -\mathrm{e}^t \end{pmatrix} + c_2\begin{pmatrix} \mathrm{e}^{4t} \\ 2\mathrm{e}^{4t} \end{pmatrix},$$

其中 c_1, c_2 为任意常数.

由线性代数的知识可知, 当矩阵 $\boldsymbol{A}$ 具有 n 个互不相同的特征值时, 它具有 n 个线性无关的特征向量, 从而由定理 3.8 可以求得齐次线性系统 (3.22) 的基本解矩阵. 接下来我们将根据矩阵 $\boldsymbol{A}$ 的特征值的可能情况, 讨论如何求系统 (3.22) 的基本解矩阵.

矩阵 $\boldsymbol{A}$ 的特征方程为

$$\det(\lambda\boldsymbol{I} - \boldsymbol{A}) = \lambda^n - \mathrm{tr}\boldsymbol{A} \cdot \lambda^{n-1} + \cdots + (-1)^n \det\boldsymbol{A} = 0.$$

上式是关于 λ 的 n 次多项式, 由代数学基本定理, 它在复数域 $\mathbb{C}$ 上有 n 个根, 记为 $\lambda_i(i=1,2,\cdots,n)$, 这里 λ_i 可能是单根、重根或复根.

引理 3.3 若矩阵 $\boldsymbol{A}$ 有一对共轭复特征值 $\lambda=\alpha\pm\mathrm{i}\beta\ (\beta\neq 0)$, 则常系数齐次线性系统 (3.22) 有一对复值解

$$\boldsymbol{x}_1(t)\pm\mathrm{i}\boldsymbol{x}_2(t),$$

从而系统 (3.22) 有两个线性无关的实值解 $\boldsymbol{x}_1(t)$ 和 $\boldsymbol{x}_2(t)$.

证明 设 $\boldsymbol{v}=\boldsymbol{v}_1+\mathrm{i}\boldsymbol{v}_2$ 为特征值 $\alpha+\mathrm{i}\beta$ 对应的一个特征向量, 这里 $\boldsymbol{v}_1$, $\boldsymbol{v}_2$ 都是 n 维实向量. 由命题 3.3 可知

$$\mathrm{e}^{(\alpha+\mathrm{i}\beta)t}(\boldsymbol{v}_1+\mathrm{i}\boldsymbol{v}_2)=\mathrm{e}^{\alpha t}[(\cos\beta t)\boldsymbol{v}_1-(\sin\beta t)\boldsymbol{v}_2]+\mathrm{i}\mathrm{e}^{\alpha t}[(\sin\beta t)\boldsymbol{v}_1+(\cos\beta t)\boldsymbol{v}_2]$$

为系统 (3.22) 的一个非零复值解. 不难验证 $\boldsymbol{v}_1-\mathrm{i}\boldsymbol{v}_2$ 为特征值 $\alpha-\mathrm{i}\beta$ 对应的一个特征向量, 于是

$$\mathrm{e}^{(\alpha-\mathrm{i}\beta)t}(\boldsymbol{v}_1-\mathrm{i}\boldsymbol{v}_2)=\mathrm{e}^{\alpha t}[(\cos\beta t)\boldsymbol{v}_1-(\sin\beta t)\boldsymbol{v}_2]-\mathrm{i}\mathrm{e}^{\alpha t}[(\sin\beta t)\boldsymbol{v}_1+(\cos\beta t)\boldsymbol{v}_2]$$

也是系统 (3.22) 的一个非零复值解.

下面证明实向量函数

$$\boldsymbol{x}_1(t)=\mathrm{e}^{\alpha t}[(\cos\beta t)\boldsymbol{v}_1-(\sin\beta t)\boldsymbol{v}_2] \quad 与 \quad \boldsymbol{x}_2(t)=\mathrm{e}^{\alpha t}[(\sin\beta t)\boldsymbol{v}_1+(\cos\beta t)\boldsymbol{v}_2]$$

在实轴 $\mathbb{R}$ 上是线性无关的. 假设存在实常数 c, 使得

$$\mathrm{e}^{\alpha t}[(\cos\beta t)\boldsymbol{v}_1-(\sin\beta t)\boldsymbol{v}_2]=c\,\mathrm{e}^{\alpha t}[(\sin\beta t)\boldsymbol{v}_1+(\cos\beta t)\boldsymbol{v}_2],\quad t\in I,$$

即

$$(\cos\beta t)(\boldsymbol{v}_1-c\,\boldsymbol{v}_2)=(\sin\beta t)(\boldsymbol{v}_2+c\,\boldsymbol{v}_1),\quad t\in I.$$

这导致 $\boldsymbol{v}_1-c\,\boldsymbol{v}_2=\boldsymbol{v}_2+c\,\boldsymbol{v}_1=\boldsymbol{0}$, 从而得到 $\boldsymbol{v}_1=\boldsymbol{v}_2=\boldsymbol{0}$. 这与 $\boldsymbol{v}=\boldsymbol{v}_1+\mathrm{i}\boldsymbol{v}_2$ 是特征向量矛盾. □

例 3.2.2 求微分系统

$$\frac{\mathrm{d}\boldsymbol{x}}{\mathrm{d}t}=\begin{pmatrix}1 & 2\\ -2 & 1\end{pmatrix}\boldsymbol{x}$$

的通解.

解 由矩阵

$$\boldsymbol{A}=\begin{pmatrix}1 & 2\\ -2 & 1\end{pmatrix}$$

的特征多项式

$$\det(\lambda\boldsymbol{I}-\boldsymbol{A})=\begin{vmatrix}\lambda-1 & -2\\ 2 & \lambda-1\end{vmatrix}=0,\quad 即\quad \lambda^2-2\lambda+5=0,$$

求得一对共轭复特征值 $\lambda_1 = 1 + 2\mathrm{i}, \lambda_2 = 1 - 2\mathrm{i}$. 解线性方程组

$$(\lambda_1 \boldsymbol{I} - \boldsymbol{A})\boldsymbol{v} = \begin{pmatrix} 2\mathrm{i} & -2 \\ 2 & 2\mathrm{i} \end{pmatrix} \boldsymbol{v} = \boldsymbol{0},$$

得到一个特征向量 $\boldsymbol{v}_1 = (1, \mathrm{i})^{\mathrm{T}}$.

因为 $\lambda_2 = 1 - 2\mathrm{i}$ 与 $\lambda_1 = 1 + 2\mathrm{i}$ 共轭, 且矩阵 $\boldsymbol{A}$ 为实矩阵, 所以 $\boldsymbol{v}_1$ 的共轭向量 $\bar{\boldsymbol{v}}_1 = (1, -\mathrm{i})^{\mathrm{T}}$ 是 $\lambda_2 = 1 - 2\mathrm{i}$ 对应的一个特征向量. 由线性代数知识可知, 这两个特征向量是线性无关的. 由定理 3.8 可知,

$$\mathrm{e}^{\lambda_1 t}\begin{pmatrix} 1 \\ \mathrm{i} \end{pmatrix} = \mathrm{e}^t(\cos 2t + \mathrm{i}\sin 2t)\begin{pmatrix} 1 \\ \mathrm{i} \end{pmatrix} = \begin{pmatrix} \mathrm{e}^t \cos 2t \\ -\mathrm{e}^t \sin 2t \end{pmatrix} + \mathrm{i}\begin{pmatrix} \mathrm{e}^t \sin 2t \\ \mathrm{e}^t \cos 2t \end{pmatrix}$$

与

$$\mathrm{e}^{\lambda_2 t}\begin{pmatrix} 1 \\ -\mathrm{i} \end{pmatrix} = \overline{\mathrm{e}^{\lambda_1 t}\begin{pmatrix} 1 \\ \mathrm{i} \end{pmatrix}} = \begin{pmatrix} \mathrm{e}^t \cos 2t \\ -\mathrm{e}^t \sin 2t \end{pmatrix} - \mathrm{i}\begin{pmatrix} \mathrm{e}^t \sin 2t \\ \mathrm{e}^t \cos 2t \end{pmatrix}$$

是该系统的两个线性无关的复值解. 又由引理 3.3 可知,

$$\begin{pmatrix} \mathrm{e}^t \cos 2t \\ -\mathrm{e}^t \sin 2t \end{pmatrix}, \quad \begin{pmatrix} \mathrm{e}^t \sin 2t \\ \mathrm{e}^t \cos 2t \end{pmatrix}$$

是该系统的两个实值解, 并且它们线性无关. 于是, 该系统的一个 (实) 基本解矩阵为

$$\boldsymbol{\Phi}(t) = \begin{pmatrix} \mathrm{e}^t \cos 2t & \mathrm{e}^t \sin 2t \\ -\mathrm{e}^t \sin 2t & \mathrm{e}^t \cos 2t \end{pmatrix}.$$

故该系统的 (实值) 通解为

$$\boldsymbol{x}(t) = \boldsymbol{\Phi}(t)\boldsymbol{c} = c_1\begin{pmatrix} \mathrm{e}^t \cos 2t \\ -\mathrm{e}^t \sin 2t \end{pmatrix} + c_2\begin{pmatrix} \mathrm{e}^t \sin 2t \\ \mathrm{e}^t \cos 2t \end{pmatrix},$$

这里 c_1, c_2 是任意常数.

引理 3.4 设 λ 是矩阵 $\boldsymbol{A}$ 的 k 重特征值, 则常系数齐次线性系统 (3.22) 有非零解

$$\boldsymbol{x}(t) = \mathrm{e}^{\lambda t}\left[\boldsymbol{v}_0 + \frac{t}{1!}\boldsymbol{v}_1 + \frac{t^2}{2!}\boldsymbol{v}_2 + \cdots + \frac{t^{k-1}}{(k-1)!}\boldsymbol{v}_{k-1}\right] \tag{3.23}$$

的充要条件是 $\boldsymbol{v}_0$ 是齐次线性方程组

$$(\boldsymbol{A} - \lambda\boldsymbol{I})^k \boldsymbol{v} = \boldsymbol{0} \tag{3.24}$$

的一个非零解, 而 $\boldsymbol{v}_1, \boldsymbol{v}_2, \cdots, \boldsymbol{v}_{k-1}$ 分别由下列式子确定:

$$\begin{aligned} &\boldsymbol{v}_1 = (\boldsymbol{A} - \lambda \boldsymbol{I})\boldsymbol{v}_0, \\ &\boldsymbol{v}_2 = (\boldsymbol{A} - \lambda \boldsymbol{I})\boldsymbol{v}_1, \\ &\cdots\cdots \\ &\boldsymbol{v}_{k-1} = (\boldsymbol{A} - \lambda \boldsymbol{I})\boldsymbol{v}_{k-2}. \end{aligned} \tag{3.25}$$

证明 充分性 由 (3.25) 式可得

$$\boldsymbol{v}_i + \lambda \boldsymbol{v}_{i-1} = \boldsymbol{A}\boldsymbol{v}_{i-1}, \quad i = 1, 2, \cdots, k-1.$$

此外, 由 (3.25) 式可推得 $(\boldsymbol{A} - \lambda \boldsymbol{I})^{k-1} \boldsymbol{v}_0 = \boldsymbol{v}_{k-1}$, 再由 (3.24) 式得到

$$(\boldsymbol{A} - \lambda \boldsymbol{I})\, \boldsymbol{v}_{k-1} = \boldsymbol{0}, \quad 即 \quad \lambda \boldsymbol{v}_{k-1} = \boldsymbol{A}\boldsymbol{v}_{k-1}.$$

我们计算由 (3.23) 式给出的 $\boldsymbol{x}(t)$ 关于 t 的导数, 得到

$$\begin{aligned} \frac{\mathrm{d}\boldsymbol{x}(t)}{\mathrm{d}t} = &\lambda \mathrm{e}^{\lambda t} \left[\boldsymbol{v}_0 + \frac{t}{1!}\boldsymbol{v}_1 + \frac{t^2}{2!}\boldsymbol{v}_2 + \cdots + \frac{t^{k-1}}{(k-1)!}\boldsymbol{v}_{k-1} \right] \\ &+ \mathrm{e}^{\lambda t} \left[\boldsymbol{v}_1 + \frac{t}{1!}\boldsymbol{v}_2 + \frac{t^2}{2!}\boldsymbol{v}_3 + \cdots + \frac{t^{k-2}}{(k-2)!}\boldsymbol{v}_{k-1} \right] \\ = &\mathrm{e}^{\lambda t} \left[(\lambda \boldsymbol{v}_0 + \boldsymbol{v}_1) + \frac{t}{1!}(\lambda \boldsymbol{v}_1 + \boldsymbol{v}_2) + \cdots \right. \\ &\left. + \frac{t^{k-2}}{(k-2)!}(\lambda \boldsymbol{v}_{k-2} + \boldsymbol{v}_{k-1}) + \frac{t^{k-1}}{(k-1)!}\lambda \boldsymbol{v}_{k-1} \right] \\ = &\mathrm{e}^{\lambda t} \left[\boldsymbol{A}\boldsymbol{v}_0 + \frac{t}{1!}\boldsymbol{A}\boldsymbol{v}_1 + \cdots + \frac{t^{k-2}}{(k-2)!}\boldsymbol{A}\boldsymbol{v}_{k-2} + \frac{t^{k-1}}{(k-1)!}\boldsymbol{A}\boldsymbol{v}_{k-1} \right] \\ = &\boldsymbol{A}\boldsymbol{x}(t). \end{aligned}$$

由微分系统解的定义知, (3.23) 式是系统 (3.22) 的一个非零解, 从而充分性得证.

必要性 假设系统 (3.22) 有形如

$$\boldsymbol{x}(t) = \mathrm{e}^{\lambda t} \left[\boldsymbol{v}_0 + \frac{t}{1!}\boldsymbol{v}_1 + \frac{t^2}{2!}\boldsymbol{v}_2 + \cdots + \frac{t^{k-1}}{(k-1)!}\boldsymbol{v}_{k-1} \right]$$

的非零解, 将其代入系统 (3.22), 得到

$$\begin{aligned} \frac{\mathrm{d}\boldsymbol{x}(t)}{\mathrm{d}t} = &\lambda \mathrm{e}^{\lambda t} \left[\boldsymbol{v}_0 + \frac{t}{1!}\boldsymbol{v}_1 + \frac{t^2}{2!}\boldsymbol{v}_2 + \cdots + \frac{t^{k-1}}{(k-1)!}\boldsymbol{v}_{k-1} \right] \\ &+ \mathrm{e}^{\lambda t} \left[\boldsymbol{v}_1 + \frac{t}{1!}\boldsymbol{v}_2 + \frac{t^2}{2!}\boldsymbol{v}_3 + \cdots + \frac{t^{k-2}}{(k-2)!}\boldsymbol{v}_{k-1} \right] \\ = &\boldsymbol{A}\mathrm{e}^{\lambda t} \left[\boldsymbol{v}_0 + \frac{t}{1!}\boldsymbol{v}_1 + \frac{t^2}{2!}\boldsymbol{v}_2 + \cdots + \frac{t^{k-1}}{(k-1)!}\boldsymbol{v}_{k-1} \right]. \end{aligned}$$

再消去 $\mathrm{e}^{\lambda t}$, 得到

$$(\boldsymbol{A}-\lambda\boldsymbol{I})\left[\boldsymbol{v}_0+\frac{t}{1!}\boldsymbol{v}_1+\frac{t^2}{2!}\boldsymbol{v}_2+\cdots+\frac{t^{k-1}}{(k-1)!}\boldsymbol{v}_{k-1}\right]$$

$$=\boldsymbol{v}_1+\frac{t}{1!}\boldsymbol{v}_2+\frac{t^2}{2!}\boldsymbol{v}_3+\cdots+\frac{t^{k-2}}{(k-2)!}\boldsymbol{v}_{k-1}.$$

由上式两边关于 t 相同次幂的对应系数相等, 得到

$$\begin{cases}(\boldsymbol{A}-\lambda\boldsymbol{I})\,\boldsymbol{v}_0=\boldsymbol{v}_1,\\ (\boldsymbol{A}-\lambda\boldsymbol{I})\,\boldsymbol{v}_1=\boldsymbol{v}_2,\\ \cdots\cdots\\ (\boldsymbol{A}-\lambda\boldsymbol{I})\,\boldsymbol{v}_{k-2}=\boldsymbol{v}_{k-1},\\ (\boldsymbol{A}-\lambda\boldsymbol{I})\,\boldsymbol{v}_{k-1}=\boldsymbol{0},\end{cases}$$

整理得到

$$\begin{cases}(\boldsymbol{A}-\lambda\boldsymbol{I})\,\boldsymbol{v}_0=\boldsymbol{v}_1,\\ (\boldsymbol{A}-\lambda\boldsymbol{I})^2\,\boldsymbol{v}_0=\boldsymbol{v}_2,\\ \cdots\cdots\\ (\boldsymbol{A}-\lambda\boldsymbol{I})^{k-1}\,\boldsymbol{v}_0=\boldsymbol{v}_{k-1},\\ (\boldsymbol{A}-\lambda\boldsymbol{I})^{k}\,\boldsymbol{v}_0=\boldsymbol{0}.\end{cases}$$

由上式可以看出, $\boldsymbol{v}_0$ 是齐次线性方程组 (3.24) 的非零解. □

例 3.2.3 求微分系统

$$\frac{\mathrm{d}\boldsymbol{x}}{\mathrm{d}t}=\begin{pmatrix}3&1&0\\-4&-1&0\\-4&-2&1\end{pmatrix}\boldsymbol{x}$$

的通解.

解 矩阵

$$\boldsymbol{A}=\begin{pmatrix}3&1&0\\-4&-1&0\\-4&-2&1\end{pmatrix}$$

的特征多项式为

$$\det(\lambda\boldsymbol{I}-\boldsymbol{A})=(\lambda-1)^3.$$

由此得到特征值 $\lambda=1$ (三重). 根据引理 3.4, 我们求齐次线性方程组

$$(\boldsymbol{A}-1\cdot\boldsymbol{I})^3\boldsymbol{v}_0=\boldsymbol{0},\quad 即\quad \begin{pmatrix}2&1&0\\-4&-2&0\\-4&-2&0\end{pmatrix}^3\begin{pmatrix}v_{10}\\v_{20}\\v_{30}\end{pmatrix}=\begin{pmatrix}0\\0\\0\end{pmatrix}$$

的非零解, 得到三个线性无关的解

$$\boldsymbol{v}_{01}=(1,0,0)^{\mathrm{T}},\quad \boldsymbol{v}_{02}=(0,1,0)^{\mathrm{T}},\quad \boldsymbol{v}_{03}=(0,0,1)^{\mathrm{T}}.$$

对于非零解 $\boldsymbol{v}_{01}$, 运用公式 (3.25) 可得到

$$\boldsymbol{v}_{11}=(\boldsymbol{A}-1\cdot\boldsymbol{I})\boldsymbol{v}_{01}=(2,-4,-4)^{\mathrm{T}},$$

$$\boldsymbol{v}_{21}=(\boldsymbol{A}-1\cdot\boldsymbol{I})\boldsymbol{v}_{11}=(0,0,0)^{\mathrm{T}}.$$

于是, 由 (3.23) 式得到该系统的一个非零解

$$\boldsymbol{x}_1(t)=\mathrm{e}^t\left(\boldsymbol{v}_{01}+\frac{t}{1!}\boldsymbol{v}_{11}+\frac{t^2}{2!}\boldsymbol{v}_{21}\right)=\left((1+2t)\mathrm{e}^t,-4t\mathrm{e}^t,-4t\mathrm{e}^t\right)^{\mathrm{T}}.$$

对于非零解 $\boldsymbol{v}_{02}$, 运用公式 (3.25) 可得到

$$\boldsymbol{v}_{12}=(\boldsymbol{A}-1\cdot\boldsymbol{I})\boldsymbol{v}_{02}=(1,-2,-2)^{\mathrm{T}},$$

$$\boldsymbol{v}_{22}=(\boldsymbol{A}-1\cdot\boldsymbol{I})\boldsymbol{v}_{12}=(0,0,0)^{\mathrm{T}}.$$

于是, 由 (3.23) 式得到该系统的另一个非零解

$$\boldsymbol{x}_2(t)=\mathrm{e}^t\left(\boldsymbol{v}_{02}+\frac{t}{1!}\boldsymbol{v}_{12}+\frac{t^2}{2!}\boldsymbol{v}_{22}\right)=\left(t\mathrm{e}^t,(1-2t)\mathrm{e}^t,-2t\mathrm{e}^t\right)^{\mathrm{T}}.$$

对于非零解 $\boldsymbol{v}_{03}$, 运用公式 (3.25) 可得到

$$\boldsymbol{v}_{13}=(\boldsymbol{A}-1\cdot\boldsymbol{I})\boldsymbol{v}_{03}=(0,0,0)^{\mathrm{T}}.$$

于是, 由 (3.23) 式得到该系统的第三个非零解

$$\boldsymbol{x}_3(t)=\mathrm{e}^t\left(\boldsymbol{v}_{03}+\frac{t}{1!}\boldsymbol{v}_{13}\right)=(0,0,\mathrm{e}^t)^{\mathrm{T}}.$$

易验证三个解 $\boldsymbol{x}_1(t),\boldsymbol{x}_2(t),\boldsymbol{x}_3(t)$ 线性无关, 故该系统的通解为

$$\boldsymbol{x}(t)=c_1\boldsymbol{x}_1(t)+c_2\boldsymbol{x}_2(t)+c_3\boldsymbol{x}_3(t),$$

其中 c_1,c_2,c_3 为任意常数.

下面介绍的定理, 其证明需要线性代数的一些知识. 设 n 阶矩阵 $\boldsymbol{A}$ 在复数域 $\mathbb{C}$ 内有 s 个互不相同的特征值 $\lambda_1,\lambda_2,\cdots,\lambda_s$, 其重数分别为 $n_1,n_2,\cdots,n_s$, 这里 $n_1+n_2+\cdots+n_s=n$, 则对于每个 $j=1,2,\cdots,s,n_j$ 重特征值 λ_j,

$$U_j=\{\boldsymbol{v}\in\mathbb{C}^n:(\boldsymbol{A}-\lambda_j\boldsymbol{I})^{n_j}\boldsymbol{v}=\boldsymbol{0}\}$$

为 n 维复欧氏空间 $\mathbb{C}^n$ 的 n_j 维线性子空间, 并且 $\mathbb{C}^n$ 可以表示为 $U_1,U_2,\cdots,U_s$ 的直和. 此外, 还有 $\boldsymbol{A}U_j\subseteq U_j\ (j=1,2,\cdots,s)$ 成立.

定理 3.9 设 n 阶矩阵 $\boldsymbol{A}$ 在复数域 $\mathbb{C}$ 中有 s 个互不相同的特征值 $\lambda_1, \lambda_2, \cdots, \lambda_s$, 其重数分别为 $n_1, n_2, \cdots, n_s$, 这里 $n_1 + n_2 + \cdots + n_s = n$, 则常系数齐次线性系统 (3.22) 的基本解矩阵为

$$\boldsymbol{\Phi}(t) = \left(e^{\lambda_1 t}\boldsymbol{P}_1^{(1)}(t), \cdots, e^{\lambda_1 t}\boldsymbol{P}_{n_1}^{(1)}(t), \cdots, e^{\lambda_s t}\boldsymbol{P}_1^{(s)}(t), \cdots, e^{\lambda_s t}\boldsymbol{P}_{n_s}^{(s)}(t)\right),$$

这里

$$\boldsymbol{P}_j^{(i)}(t) = \boldsymbol{v}_{j0}^{(i)} + \frac{t}{1!}\boldsymbol{v}_{j1}^{(i)} + \frac{t^2}{2!}\boldsymbol{v}_{j2}^{(i)} + \cdots + \frac{t^{n_i-1}}{(n_i-1)!}\boldsymbol{v}_{j,n_i-1}^{(i)},$$

其中对每个 $i = 1, 2, \cdots, s$, $\boldsymbol{v}_{j0}^{(i)}(j = 1, 2, \cdots, n_i)$ 是齐次线性方程组

$$(\boldsymbol{A} - \lambda_i \boldsymbol{I})^{n_i}\boldsymbol{v} = \boldsymbol{0}$$

的 n_i 个线性无关的解, $\boldsymbol{v}_{jk}^{(i)}(k = 1, 2, \cdots, n_i - 1)$ 是在递推公式 (3.25) 中取 $\boldsymbol{v}_0 = \boldsymbol{v}_{j0}^{(i)}$ 得到的 $n_i - 1$ 个向量.

证明 由引理 3.4 知, 矩阵 $\boldsymbol{\Phi}(t)$ 的每一列都是系统 (3.22) 的解. 因此, 我们只需证明 $\boldsymbol{\Phi}(t)$ 的 n 个列向量函数线性无关即可. 令 $t = 0$, 有

$$\begin{aligned}\boldsymbol{\Phi}(0) &= \left(\boldsymbol{P}_1^{(1)}(0), \cdots, \boldsymbol{P}_{n_1}^{(1)}(0), \cdots, \boldsymbol{P}_1^{(s)}(0), \cdots, \boldsymbol{P}_{n_s}^{(s)}(t_0)\right) \\ &= \left(\boldsymbol{v}_{10}^{(1)}, \cdots, \boldsymbol{v}_{n_1 0}^{(1)}, \cdots, \boldsymbol{v}_{10}^{(s)}, \cdots, \boldsymbol{v}_{n_s 0}^{(s)}\right),\end{aligned}$$

于是

$$\det \boldsymbol{\Phi}(0) = \det\left(\boldsymbol{v}_{10}^{(1)}, \cdots, \boldsymbol{v}_{n_1 0}^{(1)}, \cdots, \boldsymbol{v}_{10}^{(s)}, \cdots, \boldsymbol{v}_{n_s 0}^{(s)}\right).$$

注意到向量 $\boldsymbol{v}_{10}^{(1)}, \cdots, \boldsymbol{v}_{n_1 0}^{(1)}, \cdots, \boldsymbol{v}_{10}^{(s)}, \cdots, \boldsymbol{v}_{n_s 0}^{(s)}$ 是线性无关的 (见习题 3.2 的第 4 题), 即 $\det \boldsymbol{\Phi}(0) \neq 0$. 由 Liouville 公式和定理 3.4 知, $\boldsymbol{\Phi}(t)$ 的 n 个列向量函数线性无关. 故 $\boldsymbol{\Phi}(t)$ 为系统 (3.22) 的基本解矩阵. □

注 3.6 如果 n 阶矩阵 $\boldsymbol{A}$ 有复特征值, 那么由定理 3.9 得到的基本解矩阵 $\boldsymbol{\Phi}(t)$ 是复值解矩阵. 于是, 我们可以用证明引理 3.3 的方法, 通过对应于复特征值的复值解找到实值解 (见习题 3.2 的第 5 题), 从而获得常系数齐次线性系统的实基本解矩阵.

以上我们给出了求常系数齐次线性系统 (3.22) 的基本解矩阵的具体方法. 如果代数上矩阵 $\boldsymbol{A}$ 的特征值能写出来, 则系统 (3.22) 的基本解矩阵就可显式表达. 由此, 通过常数变易法即可求得常系数非齐次线性系统 (3.21) 的一个特解 (见定理 3.7), 故可求出系统 (3.21) 的通解.

例 3.2.4 求常系数非齐次线性系统 (3.21) 的通解, 其中

$$\boldsymbol{A}=\begin{pmatrix}3&1&0&0&0\\-4&-1&0&0&0\\4&-8&-2&0&0\\0&0&0&1&1\\0&0&0&-1&1\end{pmatrix},\quad \boldsymbol{b}(t)=\begin{pmatrix}t\\0\\0\\0\\0\end{pmatrix}.$$

解 首先求系统 (3.21) 对应的齐次系统 (3.22) 的基本解矩阵. 由矩阵 $\boldsymbol{A}$ 的特征多项式

$$\det(\lambda\boldsymbol{I}-\boldsymbol{A})=(\lambda+2)(\lambda-1)^2(\lambda^2-2\lambda+2)$$

求得特征值 $\lambda_1=-2$, $\lambda_2=1+\mathrm{i}$, $\lambda_3=1-\mathrm{i}$ 和 $\lambda_4=1$ (二重). 单重特征值 $\lambda_1,\lambda_2,\lambda_3$ 对应的特征向量分别为

$$\boldsymbol{v}_1=(0,0,1,0,0)^{\mathrm{T}},\quad \boldsymbol{v}_2=(0,0,0,1,\mathrm{i})^{\mathrm{T}},\quad \boldsymbol{v}_3=(0,0,0,\mathrm{i},1)^{\mathrm{T}},$$

所以得到对应的齐次系统 (3.22) 的三个线性无关的复值解

$$\begin{aligned}\boldsymbol{x}_1(t)&=\mathrm{e}^{\lambda_1 t}\boldsymbol{v}_1=(0,0,\mathrm{e}^{-2t},0,0)^{\mathrm{T}},\\ \boldsymbol{x}_2(t)&=\mathrm{e}^{\lambda_2 t}\boldsymbol{v}_2=(0,0,0,\mathrm{e}^{(1+\mathrm{i})t},\mathrm{i}\mathrm{e}^{(1+\mathrm{i})t})^{\mathrm{T}},\\ \boldsymbol{x}_3(t)&=\mathrm{e}^{\lambda_3 t}\boldsymbol{v}_3=(0,0,0,\mathrm{i}\mathrm{e}^{(1-\mathrm{i})t},\mathrm{e}^{(1-\mathrm{i})t})^{\mathrm{T}}.\end{aligned}$$

进一步, 由引理 3.3, 从复值解 $\boldsymbol{x}_2(t)$ 和 $\boldsymbol{x}_3(t)$ 可得到对应的齐次系统 (3.22) 的两个线性无关的实值解, 从而得到三个线性无关的实值解

$$\begin{aligned}&\boldsymbol{x}_1(t)=\mathrm{e}^{\lambda_1 t}\boldsymbol{v}_1=(0,0,\mathrm{e}^{-2t},0,0)^{\mathrm{T}},\\ &\mathrm{Re}\,(\boldsymbol{x}_2(t))=(0,0,0,\mathrm{e}^t\cos t,-\mathrm{e}^t\sin t)^{\mathrm{T}},\\ &\mathrm{Im}\,(\boldsymbol{x}_2(t))=(0,0,0,\mathrm{e}^t\sin t,\mathrm{e}^t\cos t)^{\mathrm{T}}.\end{aligned}$$

对于二重特征值 $\lambda_4=1$, 根据引理 3.4, 我们求齐次线性方程组 $(\boldsymbol{A}-1\cdot\boldsymbol{I})^2\boldsymbol{v}_0=\boldsymbol{0}$, 即

$$\begin{pmatrix}2&1&0&0&0\\-4&-2&0&0&0\\4&-8&-3&0&0\\0&0&0&0&1\\0&0&0&-1&0\end{pmatrix}^2\begin{pmatrix}v_{10}\\v_{20}\\v_{30}\\v_{40}\\v_{50}\end{pmatrix}=\begin{pmatrix}0\\0\\0\\0\\0\end{pmatrix}$$

的非零解, 得到两个线性无关的解

$$\boldsymbol{v}_{01}=\left(1,-\frac{7}{11},0,0,0\right)^{\mathrm{T}},\quad \boldsymbol{v}_{02}=\left(1,0,-\frac{28}{9},0,0\right)^{\mathrm{T}}.$$

对非零解 $\boldsymbol{v}_{01}$ 和 $\boldsymbol{v}_{02}$ 分别运用公式 (3.25), 得到

$$\boldsymbol{v}_{11}=(\boldsymbol{A}-1\cdot\boldsymbol{I})\boldsymbol{v}_{01}=\left(\frac{15}{11},-\frac{30}{11},\frac{100}{11},0,0\right)^{\mathrm{T}},$$

$$\boldsymbol{v}_{12}=(\boldsymbol{A}-1\cdot\boldsymbol{I})\boldsymbol{v}_{02}=\left(2,-4,\frac{40}{3},0,0\right)^{\mathrm{T}},$$

于是得到对应的齐次系统 (3.22) 的两个线性无关的解

$$\boldsymbol{x}_4(t)=(\boldsymbol{v}_{01}+\boldsymbol{v}_{11}t)\mathrm{e}^t=\mathrm{e}^t\left(1+\frac{15t}{11},-\frac{7}{11}-\frac{30t}{11},\frac{100t}{11},0,0\right)^{\mathrm{T}},$$

$$\boldsymbol{x}_5(t)=(\boldsymbol{v}_{02}+\boldsymbol{v}_{12}t)\mathrm{e}^t=\mathrm{e}^t\left(1+2t,-4t,\frac{40t}{3}-\frac{28}{9},0,0\right)^{\mathrm{T}}.$$

故对应的齐次系统 (3.22) 的实基本解矩阵为

$$\boldsymbol{\Phi}(t)=\begin{pmatrix} 0 & 0 & 0 & \mathrm{e}^t\left(1+\dfrac{15t}{11}\right) & \mathrm{e}^t(1+2t) \\ 0 & 0 & 0 & -\mathrm{e}^t\left(\dfrac{7}{11}+\dfrac{30t}{11}\right) & -4t\mathrm{e}^t \\ \mathrm{e}^{-2t} & 0 & 0 & \dfrac{100t}{11}\mathrm{e}^t & \mathrm{e}^t\left(\dfrac{40t}{3}-\dfrac{28}{9}\right) \\ 0 & \mathrm{e}^t\cos t & \mathrm{e}^t\sin t & 0 & 0 \\ 0 & -\mathrm{e}^t\sin t & \mathrm{e}^t\cos t & 0 & 0 \end{pmatrix}.$$

由定理 3.7 中非齐次线性系统的特解公式, 可得系统 (3.21) 的一个特解

$$\boldsymbol{x}^*(t)=\boldsymbol{\Phi}(t)\int\boldsymbol{\Phi}^{-1}(t)\boldsymbol{b}(t)\mathrm{d}t=(t+3,-4t-8,18t+29,0,0)^{\mathrm{T}}.$$

故系统 (3.21) 的通解为

$$\boldsymbol{x}(t)=\boldsymbol{\Phi}(t)\boldsymbol{c}+\boldsymbol{x}^*(t),$$

这里 $\boldsymbol{c}$ 是任意 n 维常向量.

在以上分步计算中, 符号计算的数学软件 (如 Maple, Mathematica) 可以帮助大家快速计算.

3.2.2 常系数齐次线性微分系统解的性质

上一小节我们讨论了求常系数齐次线性系统的基本解矩阵的方法, 并给出解的具体表达式 (见定理 3.9). 本小节我们从矩阵指数函数的角度, 给出常系数齐次线性系统的

基本解矩阵的另一种抽象表达式, 由此得到常系数齐次线性系统的解满足三个性质和某种估计. 这三个性质后来被抽象成"动力系统"概念, 而这种估计成为研究一般微分系统解的渐近性质的基础, 见第六章.

考虑 n 阶实常数矩阵 $\boldsymbol{A}$, 它可视为 $\mathbb{R}^n$ 到 $\mathbb{R}^n$ 的线性变换, 即 $\boldsymbol{A}\in\mathcal{L}(\mathbb{R}^n)$. 在矩阵加法和数乘运算下, $\mathcal{L}(\mathbb{R}^n)$ 构成一个 n^2 维线性空间. 根据 3.1 节的分析, 可以在 $\mathcal{L}(\mathbb{R}^n)$ 上引入矩阵范数 $\|*\|$ 来考虑矩阵序列和矩阵无穷级数的收敛性问题, 并且可以验证 $\mathcal{L}(\mathbb{R}^n)$ 是完备的赋范线性空间, 即 Banach[①] 空间.

命题 3.4 如果 $\boldsymbol{A}\in\mathcal{L}(\mathbb{R}^n)$, 那么矩阵幂级数 $\displaystyle\sum_{k=0}^{\infty}\frac{\boldsymbol{A}^k}{k!}$ 是绝对收敛的. 设 $[a,b]$ 是任意的有界闭区间, 则对于 $t\in[a,b]$, 矩阵函数项级数 $\displaystyle\sum_{k=0}^{\infty}\frac{(\boldsymbol{A}t)^k}{k!}$ 在区间 $[a,b]$ 上是一致收敛的. 这里约定 $0!=1,\ \boldsymbol{A}^0=\boldsymbol{I}\in\mathcal{L}(\mathbb{R}^n)$.

证明 考虑矩阵级数 $\boldsymbol{I}+\displaystyle\sum_{k=1}^{\infty}\frac{\boldsymbol{A}^k}{k!}$ 的部分和序列 $\{\boldsymbol{S}_N\}$, 这里

$$\boldsymbol{S}_N=\sum_{k=0}^{N}\frac{\boldsymbol{A}^k}{k!}.$$

注意到 $\left\|\dfrac{\boldsymbol{A}^k}{k!}\right\|\leqslant\dfrac{\|\boldsymbol{A}\|^k}{k!}$, 且 $\displaystyle\sum_{k=0}^{\infty}\frac{\|\boldsymbol{A}\|^k}{k!}=\mathrm{e}^{\|\boldsymbol{A}\|}$, 因此由 M-判别法, 矩阵级数 $\displaystyle\sum_{k=0}^{\infty}\frac{\boldsymbol{A}^k}{k!}$ 绝对收敛. 由 $\mathcal{L}(\mathbb{R}^n)$ 的完备性知, 这个矩阵级数收敛到 $\mathcal{L}(\mathbb{R}^n)$ 中的一个矩阵.

类似地, 考虑矩阵函数项级数 $\displaystyle\sum_{k=0}^{\infty}\frac{(\boldsymbol{A}t)^k}{k!}$ 的部分和序列 $\{\boldsymbol{S}_N(t)\}$, 其中

$$\boldsymbol{S}_N(t)=\sum_{k=0}^{N}\frac{1}{k!}(\boldsymbol{A}t)^k=\boldsymbol{I}+t\boldsymbol{A}+\frac{1}{2!}t^2\boldsymbol{A}^2+\cdots+\frac{1}{N!}t^N\boldsymbol{A}^N.$$

又对于任意 $t\in[a,b]$, 有 $\left\|\dfrac{(\boldsymbol{A}t)^k}{k!}\right\|\leqslant\dfrac{\|\boldsymbol{A}\|^k|t|^k}{k!}$, 且 $\displaystyle\sum_{k=0}^{\infty}\frac{\|\boldsymbol{A}\|T^k}{k!}=\mathrm{e}^{\|\boldsymbol{A}\|T}, T=\max\{|b|,|a|\}$. 因此, 由 M-判别法, 矩阵函数项级数 $\displaystyle\sum_{k=0}^{\infty}\frac{(\boldsymbol{A}t)^k}{k!}$ 在区间 $[a,b]$ 上一致收敛, 它收敛到一个 n 阶矩阵函数. □

定义 3.2 设 $\boldsymbol{A}\in\mathcal{L}(\mathbb{R}^n)$, **矩阵指数** $\mathrm{e}^{\boldsymbol{A}}$ 定义为

$$\mathrm{e}^{\boldsymbol{A}}=\sum_{k=0}^{\infty}\frac{\boldsymbol{A}^k}{k!}\in\mathcal{L}(\mathbb{R}^n),$$

① S. Banach (巴拿赫, 1892—1945), 波兰数学家, 泛函分析和函数论领域的先驱之一.

也称 $e^{\boldsymbol{A}}$ 为 $\mathcal{L}(\mathbb{R}^n)$ 到 $\mathcal{L}(\mathbb{R}^n)$ 的**指数映射**，且也可记为 $\exp\{\boldsymbol{A}\}$. **矩阵指数函数** $e^{\boldsymbol{A}t}$ 定义为

$$e^{\boldsymbol{A}t}=\sum_{k=0}^{\infty}\frac{(\boldsymbol{A}t)^k}{k!},\quad t\in\mathbb{R}.$$

容易验证矩阵指数 $e^{\boldsymbol{A}}$ 具有下列性质:

(1) 若 $\boldsymbol{A},\boldsymbol{B}\in\mathcal{L}(\mathbb{R}^n)$, 且 $\boldsymbol{AB}=\boldsymbol{BA}$, 即矩阵 $\boldsymbol{A},\boldsymbol{B}$ 可交换, 则 $e^{\boldsymbol{A}+\boldsymbol{B}}=e^{\boldsymbol{A}}\cdot e^{\boldsymbol{B}}$;

(2) 对于任何矩阵 $\boldsymbol{A}\in\mathcal{L}(\mathbb{R}^n)$, 矩阵指数 $e^{\boldsymbol{A}}$ 可逆, 且 $(e^{\boldsymbol{A}})^{-1}=e^{-\boldsymbol{A}}$;

(3) 若矩阵 $\boldsymbol{P}$ 可逆, 则 $e^{\boldsymbol{P}^{-1}\boldsymbol{AP}}=\boldsymbol{P}^{-1}e^{\boldsymbol{A}}\boldsymbol{P}$;

(4) $\|e^{\boldsymbol{A}}\|\leqslant e^{\|\boldsymbol{A}\|}$.

将这些性质应用到矩阵指数函数 $e^{\boldsymbol{A}t}$ 上, 得到如下性质:

$$e^{\boldsymbol{A}(t_1+t_2)}=e^{\boldsymbol{A}t_1}\cdot e^{\boldsymbol{A}t_2},\quad (e^{\boldsymbol{A}t})^{-1}=e^{-\boldsymbol{A}t},\quad \|e^{\boldsymbol{A}t}\|\leqslant e^{\|\boldsymbol{A}\||t|},\quad \forall t_1,t_2,t\in\mathbb{R}.$$

定理 3.10　设 $\boldsymbol{A}\in\mathcal{L}(\mathbb{R}^n)$, 则矩阵指数函数 $e^{\boldsymbol{A}t}$ 是常系数齐次线性系统 (3.22) 的标准基本解矩阵, 且系统 (3.22) 满足初值条件 $\boldsymbol{x}(t_0)=\boldsymbol{x}_0$ 的解为

$$\boldsymbol{x}(t;t_0,\boldsymbol{x}_0)=e^{\boldsymbol{A}(t-t_0)}\boldsymbol{x}_0.$$

进一步, 系统 (3.21) 的通解为

$$\boldsymbol{x}(t)=e^{\boldsymbol{A}t}\boldsymbol{c}+\int e^{\boldsymbol{A}(t-s)}\boldsymbol{b}(s)\mathrm{d}s,$$

其中 $\boldsymbol{c}$ 为任意 n 维常向量.

证明　因为可微矩阵函数项级数 $\displaystyle\sum_{k=0}^{\infty}\frac{(\boldsymbol{A}t)^k}{k!}$ 关于 t 在任何有界闭区间 $[a,b]$ 上均一致收敛, 所以对于任意 $t\in\mathbb{R}$, $e^{\boldsymbol{A}t}$ 是 n 阶可微矩阵函数, 并且

$$\begin{aligned}\frac{\mathrm{d}}{\mathrm{d}t}e^{\boldsymbol{A}t}&=\frac{\mathrm{d}}{\mathrm{d}t}\sum_{k=0}^{\infty}\frac{(\boldsymbol{A}t)^k}{k!}=\sum_{k=0}^{\infty}\frac{\mathrm{d}}{\mathrm{d}t}\frac{(\boldsymbol{A}t)^k}{k!}\\&=\boldsymbol{A}+t\boldsymbol{A}^2+\frac{t^2}{2!}\boldsymbol{A}^3+\cdots+\frac{t^{k-1}}{(k-1)!}\boldsymbol{A}^k+\cdots\\&=\boldsymbol{A}\left[\boldsymbol{I}+t\boldsymbol{A}+\frac{t^2}{2!}\boldsymbol{A}^2+\cdots+\frac{t^{k-1}}{(k-1)!}\boldsymbol{A}^{k-1}+\cdots\right]\\&=\boldsymbol{A}e^{\boldsymbol{A}t}\end{aligned}$$

这说明, $e^{\boldsymbol{A}t}$ 是微分系统 $\dfrac{\mathrm{d}\boldsymbol{x}}{\mathrm{d}t}=\boldsymbol{A}\boldsymbol{x}$ 的解矩阵. 记 $\boldsymbol{\Phi}(t)=e^{\boldsymbol{A}t}$. 另外, 因为 $\boldsymbol{\Phi}(0)=e^{0\cdot\boldsymbol{A}}=\boldsymbol{I}$, 所以 $\det\boldsymbol{\Phi}(0)=1$. 这就证明了 $\boldsymbol{\Phi}(t)=e^{\boldsymbol{A}t}$ 是标准基本解矩阵.

由定理 3.5 可知, 系统 (3.22) 的通解为

$$\boldsymbol{x}(t)=e^{\boldsymbol{A}t}\boldsymbol{c},$$

其中 $\boldsymbol{c}$ 为任意 n 维常向量. 将初值条件 $\boldsymbol{x}(t_0)=\boldsymbol{x}_0$ 代入上式, 得到

$$\mathrm{e}^{\boldsymbol{A}t_0}\boldsymbol{c}=\boldsymbol{x}_0, \quad 即 \quad \boldsymbol{c}=\mathrm{e}^{-\boldsymbol{A}t_0}\boldsymbol{x}_0.$$

因此, 系统 (3.22) 满足初值条件的解为

$$\boldsymbol{x}(t;t_0,\boldsymbol{x}_0)=\mathrm{e}^{\boldsymbol{A}t}\cdot\mathrm{e}^{-\boldsymbol{A}t_0}\boldsymbol{x}_0=\mathrm{e}^{\boldsymbol{A}(t-t_0)}\boldsymbol{x}_0.$$

由非齐次线性系统解的结构和通解公式 (见定理 3.7), 得到系统 (3.21) 的通解为

$$\begin{aligned}\boldsymbol{x}(t)&=\mathrm{e}^{\boldsymbol{A}t}\boldsymbol{c}+\mathrm{e}^{\boldsymbol{A}t}\int\mathrm{e}^{-\boldsymbol{A}t}\boldsymbol{b}(t)\mathrm{d}t\\&=\mathrm{e}^{\boldsymbol{A}t}\boldsymbol{c}+\int\mathrm{e}^{\boldsymbol{A}(t-s)}\boldsymbol{b}(s)\mathrm{d}s,\end{aligned}$$

其中 $\boldsymbol{c}$ 为任意 n 维常向量. □

注 3.7 由定理 3.10 中解 $\boldsymbol{x}(t;t_0,\boldsymbol{x}_0)$ 的表达式可验证: 解 $\boldsymbol{x}(t;t_0,\boldsymbol{x}_0)$ 关于初值 $\boldsymbol{x}_0$ 是连续可微的, 并且关于初始时刻 t_0 也是连续可微的. 若固定初始时刻 t_0 (不妨取 $t_0=0$), 则对于任意 $t\in\mathbb{R}$, 解 $\boldsymbol{x}(t;0,\boldsymbol{x}_0)$ 定义了一族映射 $\varphi_t:\ \mathbb{R}^n\to\mathbb{R}^n$, $t\in\mathbb{R}$:

$$\varphi_t(\boldsymbol{x}_0)=\boldsymbol{x}(t;0,\boldsymbol{x}_0)=\mathrm{e}^{\boldsymbol{A}t}\boldsymbol{x}_0,\quad\forall\ \boldsymbol{x}_0\in\mathbb{R}^n.$$

这族映射是由实数 t 参数化的.

命题 3.5 设映射族 $\varphi_t:\ \mathbb{R}^n\to\mathbb{R}^n$, $t\in\mathbb{R}$ 定义为 $\varphi_t(\boldsymbol{x}_0)=\mathrm{e}^{\boldsymbol{A}t}\boldsymbol{x}_0$, $\forall\boldsymbol{x}_0\in\mathbb{R}^n$, 则映射族 φ_t 具有下列性质:

(i) $\varphi_0(\boldsymbol{x}_0)=\boldsymbol{x}_0$, $\forall\ \boldsymbol{x}_0\in\mathbb{R}^n$, 即 φ_0 是恒等映射;

(ii) 对于任意 $t_1,t_2\in\mathbb{R}$, 有 $\varphi_{t_1+t_2}(\boldsymbol{x}_0)=\varphi_{t_1}(\varphi_{t_2}(\boldsymbol{x}_0))$, 即映射族 φ_t 关于参数 t 满足群的性质;

(iii) $\varphi_t(\boldsymbol{x}_0)$ 关于 $(t,\boldsymbol{x}_0)$ 在 $\mathbb{R}\times\mathbb{R}^n$ 上连续.

证明 对于任意 $t\in\mathbb{R}$ 和 $\boldsymbol{x}_0\in\mathbb{R}^n$, 有 $\varphi_t(\boldsymbol{x}_0)=\mathrm{e}^{\boldsymbol{A}t}\boldsymbol{x}_0$.

(i) 对于任意 $\boldsymbol{x}_0\in\mathbb{R}^n$, 有 $\varphi_0(\boldsymbol{x}_0)=\mathrm{e}^{\boldsymbol{A}\cdot 0}\boldsymbol{x}_0=\boldsymbol{I}\boldsymbol{x}_0=\boldsymbol{x}_0$.

(ii) 由映射族 φ_t 的定义知, 对于任意 $t_1,t_2\in\mathbb{R}$ 和 $\boldsymbol{x}_0\in\mathbb{R}^n$, 有

$$\varphi_{t_1+t_2}(\boldsymbol{x}_0)=\mathrm{e}^{\boldsymbol{A}(t_1+t_2)}\boldsymbol{x}_0,$$

又由矩阵指数函数的性质有

$$\mathrm{e}^{\boldsymbol{A}(t_1+t_2)}\boldsymbol{x}_0=\mathrm{e}^{\boldsymbol{A}t_1}\cdot\mathrm{e}^{\boldsymbol{A}t_2}\boldsymbol{x}_0=\mathrm{e}^{\boldsymbol{A}t_1}\left(\mathrm{e}^{\boldsymbol{A}t_2}\boldsymbol{x}_0\right)=\mathrm{e}^{\boldsymbol{A}t_1}(\varphi_{t_2}(\boldsymbol{x}_0))=\varphi_{t_1}(\varphi_{t_2}(\boldsymbol{x}_0)),$$

故

$$\varphi_{t_1+t_2}(\boldsymbol{x}_0)=\varphi_{t_1}(\varphi_{t_2}(\boldsymbol{x}_0)).$$

(iii) 因为 $\boldsymbol{\varphi}_t(\boldsymbol{x}_0)=\mathrm{e}^{\boldsymbol{A}t}\boldsymbol{x}_0$ 是初值问题

$$\frac{\mathrm{d}\boldsymbol{x}}{\mathrm{d}t}=\boldsymbol{A}\boldsymbol{x},\quad \boldsymbol{x}(0)=\boldsymbol{x}_0$$

在 $\mathbb{R}$ 上的解, 从而 $\boldsymbol{\varphi}_t(\boldsymbol{x}_0)$ 关于 $t\in\mathbb{R}$ 连续可微. 注意到

$$\mathrm{e}^{\boldsymbol{A}t}\boldsymbol{x}_0=\left[\sum_{k=0}^{\infty}\frac{(\boldsymbol{A}t)^k}{k!}\right]\boldsymbol{x}_0=\sum_{k=0}^{\infty}\frac{(\boldsymbol{A}t)^k}{k!}\boldsymbol{x}_0,\quad \forall\,\boldsymbol{x}_0\in\mathbb{R}^n.$$

由于向量函数 $\dfrac{(\boldsymbol{A}t)^k}{k!}\boldsymbol{x}_0$ 关于 $(t,\boldsymbol{x}_0)$ 在 $\mathbb{R}\times\mathbb{R}^n$ 上连续, 并且在 $\mathbb{R}\times\mathbb{R}^n$ 的任意有界闭区域 D 内, 向量函数项级数 $\displaystyle\sum_{k=0}^{\infty}\frac{(\boldsymbol{A}t)^k}{k!}\boldsymbol{x}_0$ 在 D 内一致收敛到向量函数 $\mathrm{e}^{\boldsymbol{A}t}\boldsymbol{x}_0$, 因此 $\mathrm{e}^{\boldsymbol{A}t}\boldsymbol{x}_0$ 关于 $(t,\boldsymbol{x}_0)$ 在 D 上连续. 由 $D\subset\mathbb{R}\times\mathbb{R}^n$ 的任意性知, $\boldsymbol{\varphi}_t(\boldsymbol{x}_0)=\mathrm{e}^{\boldsymbol{A}t}\boldsymbol{x}_0$ 关于 $(t,\boldsymbol{x}_0)$ 在 $\mathbb{R}\times\mathbb{R}^n$ 上连续. □

计算 $\mathrm{e}^{\boldsymbol{A}t}$ 的具体表达式, 通常先将常数矩阵 $\boldsymbol{A}$ 化为 Jordan① 标准形. 设矩阵 $\boldsymbol{A}$ 在复数域中有 s 个互不相同的特征值 $\lambda_1,\lambda_2,\cdots,\lambda_s$, 它们的重数分别为 $n_1,n_2,\cdots,n_s$, 这里 $n_1+n_2+\cdots+n_s=n$, 则存在可逆矩阵 $\boldsymbol{P}$, 使得 $\boldsymbol{P}^{-1}\boldsymbol{A}\boldsymbol{P}=\boldsymbol{J}$, 其中 $\boldsymbol{J}$ 是由若干个 Jordan 块组成的分块对角矩阵, 即

$$\boldsymbol{J}=\begin{pmatrix}\boldsymbol{J}_1 & & & \\ & \boldsymbol{J}_2 & & \\ & & \ddots & \\ & & & \boldsymbol{J}_{s^*}\end{pmatrix}_{n\times n},$$

这里

$$\boldsymbol{J}_i=\begin{pmatrix}\lambda_i & \varepsilon & & & \\ & \lambda_i & \varepsilon & & \\ & & \ddots & \ddots & \\ & & & \lambda_i & \varepsilon \\ & & & & \lambda_i\end{pmatrix}_{m_i\times m_i},\quad i=1,2,\cdots,s^*,$$

而且 $s\leqslant s^*\leqslant n$, $1\leqslant m_i\leqslant n_i$, $\displaystyle\sum_{i=1}^{s^*}m_i=n$, $\varepsilon=0$ 或 1 (矩阵中空白处的元素均为 0). 对于任意 $i=1,2,\cdots,s^*$, 如果 $m_i=1$, 那么 $\varepsilon=0$.

---

① C. Jordan (若尔当, 1838—1922), 法国数学家.

由矩阵幂级数收敛的 Lagrange-Sylvester 基本定理 (参见文献 [40]) 知

$$
\mathrm{e}^{\boldsymbol{A}t}=\boldsymbol{P}\begin{pmatrix}\mathrm{e}^{\boldsymbol{J}_1t} & & & \\ & \mathrm{e}^{\boldsymbol{J}_2t} & & \\ & & \ddots & \\ & & & \mathrm{e}^{\boldsymbol{J}_{s^*}t}\end{pmatrix}\boldsymbol{P}^{-1},
$$

其中

$$
\mathrm{e}^{\boldsymbol{J}_it}=\mathrm{e}^{\lambda_it}\begin{pmatrix}1 & t & \dfrac{t^2}{2!} & \cdots & \dfrac{t^{m_i-1}}{(m_i-1)!} \\ & 1 & t & \cdots & \dfrac{t^{m_i-2}}{(m_i-2)!} \\ & & \ddots & \ddots & \vdots \\ & & & \ddots & t \\ & & & & 1\end{pmatrix}_{m_i\times m_i},\quad i=1,2,\cdots,s^*.
$$

由定理 3.9 和 $\mathrm{e}^{\boldsymbol{A}t}$ 的表达式可知, 常系数齐次线性系统 (3.22) 的解是 $p_j(t)\mathrm{e}^{\alpha_jt}\sin\beta_jt$ 与 $p_j(t)\mathrm{e}^{\alpha_jt}\cos\beta_jt\ (j=1,2,\cdots,s)$ 之和, 其中 $\lambda_j=\alpha_j+\mathrm{i}\beta_j\ (\alpha_j,\beta_j\in\mathbb{R})$ 是矩阵 $\boldsymbol{A}$ 的 n_j 重特征值, $\sum\limits_{j=1}^{s}n_j=n$, $p_j(t)$ 是关于 t 的次数最多为 n_j-1 的某个多项式. 我们关注 t 趋于 $+\infty$ 或 $-\infty$ 时解的极限状态, 获得如下定理:

定理 3.11 设 $\boldsymbol{A}\in\mathcal{L}(\mathbb{R}^n)$. 若矩阵 $\boldsymbol{A}$ 的所有特征值的实部非零, 则存在 $\mathbb{R}^n$ 的线性子空间 E^s 和 E^u, 使得 $\mathbb{R}^n=E^s\bigoplus E^u$, 并且对于任意 $\boldsymbol{v}\in E^s$ (或 E^u), 有 $\mathrm{e}^{\boldsymbol{A}t}\boldsymbol{v}\in E^s$ (或 E^u), $t\in\mathbb{R}$. 进一步, 存在常数 $\lambda>0$, $\mu>0$, $C>0$ 和 $K>0$, 使得对于任意 $\boldsymbol{v}\in E^s$ 和 $t\geqslant 0$, 有

$$
|\mathrm{e}^{\boldsymbol{A}t}\boldsymbol{v}|\leqslant C\mathrm{e}^{-\lambda t}|\boldsymbol{v}|;
$$

而对于任意 $\boldsymbol{v}\in E^u$ 和 $t\leqslant 0$, 有

$$
|\mathrm{e}^{\boldsymbol{A}t}\boldsymbol{v}|\leqslant K\mathrm{e}^{\mu t}|\boldsymbol{v}|.
$$

由矩阵的 Jordan 标准形理论, 可选取空间 $\mathbb{R}^n$ 的适当的基, 使得在此基下矩阵 $\boldsymbol{A}$ 可表示为分块矩阵, 从而实现对 $\mathbb{R}^n$ 的线性分解: $\mathbb{R}^n=E^s\bigoplus E^u$, 进而在适当的范数下估计 E^s 和 E^u 这两个子空间上解的极限状态. 由定理 3.11 可得到如下推论, 其证明留作习题.

推论 3.4 对于任意 $\boldsymbol{x}_0\in\mathbb{R}^n$, 常系数齐次线性系统 (3.22) 的解 $\mathrm{e}^{\boldsymbol{A}t}\boldsymbol{x}_0$ 满足

$$
\lim_{t\to+\infty}\mathrm{e}^{\boldsymbol{A}t}\boldsymbol{x}_0=\boldsymbol{0}
$$

的充要条件为矩阵 $\boldsymbol{A}$ 的所有特征值的实部都为负数.

定义 3.3　设 $\boldsymbol{A} \in \mathcal{L}(\mathbb{R}^n)$. 如果矩阵 $\boldsymbol{A}$ 的所有特征值的实部都为负数, 则称常系数齐次线性系统 (3.22) 的零解 $\boldsymbol{x}(t) \equiv \boldsymbol{0}$ 是**线性稳定**的; 如果矩阵 $\boldsymbol{A}$ 的特征值中至少有一个特征值, 其实部大于零, 则称系统 (3.22) 的零解 $\boldsymbol{x}(t) \equiv \boldsymbol{0}$ 是**线性不稳定**的.

注 3.8　常系数齐次线性系统的解具有的三个性质 (见命题 3.5) 后来被抽象成“动力系统”概念, 也称为单参数 t 的变换群, 而常系数齐次线性系统的解称为关于 t 的**流**. 对于一般的非线性自治系统, 在某种等价的意义下其解也具有这三个性质, 见第六章. 常系数齐次线性系统的解的估计式 (见定理 3.11) 和零解的线性稳定性对研究非线性系统常数解的局部性质起到重要作用, 见第六章.

习题 3.2

1. 求常系数齐次或非齐次线性系统 $\dfrac{\mathrm{d}\boldsymbol{x}}{\mathrm{d}t} = \boldsymbol{A}\boldsymbol{x} + \boldsymbol{b}(t)$ 的通解, 其中

(1) $\boldsymbol{A} = \begin{pmatrix} 0 & -n^2 \\ -n^2 & 0 \end{pmatrix}, \boldsymbol{b}(t) = \begin{pmatrix} \cos nt \\ \sin nt \end{pmatrix}$;

(2) $\boldsymbol{A} = \begin{pmatrix} 2 & -1 \\ 1 & 0 \end{pmatrix}, \boldsymbol{b}(t) = \begin{pmatrix} 0 \\ 2\mathrm{e}^t \end{pmatrix}$;

(3) $\boldsymbol{A} = \begin{pmatrix} 2 & 1 & -2 \\ -1 & 0 & 0 \\ 1 & 1 & -1 \end{pmatrix}, \boldsymbol{b}(t) = \begin{pmatrix} 0 \\ 0 \\ 0 \end{pmatrix}$;

(4) $\boldsymbol{A} = \begin{pmatrix} 0 & 1 & 0 & 0 \\ -1 & 0 & 0 & 0 \\ 0 & 0 & 0 & -1 \\ 0 & 0 & 1 & 0 \end{pmatrix}, \boldsymbol{b}(t) = \begin{pmatrix} 0 \\ 0 \\ 0 \\ 0 \end{pmatrix}$.

2. 求微分系统 $\dfrac{\mathrm{d}\boldsymbol{x}}{\mathrm{d}t} = \boldsymbol{A}\boldsymbol{x} + \boldsymbol{b}(t)$ 满足初值条件 $\boldsymbol{x}(0) = \boldsymbol{\eta}$ 的解, 其中

(1) $\boldsymbol{A} = \begin{pmatrix} -5 & -1 \\ 1 & -3 \end{pmatrix}, \boldsymbol{b}(t) = \begin{pmatrix} \mathrm{e}^t \\ \mathrm{e}^{2t} \end{pmatrix}, \boldsymbol{\eta} = \begin{pmatrix} 1 \\ 0 \end{pmatrix}$;

(2) $\boldsymbol{A} = \begin{pmatrix} 0 & -2 \\ 2 & 0 \end{pmatrix}, \boldsymbol{b}(t) = \begin{pmatrix} 3t \\ 4 \end{pmatrix}, \boldsymbol{\eta} = \begin{pmatrix} 2 \\ 3 \end{pmatrix}$;

(3) $\boldsymbol{A} = \begin{pmatrix} 4 & -3 \\ 2 & -1 \end{pmatrix}, \boldsymbol{b}(t) = \begin{pmatrix} \sin t \\ -2\cos t \end{pmatrix}, \boldsymbol{\eta} = \begin{pmatrix} 0 \\ 0 \end{pmatrix}$.

3. 设 n 维常系数齐次线性系统 $\dfrac{\mathrm{d}\boldsymbol{x}}{\mathrm{d}t}=\boldsymbol{A}\boldsymbol{x}$ 的系数矩阵 $\boldsymbol{A}$ 有一个 n 重特征值 λ, 证明: 齐次线性方程组 $(\boldsymbol{A}-\lambda\boldsymbol{I})^n\boldsymbol{v}=0$ 有 n 个线性无关的解 $\boldsymbol{v}_{0i}$ $(i=1,2,\cdots,n)$. 对每个 $\boldsymbol{v}_{0i}$ $(i=1,2,\cdots,n)$, 按引理 3.4 中的 (3.25) 式求出 $\boldsymbol{v}_{ji}$ $(j=1,2,\cdots,n-1)$, 再由引理 3.4 中非零解的公式 (3.23) 得到该系统的第 i 个非零解 $\boldsymbol{x}_i$. 证明: n 个非零解 $\boldsymbol{x}_i(t)$ $(i=1,2,\cdots,n)$ 在 $\mathbb{R}$ 上线性无关.

4. 设 n 阶实常数矩阵 $\boldsymbol{A}$ 在复数域中有 s 个互不相同的特征值 $\lambda_1,\lambda_2,\cdots,\lambda_s$, 它们的重数分别为 $n_1,n_2,\cdots,n_s$, 这里 $n_1+n_2+\cdots+n_s=n$, 证明: 对于 $i=1,2,\cdots,s$, 齐次线性方程组

$$(\boldsymbol{A}-\lambda_i\boldsymbol{I})^{n_i}\boldsymbol{v}=\boldsymbol{0}$$

在 $\mathbb{C}^n$ 中有 n_i 个线性无关的解 $\boldsymbol{v}_{0k}^{(i)}(k=1,2,\cdots,n_i)$. 进一步, 证明: n 个解 $\boldsymbol{v}_{0k}^{(i)}(i=1,2,\cdots,s;k=1,2,\cdots,n_i)$ 在 $\mathbb{C}^n$ 中是线性无关的.

5. 设 n 阶实常数矩阵 $\boldsymbol{A}$ 有一个 k 重特征值 $\alpha+\mathrm{i}\beta\,(\beta\neq 0)$, $\boldsymbol{v}_{j,0}\,(j=1,2,\cdots,k)$ 为线性方程组

$$[\boldsymbol{A}-(\alpha+\mathrm{i}\beta)\boldsymbol{I}]^k\boldsymbol{v}=\boldsymbol{0}$$

的 k 个线性无关的复向量解. 对每个 $\boldsymbol{v}_{j,0}\,(j=1,2,\cdots,k)$, 由引理 3.4 中非零解的公式 (3.23), 可得到齐次线性系统 $\dfrac{\mathrm{d}\boldsymbol{x}}{\mathrm{d}t}=\boldsymbol{A}\boldsymbol{x}$ 的一个非零解 $\boldsymbol{x}_j(t)$, 证明: $2k$ 个实向量函数

$$\mathrm{Re}\,(\boldsymbol{x}_j(t)),\quad \mathrm{Im}\,(\boldsymbol{x}_j(t)),\quad j=1,2,\cdots,k$$

是该系统的 $2k$ 个线性无关的解. 结合第 4 题, 给出该系统的实基本解矩阵.

6. 对于常系数齐次线性系统 $\dfrac{\mathrm{d}\boldsymbol{x}}{\mathrm{d}t}=\boldsymbol{A}\boldsymbol{x}\,(t\in\mathbb{R})$, $\mathrm{e}^{\boldsymbol{A}t}$ 是其基本解矩阵. 该结果能否推广到变系数情形? 即对于变系数齐次线性系统 $\dfrac{\mathrm{d}\boldsymbol{x}}{\mathrm{d}t}=\boldsymbol{A}(t)\boldsymbol{x}$ ($\boldsymbol{A}(t)$ 是区间 I 上的连续矩阵函数), $\mathrm{e}^{\int_0^t\boldsymbol{A}(s)\mathrm{d}s}$ 是否是矩阵函数? 能否成为该变系数系统的解矩阵? 若不能, 请给出例子; 若能, 请给出证明.

7. 求出所有 2 阶常数矩阵的实 Jordan 标准形及其相应的齐次线性系统的基本解矩阵.

8. 求出所有 3 阶常数矩阵的实 Jordan 标准形及其相应的齐次线性系统的基本解矩阵.

9. 证明: 常系数齐次线性系统 $\dfrac{\mathrm{d}\boldsymbol{x}}{\mathrm{d}t}=\boldsymbol{A}\boldsymbol{x}$ 的任何解当 $t\to+\infty$ 时都趋于零, 当且仅当系数矩阵 $\boldsymbol{A}$ 的所有特征值都具有负的实部.

10. 如果存在实数 α 和 n 阶实常数矩阵 $\boldsymbol{A}$, 使得对于任意 $\boldsymbol{v}\in\mathbb{R}^n$, 向量内积 $(\boldsymbol{A}\boldsymbol{v},\boldsymbol{v})$ 满足 $(\boldsymbol{A}\boldsymbol{v},\boldsymbol{v})\leqslant\alpha\|\boldsymbol{v}\|^2$, 证明:

$$\|\mathrm{e}^{\boldsymbol{A}t}\|\leqslant\mathrm{e}^{\alpha t},\quad \forall t\geqslant 0.$$

11. 设 $\boldsymbol{A}(t)$ 是 n 阶连续矩阵函数, 称 $\dfrac{\mathrm{d}\boldsymbol{x}}{\mathrm{d}t}=-(\boldsymbol{A}(t))^{\mathrm{T}}\boldsymbol{x}$ 是线性系统 $\dfrac{\mathrm{d}\boldsymbol{x}}{\mathrm{d}t}=\boldsymbol{A}(t)\boldsymbol{x}$ 的伴随系统. 如果 $\boldsymbol{\Phi}(t)$ 是系统 $\dfrac{\mathrm{d}\boldsymbol{x}}{\mathrm{d}t}=\boldsymbol{A}(t)\boldsymbol{x}$ 的基本解矩阵, 证明: $\boldsymbol{\Psi}(t)$ 是其伴随系统的基本解矩阵的充要条件是

$$\boldsymbol{\Psi}(t)\boldsymbol{\Phi}(t)=\boldsymbol{C},$$

其中 $\boldsymbol{C}$ 是一个非奇异的常数矩阵.

12. 设 n 阶矩阵函数 $\boldsymbol{X}(t)$ 在 $\mathbb{R}$ 上连续, 并且存在 $t_0\in\mathbb{R}$, 使得 $\det\boldsymbol{X}(t_0)\neq 0$. 如果关系式

$$\boldsymbol{X}(t)\boldsymbol{X}(s)\equiv\boldsymbol{X}(t+s),\quad t,s\in\mathbb{R}$$

成立, 试证: 存在 n 阶实常数矩阵 $\boldsymbol{A}$, 使得

$$\boldsymbol{X}(t)\equiv\mathrm{e}^{\boldsymbol{A}t},\quad t\in\mathbb{R}.$$

3.3 周期系数线性微分系统

本节将讨论周期系数齐次线性系统解的性质, 它在研究微分系统特定周期解的某种稳定性方面发挥重要作用. 下面的微分系统称为**周期系数齐次线性系统** (简称**周期线性系统**或**周期系统**):

$$\frac{\mathrm{d}\boldsymbol{x}}{\mathrm{d}t}=\boldsymbol{A}(t)\boldsymbol{x},\tag{3.26}$$

其中 $\boldsymbol{A}(t+T)=\boldsymbol{A}(t)$, 这里 $\boldsymbol{A}(t)=(a_{ij}(t))_{n\times n}$, $a_{ij}(t)$ $(i,j=1,2,\cdots,n)$ 是 $\mathbb{R}$ 上周期为正数 T 的连续实函数 [我们要求正数 T 具有极小性, 即 $\boldsymbol{A}(t+T)=\boldsymbol{A}(t)$, 且对于任意 s $(0<s<T)$, 有 $\boldsymbol{A}(t+s)\neq\boldsymbol{A}(t)$].

1883 年, G. Floquet① 系统地研究了周期线性系统 (3.26) 的基本解矩阵 $\boldsymbol{\Phi}(t)$ 的性质, 发现存在一个关于自变量 t 的周期坐标变换, 可将系统 (3.26) 转换成常系数齐次线性系统, 再应用常系数线性系统解的估计, 可获得系统 (3.26) 的零解的性态, 从而建立了 Floquet 理论. 在这个研究中用到了线性代数中关于矩阵表示的如下结果:

引理 3.5 *设 T 是正数, $\boldsymbol{C}$ 是 n 阶可逆实常数矩阵, 则存在矩阵 $\boldsymbol{B}\in\mathcal{L}(\mathbb{C}^n)$, 使得 $\boldsymbol{C}=\mathrm{e}^{T\boldsymbol{B}}$. 进一步, 存在矩阵 $\widehat{\boldsymbol{B}}\in\mathcal{L}(\mathbb{R}^n)$, 使得 $\boldsymbol{C}^2=\mathrm{e}^{2T\widehat{\boldsymbol{B}}}$.*

证明留作习题.

现在我们讨论周期线性系统 (3.26) 的基本解矩阵 $\boldsymbol{\Phi}(t)$ 的性质.

① G. Floquet (弗洛凯, 1847—1920), 法国数学家.

定理 3.12 (Floquet 定理) 设 $\boldsymbol{\Phi}(t)$ 是周期线性系统 (3.26) 的实基本解矩阵, 则 $\boldsymbol{\Phi}(t+T)$ 也是系统 (3.26) 的实基本解矩阵, 且对于任意 $t\in\mathbb{R}$, 有

$$\boldsymbol{\Phi}(t+T)=\boldsymbol{\Phi}(t)\boldsymbol{\Phi}^{-1}(0)\boldsymbol{\Phi}(T).$$

此外, 存在常数矩阵 $\boldsymbol{B}$ 和周期为 T 的矩阵函数 $\boldsymbol{P}(t)$, 使得

$$\boldsymbol{\Phi}(t)=\boldsymbol{P}(t)\mathrm{e}^{t\boldsymbol{B}},\quad \forall\, t\in\mathbb{R}.$$

进一步, 存在一个实常数矩阵 $\widehat{\boldsymbol{B}}$ 和一个周期为 $2T$ 的实矩阵函数 $\boldsymbol{Q}(t)$, 使得

$$\boldsymbol{\Phi}(t)=\boldsymbol{Q}(t)\mathrm{e}^{t\widehat{\boldsymbol{B}}},\quad \forall\, t\in\mathbb{R}.$$

证明 因为 $\boldsymbol{\Phi}(t)$ 是系统 (3.26) 的基本解矩阵, 所以 $\dfrac{\mathrm{d}\boldsymbol{\Phi}(t)}{\mathrm{d}t}=\boldsymbol{A}(t)\boldsymbol{\Phi}(t)$. 又注意到 $\boldsymbol{A}(t)=\boldsymbol{A}(t+T)$, 从而

$$\frac{\mathrm{d}\boldsymbol{\Phi}(t+T)}{\mathrm{d}t}=\boldsymbol{A}(t+T)\boldsymbol{\Phi}(t+T)=\boldsymbol{A}(t)\boldsymbol{\Phi}(t+T),$$

故 $\boldsymbol{\Phi}(t+T)$ 是系统 (3.26) 的解矩阵. 而 $\det\boldsymbol{\Phi}(T)\neq 0$, 由 Liouville 公式知, $\boldsymbol{\Phi}(t+T)$ 也是系统 (3.26) 的基本解矩阵.

由两个基本解矩阵之间的关系 [见推论 3.3 (ii)] 知, 存在可逆常数矩阵 $\boldsymbol{C}$, 使得

$$\boldsymbol{\Phi}(t+T)=\boldsymbol{\Phi}(t)\boldsymbol{C}.$$

在上式中, 令 $t=0$, 有 $\boldsymbol{C}=\boldsymbol{\Phi}^{-1}(0)\boldsymbol{\Phi}(T)$. 故

$$\boldsymbol{\Phi}(t+T)=\boldsymbol{\Phi}(t)\boldsymbol{\Phi}^{-1}(0)\boldsymbol{\Phi}(T).$$

此外, 因为 $\boldsymbol{C}$ 可逆, 所以由引理 3.5 知, 存在常数矩阵 $\boldsymbol{B}$, 使得 $\boldsymbol{C}=\mathrm{e}^{T\boldsymbol{B}}$.

令 $\boldsymbol{P}(t)=\boldsymbol{\Phi}(t)\mathrm{e}^{-t\boldsymbol{B}}$, 则 $\boldsymbol{P}(t)$ 是连续可微矩阵函数且可逆. 于是 $\boldsymbol{\Phi}(t)=\boldsymbol{P}(t)\mathrm{e}^{t\boldsymbol{B}}$. 而 $\boldsymbol{P}(t)$ 是具有周期 T 的矩阵函数, 因为

$$\begin{aligned}\boldsymbol{P}(t+T)&=\boldsymbol{\Phi}(t+T)\mathrm{e}^{-(t+T)\boldsymbol{B}}=\boldsymbol{\Phi}(t)\boldsymbol{C}\mathrm{e}^{-T\boldsymbol{B}}\cdot\mathrm{e}^{-t\boldsymbol{B}}=\boldsymbol{\Phi}(t)\boldsymbol{C}\boldsymbol{C}^{-1}\mathrm{e}^{-t\boldsymbol{B}}\\&=\boldsymbol{\Phi}(t)\mathrm{e}^{-t\boldsymbol{B}}=\boldsymbol{P}(t).\end{aligned}$$

进一步, 由引理 3.5 可知, 存在实常数矩阵 $\widehat{\boldsymbol{B}}$, 使得 $\boldsymbol{C}^2=\mathrm{e}^{2T\widehat{\boldsymbol{B}}}$. 令 $\boldsymbol{Q}(t)=\boldsymbol{\Phi}(t)\mathrm{e}^{-t\widehat{\boldsymbol{B}}}$, 则有 $\boldsymbol{\Phi}(t)=\boldsymbol{Q}(t)\mathrm{e}^{t\widehat{\boldsymbol{B}}}$. 注意到

$$\begin{aligned}\boldsymbol{Q}(t+2T)&=\boldsymbol{\Phi}(t+2T)\mathrm{e}^{-(t+2T)\widehat{\boldsymbol{B}}}=\boldsymbol{\Phi}(t+T)\boldsymbol{C}\mathrm{e}^{-(t+2T)\widehat{\boldsymbol{B}}}\\&=\boldsymbol{\Phi}(t)\boldsymbol{C}\boldsymbol{C}\mathrm{e}^{-2T\widehat{\boldsymbol{B}}}\cdot\mathrm{e}^{-t\widehat{\boldsymbol{B}}}=\boldsymbol{\Phi}(t)\boldsymbol{C}^2(\boldsymbol{C}^2)^{-1}\mathrm{e}^{-t\widehat{\boldsymbol{B}}}=\boldsymbol{Q}(t),\end{aligned}$$

所以 $\boldsymbol{Q}(t)$ 是具有周期 $2T$ 的矩阵函数. 由于 $\widehat{\boldsymbol{B}}$ 为实常数矩阵, 故 $\boldsymbol{Q}(t)=\boldsymbol{\Phi}(t)\mathrm{e}^{-t\widehat{\boldsymbol{B}}}$ 是一个周期为 $2T$ 的实矩阵函数. □

在 Floquet 定理中, 基本解矩阵 $\boldsymbol{\Phi}(t)$ 的表达形式 $\boldsymbol{\Phi}(t)=\boldsymbol{P}(t)\mathrm{e}^{t\boldsymbol{B}}$ 称为基本解矩阵 $\boldsymbol{\Phi}(t)$ 的 **Floquet 规范形**. 可以用 Floquet 规范形来研究系统 (3.26) 的零解的稳定性.

设 $\boldsymbol{\Phi}(t)$ 是系统 (3.26) 的实基本解矩阵. 考虑系统 (3.26) 的初值问题

$$\begin{cases}\dfrac{\mathrm{d}\boldsymbol{x}}{\mathrm{d}t}=\boldsymbol{A}(t)\boldsymbol{x},\\[2ex] \boldsymbol{x}(t_0)=\boldsymbol{x}_0, t_0\in\mathbb{R}, \boldsymbol{x}_0\in\mathbb{R}^n,\end{cases} \tag{3.27}$$

其中 $\boldsymbol{A}(t+T)=\boldsymbol{A}(t)$. 初值问题 (3.27) 的解为

$$\boldsymbol{x}(t;t_0,\boldsymbol{x}_0)=\boldsymbol{\Phi}(t)\boldsymbol{\Phi}^{-1}(t_0)\boldsymbol{x}_0.$$

当 $t=T+t_0$ 时, 解为

$$\boldsymbol{x}(T+t_0;t_0,\boldsymbol{x}_0)=\boldsymbol{\Phi}(T+t_0)\boldsymbol{\Phi}^{-1}(t_0)\boldsymbol{x}_0.$$

从几何上看, 上式表明, 初始向量 $\boldsymbol{x}_0$ 在解流作用下从初始时刻 t_0 经过系统 (3.26) 的一个周期 T 运动到 $T+t_0$ 时刻, 得到一个 "新" 向量 $\boldsymbol{\Phi}(T+t_0)\boldsymbol{\Phi}^{-1}(t_0)\boldsymbol{x}_0$. 这给出从线性空间 $\mathbb{R}^n$ 到 $\mathbb{R}^n$ 的一个映射:

$$\boldsymbol{x}_0\mapsto\boldsymbol{\Phi}(T+t_0)\boldsymbol{\Phi}^{-1}(t_0)\boldsymbol{x}_0.$$

这个映射称为系统 (3.26) 的**单值算子**. 通常用矩阵 $\boldsymbol{\Phi}(T+t_0)\boldsymbol{\Phi}^{-1}(t_0)$ 来表示这个单值算子. 由于 t_0 的任意性, 系统 (3.26) 的单值算子不唯一.

另外, 可通过增加一个未知函数 θ, 将系统 (3.26) 改写成自治系统, 即

$$\frac{\mathrm{d}\boldsymbol{x}}{\mathrm{d}t}=\boldsymbol{A}(\theta)\boldsymbol{x},\quad \frac{\mathrm{d}\theta}{\mathrm{d}t}=1,\quad (\boldsymbol{x},\theta)\in\mathbb{R}^n\times\mathbb{S},$$

其中 $\mathbb{S}$ 为单位圆周. 这是一个柱面 $\mathbb{R}^n\times\mathbb{S}$ 上的微分系统, 其中 θ 是 $\mathbb{R}$ 模 T 上的角变量. 于是, 每个单值算子就是系统 (3.26) 的 Poincaré 映射. 不妨在 $t_0=0$ 处取 Poincaré 截面为柱面 $\mathbb{R}^n\times\mathbb{S}$ 在 $\theta=0$ 处的纤维, 即在柱面中固定 $\theta=0$ 便得到超平面 $\mathbb{R}^n$, 又假设点 $\boldsymbol{x}_0$ 是 Poincaré 截面上的点, 并且 $\boldsymbol{x}(t)$ 是系统 (3.26) 满足初值条件 $\boldsymbol{x}(t_0)=\boldsymbol{x}_0$ 的解, 且 $t_1(t_1>t_0)$ 是解 $\boldsymbol{x}(t)$ 自 t_0 时刻后第一次与 Poincaré 截面相交的时刻, 则 Poincaré 映射将 Poincaré 截面上的点 $\boldsymbol{x}_0$ 映到点 $\boldsymbol{x}(t_1)$. 显然, 这个柱面上任意 $\theta=mT$ 处的纤维都与 $\theta=0$ 处的纤维重合, 这里 $m\in\mathbb{N}$. 于是, 相应的 Poincaré 映射为

$$\boldsymbol{P}:\mathbb{R}^n\to\mathbb{R}^n,\ \boldsymbol{P}(\boldsymbol{x}_0)=\boldsymbol{\Phi}(T)\boldsymbol{\Phi}^{-1}(0)\boldsymbol{x}_0\in\mathbb{R}^n, \forall\,\boldsymbol{x}_0\in\mathbb{R}^n.$$

定义 3.4 周期线性系统 (3.26) 的单值算子 $\boldsymbol{\Phi}(T+t_0)\boldsymbol{\Phi}^{-1}(t_0)$ 的特征值称为系统 (3.26) 的**特征乘子**.

下面我们说明这个定义是良定的, 即周期线性系统 (3.26) 的特征乘子不依赖于该系统的基本解矩阵 $\boldsymbol{\Phi}(t)$ 和初始时刻 t_0 的选取.

命题 3.6 如果 $\mathcal{M}_1$ 和 $\mathcal{M}_2$ 是周期线性系统 (3.26) 的任意两个单值算子, 则它们具有相同的特征值并且特征值的个数为 n (包括重数). 特别地, 这些特征值都是非零的.

证明 设系统 (3.26) 的标准基本解矩阵为 $\boldsymbol{\Phi}(t)$, 且 $\det\boldsymbol{\Phi}(0)=1$. 如果 $\boldsymbol{\Psi}(t)$ 是系统 (3.26) 的任意基本解矩阵, 那么

$$\boldsymbol{\Psi}(t)=\boldsymbol{\Phi}(t)\boldsymbol{\Phi}^{-1}(0)\boldsymbol{\Psi}(0),$$

并且由 Floquet 定理知

$$\boldsymbol{\Phi}(t+T)=\boldsymbol{\Phi}(t)\boldsymbol{\Phi}^{-1}(0)\boldsymbol{\Phi}(T).$$

设单值算子 $\mathcal{M}_1$ 是由基本解矩阵 $\boldsymbol{\Psi}(t)$ 生成的, 即

$$\mathcal{M}_1:\ \mathbb{R}^n\to\mathbb{R}^n,\ \mathcal{M}_1(\boldsymbol{x}_0)=\boldsymbol{\Psi}(T+t_0)\boldsymbol{\Psi}^{-1}(t_0)\boldsymbol{x}_0,\ \forall\boldsymbol{x}_0\in\mathbb{R}^n.$$

注意到

$$\begin{aligned}\boldsymbol{\Psi}(T+t_0)\boldsymbol{\Psi}^{-1}(t_0)&=(\boldsymbol{\Phi}(T+t_0)\boldsymbol{\Phi}^{-1}(0)\boldsymbol{\Psi}(0))\boldsymbol{\Psi}^{-1}(t_0)\\&=(\boldsymbol{\Phi}(t_0)\boldsymbol{\Phi}^{-1}(0)\boldsymbol{\Phi}(T))\boldsymbol{\Phi}^{-1}(0)\boldsymbol{\Psi}(0)\boldsymbol{\Psi}^{-1}(t_0)\\&=\boldsymbol{\Phi}(t_0)\boldsymbol{\Phi}^{-1}(0)\boldsymbol{\Phi}(T)\boldsymbol{\Phi}^{-1}(0)\boldsymbol{\Psi}(0)[(\boldsymbol{\Phi}^{-1}(0)\boldsymbol{\Psi}(0))^{-1}\boldsymbol{\Phi}^{-1}(t_0)]\\&=\boldsymbol{\Phi}(t_0)\boldsymbol{\Phi}^{-1}(0)\boldsymbol{\Phi}(T)\boldsymbol{\Phi}^{-1}(t_0)=\boldsymbol{\Phi}(t_0)(\boldsymbol{\Phi}^{-1}(0)\boldsymbol{\Phi}(T))\boldsymbol{\Phi}^{-1}(t_0).\end{aligned}$$

这说明, 单值算子 $\mathcal{M}_1=\boldsymbol{\Psi}(T+t_0)\boldsymbol{\Psi}^{-1}(t)$ 与矩阵 $\boldsymbol{\Phi}^{-1}(0)\boldsymbol{\Phi}(T)$ 相似. 由相似矩阵有相同的特征值知, 单值算子 $\mathcal{M}_1$ 与矩阵 $\boldsymbol{\Phi}^{-1}(0)\boldsymbol{\Phi}(T)$ 有相同的特征值. 另外, 由 $\boldsymbol{\Psi}(t)$ 是系统 (3.26) 的任意基本解矩阵知, 单值算子 $\mathcal{M}_1$ 是任意的, 从而任意两个单值算子 $\mathcal{M}_1$ 和 $\mathcal{M}_2$ 都与矩阵 $\boldsymbol{\Phi}^{-1}(0)\boldsymbol{\Phi}(T)$ 有相同的特征值 (包括重数), 故 $\mathcal{M}_1$ 和 $\mathcal{M}_2$ 有相同的特征值, 即系统 (3.26) 的所有单值算子具有相同的特征值. 也就是说, 系统 (3.26) 的所有特征乘子是由矩阵 $\boldsymbol{\Phi}^{-1}(0)\boldsymbol{\Phi}(T)$ 的特征值唯一确定的.

由于 $\boldsymbol{\Phi}^{-1}(0)\boldsymbol{\Phi}(T)$ 是 n 阶可逆矩阵, 即 $\det(\boldsymbol{\Phi}^{-1}(0)\boldsymbol{\Phi}(T))\neq 0$, 所以系统 (3.26) 无零特征值. □

下面我们通过 Floquet 规范形计算周期线性系统 (3.26) 的特征乘子.

命题 3.7 周期线性系统 (3.26) 的特征乘子就是矩阵 $\mathrm{e}^{T\boldsymbol{B}}$ 的特征值, 也是 Poincaré 映射 $\boldsymbol{\Phi}(T)\boldsymbol{\Phi}^{-1}(0)$ 的特征值. 进一步, 若 μ 是 n 阶常数矩阵 $\boldsymbol{B}$ 的特征值, 则 $\mathrm{e}^{\mu T}$ 是系统 (3.26) 的特征乘子.

证明 设 $\boldsymbol{\Phi}(t)$ 是系统 (3.26) 的基本解矩阵. 由 Floquet 规范形知, 存在常数矩阵 $\boldsymbol{B}$ 和周期矩阵函数 $\boldsymbol{P}(t)$, 使得

$$\boldsymbol{\Phi}(t)=\boldsymbol{P}(t)\mathrm{e}^{t\boldsymbol{B}},\quad 且\quad \boldsymbol{\Phi}(0)=\boldsymbol{P}(0)=\boldsymbol{P}(T),$$

因此 $\boldsymbol{\Phi}^{-1}(0)\boldsymbol{\Phi}(T)=\mathrm{e}^{T\boldsymbol{B}}$. 另外, 由 $\boldsymbol{\Phi}(t)$ 生成的系统 (3.26) 的单值算子为

$$\begin{aligned}\boldsymbol{\Phi}(T)\boldsymbol{\Phi}^{-1}(0)&=(\boldsymbol{P}(T)\mathrm{e}^{T\boldsymbol{B}})\boldsymbol{\Phi}^{-1}(0)=\boldsymbol{\Phi}(0)\mathrm{e}^{T\boldsymbol{B}}\boldsymbol{\Phi}^{-1}(0)\\&=\boldsymbol{\Phi}(0)\boldsymbol{\Phi}^{-1}(0)\boldsymbol{\Phi}(T)\boldsymbol{\Phi}^{-1}(0)\\&=\boldsymbol{\Phi}(0)(\boldsymbol{\Phi}^{-1}(0)\boldsymbol{\Phi}(T))\boldsymbol{\Phi}^{-1}(0).\end{aligned}$$

这意味着 $\boldsymbol{\Phi}(T)\boldsymbol{\Phi}^{-1}(0)$ 与 $\mathrm{e}^{T\boldsymbol{B}}=\boldsymbol{\Phi}^{-1}(0)\boldsymbol{\Phi}(T)$ 相似, 故系统 (3.26) 的特征乘子就是矩阵 $\mathrm{e}^{T\boldsymbol{B}}$ 的特征值.

设 μ 是 n 阶常数矩阵 $\boldsymbol{B}$ 的特征值, 我们证明 $\mathrm{e}^{\mu T}$ 是矩阵 $\mathrm{e}^{T\boldsymbol{B}}$ 的特征值. 事实上, 矩阵理论给出了更一般的结论: 设 n 阶常数矩阵 $\boldsymbol{B}$ 的 n 个特征值为 $\lambda_1,\lambda_2,\cdots,\lambda_n$, (重根按重数计算), 则对于任意常数 T, $T\lambda_1,T\lambda_2,\cdots,T\lambda_n$ 是矩阵 $T\boldsymbol{B}$ 的 n 个特征值; 对于任意正整数 k, $\lambda_1^k,\lambda_2^k,\cdots,\lambda_n^k$ 是矩阵 $\boldsymbol{B}^k$ 的 n 个特征值; $\mathrm{e}^{\lambda_1},\mathrm{e}^{\lambda_2},\cdots,\mathrm{e}^{\lambda_n}$ 是矩阵 $\mathrm{e}^{\boldsymbol{B}}$ 的 n 个特征值.

这个结论的证明是通过对矩阵 $\boldsymbol{B}$ 的阶数 n 做数学归纳法来实现的, 具体如下: 当 $n=1$ 时, $\boldsymbol{B}$ 是 1 阶矩阵, 显然该结论成立. 假设 $\boldsymbol{B}$ 是 $n-1$ 阶矩阵时该结论成立. 下面考虑 $\boldsymbol{B}$ 是 n 阶矩阵的情形. 设 λ_1 是 $\boldsymbol{B}$ 的一个特征值, 其对应的特征向量为 $\boldsymbol{v}$, 即 $\boldsymbol{B}\boldsymbol{v}=\lambda_1\boldsymbol{v}$. 令 $\boldsymbol{e}_1,\boldsymbol{e}_2,\cdots,\boldsymbol{e}_n$ 是线性空间 $\mathbb{C}^n$ 的基, 则存在 n 阶可逆矩阵 $\boldsymbol{S}$, 使得 $\boldsymbol{S}\boldsymbol{v}=\boldsymbol{e}_1$. 因此

$$\boldsymbol{S}\boldsymbol{B}\boldsymbol{S}^{-1}\boldsymbol{e}_1=\lambda_1\boldsymbol{e}_1,$$

并且矩阵 $\boldsymbol{S}\boldsymbol{B}\boldsymbol{S}^{-1}$ 具有如下分块形式:

$$\boldsymbol{S}\boldsymbol{B}\boldsymbol{S}^{-1}=\begin{pmatrix}\lambda_1 & *\\ \mathbf{0} & \boldsymbol{B}_1\end{pmatrix},$$

其中 $\boldsymbol{B}_1$ 是 $n-1$ 阶矩阵, $*$ 表示某个 $n-1$ 维行向量. 于是

$$\boldsymbol{S}(T\boldsymbol{B})\boldsymbol{S}^{-1}=\begin{pmatrix}T\lambda_1 & *\\ \mathbf{0} & T\boldsymbol{B}_1\end{pmatrix},\quad \boldsymbol{S}\boldsymbol{B}^k\boldsymbol{S}^{-1}=\begin{pmatrix}\lambda_1^k & *\\ \mathbf{0} & \boldsymbol{B}_2\end{pmatrix},$$

其中 $\boldsymbol{B}_2$ 是 $n-1$ 阶矩阵. 由归纳假设, $n-1$ 阶矩阵 $T\boldsymbol{B}_1$ 和 $\boldsymbol{B}_2$ 分别有 $n-1$ 个特征值 $T\lambda_2,\cdots,T\lambda_n$ 和 $\lambda_2^k,\cdots,\lambda_n^k$, 故 $T\lambda_1,T\lambda_2,\cdots,T\lambda_n$ 是矩阵 $T\boldsymbol{B}$ 的 n 个特征值, $\lambda_1^k,\lambda_2^k,\cdots,\lambda_n^k$ 是矩阵 $\boldsymbol{B}^k$ 的 n 个特征值.

最后, 证明 $\mathrm{e}^{\lambda_1},\mathrm{e}^{\lambda_2},\cdots,\mathrm{e}^{\lambda_n}$ 是矩阵 $\mathrm{e}^{\boldsymbol{B}}$ 的 n 个特征值. 注意到

$$\boldsymbol{S}\mathrm{e}^{\boldsymbol{B}}\boldsymbol{S}^{-1}=\mathrm{e}^{\boldsymbol{S}\boldsymbol{B}\boldsymbol{S}^{-1}}=\begin{pmatrix}\mathrm{e}^{\lambda_1} & *\\ \mathbf{0} & \mathrm{e}^{\boldsymbol{B}_3}\end{pmatrix},$$

其中 $\boldsymbol{B}_3$ 是 $n-1$ 阶矩阵. 所以, 矩阵 $\mathrm{e}^{\boldsymbol{B}}$ 与上式的分块矩阵有相同的特征值, 即矩阵 $\mathrm{e}^{\boldsymbol{B}}$ 的特征值由 e^{λ_1} 和 $n-1$ 阶矩阵 $\mathrm{e}^{\boldsymbol{B}_3}$ 的特征值组成. 再次用归纳假设知, 矩阵 $\mathrm{e}^{\boldsymbol{B}_3}$ 有 $n-1$ 个特征值 $\mathrm{e}^{\lambda_2},\cdots,\mathrm{e}^{\lambda_n}$. 故 $\mathrm{e}^{\boldsymbol{B}}$ 有 n 个特征值 $\mathrm{e}^{\lambda_1},\mathrm{e}^{\lambda_2},\cdots,\mathrm{e}^{\lambda_n}$. □

从命题 3.7 可见, 周期线性系统 (3.26) 的任一特征乘子 ρ 满足 $|\rho|\neq 0$.

定义 3.5 如果 ρ 是周期线性系统 (3.26) 的一个特征乘子, 并且存在常数 μ, 使得 $\rho=\mathrm{e}^{\mu T}$, 那么称 μ 为系统 (3.26) 的**特征指数**或 **Floquet 指数**.

注意到, 如果 $\mathrm{e}^{\mu T}=\rho$, 那么 $\mathrm{e}^{(\mu+\mathrm{i}\frac{2\pi k}{T})T}=\rho$. 因此, 周期线性系统 (3.26) 的特征指数不唯一. 也就是说, 系统 (3.26) 的特征乘子是由矩阵 $\mathrm{e}^{T\boldsymbol{B}}$ 唯一确定的, 但其特征指数不是由矩阵 $\boldsymbol{B}$ 唯一确定的, 它们之间相差的是虚部, 即若矩阵 $\boldsymbol{B}_1$ 和 $\boldsymbol{B}_2$ 的特征值都是系统 (3.26) 的特征指数, 则

$$\boldsymbol{B}_1-\boldsymbol{B}_2=\mathrm{i}\frac{2\pi k}{T}\boldsymbol{I}.$$

现在我们重新审视 Floquet 定理, 它蕴含着周期线性系统 (3.26) 可以通过线性变换化为常系数齐次线性系统 (见推论 3.5), 从而常系数齐次线性系统零解的线性稳定性可帮助我们理解系统 (3.26) 的零解的性态.

推论 3.5 存在一个可逆的连续可微线性变换 $\boldsymbol{x}(t)=\boldsymbol{P}(t)\boldsymbol{y}(t)$, 其中 $\boldsymbol{P}(t+T)=\boldsymbol{P}(t)$, 使得该变换可以将周期线性系统 (3.26) 化为常系数齐次线性系统

$$\frac{\mathrm{d}\boldsymbol{y}(t)}{\mathrm{d}t}=\boldsymbol{B}\boldsymbol{y}(t),$$

其中 $\boldsymbol{B}$ 是 n 阶常数矩阵; 也存在一个可逆的实连续可微线性变换 $\boldsymbol{x}(t)=\boldsymbol{Q}(t)\boldsymbol{y}(t)$, 其中 $\boldsymbol{Q}(t+2T)=\boldsymbol{Q}(t)$, 使得该变换可以将系统 (3.26) 化为实常系数齐次线性系统

$$\frac{\mathrm{d}\boldsymbol{y}(t)}{\mathrm{d}t}=\widehat{\boldsymbol{B}}\boldsymbol{y}(t),$$

其中 $\widehat{\boldsymbol{B}}$ 是 n 阶实常数矩阵.

证明 由 Floquet 定理知, 存在常数矩阵 $\boldsymbol{B}$ 和周期为 T 的矩阵函数 $\boldsymbol{P}(t)$, 使得系统 (3.26) 的一个基本解矩阵为

$$\boldsymbol{\Phi}(t)=\boldsymbol{P}(t)\mathrm{e}^{t\boldsymbol{B}},$$

从而 $\boldsymbol{P}(t)=\boldsymbol{\Phi}(t)\mathrm{e}^{-t\boldsymbol{B}}$, 于是 $\boldsymbol{P}(t)$ 可逆且可微. 注意到

$$\frac{\mathrm{d}\boldsymbol{P}(t)}{\mathrm{d}t}=\frac{\mathrm{d}\boldsymbol{\Phi}(t)}{\mathrm{d}t}\mathrm{e}^{-t\boldsymbol{B}}-\boldsymbol{\Phi}(t)\mathrm{e}^{-t\boldsymbol{B}}\boldsymbol{B}=\boldsymbol{A}(t)\boldsymbol{P}(t)-\boldsymbol{P}(t)\boldsymbol{B}.$$

令 $\boldsymbol{x}(t)=\boldsymbol{P}(t)\boldsymbol{y}(t)$, 则 $\boldsymbol{y}(t)=\boldsymbol{P}^{-1}(t)\boldsymbol{x}(t)$, 并且

$$\frac{\mathrm{d}\boldsymbol{x}(t)}{\mathrm{d}t}=\frac{\mathrm{d}\boldsymbol{P}(t)}{\mathrm{d}t}\boldsymbol{y}(t)+\boldsymbol{P}(t)\frac{\mathrm{d}\boldsymbol{y}(t)}{\mathrm{d}t}.$$

这意味着

$$\boldsymbol{A}(t)\boldsymbol{x}(t)=(\boldsymbol{A}(t)\boldsymbol{P}(t)-\boldsymbol{P}(t)\boldsymbol{B})\boldsymbol{y}(t)+\boldsymbol{P}(t)\frac{\mathrm{d}\boldsymbol{y}(t)}{\mathrm{d}t},$$

即

$$\boldsymbol{A}(t)\boldsymbol{P}(t)\boldsymbol{y}(t)=\boldsymbol{A}(t)\boldsymbol{P}(t)\boldsymbol{y}(t)-\boldsymbol{P}(t)\boldsymbol{B}\boldsymbol{y}(t)+\boldsymbol{P}(t)\frac{\mathrm{d}\boldsymbol{y}(t)}{\mathrm{d}t},$$

因此

$$\frac{\mathrm{d}\boldsymbol{y}(t)}{\mathrm{d}t}=\boldsymbol{B}\boldsymbol{y}(t).$$

类似地, 由 Floquet 定理知, 存在实常数矩阵 $\widehat{\boldsymbol{B}}$ 和周期为 $2T$ 的实矩阵函数 $\boldsymbol{Q}(t)$, 使得系统 (3.26) 的一个基本解矩阵为

$$\boldsymbol{\Phi}(t)=\boldsymbol{Q}(t)\mathrm{e}^{t\widehat{\boldsymbol{B}}},$$

从而 $\boldsymbol{Q}(t)=\boldsymbol{\Phi}(t)\mathrm{e}^{-t\widehat{\boldsymbol{B}}}$, 于是 $\boldsymbol{Q}(t)$ 可逆且可微. 注意到

$$\frac{\mathrm{d}\boldsymbol{Q}(t)}{\mathrm{d}t}=\frac{\mathrm{d}\boldsymbol{\Phi}(t)}{\mathrm{d}t}\mathrm{e}^{-t\widehat{\boldsymbol{B}}}-\boldsymbol{\Phi}(t)\mathrm{e}^{-t\widehat{\boldsymbol{B}}}\widehat{\boldsymbol{B}}=\boldsymbol{A}(t)\boldsymbol{Q}(t)-\boldsymbol{Q}(t)\widehat{\boldsymbol{B}}.$$

令 $\boldsymbol{x}(t)=\boldsymbol{Q}(t)\boldsymbol{y}(t)$, 则 $\boldsymbol{y}(t)=\boldsymbol{Q}^{-1}(t)\boldsymbol{x}(t)$, 并且 $\dfrac{\mathrm{d}\boldsymbol{x}(t)}{\mathrm{d}t}=\dfrac{\mathrm{d}\boldsymbol{Q}(t)}{\mathrm{d}t}\boldsymbol{y}(t)+\boldsymbol{Q}(t)\dfrac{\mathrm{d}\boldsymbol{y}(t)}{\mathrm{d}t}$. 这导出

$$\boldsymbol{A}(t)\boldsymbol{x}(t)=(\boldsymbol{A}(t)\boldsymbol{Q}(t)-\boldsymbol{Q}(t)\widehat{\boldsymbol{B}})\boldsymbol{y}(t)+\boldsymbol{Q}(t)\frac{\mathrm{d}\boldsymbol{y}(t)}{\mathrm{d}t},$$

即

$$\boldsymbol{A}(t)\boldsymbol{Q}(t)\boldsymbol{y}(t)=\boldsymbol{A}(t)\boldsymbol{Q}(t)\boldsymbol{y}(t)-\boldsymbol{Q}(t)\widehat{\boldsymbol{B}}\boldsymbol{y}(t)+\boldsymbol{Q}(t)\frac{\mathrm{d}\boldsymbol{y}(t)}{\mathrm{d}t},$$

因此

$$\frac{\mathrm{d}\boldsymbol{y}(t)}{\mathrm{d}t}=\widehat{\boldsymbol{B}}\boldsymbol{y}(t).$$

□

推论 3.5 告诉我们: 系统 (3.26) 的解的性质可通过研究常系数齐次线性系统解的性质和 Floquet 规范形得到.

定理 3.13 设 μ 是推论 3.5 中常数矩阵 $\boldsymbol{B}$ 的一个特征值, 即周期线性系统 (3.26) 有一个特征乘子 $\rho=\mathrm{e}^{\mu T}$, 则系统 (3.26) 具有如下形式的一个解:

$$\boldsymbol{x}(t)=\mathrm{e}^{\mu t}\boldsymbol{p}(t),$$

其中 $\boldsymbol{p}(t+T)=\boldsymbol{p}(t)$, $\boldsymbol{p}(t)$ 是向量函数; 而且 $\boldsymbol{x}(t+T)=\rho\boldsymbol{x}(t)$.

证明 由推论 3.5 知, 存在一个可逆的连续可微线性变换 $\boldsymbol{x}(t)=\boldsymbol{P}(t)\boldsymbol{y}(t)$ (其中 $\boldsymbol{P}(t+T)=\boldsymbol{P}(t)$ 是 n 阶周期矩阵函数), 它可以将系统 (3.26) 化为常系数齐次线性系统

$$\frac{\mathrm{d}\boldsymbol{y}(t)}{\mathrm{d}t}=\boldsymbol{B}\boldsymbol{y}(t), \tag{3.28}$$

其中 $\boldsymbol{B}$ 为常数矩阵.

如果 μ 是 $\boldsymbol{B}$ 的一个特征值, 则存在特征向量 $\boldsymbol{v}\in\mathbb{C}^n$, 使得系统 (3.28) 有一个非零解

$$\boldsymbol{y}(t)=\mathrm{e}^{\mu t}\boldsymbol{v}.$$

由上述变换知

$$\boldsymbol{x}(t)=\boldsymbol{P}(t)\boldsymbol{y}(t)=\boldsymbol{P}(t)\mathrm{e}^{\mu t}\boldsymbol{v}=\mathrm{e}^{\mu t}\boldsymbol{P}(t)\boldsymbol{v}=\mathrm{e}^{\mu t}\boldsymbol{p}(t)$$

是系统 (3.26) 的一个解, 这里 $\boldsymbol{p}(t)=\boldsymbol{P}(t)\boldsymbol{v}$. 由矩阵函数 $\boldsymbol{P}(t)$ 的周期性, 得到向量函数 $\boldsymbol{p}(t)$ 满足 $\boldsymbol{p}(t+T)=\boldsymbol{p}(t)$.

进一步, 我们得到

$$\boldsymbol{x}(t+T)=\mathrm{e}^{\mu(t+T)}\boldsymbol{p}(t+T)=\mathrm{e}^{\mu T}\cdot\mathrm{e}^{\mu t}\boldsymbol{p}(t)=\rho\,\boldsymbol{x}(t).$$

由此定理得证. □

由定理 3.13 可直接得到如下推论:

推论 3.6 如果周期线性系统 (3.26) 有特征乘子 $\rho=1$, 那么系统 (3.26) 有一个周期为 T 的周期解; 如果系统 (3.26) 有特征乘子 $\rho=-1$, 那么系统 (3.26) 有一个周期为 $2T$ 的周期解. 进一步, 如果系统 (3.26) 的任意特征乘子 ρ 满足 $|\rho|<1$, 那么系统 (3.26) 的任意解 $\boldsymbol{x}(t)$ 满足

$$\lim_{t\to+\infty}\boldsymbol{x}(t)=\boldsymbol{0}.$$

如果系统 (3.26) 有一个特征乘子 ρ, 满足 $|\rho|>1$, 那么系统 (3.26) 有一个无界解.

由推论 3.6 可见, 周期线性系统 (3.26) 的特征乘子模的大小会影响解的性态, 类似于常系数齐次线性系统 (3.22) 中矩阵 $\boldsymbol{A}$ 的特征值实部的正负性对解的性态的影响. 但是, 矩阵 $\boldsymbol{A}(t)$ 的特征值实部的正负性不能确定系统 (3.26) 的零解的性态, 见下例.

考虑周期线性系统

$$\frac{\mathrm{d}\boldsymbol{x}}{\mathrm{d}t}=\boldsymbol{A}(t)\boldsymbol{x}=\begin{pmatrix}-1+\dfrac{3}{2}\cos^2 t & 1-\dfrac{3}{2}\sin t\cos t\\ -1-\dfrac{3}{2}\sin t\cos t & -1+\dfrac{3}{2}\sin^2 t\end{pmatrix}\boldsymbol{x}. \tag{3.29}$$

解系统 (3.29) 的特征方程 $\det(\lambda\boldsymbol{I}-\boldsymbol{A}(t))=0$, 获得两个特征值 $\lambda_1=\dfrac{1}{4}(-1+\sqrt{7}\mathrm{i})$ 和 $\lambda_2=\dfrac{1}{4}(-1-\sqrt{7}\mathrm{i})$. 它们都具有负实部. 但是, 并非系统 (3.29) 的所有解当 $t\to+\infty$ 时都趋于零解. 事实上, 可验证 $\boldsymbol{x}(t)=\mathrm{e}^{\frac{t}{2}}(-\cos t,\sin t)^{\mathrm{T}}$ 是系统 (3.29) 的一个解, 但是存在 t 的子序列 $\{t_k\}$, 如取 $t_k=k\pi$, 使得解 $\boldsymbol{x}(t_k)$ 无界.

注 3.9 从以上两小节关于常系数齐次线性系统 (3.22) 和周期线性系统 (3.26) 的讨论中, 发现零解的线性稳定性仅与某些量的符号有关: 对于系统 (3.22), 其零解的线性稳定性由常系数矩阵 $\boldsymbol{A}$ 的特征值实部的符号确定; 对于系统

(3.26), 其零解的线性稳定性由特征乘子的模减去 1 后的符号或者特征指数实部的符号确定. 对于一般的变系数齐次线性系统 (3.9), 在 $\boldsymbol{A}(t)$ 有界的条件下可将特征指数推广, 引入 Lyapunov 指数来研究解的性质, 参见文献 [5].

习题 3.3

1. 求周期线性系统 $\dfrac{\mathrm{d}\boldsymbol{x}}{\mathrm{d}t}=\boldsymbol{A}(t)\boldsymbol{x}$ 的特征乘子和特征指数, 其中 $\boldsymbol{A}(t)$ 如下:

(1) $\boldsymbol{A}(t)=\begin{pmatrix}\cos t & 1\\ 0 & \sin t\end{pmatrix}$;　　(2) $\boldsymbol{A}(t)=\begin{pmatrix}\cos t & \sin t\\ \sin t & \cos t\end{pmatrix}$.

2. 证明: 常系数齐次线性系统 $\dfrac{\mathrm{d}\boldsymbol{x}}{\mathrm{d}t}=\boldsymbol{A}\boldsymbol{x}$ 的基本解矩阵 $\boldsymbol{\Phi}(t)$ 满足等式

$$\boldsymbol{\Phi}(\tau-t)=\boldsymbol{\Phi}(\tau)\boldsymbol{\Phi}^{-1}(t),\quad \forall\,\tau,t\in\mathbb{R}.$$

讨论周期线性系统 $\dfrac{\mathrm{d}\boldsymbol{x}}{\mathrm{d}t}=\boldsymbol{A}(t)\boldsymbol{x}$ 的基本解矩阵 $\boldsymbol{\Phi}(t)$ 是否满足上面的等式.

3. 设 $\boldsymbol{\Phi}(t)$ 是周期线性系统 (3.26) 的基本解矩阵, 称

$$\boldsymbol{U}(t,s)=\boldsymbol{\Phi}(t)\boldsymbol{\Phi}^{-1}(s),\quad \forall\,t,s\in\mathbb{R}$$

为系统 (3.26) 的**状态转移矩阵**. 证明状态转移矩阵 $\boldsymbol{U}(t,s)$ 满足以下性质:

(1) $\boldsymbol{U}(t,t)=\boldsymbol{U}(s,s)=\boldsymbol{I}$, $\forall\,t,s\in\mathbb{R}$;

(2) $\boldsymbol{U}(t,s)=\boldsymbol{U}(t,r)\boldsymbol{U}(r,s)$, $\forall\,t,s,r\in\mathbb{R}$;

(3) $\partial_t\boldsymbol{U}(t,s)=\boldsymbol{A}(t)\boldsymbol{U}(t,s)$, $\partial_s\boldsymbol{U}(t,s)=-\boldsymbol{U}(t,s)\boldsymbol{A}(s)$, $\forall\,t,s\in\mathbb{R}$;

(4) $\boldsymbol{U}^{-1}(t,s)=\boldsymbol{U}(s,t)$, $\forall\,t,s\in\mathbb{R}$.

3.4　高阶线性微分方程

这一节考虑高阶线性微分方程, 即 $n\,(n\geqslant 2)$ 阶线性微分方程

$$x^{(n)}(t)+a_{n-1}(t)x^{(n-1)}(t)+\cdots+a_1(t)x'(t)+a_0(t)x(t)=f(t),\tag{3.30}$$

这里 $a_{n-1}(t),\cdots,a_0(t)$ 和 $f(t)$ 均是区间 I 上的连续函数. 由于力学的背景, 通常称方程 (3.30) 中的右端函数 $f(t)$ 为**外力强迫项**. 当 $f(t)\not\equiv 0$ 时, 称方程 (3.30) 为 n **阶非齐次线性微分方程**. 如果 $f(t)\equiv 0$, 即无外力强迫项, 则方程 (3.30) 变为

$$x^{(n)}(t)+a_{n-1}(t)x^{(n-1)}(t)+\cdots+a_1(t)x'(t)+a_0(t)x(t)=0. \tag{3.31}$$

称方程 (3.31) 为 n **阶齐次线性微分方程**, 也称它为方程 (3.30) 对应的齐次方程.

高阶线性微分方程可看成线性系统的特殊情况. 这是因为, 任意 $n\,(n\geqslant 2)$ 阶线性微分方程都可以通过引入新的 $n-1$ 个未知变量, 将其化成 n 维线性系统. 令

$$y_1(t)=x(t),\quad y_2(t)=x'(t),\quad \cdots,\quad y_n(t)=x^{(n-1)}(t), \tag{3.32}$$

则方程 (3.31) 化为 n 维齐次线性系统

$$\frac{\mathrm{d}\boldsymbol{y}}{\mathrm{d}t}=\boldsymbol{A}(t)\boldsymbol{y}, \tag{3.33}$$

而方程 (3.30) 化为 n 维非齐次线性系统

$$\frac{\mathrm{d}\boldsymbol{y}}{\mathrm{d}t}=\boldsymbol{A}(t)\boldsymbol{y}+\boldsymbol{f}(t), \tag{3.34}$$

其中

$$\boldsymbol{y}=\begin{pmatrix} y_1(t)\\ y_2(t)\\ \vdots\\ y_n(t)\end{pmatrix},\quad \boldsymbol{A}(t)=\begin{pmatrix} 0 & 1 & 0 & \cdots & 0\\ 0 & 0 & 1 & \cdots & 0\\ \vdots & \vdots & \vdots & & \vdots\\ 0 & 0 & 0 & \cdots & 1\\ -a_0(t) & -a_1(t) & -a_2(t) & \cdots & -a_{n-1}(t)\end{pmatrix},\quad \boldsymbol{f}(t)=\begin{pmatrix} 0\\ \vdots\\ 0\\ f(t)\end{pmatrix}.$$

由变换 (3.32) 和微分方程解的定义, 可直接验证下面的命题成立.

命题 3.8 设 $x(t)=\phi(t)$ 是 n 阶非齐次线性微分方程 (3.30) 的一个解, 则 n 维向量函数

$$\boldsymbol{y}(t)=(\phi(t),\phi'(t),\cdots,\phi^{(n-1)}(t))^{\mathrm{T}}$$

是 n 维非齐次线性系统 (3.34) 的一个解; 反之, 若 $\boldsymbol{y}(t)$ 是系统 (3.34) 的一个解, 则 $\boldsymbol{y}(t)$ 的第一个分量是方程 (3.30) 的一个解.

由命题 3.8 知, n 阶非齐次线性微分方程 (3.30) 的解的存在性与唯一性等价于 n 维非齐次线性系统 (3.34) 的解的存在性与唯一性. 于是, 根据一般线性系统解的全局存在性与唯一性 (见定理 3.1), 对方程 (3.30) 给定初值条件, 可直接得到如下定理:

定理 3.14 (解的全局存在性与唯一性) 设 $a_i(t)$ 和 $f(t)$ 是区间 I 上的连续函数, 这里 $i=0,1,\cdots,n-1$, 则 n 阶非齐次线性微分方程 (3.30) 满足初值条件

$$x(t_0)=x_0,\quad x'(t_0)=x_1,\quad \cdots,\quad x^{(n-1)}(t_0)=x_{n-1}$$

的解 $x(t)$ 存在且唯一, 并且最大存在区间为 I.

显然, n 阶非齐次线性微分方程 (3.30) 的解 $x(t)\in C^n(I)$, 这里 $C^n(I)$ 是区间 I 上所有 n 阶连续可微函数组成的集合. 不难验证 $C^n(I)$ 在通常函数的加法和数乘运算下构成线性空间.

3.4.1 解的性质与通解结构

首先讨论 n 阶齐次线性微分方程 (3.31) 的解的性质. 由于方程 (3.31) 所有解的定义域都是 I, 根据微分方程解的定义, 可直接验证方程 (3.31) 的解满足如下叠加原理:

命题 3.9 (叠加原理) 设 $x=\phi_1(t)$ 和 $x=\phi_2(t)$ 分别是 n 阶齐次线性微分方程 (3.31) 的两个解, 则对于任意 $k_1,k_2\in\mathbb{R}$, $k_1\phi_1(t)+k_2\phi_2(t)$ 也是方程 (3.31) 的解.

将 n 阶齐次线性微分方程 (3.31) 的所有解组成一个集合:

$$\mathcal{S}=\{\phi(t):\ \phi(t)\text{ 是方程 (3.31) 的解}\}.$$

显然, $\mathcal{S}\subset C^n(I)$. 由叠加原理知, $\mathcal{S}$ 是 $C^n(I)$ 的线性子空间. 类似于定理 3.2 的证明, 构造同构线性变换 (留作习题), 可得到下面的定理.

定理 3.15 集合 $\mathcal{S}$ 是 $C^n(I)$ 的 n 维线性子空间.

定理 3.15 告诉我们: 如果能找到线性子空间 $\mathcal{S}$ 的一组基, 即 n 个线性无关的函数 $\phi_1(t),\phi_2(t),\cdots,\phi_n(t)\in\mathcal{S}$, 则 n 阶齐次线性微分方程 (3.31) 的任一解 $x(t)$ 可由 $\phi_1(t)$, $\phi_2(t),\cdots,\phi_n(t)$ 线性组合得到. 那么, 在 $C^n(I)$ 中什么样的函数组称为线性无关的呢?

定义 3.6 设 $\phi_1(t),\phi_1(t),\cdots,\phi_n(t)\in C^n(I)$. 如果存在不全为零的 n 个常数 c_1, $c_2,\cdots,c_n$, 使得

$$c_1\phi_1(t)+c_2\phi_2(t)+\cdots+c_n\phi_n(t)\equiv 0,\quad t\in I.$$

则称函数组 $\phi_1(t),\phi_2(t),\cdots,\phi_n(t)$ 是**线性相关**的; 否则, 称该函数组是**线性无关**的.

如果线性子空间 $\mathcal{S}$ 中的函数组 $\phi_1(t),\phi_2(t),\cdots,\phi_n(t)$ 线性无关, 则称该函数组是方程 (3.31) 的**基本解组**. 如何判断 n 阶齐次线性方程 (3.31) 的解组是不是基本解组呢? 可以考虑借助判定 n 维齐次线性系统 (3.33) 的解矩阵是否为基本解矩阵的方法.

设 $\phi_1(t),\phi_2(t),\cdots,\phi_n(t)$ 是 n 阶齐次线性微分方程 (3.31) 的 n 个解, 则矩阵

$$\boldsymbol{\Phi}(t)=\begin{pmatrix}\phi_1(t) & \phi_2(t) & \cdots & \phi_n(t)\\ \phi_1'(t) & \phi_2'(t) & \cdots & \phi_n'(t)\\ \vdots & \vdots & & \vdots\\ \phi_1^{(n-1)}(t) & \phi_2^{(n-1)}(t) & \cdots & \phi_n^{(n-1)}(t)\end{pmatrix} \tag{3.35}$$

是 n 维齐次线性系统 (3.33) 的解矩阵.

定义 3.7 称 (3.35) 式给出的矩阵 $\boldsymbol{\Phi}(t)$ 的行列式 $\det\boldsymbol{\Phi}(t)$ 为 n 阶齐次线性微分方程 (3.31) 的 n 个解的 **Wronski 行列式**, 记为 $W(t)$, 即 $W(t)=\det\boldsymbol{\Phi}(t)$.

将齐次线性系统的 Liouville 公式 (见定理 3.3) 应用到 n 维齐次线性系统 (3.33), 得到 n 阶齐次线性微分方程 (3.31) 的 Liouville 公式.

定理 3.16 (Liouville 公式) 设 $\phi_1(t),\phi_2(t),\cdots,\phi_n(t)$ 是 n 阶齐次线性微分方程 (3.31) 在区间 I 上的 n 个解, 则对于任意 $t_0,t\in I$, 有

$$W(t)=W(t_0)\mathrm{e}^{-\int_{t_0}^{t}a_{n-1}(s)\mathrm{d}s}.$$

对于 n 维齐次线性系统, 可通过 n 个解的 Wronski 行列式零点的不存在性来判定这 n 个解线性无关. 类似地, 我们有下面的定理.

定理 3.17 n 阶齐次线性微分方程 (3.31) 的 n 个解线性无关的充要条件是它们的 Wronski 行列式 $W(t)=W(t_0)\mathrm{e}^{-\int_{t_0}^{t}a_{n-1}(s)\mathrm{d}s}$ 在区间 I 上无零点, 即恒不为零.

证明 由 n 维齐次线性系统的 n 个解线性无关的充要条件 (见定理 3.4) 知, n 维齐次线性系统 (3.33) 的 n 个解线性无关的充要条件是它的 Wronski 行列式 $W(t)=W(t_0)\mathrm{e}^{-\int_{t_0}^{t}a_{n-1}(s)\mathrm{d}s}$ 在区间 I 上无零点. 而这个 Wronski 行列式正是方程 (3.31) 的 n 个解的 Wronski 行列式. 因此, 下面仅需证明系统 (3.33) 的 n 个解线性无关的充要条件是方程 (3.31) 的 n 个解线性无关.

设 $\phi_1(t),\phi_2(t),\cdots,\phi_n(t)$ 为方程 (3.31) 的 n 个解. 若 $\phi_1(t),\phi_2(t),\cdots,\phi_n(t)$ 在区间 I 上线性无关, 则由定义 3.6 知, 不存在不全为零的 n 个常数 $c_1,c_2,\cdots,c_n$, 使得

$$c_1\phi_1(t)+c_2\phi_2(t)+\cdots+c_n\phi_n(t)\equiv 0,\quad t\in I.$$

因此, 也不存在不全为零的 n 个常数 $c_1,c_2,\cdots,c_n$, 使得 n 个向量函数

$$\boldsymbol{y}_1(t)=\begin{pmatrix}\phi_1(t)\\ \phi_1'(t)\\ \vdots\\ \phi_1^{(n-1)}(t)\end{pmatrix},\quad \boldsymbol{y}_2(t)=\begin{pmatrix}\phi_2(t)\\ \phi_2'(t)\\ \vdots\\ \phi_2^{(n-1)}(t)\end{pmatrix},\quad \cdots,\quad \boldsymbol{y}_n(t)=\begin{pmatrix}\phi_n(t)\\ \phi_n'(t)\\ \vdots\\ \phi_n^{(n-1)}(t)\end{pmatrix},\quad t\in I$$

满足

$$c_1\boldsymbol{y}_1(t)+c_2\boldsymbol{y}_2(t)+\cdots+c_n\boldsymbol{y}_n(t)\equiv\mathbf{0},\quad t\in I.$$

由定义 3.1 知, n 个向量函数 $\boldsymbol{y}_1(t),\boldsymbol{y}_2(t),\cdots,\boldsymbol{y}_n(t)$ 在区间 I 上是线性无关. 而由命题 3.8 知, 这 n 个线性无关向量函数是系统 (3.33) 的 n 个解. 故系统 (3.33) 的 n 个解 $\boldsymbol{y}_1(t)$, $\boldsymbol{y}_2(t),\cdots,\boldsymbol{y}_n(t)$ 在区间 I 上线性无关.

反之, 设系统 (3.33) 的 n 个解 $\boldsymbol{y}_1(t),\boldsymbol{y}_2(t),\cdots,\boldsymbol{y}_n(t)$ 在区间 I 上线性无关, 需要证明这 n 个解的第一个分量 $\phi_1(t),\phi_2(t),\cdots,\phi_n(t)$ 在区间 I 上线性无关.

用反证法. 假设 $\phi_1(t),\phi_2(t),\cdots,\phi_n(t)$ 在区间 I 上线性相关, 则由定义 3.6 知, 存在不全为零的 n 个常数 $c_1,c_2,\cdots,c_n$, 使得

$$c_1\phi_1(t)+c_2\phi_2(t)+\cdots+c_n\phi_n(t)\equiv 0,\quad t\in I,$$

从而

$$c_1\phi_1^{(i)}(t)+c_2\phi_2^{(i)}(t)+\cdots+c_n\phi_n^{(i)}(t)\equiv 0,\quad t\in I,\ i=1,2,\cdots,n-1,$$

其中 $\phi_j^{(i)}(t)$ 表示函数 $\phi_j(t)$ 的 i 阶导数 $(j=1,2,\cdots,n;\ i=1,2,\cdots,n-1)$. 因此, 对于不全为零的 n 个常数 $c_1,c_2,\cdots,c_n$, 有

$$c_1\boldsymbol{y}_1(t)+c_2\boldsymbol{y}_2(t)+\cdots+c_n\boldsymbol{y}_n(t)\equiv\boldsymbol{0},\quad t\in I,$$

即系统 (3.33) 的 n 个解 $\boldsymbol{y}_1(t),\boldsymbol{y}_2(t),\cdots,\boldsymbol{y}_n(t)$ 在 I 上线性相关, 矛盾. 故 $\boldsymbol{y}_1(t),\boldsymbol{y}_2(t),\cdots,\boldsymbol{y}_n(t)$ 的第一个分量 $\phi_1(t),\phi_2(t),\cdots,\phi_n(t)$ 在区间 I 上线性无关. 由命题 3.8 知, $\phi_1(t),\phi_2(t),\cdots,\phi_n(t)$ 是方程 (3.31) 的 n 个解, 即方程 (3.31) 的 n 个解 $\phi_1(t),\phi_2(t),\cdots,\phi_n(t)$ 在区间 I 上线性无关. □

由定理 3.15 和定理 3.17 可得到 n 阶齐次线性微分方程 (3.31) 的通解公式, 见下面的定理.

定理 3.18 设 $\phi_1(t),\phi_2(t),\cdots,\phi_n(t)$ 是 n 阶齐次线性微分方程 (3.31) 的 n 个解, 且其 Wronski 行列式恒不为零, 则方程 (3.31) 的通解为

$$x(t)=\sum_{i=1}^{n}c_i\phi_i(t),\tag{3.36}$$

这里 $c_1,c_2,\cdots,c_n$ 是任意常数.

下面研究 n 阶非齐次线性微分方程 (3.30) 的通解. 为此, 我们先讨论 n 阶齐次线性微分方程 (3.31) 的解的性质.

命题 3.10 (广义叠加原理) 设 $x=\phi_1^*(t)$ 和 $x=\phi_2^*(t)$ 是 n 阶非齐次线性微分方程 (3.30) 的两个解.

(i) $\phi_1^*(t)-\phi_2^*(t)$ 是方程 (3.30) 对应的齐次方程 (3.31) 的一个解, 即 $\phi_1^*(t)-\phi_2^*(t)\in\mathcal{S}$.

(ii) 对于任意 $\phi(t)\in\mathcal{S}$ 和 $k\in\mathbb{R}$, $k\phi(t)+\phi_1^*(t)$ 是方程 (3.30) 的解.

(iii) 设存在正整数 $m\geqslant 2$, 使得 $f(t)=\sum\limits_{j=1}^{m}f_j(t)$. 如果 $x=\phi_j^*(t)(j=1,2,\cdots,m)$ 是非齐次线性微分方程 $x^{(n)}(t)+\sum\limits_{i=0}^{n-1}a_i(t)x^{(i)}(t)=f_j(t)$ 的解, 则 $\sum\limits_{j=1}^{m}\phi_j^*(t)$ 是方程 (3.30) 的解, 这里 $x^{(i)}(t)(i=1,2,\cdots,n)$ 表示函数 $x(t)$ 的 i 阶导数.

命题 3.10 可直接用微分方程解的定义验证, 留作作业.

由命题 3.10 (ii) 和 n 阶齐次线性微分方程 (3.31) 的通解公式 (3.36) 知, n 阶非齐次线性微分方程 (3.30) 的任意解都能通过方程 (3.31) 的通解和方程 (3.30) 的特解的线性组合表达出来, 证明留给读者.

定理 3.19 设 n 阶非齐次线性微分方程 (3.30) 有一个特解 $\phi^*(t)$, 而方程 (3.30) 对应的齐次方程 (3.31) 有 n 个线性无关的解 $\phi_1(t),\phi_2(t),\cdots,\phi_n(t)$, 则方程 (3.30) 的通解为

$$x(t)=\sum_{i=1}^{n}c_i\phi_i(t)+\phi^*(t),$$

这里 $c_1,c_2,\cdots,c_n$ 是任意常数.

应用常数变易法可求出 n 维非齐次线性系统 (3.34) 的特解. 而由命题 3.8 可知, 该特解的第一行即为 n 阶非齐次线性微分方程 (3.30) 的特解.

定理 3.20 设 $\phi_1(t),\phi_2(t),\cdots,\phi_n(t)$ 是 n 阶齐次线性微分方程 (3.31) 的基本解组, 则 n 阶非齐次线性微分方程 (3.30) 有特解

$$\phi^*(t)=\sum_{i=1}^{n}\phi_i(t)\int_{t_0}^{t}\frac{W_i(s)}{W(s)}f(s)\mathrm{d}s=\sum_{i=1}^{n}\phi_i(t)\int_{t_0}^{t}\frac{W_i(s)}{W(t_0)\mathrm{e}^{-\int_{t_0}^{s}a_{n-1}(\tau)\mathrm{d}\tau}}f(s)\mathrm{d}s,$$

其中 $W(t)$ 是方程 (3.31) 的基本解组 $\phi_1(t),\phi_2(t),\cdots,\phi_n(t)$ 构成的 Wronski 行列式, $W_i(s)(i=1,2,\cdots,n)$ 是该 Wronski 行列式对应的矩阵中第 n 行第 i 列元素的代数余子式.

证明 此结果可以直接对 n 维非齐次线性系统 (3.34) 利用定理 3.7 中的特解公式求出. 为了加深理解, 我们给出常数变易法的另一种处理方法. 由方程 (3.31) 的通解公式 (3.36), 假设方程 (3.30) 具有形式为

$$x(t)=c_1(t)\phi_1(t)+c_2(t)\phi_2(t)+\cdots+c_n(t)\phi_n(t) \tag{3.37}$$

的特解, 其中 $c_i(t)(i=1,2,\cdots,n)$ 是一组待定函数.

下面的目标是通过将 $x(t)$ 的表达式 (3.37) 作为解代入方程 (3.30), 在适当条件下获得关于 $c_i(t)(i=1,2,\cdots,n)$ 的某些可解方程, 从而求出一组函数 $c_i(t)(i=1,2,\cdots,n)$ 的表达式.

因此, 由 (3.37) 式计算 $x(t)$ 的一阶导数, 得到

$$x'(t)=\sum_{i=1}^{n}c_i(t)\phi_i'(t)+\sum_{i=1}^{n}c_i'(t)\phi_i(t). \tag{3.38}$$

从 $x'(t)$ 的表达式 (3.38) 可见, 当 $x(t)$ 的导数阶数增加时, 待定函数 $c_i(t)$ 的阶数也同样增加, 这将增加求出 $c_i(t)$ 的难度. 为减少困难, 我们假定

$$\sum_{i=1}^{n}c_i'(t)\phi_i(t)=0,\quad t\in I, \tag{3.39}$$

则

$$x'(t)=\sum_{i=1}^{n}c_i(t)\phi_i'(t).$$

故 $x(t)$ 的二阶导数为

$$x''(t)=\sum_{i=1}^{n}c_i(t)\phi_i''(t)+\sum_{i=1}^{n}c_i'(t)\phi_i'(t).$$

类似地, 按使问题简单的思路, 令

$$\sum_{i=1}^{n}c_i'(t)\phi_i'(t)=0,\quad t\in I, \tag{3.40}$$

则

$$x''(t)=\sum_{i=1}^{n}c_i(t)\phi_i''(t).$$

由数学归纳法, 在假定

$$\sum_{i=1}^{n}c_i'(t)\phi_i^{(j-1)}(t)=0,\quad t\in I \tag{3.41}$$

的条件下, $x(t)$ 的 j 阶导数为

$$x^{(j)}(t)=\sum_{i=1}^{n}c_i(t)\phi_i^{(j)}(t), \tag{3.42}$$

这里 $j=1,2,\cdots,n-1$, 从而 $x(t)$ 的 n 阶导数为

$$x^{(n)}(t)=\sum_{i=1}^{n}c_i'(t)\phi_i^{(n-1)}(t)+\sum_{i=1}^{n}c_i(t)\phi_i^{(n)}(t).$$

把在假定条件 (3.39), (3.41) 下获得的 $x(t)$ 的 j 阶导数 (3.42) 代入方程 (3.30) ($j=1,2,\cdots,n$), 并注意到 $\phi_1(t),\phi_2(t),\cdots,\phi_n(t)$ 是方程 (3.31) 的基本解组, 即

$$\phi_j^{(n)}(t)+\sum_{i=0}^{n-1}a_i(t)\phi_j^{(i)}(t)\equiv 0,\quad j=1,2,\cdots,n,$$

得到

$$\begin{aligned}f(t)&=x^{(n)}(t)+\sum_{i=0}^{n-1}a_i(t)x^{(i)}(t)\\&=\sum_{i=1}^{n}c_i'(t)\phi_i^{(n-1)}(t)+\sum_{i=1}^{n}c_i(t)\phi_i^{(n)}(t)+\sum_{i=0}^{n-1}a_i(t)\sum_{j=1}^{n}c_j(t)\phi_j^{(i)}(t)\end{aligned}$$

$$
\begin{aligned}
&= \sum_{i=1}^{n} c_i(t)\left(\phi_i^{(n)}(t)+\sum_{j=0}^{n-1}a_j(t)\phi_i^{(j)}(t)\right)+\sum_{i=1}^{n}c_i'(t)\phi_i^{(n-1)}(t)\\
&= \sum_{i=1}^{n} c_i'(t)\phi_i^{(n-1)}(t).
\end{aligned}
\tag{3.43}
$$

由假定条件 (3.39), (3.41) 和方程 (3.43), 得到待定函数 $c_i(t)(i=1,2,\cdots,n)$ 满足的一阶线性微分方程组

$$
\begin{cases}
\displaystyle\sum_{i=1}^{n} c_i'(t)\phi_i^{(j)}(t)=0, \quad j=0,1,\cdots,n-2,\\
\displaystyle\sum_{i=1}^{n} c_i'(t)\phi_i^{(n-1)}(t)=f(t).
\end{cases}
\tag{3.44}
$$

注意到上式是关于待定函数的导数 $c_i'(t)(i=1,2,\cdots,n)$ 的线性方程组, 其系数行列式为方程 (3.31) 的基本解组 $\phi_1(t),\phi_2(t),\cdots,\phi_n(t)$ 构成的 Wronski 行列式 $W(t)$. 因为 $W(t)\neq 0$ $(t\in I)$, 所以可从线性方程组 (3.44) 解出 $c_i'(t)$:

$$
c_i'(t)=\frac{W_i(t)}{W(t)}f(t), \quad i=1,2,\cdots,n,
\tag{3.45}
$$

其中

$$
W(t)=\det\boldsymbol{\Phi}(t)=\begin{vmatrix}
\phi_1(t) & \cdots & \phi_i(t) & \cdots & \phi_n(t)\\
\phi_1'(t) & \cdots & \phi_i'(t) & \cdots & \phi_n'(t)\\
\vdots & & \vdots & & \vdots\\
\phi_1^{(n-2)}(t) & \cdots & \phi_i^{(n-2)}(t) & \cdots & \phi_n^{(n-2)}(t)\\
\phi_1^{(n-1)}(t) & \cdots & \phi_i^{(n-1)}(t) & \cdots & \phi_n^{(n-1)}(t)
\end{vmatrix},
$$

$W_i(t)(i=1,2,\cdots,n)$ 是 Wronski 行列式 $W(t)$ 对应的矩阵中第 n 行第 i 列元素的代数余子式.

一阶线性系统 (3.45) 中每个微分方程都是变量分离的, 故

$$
c_i(t)=\int_{t_0}^{t}\frac{W_i(s)}{W(s)}f(s)\mathrm{d}s, \quad t_0,t\in I,\ i=1,2,\cdots,n,
$$

从而确定了函数 $c_i(t)(i=1,2,\cdots,n)$.

将函数 $c_i(t)$ $(i=1,2,\cdots,n)$ 的表达式代入 (3.37) 式, 得到方程 (3.30) 一个特解

$$
\begin{aligned}
\phi^*(t)&=\sum_{i=1}^{n}\phi_i(t)\int_{t_0}^{t}\frac{W_i(s)}{W(s)}f(s)\mathrm{d}s\\
&=\sum_{i=1}^{n}\phi_i(t)\int_{t_0}^{t}\frac{W_i(s)}{W(t_0)\mathrm{e}^{-\int_{t_0}^{s}a_{n-1}(\tau)\mathrm{d}\tau}}f(s)\mathrm{d}s.
\end{aligned}
\qquad\square
$$

由定理 3.19 和定理 3.20, 可直接得到 n 阶非齐次线性微分方程 (3.30) 的通解公式, 见下面的推论.

推论 3.7　设 n 阶非齐次线性微分方程 (3.30) 对应的齐次方程 (3.31) 有基本解组 $\phi_1(t),\phi_2(t),\cdots,\phi_n(t)$, 则方程 (3.30) 的通解为

$$\phi(t)=\sum_{i=1}^{n}c_i\phi_i(t)+\sum_{i=1}^{n}\phi_i(t)\int_{t_0}^{t}\frac{W_i(s)}{W(t_0)\mathrm{e}^{-\int_{t_0}^{s}a_{n-1}(\tau)\mathrm{d}\tau}}f(s)\mathrm{d}s, \tag{3.46}$$

其中 $c_i(i=1,2,\cdots,n)$ 为 n 个任意常数, $W(t)$ 是方程 (3.31) 基本解组 $\phi_1(t),\phi_2(t),\cdots,\phi_n(t)$ 构成的 Wronski 行列式, $W_i(s)(i=1,2,\cdots,n)$ 是该 Wronski 行列式对应的矩阵中第 n 行第 i 列元素的代数余子式.

因此, 求 n 阶非齐次线性微分方程 (3.30) 的通解, 只需求对应的齐次方程 (3.31) 的通解即可.

3.4.2　高阶常系数线性微分方程的求解

由 n 阶非齐次线性微分方程的通解公式 (3.46)(见推论 3.7) 知, 求解 n 阶非齐次线性微分方程 (3.30) 的通解, 主要是求对应的齐次方程 (3.31) 的通解. 然而, 对于一般的系数函数 $a_i(t)(i=0,1,\cdots,n-1)$, 这是一个非常困难的问题.

本小节考虑 n 阶常系数齐次线性微分方程

$$x^{(n)}(t)+a_{n-1}x^{(n-1)}(t)+\cdots+a_1x'(t)+a_0x(t)=0,\quad t\in\mathbb{R}, \tag{3.47}$$

这里 $a_i(i=0,1,\cdots,n-1)$ 是常数, 即方程 (3.31) 中系数函数 $a_i(t)(i=0,1,\cdots,n-1)$ 为实常数且 $I=\mathbb{R}$ 的情形. 我们给出求解方程 (3.47) 的具体方法, 并对两类强迫项函数 $f(t)$, 用待定系数法求 n 阶常系数非齐次线性微分方程

$$x^{(n)}(t)+a_{n-1}x^{(n-1)}(t)+\cdots+a_1x'(t)+a_0x(t)=f(t),\quad t\in\mathbb{R}, \tag{3.48}$$

的特解, 从而获得方程 (3.48) 的通解.

定义 $C^n(\mathbb{R})$ 上的微分算子

$$L_n=\frac{\mathrm{d}^n}{\mathrm{d}t^n}+a_{n-1}\frac{\mathrm{d}^{n-1}}{\mathrm{d}t^{n-1}}+\cdots+a_1\frac{\mathrm{d}}{\mathrm{d}t}+a_0,\quad a_i\in\mathbb{R},\ i=0,1,\cdots,n-1,$$

则对定义在 $\mathbb{R}$ 上的 n 阶连续可微函数 $\phi(t)$, 有

$$L_n(\phi(t))=\frac{\mathrm{d}^n\phi(t)}{\mathrm{d}t^n}+a_{n-1}\frac{\mathrm{d}^{n-1}\phi(t)}{\mathrm{d}t^{n-1}}+\cdots+a_1\frac{\mathrm{d}\phi(t)}{\mathrm{d}t}+a_0\phi(t).$$

如果 $\phi(t)$ 是方程 (3.47) 的解, 即 $\phi(t)\in\mathcal{S}\subset C^n(\mathbb{R})$, 那么

$$L_n(\phi(t))\equiv 0,\quad t\in\mathbb{R}.$$

注意到指数函数 $\mathrm{e}^{\lambda t}\in C^n(\mathbb{R})$, 其中 λ 为复参数. 在微分算子 L_n 的作用下, 有

$$L_n(\mathrm{e}^{\lambda t})=(\lambda^n+a_{n-1}\lambda^{n-1}+\cdots+a_1\lambda+a_0)\mathrm{e}^{\lambda t}.$$

显然, $\mathrm{e}^{\lambda t}\neq 0,\forall t\in\mathbb{R}$. 因此, $L_n(\mathrm{e}^{\lambda t})\equiv 0$ 当且仅当

$$\lambda^n+a_{n-1}\lambda^{n-1}+\cdots+a_1\lambda+a_0=0. \tag{3.49}$$

上式是关于 λ 的代数方程. 记 $p(\lambda)=\lambda^n+a_{n-1}\lambda^{n-1}+\cdots+a_n\lambda+a_0$, 称之为方程 (3.47) 的**特征多项式**, 并称 $p(\lambda)=0$, 即方程 (3.49) 为方程 (3.47) 的**特征多项式方程** (简称**特征方程**); 称特征方程 (3.49) 的根为**特征值**或**特征根**.

若特征方程 (3.49) 有实根 λ_*, 则方程 (3.47) 有实值解 $\mathrm{e}^{\lambda_* t}$, 即 $\mathrm{e}^{\lambda_* t}\in\mathcal{S}$; 若特征方程 (3.49) 有复根 $\lambda_*=\alpha+\mathrm{i}\beta$, 其中 $\alpha,\beta\in\mathbb{R}$, 且 $\beta\neq 0$, 则方程 (3.47) 有复值解

$$\mathrm{e}^{\lambda_* t}=\mathrm{e}^{\alpha t}(\cos\beta t+\mathrm{i}\sin\beta t)\in\mathcal{S}.$$

进一步, 由于 $a_i\in\mathbb{R}$ $(i=0,1,\cdots,n-1)$, 不难验证

$$L_n(\mathrm{e}^{\lambda_* t})=L_n(\mathrm{e}^{\alpha t}\cos\beta t)+\mathrm{i}L_n(\mathrm{e}^{\alpha t}\sin\beta t)\equiv 0,\quad t\in\mathbb{R},$$

因此

$$L_n(\mathrm{e}^{\alpha t}\cos\beta t)\equiv 0,\quad L_n(\mathrm{e}^{\alpha t}\sin\beta t)\equiv 0,\quad t\in\mathbb{R}.$$

这说明, 实函数 $\mathrm{Re}(\mathrm{e}^{\lambda_* t})=\mathrm{e}^{\alpha t}\cos\beta t$ 和 $\mathrm{Im}(\mathrm{e}^{\lambda_* t})=\mathrm{e}^{\alpha t}\sin\beta t$ 是方程 (3.47) 的两个解, 注意到实函数 $\mathrm{e}^{\alpha t}\cos\beta t$ 与 $\mathrm{e}^{\alpha t}\sin\beta t$ 在 $\mathbb{R}$ 上线性无关, 故它们是方程 (3.47) 的两个线性无关的实值解.

以上分析表明下面的引理成立.

引理 3.6 n 阶常系数齐次线性微分方程 (3.47) 有非零解 $\mathrm{e}^{\lambda_* t}$ 的充要条件是特征方程 (3.49) 有根 λ_*. 进一步, 如果 λ_* 是实数, 则方程 (3.47) 有实值解 $\mathrm{e}^{\lambda_* t}$; 如果 λ_* 是复数, 即 $\lambda_*=\alpha+\mathrm{i}\beta$, 这里 $\alpha,\beta\in\mathbb{R}$, 且 $\beta\neq 0$, 则方程 (3.47) 有两个线性无关的实值解 $\mathrm{e}^{\alpha t}\cos\beta t$ 和 $\mathrm{e}^{\alpha t}\sin\beta t$.

由代数基本定理和引理 3.6, 可得到 n 阶常系数齐次线性微分方程 (3.47) 的一组基本解组.

定理 3.21 假设特征方程 (3.49) 有 s 个不同的根 $\lambda_1,\lambda_2,\cdots,\lambda_s$, 它们的重数分别为 $n_1,n_2,\cdots,n_s$, 这里 $n_1+n_2+\cdots+n_s=n$, 则 n 阶常系数齐次线性微分方程 (3.47) 有一组基本解组 (n 个线性无关的解)

$$t^{k_j}\mathrm{e}^{\lambda_j t}\quad (k_j=0,1,\cdots,n_j-1;j=1,2,\cdots,s).$$

证明 设 λ_* 是特征方程 (3.49) 的 k 重根, 则

$$p(\lambda_*)=p'(\lambda_*)=\cdots=p^{(k-1)}(\lambda_*)=0,\quad p^{(k)}(\lambda_*)\neq 0.$$

注意到, 对于任意 $\lambda\in\mathbb{C}$, 有

$$L_n(\mathrm{e}^{\lambda t})=p(\lambda)\mathrm{e}^{\lambda t},\quad \forall t\in\mathbb{R}. \tag{3.50}$$

对 (3.50) 式两边关于参数 λ 求 k 次导数, 得到

$$\frac{\partial^k}{\partial\lambda^k}L_n(\mathrm{e}^{\lambda t})=\frac{\partial^k}{\partial\lambda^k}(p(\lambda)\mathrm{e}^{\lambda t}).$$

而

$$\frac{\partial^k}{\partial\lambda^k}L_n(\mathrm{e}^{\lambda t})=L_n\left(\frac{\partial^k}{\partial\lambda^k}\mathrm{e}^{\lambda t}\right)=L_n(t^k\mathrm{e}^{\lambda t}), \tag{3.51}$$

$$\begin{aligned}\frac{\partial^k}{\partial\lambda^k}(p(\lambda)\mathrm{e}^{\lambda t})&=\frac{\partial^{k-1}}{\partial\lambda^{k-1}}\left(\mathrm{e}^{\lambda t}\frac{\partial}{\partial\lambda}p(\lambda)+t\mathrm{e}^{\lambda t}p(\lambda)\right)\\&=\mathrm{e}^{\lambda t}\left(p^{(k)}(\lambda)+\sum_{i=1}^{k}\mathrm{C}_k^i p^{(k-i)}(\lambda)t^i\right),\end{aligned} \tag{3.52}$$

其中 C_k^i $(i=1,2,\cdots,k)$ 是组合数, 故

$$L_n(t^k\mathrm{e}^{\lambda t})=\mathrm{e}^{\lambda t}\left(p^{(k)}(\lambda)+\sum_{i=1}^{k}\mathrm{C}_k^i p^{(k-i)}(\lambda)t^i\right). \tag{3.53}$$

如果 λ_j 是特征方程 (3.49) 的 n_j 重根, 那么 $p^{(k_j)}(\lambda_j)=0$ $(k_j=0,1,\cdots,n_j-1)$. 由关系式 (3.53) 知, 对于任意 $k_j=0,1,\cdots,n_j-1$, 有

$$L_n(t^{k_j}\mathrm{e}^{\lambda_j t})=\mathrm{e}^{\lambda_j t}\left(p^{(k_j)}(\lambda_j)+\sum_{i=1}^{k_j}\mathrm{C}_{k_j}^i p^{(k_j-i)}(\lambda_j)t^i\right)\equiv 0,\quad t\in\mathbb{R}.$$

这意味着, $t^{k_j}\mathrm{e}^{\lambda_j t}$ $(k_j=0,1,\cdots,n_j-1)$ 是方程 (3.47) 的 n_j 个解. 下证 n_j 个解 $\mathrm{e}^{\lambda_j t}$, $t\mathrm{e}^{\lambda_j t},\cdots,t^{n_j-1}\mathrm{e}^{\lambda_j t}$ 在 $\mathbb{R}$ 上线性无关.

假设存在常数 $c_1, c_2, \cdots, c_{n_j}$, 使得

$$c_1\mathrm{e}^{\lambda_j t} + c_2 t\mathrm{e}^{\lambda_j t} + \cdots + c_{n_j} t^{n_j-1}\mathrm{e}^{\lambda_j t} \equiv 0, \quad t \in \mathbb{R},$$

则

$$c_1 + c_2 t + \cdots + c_{n_j} t^{n_j-1} \equiv 0, \quad t \in \mathbb{R}.$$

于是 $c_1 = c_2 = \cdots = c_{n_j} = 0$, 从而解 $\mathrm{e}^{\lambda_j t}, t\mathrm{e}^{\lambda_j t}, \cdots, t^{n_j-1}\mathrm{e}^{\lambda_j t}$ 在 $\mathbb{R}$ 上线性无关.

对特征方程 (3.49) 的每个根 λ_j $(j = 1, 2, \cdots, s)$, 运用上述分析, 得到方程 (3.47) 的 n 个解

$$\mathrm{e}^{\lambda_1 t},\ t\mathrm{e}^{\lambda_1 t},\ \cdots,\ t^{n_1-1}\mathrm{e}^{\lambda_1 t},\ \cdots,\ \mathrm{e}^{\lambda_s t},\ t\mathrm{e}^{\lambda_s t},\ \cdots,\ t^{n_s-1}\mathrm{e}^{\lambda_s t}. \tag{3.54}$$

下面证明这 n 个解在 $\mathbb{R}$ 上是线性无关的. 我们只要直接验证这 n 个解所对应的 Wronski 行列式在某个点处的值非零即可. 然而, 这似乎不是一件容易的事. 我们考虑直接使用线性无关的定义加以证明, 即从线性组合

$$\sum_{j=1}^{s}\sum_{k_j=0}^{n_j-1} c_{jk_j} t^{k_j}\mathrm{e}^{\lambda_j t} = \sum_{j=1}^{s} P_j(t)\mathrm{e}^{\lambda_j t} \equiv 0, \quad t \in \mathbb{R} \tag{3.55}$$

推出所有系数 c_{jk_j} 都为零, 换言之, 推出 $P_j(t) = \sum\limits_{k_j=0}^{n_{j-1}} c_{jk_j} t^{k_j} \equiv 0\,(t \in \mathbb{R}, j = 1, 2, \cdots, s)$. 我们使用反证法来证明, 假设存在 $\mathcal{L} = \{\ell : 1 \leqslant \ell \leqslant s, P_\ell(t)$ 不恒为零$\} \neq \varnothing$. 记 $\mathcal{L} = \{\ell_1, \ell_2, \cdots, \ell_\alpha\}$ 且 $\ell_1 < \ell_2 < \cdots < \ell_\alpha$. 于是, 对于每个 ℓ_i, 存在 $0 \leqslant h_i \leqslant n_{\ell_i} - 1$, 使得

$$P_{\ell_i}(t) = \sum_{k_{\ell_i}=0}^{h_i} c_{\ell_i k_{\ell_i}} t^{k_{\ell_i}}, \quad c_{\ell_i h_i} \neq 0,\ i = 1, 2, \cdots, \alpha,$$

即 $P_{\ell_i}(t)$ 是 h_i 次多项式. 于是, (3.55) 式简化为

$$\sum_{j=1}^{\alpha} P_{\ell_j}(t)\mathrm{e}^{\lambda_{\ell_j} t} \equiv 0, \quad t \in \mathbb{R}. \tag{3.56}$$

若 $\alpha = 1$, 则 (3.56) 式意味着 $P_{\ell_1}(t)\mathrm{e}^{\lambda_{\ell_1} t} \equiv 0, t \in \mathbb{R}$. 这与假设矛盾. 设 $\alpha > 1$, 将 (3.56) 式两边除以 $\mathrm{e}^{\lambda_{\ell_1} t}$, 得到

$$P_{\ell_1}(t) + \sum_{j=2}^{\alpha} P_{\ell_j}(t)\mathrm{e}^{(\lambda_{\ell_j} - \lambda_{\ell_1})t} \equiv 0, \quad t \in \mathbb{R}.$$

对上式两边求 $h_1 + 1$ 阶导数, 得到

$$\sum_{j=2}^{\alpha} Q_{\ell_j}(t)\mathrm{e}^{(\lambda_{\ell_j} - \lambda_{\ell_1})t} \equiv 0, \quad t \in \mathbb{R},$$

这里多项式 $Q_{\ell_j}(t)$ 具有与多项式 $P_{\ell_j}(t)$ 相同的次数, 即 h_j 次, 它的最高次项为 $c_{\ell_j h_j}\cdot(\lambda_{\ell_j}-\lambda_{\ell_1})^{h_1+1}t^{h_j}\neq 0$. 若 $\alpha=2$, 则上式意味着 $Q_{\ell_2}(t)\equiv 0$, 从而与假设矛盾. 当 $\alpha>2$ 时, 可以通过继续使用上述方法推出一个 h_α 次多项式恒等于零, 然而它的最高次项为

$$c_{\ell_\alpha h_\alpha}(\lambda_{\ell_2}-\lambda_{\ell_1})^{h_1+1}\cdots(\lambda_{\ell_\alpha}-\lambda_{\ell_{\alpha-1}})^{h_{\alpha-1}+1}x^{h_\alpha}\neq 0,$$

从而得到矛盾. 这样, 我们就证明了 (3.54) 式中的 n 个解是线性无关的. □

注 3.10 定理 3.21 得到的 n 阶常系数齐次线性微分方程 (3.47) 的基本解组

$$\mathrm{e}^{\lambda_1 t},\ t\mathrm{e}^{\lambda_1 t},\ \cdots,\ t^{n_1-1}\mathrm{e}^{\lambda_1 t},\ \cdots,\ \mathrm{e}^{\lambda_s t},\ t\mathrm{e}^{\lambda_s t},\ \cdots,\ t^{n_s-1}\mathrm{e}^{\lambda_s t}$$

中可能含有复值解. 这是由特征方程 (3.49) 的复数根导出的解. 注意到特征方程 (3.49) 是实系数的, 所以若特征方程 (3.49) 有复数根 $\lambda_*=\alpha+\mathrm{i}\beta\,(\alpha,\beta\in\mathbb{R},\beta\neq 0)$, 则 $\bar{\lambda}_*=\alpha-\mathrm{i}\beta$ 也是特征方程 (3.49) 的复数根. 因此, 分别取一个复值解的实部和虚部就可得到方程 (3.47) 的两个实值解. 因此, 通过这种方法可给出方程 (3.47) 的实基本解组.

例 3.4.1 求齐次线性微分方程 $x^{(4)}(t)-2x^{(3)}(t)+2x^{(2)}(t)-2x'(t)+x(t)=0$ 的实基本解组和通解.

解 求原方程的特征方程

$$\lambda^4-2\lambda^3+2\lambda^2-2\lambda+1=0$$

的根, 得到三个不同的根 $\lambda_1=1$, $\lambda_2=\mathrm{i}$, $\lambda_3=-\mathrm{i}$, 其中 λ_1 是二重根, 即 $n_1=2$; λ_2 和 λ_3 都是单根, 即 $n_2=n_3=1$.

由定理 3.21 得到原方程的基本解组

$$\mathrm{e}^{\lambda_1 t}=\mathrm{e}^t,\quad t\mathrm{e}^{\lambda_1 t}=t\mathrm{e}^t,\quad \mathrm{e}^{\lambda_2 t}=\mathrm{e}^{\mathrm{i}t}=\cos t+\mathrm{i}\sin t,\quad \mathrm{e}^{\lambda_3 t}=\mathrm{e}^{-\mathrm{i}t}=\cos t-\mathrm{i}\sin t,$$

从而原方程的实基本解组为

$$\mathrm{e}^t,\quad t\mathrm{e}^t,\quad \cos t,\quad \sin t,$$

故原方程的通解为

$$x(t)=c_1\mathrm{e}^t+c_2t\mathrm{e}^t+c_3\cos t+c_4\sin t,\quad \forall t\in\mathbb{R},$$

这里 c_1,c_2,c_3,c_4 是任意常数.

从求解微分方程的角度看, n 阶常系数齐次线性微分方程 (3.47) 的求解问题已经解决. 自然的问题是: n 阶变系数齐次线性微分方程能否求解? L. Euler① 通过做变量替换

① L. Euler (欧拉, 1707—1783), 瑞士数学家和物理学家, 数学和物理学史上最伟大的科学家之一.

的方法将一类 n 阶变系数齐次线性微分方程转化为常系数齐次线性微分方程, 进而求出通解, 见例 3.4.2.

例 3.4.2 将 n 阶变系数齐次线性微分方程

$$t^n x^{(n)}(t)+a_{n-1}t^{n-1}x^{(n-1)}(t)+\cdots+a_2t^2x^{(2)}(t)+a_1tx'(t)+a_0x(t)=0,\quad t>0 \tag{3.57}$$

转化为常系数齐次线性微分方程, 这里 $a_i\,(i=0,1,\cdots,n-1)$ 都是实常数. 方程 (3.57) 称为 **Euler 方程**.

解 由于 $t>0$, 做自变量变换 $t=\mathrm{e}^\tau$, 这是一个微分同胚, 它将 $\mathbb{R}$ 映射到 $(0,+\infty)$, 且其逆映射为 $\tau=\ln t$. 对于新自变量 τ, x 的一、二阶导数为

$$\begin{aligned}\frac{\mathrm{d}x}{\mathrm{d}\tau}&=\frac{\mathrm{d}x}{\mathrm{d}t}\cdot\frac{\mathrm{d}t}{\mathrm{d}\tau}=\mathrm{e}^\tau x'(t)=tx'(t),\\ \frac{\mathrm{d}^2x}{\mathrm{d}\tau^2}&=\frac{\mathrm{d}}{\mathrm{d}\tau}\left(\frac{\mathrm{d}x}{\mathrm{d}\tau}\right)=\mathrm{e}^\tau x'(t)+\mathrm{e}^\tau\frac{\mathrm{d}}{\mathrm{d}\tau}x'(t)=tx'(t)+t^2x^{(2)}(t).\end{aligned}$$

由此得到

$$tx'(t)=\frac{\mathrm{d}x}{\mathrm{d}\tau},\quad t^2x^{(2)}(t)=\frac{\mathrm{d}^2x}{\mathrm{d}\tau^2}-\frac{\mathrm{d}x}{\mathrm{d}\tau}.$$

对 $n\geqslant 3$ 假设

$$t^{n-1}x^{(n-1)}(t)=\frac{\mathrm{d}^{n-1}x}{\mathrm{d}\tau^{n-1}}+b_{n-2}\frac{\mathrm{d}^{n-2}x}{\mathrm{d}\tau^{n-2}}+\cdots+b_1\frac{\mathrm{d}x}{\mathrm{d}\tau}, \tag{3.58}$$

其中 $b_1,b_2,\cdots,b_{n-1}$ 是实常数, 则

$$\begin{aligned}\frac{\mathrm{d}x}{\mathrm{d}\tau}(t^{n-1}x^{(n-1)}(t))&=\frac{\mathrm{d}x}{\mathrm{d}t}(t^{n-1}x^{(n-1)}(t))\frac{\mathrm{d}t}{\mathrm{d}\tau}\\&=(n-1)t^{n-1}x^{(n-1)}(t)+t^nx^{(n)}(t),\end{aligned}$$

从而由归纳假设 (3.58) 得到

$$\begin{aligned}t^nx^{(n)}(t)=&\frac{\mathrm{d}x}{\mathrm{d}\tau}(t^{n-1}x^{(n-1)}(t))-(n-1)t^{n-1}x^{(n-1)}(t)\\=&\frac{\mathrm{d}x}{\mathrm{d}\tau}\left(\frac{\mathrm{d}^{n-1}x}{\mathrm{d}\tau^{n-1}}+b_{n-2}\frac{\mathrm{d}^{n-2}x}{\mathrm{d}\tau^{n-2}}+\cdots+b_1\frac{\mathrm{d}x}{\mathrm{d}\tau}\right)\\&-(n-1)\left(\frac{\mathrm{d}^{n-1}x}{\mathrm{d}\tau^{n-1}}+\cdots+b_1\frac{\mathrm{d}x}{\mathrm{d}\tau}\right)\\=&\frac{\mathrm{d}^nx}{\mathrm{d}\tau^n}+[b_{n-2}-(n-1)]\frac{\mathrm{d}^{n-1}x}{\mathrm{d}\tau^{n-1}}+\cdots+[b_1-b_2(n-1)]\frac{\mathrm{d}^2x}{\mathrm{d}\tau^2}-b_1(n-1)\frac{\mathrm{d}x}{\mathrm{d}\tau}.\end{aligned}$$

因此, 方程 (3.57) 在自变量变换 $t=\mathrm{e}^\tau$ 下化为常系数齐次线性微分方程

$$\frac{\mathrm{d}^{(n)}x}{\mathrm{d}\tau^{(n)}}+c_{n-1}\frac{\mathrm{d}^{(n-1)}x}{\mathrm{d}\tau^{(n-1)}}+\cdots+c_1\frac{\mathrm{d}x}{\mathrm{d}\tau}+a_0x=0, \tag{3.59}$$

这里 $a_0,c_1,\cdots,c_{n-1}$ 是实常数.

从上例可知, Euler 方程的通解可通过求常系数齐次线性微分方程 (3.59) 的通解, 再代回 $\tau=\ln t$ 得到. 对于其他变系数高阶齐次线性微分方程, 需要根据方程的具体形式, 寻找合适的变量替换 (未知函数变换、自变量变换或未知函数与自变量联合变换), 将其化为能具体求解的微分方程, 一般没有通用的变换方法. 另外, 幂级数解法和积分变换法也常被应用到微分方程的求解中. 以函数 $f(t)$ 为例, 它经过一个积分变换 T 化为

$$Tf(y)=\int_{t_0}^{t_1}K(t,y)f(t)\mathrm{d}t,$$

其中 $K(t,y)$ 是一个给定的二元函数, 称为该积分变换的**核函数**. 选取不同的核函数和积分区间, 就得到用不同数学家名字命名的积分变换, 如 Laplace① 变换、Fourier② 变换等. 积分变换法的思想是: 通过积分变换将不易求解的微分方程化为易于求解的过渡方程, 求出其解, 再使用积分变换的逆变换将过渡方程的解化为原方程的解. 这种方法在求解定解问题中表现优越.

下面我们进一步讨论求 n 阶常系数非齐次线性微分方程 (3.48) 特解的方法. 由定理 3.20 知, 通过常系数齐次线性微分方程的基本解组和常数变易法可求出常系数非齐次线性微分方程一个特解. 具体求解过程涉及函数的积分 (求原函数), 而一般计算积分比较困难. 于是, 在强迫项 $f(t)$ 具有特殊形式时, 人们试图避免求原函数, 而直接用**待定系数法**求特解. 注意到非齐次线性微分方程满足广义叠加原理 [见命题 3.10 (iii)], 因此可通过如下方法求具有实函数强迫项 $f(t)$ 的非齐次线性微分方程的特解: 将 $f(t)$ 进行适当分解, 得 $f(t)=\sum\limits_{i=1}^{m}f_i(t)$, 分别求具有强迫项 $f_i(t)\,(i=1,2,\cdots,m)$ 的非齐次线性微分方程的特解, 然后对这些特解求和, 得到原方程的特解. 鉴于此, 考虑强迫项 $f(t)$ 具有如下两种形式时求 n 阶常系数非齐次线性微分方程的特解的待定系数法:

$$\text{类型 I}: f(t)=P_m(t)\mathrm{e}^{\alpha t},\ \alpha\in\mathbb{R};$$

$$\text{类型 II}: f(t)=\mathrm{e}^{\alpha t}(P_{m_1}(t)\cos\beta t+P_{m_2}(t)\sin\beta t),\ \alpha,\beta\in\mathbb{R},$$

其中 $P_m(t),P_{m_1}(t),P_{m_2}(t)$ 分别是 t 的 m 阶、m_1 阶和 m_2 阶多项式.

命题 3.11 如果 $f(t)$ 具有类型 I 的形式, 则 n 阶常系数非齐次线性微分方程 (3.48) 有如下形式的特解:

$$\phi^*(t)=\begin{cases}Q_m(t)\mathrm{e}^{\alpha t}, & \alpha\text{ 不是特征方程 (3.49) 的根},\\ t^uQ_m(t)\mathrm{e}^{\alpha t}, & \alpha\text{ 是特征方程 (3.49) 的 } u \text{ 重根},\end{cases}$$

其中 $Q_m(t)$ 是与 $P_m(t)$ 具有相同次数 (m 次) 的系数待定的多项式.

---

① P.-S. Laplace (拉普拉斯, 1749—1827), 法国数学家、天文学家和物理学家.

② J. Fourier (傅里叶, 1768—1830), 法国数学家, Fourier 分析的创立者.

证明 设 α 是特征方程 (3.49), 即

$$p(\lambda)=a_0+a_1\lambda+\cdots+a_{n-1}\lambda^{n-1}+a_n\lambda^n=0 \quad (a_n=1)$$

的 u 重根, 这里 $u=0,1,\cdots,n$ (特别地, $u=0$ 意指 α 不是特征方程 $p(\lambda)=0$ 的根).

下面证明: 存在多项式 $Q_m(t)=\sum\limits_{i=0}^{m}q_it^i$ $(q_m\neq 0)$, 使得

$$L_n(t^uQ_m(t)\mathrm{e}^{\alpha t})=P_m(t)\mathrm{e}^{\alpha t} \tag{3.60}$$

成立. 为简便起见, 记 $T_m(t)=t^uQ_m(t)$. 注意到, 当 $0\leqslant k\leqslant n$ 时,

$$\frac{\mathrm{d}^k}{\mathrm{d}t^k}T_m(t)\mathrm{e}^{\alpha t}=\sum_{i=0}^{k}\mathrm{C}_k^i\left(\frac{\mathrm{d}^i}{\mathrm{d}t^i}T_m(t)\right)\left(\frac{\mathrm{d}^{k-i}}{\mathrm{d}t^{k-i}}\mathrm{e}^{\alpha t}\right)=\mathrm{e}^{\alpha t}\sum_{i=0}^{k}\alpha^{k-i}\mathrm{C}_k^iT_m^{(i)}(t).$$

记 A_k^i 为从 k 个不同的物体中取出 i 个进行排列的排列数, 我们有

$$\begin{aligned}
L_n(T_m(t)\mathrm{e}^{\alpha t})&=\left(\frac{\mathrm{d}^n}{\mathrm{d}t^n}+a_{n-1}\frac{\mathrm{d}^{n-1}}{\mathrm{d}t^{n-1}}+\cdots+a_1\frac{\mathrm{d}}{\mathrm{d}t}+a_0\right)(T_m(t)\mathrm{e}^{\alpha t})\\
&=\mathrm{e}^{\alpha t}\sum_{k=0}^{n}a_k\sum_{i=0}^{k}\alpha^{k-i}\mathrm{C}_k^iT_m^{(i)}(t)=\mathrm{e}^{\alpha t}\sum_{i=0}^{n}\left(\sum_{k=i}^{n}a_k\alpha^{k-i}\mathrm{C}_k^i\right)T_m^{(i)}(t)\\
&=\mathrm{e}^{\alpha t}\sum_{i=0}^{n}\frac{1}{i!}\left(\sum_{k=i}^{n}a_k\alpha^{k-i}\mathrm{A}_k^i\right)T_m^{(i)}(t)=\mathrm{e}^{\alpha t}\sum_{i=0}^{n}\frac{1}{i!}p^{(i)}(\alpha)T_m^{(i)}(t)\\
&=\mathrm{e}^{\alpha t}\sum_{i=u}^{n}\frac{1}{i!}p^{(i)}(\alpha)T_m^{(i)}(t),
\end{aligned}$$

这里我们利用了 $p(\alpha)=p'(\alpha)=\cdots=p^{(u-1)}(\alpha)=0$. 这样 (3.60) 式可简化为

$$\sum_{i=u}^{n}\frac{1}{i!}p^{(i)}(\alpha)T_m^{(i)}(t)=P_m(t). \tag{3.61}$$

设 $P_m(t)=\sum\limits_{k=0}^{m}b_kt^k$ $(b_m\neq 0)$. 注意到上式的左边是一个 m 次多项式, 其 t^m 项 (最高次项) 的系数为

$$\frac{(m+u)(m+u-1)\cdots(m+1)q_m}{u!}p^{(u)}(\alpha)=\frac{\mathrm{A}_{m+u}^uq_m}{u!}p^{(u)}(\alpha),$$

于是得到

$$q_m=\frac{u!b_m}{\mathrm{A}_{m+u}^up^{(u)}(\alpha)}\neq 0.$$

另外, 在 (3.61) 式左边的多项式中, $t^\ell(\ell=0,1,\cdots,m-1)$ 项的系数具有下面的形式:

$$\beta q_\ell+\gamma,$$

这里 $\beta \neq 0, \gamma$ 仅依赖于 $q_{\ell+1}, \cdots, q_m$. 于是, 可从 (3.61) 式中唯一确定多项式 $Q_m(t)$ 的所有系数 $q_i\,(i=0,1,\cdots,m)$. □

例 3.4.3 求微分方程 $x''(t)+2x'(t)-3x(t)=te^t$ 的通解.

解 首先, 求原方程对应的齐次方程的基本解组. 由特征方程

$$\lambda^2+2\lambda-3=0$$

求得特征值 $\lambda_1=-3$ 和 $\lambda_2=1$, 因此对应的齐次方程的基本解组为 e^{-3t}, e^t.

然后, 求原方程的一个特解 $\phi^*(t)$. 强迫项为 $f(t)=t\mathrm{e}^t$, 这里 $\alpha=1$, 它是特征方程的单根 $\lambda_2=1$. 由命题 3.11 知, 可设特解 $\phi^*(t)$ 具有如下形式:

$$\phi^*(t)=t(b_1t+b_0)\mathrm{e}^t,$$

其中 b_1, b_0 是待定参数. 将其代入原方程并化简, 得到

$$8b_1t+2b_1+4b_0=t, \quad \forall t\in\mathbb{R},$$

从而

$$8b_1=1, \quad 2b_1+4b_0=0 \implies b_1=\frac{1}{8},\ b_0=-\frac{1}{16}.$$

故原方程的一个特解为

$$\phi^*(t)=\mathrm{e}^t\left(\frac{t^2}{8}-\frac{t}{16}\right).$$

由非齐次线性微分方程通解的结构 (见定理 3.19) 知, 原方程的通解为

$$x(t)=c_1\mathrm{e}^t+c_2\mathrm{e}^{-3t}+\mathrm{e}^t\left(\frac{t^2}{8}-\frac{t}{16}\right),$$

其中 c_1, c_2 都是任意常数.

命题 3.12 如果 $f(t)$ 具有类型 II 的形式, 则 n 阶常系数非齐次线性微分方程(3.48)有如下形式的特解:

$$\phi^*(t)=\begin{cases}(A_m(t)\cos\beta t+B_m(t)\sin\beta t)\,\mathrm{e}^{\alpha t}, & \alpha+\mathrm{i}\beta \text{ 不是特征方程 (3.49) 的根},\\ t^u\,(A_m(t)\cos\beta t+B_m(t)\sin\beta t)\,\mathrm{e}^{\alpha t}, & \alpha+\mathrm{i}\beta \text{ 是特征方程 (3.49) 的 } u \text{ 重根},\end{cases}$$

其中 $m=\max\{m_1,m_2\}$, $A_m(t)$ 和 $B_m(t)$ 是系数待定的 m 次多项式.

证明 设 $\alpha+\mathrm{i}\beta$ 为特征方程 (3.49) 的 u 重根, $u=0$ 意味着 $\alpha+\mathrm{i}\beta$ 不是特征方程 (3.49) 的根. 利用 Euler 公式

$$\cos\beta t=\frac{\mathrm{e}^{\mathrm{i}\beta t}+\mathrm{e}^{-\mathrm{i}\beta t}}{2}, \quad \sin\beta t=\frac{\mathrm{e}^{\mathrm{i}\beta t}-\mathrm{e}^{-\mathrm{i}\beta t}}{2\mathrm{i}},$$

可以将 $f(t)$ 改写为

$$f(t)=\frac{P_{m_1}(t)-\mathrm{i}P_{m_2}(t)}{2}\mathrm{e}^{(\alpha+\mathrm{i}\beta)t}+\frac{P_{m_1}(t)+\mathrm{i}P_{m_2}(t)}{2}\mathrm{e}^{(\alpha-\mathrm{i}\beta)t}.$$

记

$$P_m(t)=\frac{P_{m_1}(t)-\mathrm{i}P_{m_2}(t)}{2},\quad \gamma=\alpha+\mathrm{i}\beta,$$

则 $P_m(t)$ 是 m 次复系数多项式. 考虑微分方程

$$x^{(n)}(t)+a_{n-1}x^{(n-1)}(t)+\cdots+a_1x'(t)+a_0x(t)=P_m(t)\mathrm{e}^{\gamma t},\quad t\in\mathbb{R}. \tag{3.62}$$

由命题 3.11 可知方程 (3.62) 具有 $t^uQ_m(t)\mathrm{e}^{\gamma t}$ 形式的解, 这里 $Q_m(t)$ 为 m 次复系数多项式, 于是

$$\left(\frac{\mathrm{d}^n}{\mathrm{d}t^n}+a_{n-1}\frac{\mathrm{d}^{n-1}}{\mathrm{d}t^{n-1}}+\cdots+a_1\frac{\mathrm{d}}{\mathrm{d}t}+a_0\right)(t^uQ_m(t)\mathrm{e}^{\gamma t})=P_m(t)\mathrm{e}^{\gamma t}.$$

上式两边取共轭, 得到

$$\left(\frac{\mathrm{d}^n}{\mathrm{d}t^n}+a_{n-1}\frac{\mathrm{d}^{n-1}}{\mathrm{d}t^{n-1}}+\cdots+a_1\frac{\mathrm{d}}{\mathrm{d}t}+a_0\right)(t^u\overline{Q_m(t)\mathrm{e}^{\gamma t}})=\overline{P_m(t)\mathrm{e}^{\gamma t}}.$$

上两式相加, 得到

$$\left(\frac{\mathrm{d}^n}{\mathrm{d}t^n}+a_{n-1}\frac{\mathrm{d}^{n-1}}{\mathrm{d}t^{n-1}}+\cdots+a_1\frac{\mathrm{d}}{\mathrm{d}t}+a_0\right)(t^u(Q_m(t)\mathrm{e}^{\gamma t}+\overline{Q_m(t)\mathrm{e}^{\gamma t}}))=f(t).$$

记 $Q_m(t)=A(t)+\mathrm{i}B(t)$, 则

$$\begin{aligned}t^uQ_m(t)\mathrm{e}^{\gamma t}+t^u\overline{Q_m(t)\mathrm{e}^{\gamma t}}&=t^u(A(t)+\mathrm{i}B(t))\mathrm{e}^{\alpha t}(\cos\beta t+\mathrm{i}\sin\beta t)\\&\quad+t^u(A(t)-\mathrm{i}B(t))\mathrm{e}^{\alpha t}(\cos\beta t-\mathrm{i}\sin\beta t)\\&=t^u(2A(t)\cos\beta t-2B(t)\sin\beta t)\mathrm{e}^{\alpha t},\end{aligned}$$

从而结论得证. □

例 3.4.4 求微分方程 $x''(t)-2x'(t)+3x(t)=\mathrm{e}^t(\cos t+\cos(\sqrt{2}t))$ 的通解.

解 原方程对应的齐次方程的特征方程为

$$\lambda^2-2\lambda+3=0,$$

求得特征值 $\lambda_1=1+\mathrm{i}\sqrt{2}$ 和 $\lambda_2=1-\mathrm{i}\sqrt{2}$, 因此对应的齐次方程的实基本解组为 $\mathrm{e}^t\cos(\sqrt{2}t)$, $\mathrm{e}^t\sin(\sqrt{2}t)$.

由于强迫项为 $f(t)=f_1(t)+f_2(t)$, 其中 $f_1(t)=\mathrm{e}^t\cos t$, $f_2(t)=\mathrm{e}^t\cos(\sqrt{2}t)$, 根据广义叠加原理, 求原方程的一个特解 $\phi^*(t)$ 可转化为分别求微分方程

$$x''(t)-2x'(t)+3x(t)=f_1(t) \tag{3.63}$$

和

$$x''(t) - 2x'(t) + 3x(t) = f_2(t) \tag{3.64}$$

的一个特解 $\phi_1^*(t)$ 和 $\phi_2^*(t)$, 且 $\phi^*(t) = \phi_1^*(t) + \phi_2^*(t)$.

注意到 $1+\mathrm{i}$ 不是特征方程的根, 由命题 3.12 知, 可设方程 (3.63) 的特解 $\phi_1^*(t)$ 具有如下形式:

$$\phi_1^*(t) = (A_0 \cos t + B_0 \sin t)\mathrm{e}^t,$$

其中 A_0, B_0 是待定参数. 把 $\phi_1^*(t)$ 的表达式代入方程 (3.63), 化简并比较两边多项式的系数, 得到

$$A_0 = 1, \quad B_0 = 0,$$

故 $\phi_1^*(t) = \mathrm{e}^t \cos t$.

而 $1+\mathrm{i}\sqrt{2}$ 是特征方程的根, 由命题 3.12 知, 可设方程 (3.64) 的特解 $\phi_2^*(t)$ 具有如下形式:

$$\phi_2^*(t) = t(A_0 \cos(\sqrt{2}t) + B_0 \sin(\sqrt{2}t))\mathrm{e}^t,$$

其中 A_0, B_0 是待定参数. 把 $\phi_2^*(t)$ 的表达式代入方程 (3.64), 化简并比较两边多项式的系数, 得到

$$A_0 = 0, \quad B_0 = \frac{\sqrt{2}}{4},$$

故 $\phi_2^*(t) = \dfrac{\sqrt{2}}{4} t\mathrm{e}^t \sin(\sqrt{2}t)$.

所以, 得到原方程的一个特解

$$\phi^*(t) = \phi_1^*(t) + \phi_2^*(t) = \mathrm{e}^t \cos t + \frac{\sqrt{2}}{4} t\mathrm{e}^t \sin(\sqrt{2}t).$$

由非齐次线性微分方程通解的结构 (见定理 3.19), 原方程的通解为

$$x(t) = c_1 \mathrm{e}^t \cos(\sqrt{2}t) + c_2 \mathrm{e}^t \sin(\sqrt{2}t) + \mathrm{e}^t \cos t + \frac{\sqrt{2}}{4} t\mathrm{e}^t \sin(\sqrt{2}t),$$

其中 c_1, c_2 是任意常数.

习题 3.4

1. 设 $x = \phi(t)$ 是二阶齐次线性微分方程

$$x'' + p(t)x' + q(t)x = 0, \quad t \in (\alpha, \beta)$$

的一个非零解, 其中 $p(t), q(t)$ 是区间 (α, β) 上的连续函数, 证明: 该方程的通解为

$$x(t) = c_1 \phi(t) + c_2 \phi(t) \int_{t_0}^{t} \frac{1}{\phi^2(s)} \mathrm{e}^{-\int_{t_0}^{s} p(\tau)\mathrm{d}\tau} \mathrm{d}s,$$

其中 c_1, c_2 是任意常数, $t_0, t \in (\alpha, \beta)$.

2. 由第 1 题知, 对于二阶齐次线性微分方程, 只需求出它的一个非零解, 就能得到其通解. 这个结论能推广到 $n\,(n \geqslant 3)$ 阶齐次线性微分方程吗? 即已知 n 阶齐次线性微分方程 (3.31) 的 $n-1$ 个线性无关的解, 能否求出方程 (3.31) 的通解? 另外, 对于 n 维齐次线性系统 (3.9), 当 $n=2$ 时, 若已知其一个非零解, 能否求出其通解?

3. 证明非齐次线性微分方程的解满足广义叠加原理, 即证明命题 3.10.

4. 证明非齐次线性微分方程的通解公式 (3.46), 即证明定理 3.19.

5. 证明: 函数组

$$\varphi_1(t) = \begin{cases} t^2, & t \geqslant 0, \\ 0, & t < 0, \end{cases} \qquad \varphi_2(t) = \begin{cases} 0, & t \geqslant 0, \\ t^2, & t < 0, \end{cases}$$

在 $\mathbb{R}$ 上线性无关.

6. 求下列微分方程的通解:

(1) $x^{(5)} + 2x''' + x' = 0$;

(2) $t^2 x'' + 5tx' + 13x = 0\ (t > 0)$;

(3) $x^{(4)} - 4x''' + 8x'' - 8x' + 3x = 0$;

(4) $x''' + 3x' - 4x = 0$;

(5) $x''' - 2x'' - 3x' + 10x = 0$;

(6) $t^3 x''' - 3t^2 x'' + 3tx' - x = t$;

(7) $x'' + 2x' = 3 + 4\sin 2t$;

(8) $2x'' - 4x' - 6x = 3\mathrm{e}^{2t}$.

7. 求二阶线性微分方程

$$x'' + b^2 x = a\cos(mbt),$$

的通解, 并讨论周期解的存在性, 这里 $a \in \mathbb{R}, b > 0, m \in \mathbb{N}_+$.

8. 求解有阻尼的弹簧振动方程

$$mx'' + rx' + kx = 0,$$

其中 m, r 和 k 都是正常数; 并就 $r^2 - 4mk > 0$, $r^2 - 4mk = 0$ 和 $r^2 - 4mk < 0$ 三种不同情况, 说明该方程的解相应的物理意义.

9. 设 $f(t)$ 是区间 $[0, +\infty)$ 上的连续函数, 证明微分方程

$$x''(t) + 3x'(t) + 2x(t) = f(t)$$

的解具有如下性质:

(1) 若 $f(t)$ 在区间 $[0, +\infty)$ 上是有界的, 则该方程的每个解在区间 $[0, +\infty)$ 上有界;

(2) 若 $\lim\limits_{t \to +\infty} f(t) = 0$, 则该方程的每个解 $\phi(t)$ 满足 $\lim\limits_{t \to +\infty} \phi(t) = 0$;

(3) 若 $f(t)$ 是周期函数, 则该方程的有界解也是周期函数.

10. 设 $r(t)$ 和 $p(t)$ 都是周期为 ω 的连续函数, $r(t) > 0, r'(t)$ 和 $r''(t)$ 连续, 讨论二阶周期系数线性微分方程

$$\frac{\mathrm{d}}{\mathrm{d}t}\left(r(t)\frac{\mathrm{d}x}{\mathrm{d}t}\right) + p(t)x = 0$$

的解的结构及有界性.

11. 设 $x(t)=\phi_1(t)$ 和 $x(t)=\phi_2(t)$ 分别是初值问题

$$\begin{cases}x''(t)+x=0,\\ x(0)=1,\ x'(0)=0\end{cases}\quad \text{和} \quad \begin{cases}x''(t)+x=0,\\ x(0)=0,\ x'(0)=1\end{cases}$$

的解, 请不求解直接证明:

(1) $\phi_1(t)$ 是偶函数, $\phi_2(t)$ 是奇函数;

(2) $\phi_1^2(t)+\phi_2^2(t)\equiv 1$;

(3) $\phi_1(t+s)=\phi_1(t)\phi_2(s)+\phi_1(s)\phi_2(t), \forall s,t\in\mathbb{R}$;

(4) 如果 T 是 $\phi_1(t)$ 在区间 $[0,+\infty)$ 上的最小零点, 则 $\phi_1(t)$ 和 $\phi_2(t)$ 都是以 $4T$ 为周期的函数.

第四章

微分方程一般理论

在初等积分法中, 利用一些技巧讨论了某些特殊类型微分方程的求解. 然而, 在实际遇到的问题中, 绝大部分的微分方程是没有初等函数解的, 如 Riccati 方程 $x'=t^2+x^2$、单摆方程 $x''+a^2\sin x=0$ (a 为常数) 等. 因此, 对于给定的微分方程, 研究解的存在性就显得非常重要.

本章将讨论当微分方程满足何种条件时, 其解一定存在. 此外, 还要讨论解的延伸, 以及奇解 (当解不是唯一时) 的存在性和判别条件.

4.1 准备知识

引理 4.1 (Gronwall 不等式) 假设函数 $f(t), g(t)$ 在区间 $[a,b]$ 上连续, $g(t)\geqslant 0$, c 是一个常数. 如果

$$f(t)\leqslant c+\int_a^t g(s)f(s)\mathrm{d}s,$$

那么

$$f(t)\leqslant c\,\mathrm{e}^{\int_a^t g(s)\mathrm{d}s}.$$

证明 令

$$\Phi(t)=\int_a^t g(s)f(s)\mathrm{d}s.$$

由已知条件可知

$$\Phi'(t)=g(t)f(t)\leqslant g(t)(c+\Phi(t)),$$

即

$$\Phi'(t)-g(t)\Phi(t)\leqslant cg(t).$$

在这个不等式两边乘以 $\mathrm{e}^{-\int_a^t g(s)\mathrm{d}s}$ 并积分, 得到

$$\mathrm{e}^{-\int_a^t g(s)\mathrm{d}s}\Phi(t)-\mathrm{e}^{-\int_a^a g(s)\mathrm{d}s}\Phi(a)\leqslant\int_a^t cg(s)\mathrm{e}^{-\int_a^s g(t)\mathrm{d}t}\mathrm{d}s.$$

注意到 $\Phi(a)=0$, 于是

$$\Phi(t)\leqslant c\left(\mathrm{e}^{\int_a^t g(s)\mathrm{d}s}-1\right).$$

因此

$$f(t)\leqslant c+\Phi(t)\leqslant c\,\mathrm{e}^{\int_a^t g(s)\mathrm{d}s}.$$

由此得证. □

注 4.1 Gronwall[①] 不等式是数学中一个常用的不等式, 经常用于微分方程解的估计. 运用该不等式及 Banach 压缩映像原理来证明具有某种性质的解的存在性也是微分方程研究中的一种常见方法.

注 4.2 当 $f(t) \geqslant 0, c \leqslant 0$ 时, 可以得到 $f(t) \equiv 0$.

注 4.3 Gronwall 不等式可以推广到更为一般的情况. 建议读者自行完成下面结果的证明: 假设函数 $f(t), g(t), h(t)$ 在区间 $[a, b]$ 上连续, $g(t) \geqslant 0$. 如果

$$f(t) \leqslant h(t) + \int_a^t g(s) f(s) \mathrm{d}s,$$

那么

$$f(t) \leqslant h(t) + \mathrm{e}^{\int_a^t g(s)\mathrm{d}s} \int_a^t h(s) g(s) \mathrm{e}^{-\int_a^s g(t)\mathrm{d}t} \mathrm{d}s.$$

特别地, 如果 $h(t)$ 单调递增, 可以进一步得到

$$f(t) \leqslant h(t) \mathrm{e}^{\int_a^t g(s)\mathrm{d}s}.$$

我们接下来讨论函数列的一致收敛性问题.

定义 4.1 称函数序列 $\{f_\alpha(x)\}_{\alpha \in \Lambda}$ (Λ 是一个无限集合, $x \in I \subset \mathbb{R}$) 是**一致有界**的, 如果存在一个常数 $M > 0$, 使得

$$|f_\alpha(x)| \leqslant M, \quad \alpha \in \Lambda,\ x \in I.$$

定义 4.2 称函数序列 $\{f_\alpha(x)\}_{\alpha \in \Lambda}$ (Λ 是一个无限集合, $x \in I \subset \mathbb{R}$) 是**等度连续**的, 如果对于任意 $\varepsilon > 0$, 存在 $\delta > 0$, 使得对于任意 $x, y \in I$, $|x - y| < \delta$ 和任意 α, 有

$$|f_\alpha(x) - f_\alpha(y)| < \varepsilon.$$

注 4.4 定义 4.2 中的 δ 是用来刻画函数 $f_\alpha(x)(\alpha \in \Lambda)$ 的连续程度的量, 因此这个量一般来说与函数 $f_\alpha(x)$ 有关. 所谓等度连续, 是指一族函数的连续程度是差不多的.

下面是分析学中的一个经典结果.

引理 4.2 (Ascoli 引理) 如果函数序列 $\{f_\alpha\}$ 在有界闭区间 $[a, b]$ 上一致有界且等度连续, 则该函数序列一定存在一个在区间 $[a, b]$ 上一致收敛的子序列 $\{f_n\}$.

Ascoli 引理是 Ascoli-Arzelà 引理的一部分. Ascoli-Arzelà 引理给出了有界闭区间上的连续函数集对区间上一致收敛的拓扑是列紧集 (函数集的任一可数子序列有一致收

① T. H. Gronwall (格朗沃尔, 1877—1932), 美国数学家.

敛的子序列) 的等价刻画. 这个引理是由 C. Arzelà[①] 和 G. Ascoli[②] 共同独立提出的, 其中 Ascoli 给出了引理 4.2 的结果, 即连续函数集成为列紧集的充分条件, 而 Arzelà 则给出了 Ascoli-Arzelà 引理的另一部分, 即连续函数集成为列紧集的必要条件.

为了完成引理 4.2 的证明, 先来证明下面两个引理.

引理 4.3 假设函数序列 $\{f_\alpha\}$ 在集合 E $(E \subset \mathbb{R}^n)$ 上一致有界, 则对于任意可数点列 $\{\boldsymbol{x}_m\} \subset E$, 均存在该函数序列的一个子序列 $\{f_{n_k}\}$, 使得数列 $\{f_{n_k}(\boldsymbol{x}_m)\}$ 是收敛的.

证明 显然, 数列 $\{f_\alpha(\boldsymbol{x}_1)\}$ 是有界的. 由 Weierstrass-Bolzano 引理可知, 该数列存在一个收敛的子数列, 记为

$$f_{11}(\boldsymbol{x}_1),\ f_{12}(\boldsymbol{x}_1),\ \cdots,\ f_{1n}(\boldsymbol{x}_1),\ \cdots.$$

现在考虑数列

$$f_{11}(\boldsymbol{x}_2),\ f_{12}(\boldsymbol{x}_2),\ \cdots,\ f_{1n}(\boldsymbol{x}_2),\ \cdots.$$

由引理条件可知该数列也是有界数列, 再次利用 Weierstrass-Bolzano 引理, 该数列存在一个收敛的子数列, 记为

$$f_{21}(\boldsymbol{x}_2),\ f_{22}(\boldsymbol{x}_2),\ \cdots,\ f_{2n}(\boldsymbol{x}_2),\ \cdots.$$

由 $f_{21}, f_{22}, \cdots, f_{2n}, \cdots$ 的选取, 可知如下两个数列均收敛:

$$f_{21}(\boldsymbol{x}_1),\ f_{22}(\boldsymbol{x}_1),\ \cdots,\ f_{2n}(\boldsymbol{x}_1),\ \cdots;$$

$$f_{21}(\boldsymbol{x}_2),\ f_{22}(\boldsymbol{x}_2),\ \cdots,\ f_{2n}(\boldsymbol{x}_2),\ \cdots.$$

继续上面的过程, 可以选择 $f_{31}, f_{32}, \cdots, f_{3n}, \cdots$, 使得如下三个数列都是收敛的:

$$f_{31}(\boldsymbol{x}_1),\ f_{32}(\boldsymbol{x}_1),\ \cdots,\ f_{3n}(\boldsymbol{x}_1),\ \cdots;$$

$$f_{31}(\boldsymbol{x}_2),\ f_{32}(\boldsymbol{x}_2),\ \cdots,\ f_{3n}(\boldsymbol{x}_2),\ \cdots;$$

$$f_{31}(\boldsymbol{x}_3),\ f_{32}(\boldsymbol{x}_3),\ \cdots,\ f_{3n}(\boldsymbol{x}_3),\ \cdots.$$

重复这样的过程, 得到 $f_{k1}, f_{k2}, \cdots, f_{kn}, \cdots$, 使得数列

$$f_{k1}(\boldsymbol{x}_j),\ f_{k2}(\boldsymbol{x}_j),\ \cdots,\ f_{kn}(\boldsymbol{x}_j),\ \cdots$$

对于 $1 \leqslant j \leqslant k$ 均是收敛的. 现在选择子序列

$$f_{11},\ f_{22},\ \cdots,\ f_{kk},\ \cdots,$$

则这个序列在每个 $\boldsymbol{x}_m$ 上均收敛. □

① C. Arzelà (阿尔泽拉, 1847—1912), 意大利数学家.

② G. Ascoli (阿斯科利, 1843—1896), 意大利数学家.

注 4.5 引理 4.3 的证明中选取子序列 $\{f_{kk}\}$ 的方法称为**对角线法**. 这是数学上的一种常用手法, 希望读者加以体会, 并掌握这种技巧.

引理 4.4 设函数序列 $\{f_n\}$ 在有界闭集 $E(E\subset\mathbb{R}^d)$ 上是等度连续的, 且存在 E 的一个稠密子集 E_0, 使得 $\{f_n\}$ 在该子集上是收敛的, 则 $\{f_n\}$ 在 E 上是一致收敛的.

证明 由 Cauchy 收敛原理可知, 我们只需要证明下面的结论即可: 对于任意 $\varepsilon>0$, 存在 $N>0$, 使得对于一切 $n,m>N$ 和一切 $\boldsymbol{x}\in E$, 有

$$|f_n(\boldsymbol{x})-f_m(\boldsymbol{x})|<\varepsilon.$$

由 $\{f_n\}$ 的等度连续性可知, 存在 $\delta>0$, 使得只要 $\boldsymbol{x},\boldsymbol{x}'\in E$ 且 $|\boldsymbol{x}-\boldsymbol{x}'|<\delta$, 则对于任意 n, 有

$$|f_n(\boldsymbol{x})-f_n(\boldsymbol{x}')|<\frac{\varepsilon}{9}.$$

现在考虑 $\boldsymbol{x}$ 的 δ 邻域 $B_\delta(\boldsymbol{x})=\{\boldsymbol{y}\in\mathbb{R}^d:|\boldsymbol{y}-\boldsymbol{x}|<\delta\}$. 显然, $\bigcup\limits_{\boldsymbol{x}\in E}B_\delta(\boldsymbol{x})$ 构成 E 的一个开覆盖. 由于 E 是有界闭集, 因此该开覆盖存在有限子覆盖 $B_\delta(\boldsymbol{x}_j)(j=1,2,\cdots,k_0)$, 使得

$$E\subset\bigcup_{j=1}^{k_0}B_\delta(\boldsymbol{x}_j).$$

由于 E_0 在 E 中稠密, 因此对于每个 $B_\delta(\boldsymbol{x}_j)$, 存在一个 $\boldsymbol{y}_j\in E_0$, 使得 $\boldsymbol{y}_j\in B_\delta(\boldsymbol{x}_j)$.

由假设, $\{f_n\}$ 在 E_0 上收敛, 因此对于每个 $\boldsymbol{y}_j\in E_0$, $f_n(\boldsymbol{y}_j)$ 收敛. 由于 $j(1\leqslant j\leqslant k_0)$ 有限, 因此存在 N, 使得只要 $n,m>N$, 则

$$|f_n(\boldsymbol{y}_j)-f_m(\boldsymbol{y}_j)|<\frac{\varepsilon}{9}.$$

由此可知, 只要 $n,m>N$, 就有

$$|f_n(\boldsymbol{x}_j)-f_m(\boldsymbol{x}_j)|\leqslant|f_n(\boldsymbol{x}_j)-f_n(\boldsymbol{y}_j)|+|f_n(\boldsymbol{y}_j)-f_m(\boldsymbol{y}_j)|+|f_m(\boldsymbol{y}_j)-f_m(\boldsymbol{x}_j)|<\frac{\varepsilon}{3}.$$

注意到, 对于任意 $\boldsymbol{x}\in E$, 存在 $j\in\{1,2,\cdots,k_0\}$, 使得 $\boldsymbol{x}\in B_\delta(\boldsymbol{x}_j)$. 于是

$$|f_n(\boldsymbol{x})-f_m(\boldsymbol{x})|\leqslant|f_n(\boldsymbol{x})-f_n(\boldsymbol{x}_j)|+|f_m(\boldsymbol{x})-f_m(\boldsymbol{x}_j)|+|f_n(\boldsymbol{x}_j)-f_m(\boldsymbol{x}_j)|<\varepsilon.$$

由此引理得证. □

引理 4.2 的证明 注意到 $[a,b]$ 是 $\mathbb{R}$ 上的有界闭区间, 且 $\mathbb{Q}\cap[a,b]$ 在区间 $[a,b]$ 上稠密, 由引理 4.3 可知, $\{f_n\}$ 存在一个在 $\mathbb{Q}\cap[a,b]$ 上收敛的子序列. 再由引理 4.4 可知, 该子序列在区间 $[a,b]$ 上一致收敛. □

注 4.6 在 Ascoli-Arzelà 引理中, 有界闭区间 $[a,b]$ 可以改成有界开区间 (a,b).

习题 4.1

1. 设 $\phi(t),\psi(t),\chi(t)$ 是区间 $[a,b]$ 上的连续函数, $\chi(t)>0$, 证明: 如果

$$\phi(t)\leqslant\psi(t)+\int_a^t\chi(s)\phi(s)\mathrm{d}s.$$

那么

$$\phi(t)\leqslant\psi(t)+\int_a^t\chi(s)\psi(s)\mathrm{e}^{\int_s^t\chi(\tau)\mathrm{d}\tau}\mathrm{d}s.$$

2. 设函数 f 定义在 $t\boldsymbol{x}$-空间中的区域 D 上, 称其是 **Lip** 类的, 如果存在可积函数 $k(t)$, 使得对于一切 $(t,\boldsymbol{x}),(t,\bar{\boldsymbol{x}})\in D$, 有

$$|f(t,\boldsymbol{x})-f(t,\bar{\boldsymbol{x}})|\leqslant k(t)|\boldsymbol{x}-\bar{\boldsymbol{x}}|.$$

现在假设 f 是 Lip 类的, ϕ_1,ϕ_2 是区间 $I=[a,b]$ 上的连续函数, $f(t,\phi_j(t))$ $(j=1,2)$ 在 I 上可积, 且

$$\begin{aligned}&\phi_j(t)=\phi_j(\tau)+\int_\tau^t f(s,\phi_j(s))\mathrm{d}s+E_j(t),\quad j=1,2,\\&|\phi_1(\tau)-\phi_2(\tau)|\leqslant\delta.\end{aligned}$$

令 $E(t)=|E_1(t)|+|E_2(t)|$, 证明: 对于 $\tau\leqslant t\leqslant b$, 有

$$|\phi_1(t)-\phi_2(t)|\leqslant\delta\mathrm{e}^{\int_\tau^t k(s)\mathrm{d}s}+E(t)+\int_\tau^t E(s)k(s)\mathrm{e}^{\int_s^t k(u)\mathrm{d}u}\mathrm{d}s.$$

类似的结论对于 $a\leqslant t\leqslant\tau$ 也成立.

3. 若一个函数序列在有限区间 I 上一致有界且等度连续, 则它在区间 I 上至少有一个一致收敛的子序列. 该结论在无限区间上成立吗?

4.2　n 维线性空间中的微分方程

在实际问题中出现的微分方程通常不止一个, 包含的未知函数也不止一个, 而是若干个, 这些微分方程构成一个一阶微分方程组. 另外, 正如 1.3 节所展示的方法, 我们可将一个 n 阶微分方程化为一个 n 维一阶微分方程组 (或称 n 维微分系统). 本节的主要目的是为建立 n 维线性空间 $\mathbb{R}^n$ 中的微分方程初值问题解的存在性和唯一性做准备.

n 维微分系统的一般形式为

$$\begin{cases} \dfrac{\mathrm{d}x_1}{\mathrm{d}t} = f_1(t, x_1, x_2, \cdots, x_n), \\ \dfrac{\mathrm{d}x_2}{\mathrm{d}t} = f_2(t, x_1, x_2, \cdots, x_n), \\ \cdots\cdots \\ \dfrac{\mathrm{d}x_n}{\mathrm{d}t} = f_n(t, x_1, x_2, \cdots, x_n), \end{cases} \tag{4.1}$$

其中 $f_1, f_2, \cdots, f_n$ 是变量 $(t, x_1, x_2, \cdots, x_n)$ 在 $n+1$ 维线性空间 $\mathbb{R}^{n+1}$ 中某个区域 D 内的已知连续函数.

下面将系统 (4.1) 改写为向量形式. 令

$$\boldsymbol{x} = (x_1, x_2, \cdots, x_n)^{\mathrm{T}}, \quad \frac{\mathrm{d}\boldsymbol{x}}{\mathrm{d}t} = \left(\frac{\mathrm{d}x_1}{\mathrm{d}t}, \frac{\mathrm{d}x_2}{\mathrm{d}t}, \cdots, \frac{\mathrm{d}x_n}{\mathrm{d}t}\right)^{\mathrm{T}}$$

及

$$\boldsymbol{f}(t, \boldsymbol{x}) = (f_1(t, x_1, \cdots, x_n), f_2(t, x_1, \cdots, x_n), \cdots, f_n(t, x_1, \cdots, x_n))^{\mathrm{T}},$$

则系统 (4.1) 可以写成

$$\frac{\mathrm{d}\boldsymbol{x}}{\mathrm{d}t} = \boldsymbol{f}(t, \boldsymbol{x}), \tag{4.2}$$

考虑该系统在初值条件

$$\boldsymbol{x}(t_0) = \boldsymbol{x}_0 \tag{4.3}$$

下的初值问题, 其中初值点 $(t_0, \boldsymbol{x}_0) \in D \subset \mathbb{R}^{n+1}$.

为了研究初值问题 (4.2)+(4.3) 的解的存在性和唯一性, 需要补充 n 维线性空间 $\mathbb{R}^n$ 上微积分的一些相关概念. 在 $\mathbb{R}^n$ 上引入范数 $|*|$, 则 $\mathbb{R}^n$ 为 n 维赋范线性空间, 且是完备的赋范线性空间. 由此可以建立大家熟知的微分、积分以及无穷级数的一致收敛等概念, 可参见文献 [47].

在 $\mathbb{R}^n$ 上的隐函数定理和反函数定理也是我们所需要的, 它们可参见文献 [46, 47]. 此外, 在 4.1 节中 $\mathbb{R}$ 上的 Ascoli 引理可以自然地推广到在 $\mathbb{R}^n$ 上, 读者可以仿照引理 4.2 给出证明.

4.3 Picard 定理

考虑如下的微分系统

$$\frac{\mathrm{d}\boldsymbol{x}}{\mathrm{d}t} = \boldsymbol{f}(t, \boldsymbol{x}), \tag{4.4}$$

其中函数 $\boldsymbol{f}$ 在矩形闭区域

$$D: |t - t_0| \leqslant a, |\boldsymbol{x} - \boldsymbol{x}_0| \leqslant b$$

上连续.

定义 4.3　称函数 $\boldsymbol{f}(t,\boldsymbol{x})$ 在闭区域 D 上对 $\boldsymbol{x}$ 满足 **Lipschitz**[①] **条件**, 如果存在常数 L, 使得对于任意 $(t,\boldsymbol{x}_1),(t,\boldsymbol{x}_2)\in D$, 有

$$|\boldsymbol{f}(t,\boldsymbol{x}_1)-\boldsymbol{f}(t,\boldsymbol{x}_2)|\leqslant L|\boldsymbol{x}_1-\boldsymbol{x}_2|.$$

注 4.7　若函数 $\boldsymbol{f}(t,\boldsymbol{x})$ 对 $\boldsymbol{x}$ 有连续的偏导数, 则 $\boldsymbol{f}$ 对 $\boldsymbol{x}$ 满足 Lipschitz 条件.

注 4.8　函数 $f(t,x)=|x|$ 对 x 满足 Lipschitz 条件.

接下来讨论系统 (4.4) 满足初值条件

$$\boldsymbol{x}(t_0)=\boldsymbol{x}_0 \tag{4.5}$$

的解的存在性. 下面的结果表明, 当 $\boldsymbol{f}(t,\boldsymbol{x})$ 对 $\boldsymbol{x}$ 满足 Lipschitz 条件时, 初值条件的解是存在且唯一的.

定理 4.1 (Picard 定理)　假设 $\boldsymbol{f}(t,\boldsymbol{x})$ 在闭区域 D 上连续且对 $\boldsymbol{x}$ 满足 Lipschitz 条件, 则初值问题 (4.4)+(4.5) 的解在区间 $|t-t_0|\leqslant h$ 上存在且唯一, 其中

$$h=\min\left\{a,\frac{b}{M}\right\},\quad M=\max_{(t,\boldsymbol{x})\in D}|\boldsymbol{f}(t,\boldsymbol{x})|.$$

注 4.9　Cauchy 研究过初值问题 (4.4)+(4.5) 的解的存在性和唯一性, 他证明了当 $\boldsymbol{f}(t,\boldsymbol{x})$ 对 $\boldsymbol{x}$ 有连续偏导数时该初值问题的解是存在且唯一的. 因此, 初值问题 (4.4)+(4.5) 也称为 **Cauchy 问题**.

证明　我们分如下几步来完成定理的证明.

第一步, 转化问题.

显然, 初值问题 (4.4)+(4.5) 与下面的积分方程等价:

$$\boldsymbol{x}(t)=\boldsymbol{x}_0+\int_{t_0}^{t}\boldsymbol{f}(s,\boldsymbol{x}(s))\mathrm{d}s. \tag{4.6}$$

第二步, 构造 Picard 序列.

令 $\boldsymbol{x}_0(t)=\boldsymbol{x}_0$, 定义

$$\boldsymbol{x}_1(t)=\boldsymbol{x}_0+\int_{t_0}^{t}\boldsymbol{f}(s,\boldsymbol{x}_0(s))\mathrm{d}s,\quad |t-t_0|\leqslant h.$$

容易验证, 对于 $|t-t_0|\leqslant h$, 有 $|\boldsymbol{x}_1(t)-\boldsymbol{x}_0|\leqslant b$, 即

① R.O.S. Lipschitz (利普希茨, 1832—1903), 德国数学家.

$$\{(t, \boldsymbol{x}_1(t)) : |t - t_0| \leqslant h\} \subset D.$$

因此, 可以定义

$$\boldsymbol{x}_2(t) = \boldsymbol{x}_0 + \int_{t_0}^{t} \boldsymbol{f}(s, \boldsymbol{x}_1(s))\mathrm{d}s, \quad |t - t_0| \leqslant h.$$

当 $|t - t_0| \leqslant h$ 时,

$$|\boldsymbol{x}_2(t) - \boldsymbol{x}_0| \leqslant \left|\int_{t_0}^{t} \boldsymbol{f}(s, \boldsymbol{x}_1(s))\mathrm{d}s\right| \leqslant M|t - t_0| \leqslant b,$$

于是 $\{(t, \boldsymbol{x}_2(t)) : |t - t_0| \leqslant h\} \subset D$. 定义 $\boldsymbol{x}_3(t)$ 如下:

$$\boldsymbol{x}_3(t) = \boldsymbol{x}_0 + \int_{t_0}^{t} \boldsymbol{f}(s, \boldsymbol{x}_2(s))\mathrm{d}s, \quad |t - t_0| \leqslant h.$$

一般地, 定义

$$\boldsymbol{x}_n(t) = \boldsymbol{x}_0 + \int_{t_0}^{t} \boldsymbol{f}(s, \boldsymbol{x}_{n-1}(s))\mathrm{d}s, \quad |t - t_0| \leqslant h, \quad n = 1, 2, \cdots.$$

这样, 得到一个连续函数序列 $\{\boldsymbol{x}_n(t)\}$. 称这个序列为 **Picard 序列**. 可以用数学归纳法证明: 当 $|t - t_0| \leqslant h$ 时,

$$|\boldsymbol{x}_n(t) - \boldsymbol{x}_0| \leqslant b, \quad n = 0, 1, 2, \cdots.$$

第三步, 证明 Picard 序列 $\{\boldsymbol{x}_n(t)\}$ 在区间 $|t - t_0| \leqslant h$ 上一致收敛到积分方程 (4.6) 的解.

因为 $f(t, \boldsymbol{x})$ 在 D 上对 $\boldsymbol{x}$ 满足 Lipschitz 条件, 所以存在常数 L, 使得

$$|\boldsymbol{f}(t, \boldsymbol{x}_1(t)| - \boldsymbol{f}(t, \boldsymbol{x}_2(t)| \leqslant L|\boldsymbol{x}_1(t) - \boldsymbol{x}_2(t)|.$$

又由于

$$|\boldsymbol{x}_1(t) - \boldsymbol{x}_0(t)| = \left|\int_{t_0}^{t} \boldsymbol{f}(s, \boldsymbol{x}_0(s))\mathrm{d}s\right| \leqslant M|t - t_0|,$$

因此

$$\begin{aligned} |\boldsymbol{x}_2(t) - \boldsymbol{x}_1(t)| &= \left|\int_{t_0}^{t} \boldsymbol{f}(s, \boldsymbol{x}_1(s))\mathrm{d}s - \int_{x_0}^{t} \boldsymbol{f}(s, \boldsymbol{x}_0(s))\mathrm{d}s\right| \\ &\leqslant L\left|\int_{t_0}^{t} |\boldsymbol{x}_1(s) - \boldsymbol{x}_0(s)|\mathrm{d}s\right| = \frac{LM}{2}|t - t_0|^2. \end{aligned}$$

利用数学归纳法可以证明

$$|\boldsymbol{x}_n(t) - \boldsymbol{x}_{n-1}(t)| \leqslant \frac{M}{L} \cdot \frac{L^n}{n!}|t - t_0|^n, \quad n = 1, 2, \cdots.$$

注意到数项级数

$$Mh+\frac{ML}{2}h^2+\cdots+\frac{ML^{n-1}}{n!}h^n+\cdots$$

是收敛的, 因此

$$\boldsymbol{x}_n(t)=(\boldsymbol{x}_n(t)-\boldsymbol{x}_{n-1}(t))+\cdots+(\boldsymbol{x}_1(t)-\boldsymbol{x}_0(t))+\boldsymbol{x}_0(t)$$

在区间 $|t-t_0|\leqslant h$ 上是一致收敛的. 假设其收敛到 $\boldsymbol{\phi}(t)$. 由于 $\boldsymbol{x}_n(t)$ 是连续的, 因此 $\boldsymbol{\phi}(t)$ 在区间 $|t-t_0|\leqslant h$ 上连续.

在等式

$$\boldsymbol{x}_n(t)=\boldsymbol{x}_0+\int_{t_0}^{t}\boldsymbol{f}(s,\boldsymbol{x}_{n-1}(s))\mathrm{d}s,\quad |t-t_0|\leqslant h$$

两边令 $n\to+\infty$, 得到

$$\boldsymbol{\phi}(t)=\boldsymbol{x}_0+\int_{t_0}^{t}\boldsymbol{f}(s,\boldsymbol{\phi}(s))\mathrm{d}s,\quad |t-t_0|\leqslant h.$$

这就证明了 $\boldsymbol{x}=\boldsymbol{\phi}(t)$ 是积分方程 (4.6) 的解, 即初值问题 (4.4)+(4.5) 的解.

第四步, 证明解的唯一性.

假设 $\boldsymbol{x}=\boldsymbol{\phi}(t)$ 与 $\boldsymbol{x}=\boldsymbol{\psi}(t)$ 均是初值问题 (4.4)+(4.5) 在区间 $|t-t_0|\leqslant h$ 上的连续解, 即

$$\boldsymbol{\phi}(t)=\boldsymbol{x}_0+\int_{t_0}^{t}\boldsymbol{f}(s,\boldsymbol{\phi}(s))\mathrm{d}s,$$

$$\boldsymbol{\psi}(t)=\boldsymbol{x}_0+\int_{t_0}^{t}\boldsymbol{f}(s,\boldsymbol{\psi}(s))\mathrm{d}s.$$

将上两式相减就得到

$$|\boldsymbol{\phi}(t)-\boldsymbol{\psi}(t)|=\left|\int_{t_0}^{t}(\boldsymbol{f}(s,\boldsymbol{\phi}(s))-\boldsymbol{f}(s,\boldsymbol{\psi}(s)))\mathrm{d}s\right|\leqslant L\left|\int_{t_0}^{t}|\boldsymbol{\phi}(s)-\boldsymbol{\psi}(s)|\mathrm{d}s\right|.$$

令 $\Phi(t)=\displaystyle\int_{t_0}^{t}|\boldsymbol{\phi}(s)-\boldsymbol{\psi}(s)|\mathrm{d}s$, 则

$$\Phi(t)\geqslant 0,\ t\geqslant t_0;\quad \Phi(t)\leqslant 0,\ t\leqslant t_0.$$

当 $t\geqslant t_0$ 时, 由上式可以得到

$$\Phi'(t)\leqslant L\Phi(t).$$

由 Gronwall 不等式可知

$$\Phi(t)\leqslant 0,\quad t\geqslant t_0.$$

因此

$$\Phi(t)\equiv 0,\quad t\geqslant t_0.$$

由此可知

$$\boldsymbol{\phi}(t) \equiv \boldsymbol{\psi}(t), \quad t \geqslant t_0.$$

同理, 可以证明

$$\boldsymbol{\phi}(t) \equiv \boldsymbol{\psi}(t), \quad t \leqslant t_0.$$

这样就完成了定理的证明. □

对于 Picard 序列 $\{\boldsymbol{x}_n(t)\}$, 有

$$\lim_{n\to+\infty} \boldsymbol{x}_n(t) = \boldsymbol{\phi}(t).$$

不仅如此, 还可以估计出 $\boldsymbol{x}_n(t)$ 趋于 $\boldsymbol{\phi}(t)$ 的速度. 事实上, 有下面的引理成立.

引理 4.5 对于初值问题 (4.4)+(4.5), 当 $|t-t_0| \leqslant h$ 时, 有

$$|\boldsymbol{x}_n(t) - \boldsymbol{\phi}(t)| \leqslant \frac{ML^n}{(n+1)!}|t-t_0|^{n+1}.$$

证明 利用数学归纳法来证明.

对于 $n=0$, 有

$$|\boldsymbol{x}_0(t) - \boldsymbol{\phi}(t)| = \left|\int_{t_0}^{t} \boldsymbol{f}(s, \boldsymbol{\phi}(s))\mathrm{d}s\right| \leqslant M|t-t_0|,$$

即结论当 $n=0$ 时成立. 假设结论对于 $n=m$ 成立, 即有

$$|\boldsymbol{x}_m(t) - \boldsymbol{\phi}(t)| \leqslant \frac{ML^m}{(m+1)!}|t-t_0|^{m+1}.$$

对于 $n=m+1$, 有

$$|\boldsymbol{x}_{m+1}(t) - \boldsymbol{\phi}(t)| = \left|\int_{t_0}^{t} (\boldsymbol{f}(s, \boldsymbol{x}_m(s)) - \boldsymbol{f}(s, \boldsymbol{\phi}(s)))\mathrm{d}s\right|.$$

由于 $\boldsymbol{f}$ 对 $\boldsymbol{x}$ 满足 Lipschitz 条件, 因此

$$\begin{aligned}|\boldsymbol{x}_{m+1}(t) - \boldsymbol{\phi}(t)| &\leqslant \left|\int_{t_0}^{t} L|\boldsymbol{x}_m(s) - \boldsymbol{\phi}(s)|\mathrm{d}s\right| \leqslant L\frac{ML^m}{(m+1)!}\left|\int_{t_0}^{t} |s-t_0|^{m+1}\mathrm{d}s\right| \\ &= \frac{ML^{m+1}}{(m+2)!}|t-t_0|^{m+2}.\end{aligned}$$

由此得证. □

注 4.10 在 Picard 定理中, 如果去掉 "$\boldsymbol{f}$ 对 $\boldsymbol{x}$ 满足 Lipschitz 条件", 一般来说不能保证解的唯一性, 见例 4.3.1.

例 4.3.1　初值问题

$$\frac{\mathrm{d}x}{\mathrm{d}t}=x^{\frac{1}{3}},\quad x(0)=0$$

有两个解

$$x_1(t)\equiv 0,\quad x_2(t)=\begin{cases}0, & t\leqslant 0,\\ \left(\dfrac{2}{3}t\right)^{\frac{3}{2}}, & t>0.\end{cases}$$

例 4.3.2　微分方程 $x'=t^2+x^2$ 在初值条件 $x(t_0)=x_0$ 下的解是存在且唯一的. 注意到 $\dfrac{\partial}{\partial x}(t^2+x^2)=2x$, 因此 t^2+x^2 对 x 满足 Lipschitz 条件. 由 Picard 定理可知, 对于任意初值点 (t_0,x_0), 该方程的解是存在且唯一的. 由 2.2 节关于 Riccati 方程的讨论可知, 该方程的解是不能用初等积分法求出的.

关于初值问题 (4.4)+(4.5) 的解的唯一性, 有下面条件比 Picard 定理弱一些的结论.

定义 4.4　设函数 $f(t,x)$ 在平面区域 G 内连续, 对于任意 $(t,x_1),(t,x_2)\in G$, 有

$$|f(t,x_1)-f(t,x_2)|\leqslant F(|x_1-x_2|),$$

其中 $F(r)$ 是区间 $(0,+\infty)$ 上的连续函数, $F(r)>0$, 并且

$$\int_0^r \frac{1}{F(r)}\mathrm{d}r=+\infty.$$

称 $f(t,x)$ 对 x 满足 **Osgood 条件**.

注 4.11　显然, 如果函数 $f(t,x)$ 对 x 满足 Lipschitz 条件, 则它对 x 满足 Osgood 条件. 事实上, 此时可以取 $F(r)=Lr$.

W. F. Osgood① 证明了如下结果:

定理 4.2　设函数 $f(t,x)$ 在平面区域 G 内对 x 满足 Osgood 条件, 则对于任意 $(t_0,x_0)\in G$, 初值问题 (4.4)+(4.5) 的解都是存在且唯一的.

证明　存在性由下一节的 Peano 定理保证. 现证唯一性. 假设存在 $(t_0,x_0)\in G$, 使得初值问题 (4.4)+(4.5) 有两个解

$$x=\phi_1(t),\quad x=\phi_2(t),$$

且存在 $t_1\neq t_0$, 使得 $\phi_1(t_1)>\phi_2(t_1)$. 不妨设 $t_1>t_0$. 令

$$\bar{t}=\max_{t\in[t_0,t_1]}\{t:\phi_1(t)=\phi_2(t)\},$$

则 $\bar{t}\in[t_0,t_1)$, 并且

$$\phi_1(\bar{t})=\phi_2(\bar{t});\quad \phi_1(t)>\phi_2(t),\ t\in(\bar{t},t_1].$$

① W. F. Osgood (奥斯古德, 1864—1943), 美国数学家.

定义

$$r(t) = \phi_1(t) - \phi_2(t),$$

则当 $t \in (\bar{t}, t_1)$ 时, $r(t) > 0$, 且

$$r'(t) = f(t, \phi_1(t)) - f(t, \phi_2(t)) \leqslant F(|\phi_1(t) - \phi_2(t)|) = F(r(t)).$$

于是

$$\frac{1}{F(r)}\mathrm{d}r \leqslant \mathrm{d}t.$$

因此

$$\int_0^{r_1} \frac{1}{F(r)}\mathrm{d}r \leqslant t_1 - \bar{t},$$

其中 $r_1 = r(t_1) > 0$. 这与 $f(t,x)$ 对 x 满足 Osgood 条件矛盾. 由此得证. □

例 4.3.3 讨论微分方程

$$\frac{\mathrm{d}x}{\mathrm{d}t} = \begin{cases} 0, & x = 0, \\ x\ln|x|, & x \neq 0 \end{cases}$$

的解的唯一性.

解 当 $x \neq 0$ 时,

$$\frac{\mathrm{d}}{\mathrm{d}x}(x\ln|x|) = \ln|x| \pm 1,$$

因此由 Picard 定理可知, 该方程满足初值条件

$$x(t_0) = x_0 \neq 0$$

的解是唯一的. 而当 $x_0 = 0$ 时, 该方程显然有解 $x \equiv 0$. 由于

$$\int_0^{\varepsilon} \frac{1}{x\ln|x|}\mathrm{d}x = +\infty, \quad \varepsilon > 0,$$

由定理 4.2 可知该方程满足初值条件 $x(t_0) = x_0$ 的解是唯一的.

注 4.12 由例 4.3.4 中 Müller 给出的例子可以知道, 当 $f(t,x)$ 对 x 不满足 Lipschitz 条件时, Picard 序列可以不是收敛的.

例 4.3.4 考虑 Müller 给出的初值问题

$$\frac{\mathrm{d}x}{\mathrm{d}t} = f(t,x), \quad x(0) = 0,$$

其中

$$f(t,x) = \begin{cases} 0, & t = 0, -\infty < x < +\infty, \\ 2t, & 0 < t \leqslant 1, -\infty < x < 0, \\ 2t - \dfrac{4x}{t}, & 0 < t \leqslant 1, 0 \leqslant x < t^2, \\ -2t, & 0 < t \leqslant 1, t^2 \leqslant x < +\infty. \end{cases}$$

可以证明: $f(t,x)$ 在闭区域

$$\{(t,x):0\leqslant t\leqslant 1,-\infty<x<+\infty\}$$

内连续, 但是对 x 不满足 Lipschitz 条件. 取 $x_0(t)\equiv 0$, 则 Picard 序列 $\{x_n(t)\}$ 为

$$x_0(t)\equiv 0,\quad x_n(t)=(-1)^{n+1}t^2,\ n=1,2,\cdots.$$

显然, 这个函数序列不收敛. 此外, 可以验证 $x=\dfrac{1}{3}t^2$ 是该初值问题的解. 再由例 4.3.5 可以知道, 该初值问题的解是唯一的.

注 4.13 在例 4.3.4 中, 有 $\lim\limits_{n\to+\infty}x_{2n}(t)=-t^2$, $\lim\limits_{n\to+\infty}x_{2n+1}(t)=t^2$. 由此可知, Picard 序列的任何收敛的子序列可以不收敛到相应初值问题的解.

例 4.3.5 设连续函数 $f(t,x)$ 关于 x 是单调递减的, 证明: 初值问题 (4.4)+(4.5) 在 t_0 右侧 $(t\geqslant t_0)$ 的解是唯一的.

证明 假设 $x=\phi_1(t)$ 和 $x=\phi_2(t)$ 是初值问题 (4.4)+(4.5) 在 t_0 右侧的两个解, 且存在 $t_1>t_0$, 使得

$$\phi_1(t_1)>\phi_2(t_1).$$

与 Osgood 定理的证明类似, 令

$$\bar{t}=\max_{t\in[t_0,t_1]}\{t:\phi_1(t)=\phi_2(t)\},$$

则

$$\phi_1(\bar{t})=\phi_2(\bar{t}),$$

且

$$\phi_1(t)>\phi_2(t),\quad t\in(\bar{t},t_1].$$

由 Lagrange 中值定理可知, 存在 $\xi\in(\bar{t},t_1)$, 使得

$$\phi_1'(\xi)>\phi_2'(\xi).$$

但是, 由于 $x=\phi_1(t)$, $x=\phi_2(t)$ 均为初值问题 (4.4)+(4.5) 的解, 因此

$$\phi_1'(\xi)=f(\xi,\phi_1(\xi)),\quad \phi_2'(\xi)=f(\xi,\phi_2(\xi)).$$

再利用 $\phi_1(\xi)>\phi_2(\xi)$ 及 f 关于 x 是单调递减的, 有

$$\phi_1'(\xi)=f(\xi,\phi_1(\xi))\leqslant f(\xi,\phi_2(\xi))=\phi_2'(\xi),$$

矛盾. □

本节讨论的解的存在性和唯一性结果不仅是微分方程理论研究的基石, 而且是微分方程数值解法的理论依据. 例如, 丁同仁证明了初值问题 (4.4)+(4.5) 的 Gear 差分格式收敛到该初值问题的解的充分条件为初值问题 (4.4)+(4.5) 的解是存在且唯一的 (文献 [11]).

习题 4.3

1. 求出下面初值问题的 Picard 序列中的 x_0, x_1, x_2:

$$\frac{\mathrm{d}x}{\mathrm{d}t} = t - x^2, \quad x(0) = 0.$$

2. 求初值问题

$$\frac{\mathrm{d}x}{\mathrm{d}t} = t + x + 1, \quad x(0) = 0$$

的 Picard 序列, 并由此取极限求解.

3. 在定理 4.1 中, 设 D 为平面区域, 将 $f(t,x)$ 满足的条件用下面的条件替代:

$$|f(t,x)| \leqslant k(t)(1+|x|),$$

$$|f(t,x_1) - f(t,x_2)| \leqslant k(t)|x_1 - x_2|,$$

其中 $k(t)$ 是可积的. 假设 $f(t,x)$ 是连续的, 证明: 存在区间 $t_0 \leqslant t \leqslant t_0 + \alpha$, 使得 Picard 序列一致收敛到初值问题 (4.4)+(4.5) 的解.

4. 利用 Banach 压缩映像原理证明 Picard 定理.

5. 假设函数 $f(t,x)$ 在闭区域 $D = \{(t,x) : 0 \leqslant t \leqslant a, |x| \leqslant b\}$ 上连续. 进一步, 假设对于任意 $x_1, x_2 (x_1 \leqslant x_2)$, $t \in D$, 有 $f(t,x_1) \leqslant f(t,x_2)$, $f(t,0) \geqslant 0$. 对于初值问题

$$\frac{\mathrm{d}x}{\mathrm{d}t} = f(t,x), \quad x(0) = 0,$$

构造 Picard 序列

$$x_0(t) \equiv 0, \quad x_n(t) = \int_0^t f(s, x_{n-1}(s))\mathrm{d}s, \ n = 1, 2, \cdots.$$

证明: 该序列在区间 $0 \leqslant t \leqslant h$ 上收敛到上述初值问题的解, 其中

$$h = \min\left\{a, \frac{b}{M}\right\}, \quad M = \max_{(t,x)\in D} |f(t,x)|.$$

4.4 Peano 定理

当微分方程 (4.4) 中的 $\boldsymbol{f}(t,\boldsymbol{x})$ 对 $\boldsymbol{x}$ 不满足 Lipschitz 条件时, 一般来说, 不能保证初值问题 (4.4)+(4.5) 的解的存在性和唯一性. 但是, 当 $\boldsymbol{f}(t,\boldsymbol{x})$ 连续时, 可以证明初值问题 (4.4)+(4.5) 的解是存在的. 这就是本节要证明的 Peano① 定理.

① G. Peano (佩亚诺, 1858—1932), 意大利数学家和逻辑学家.

定理 4.3 (Peano 定理)　假设 $\boldsymbol{f}(t,\boldsymbol{x})$ 在闭区域 $D: |t-t_0| \leqslant a, |\boldsymbol{x}-\boldsymbol{x}_0| \leqslant b$ 上连续, 则初值问题 (4.4)+(4.5) 在区间 $|t-t_0| \leqslant h$ 上至少有一个解, 其中

$$h = \min\left\{a, \frac{b}{M}\right\}, \quad M = \max_{(t,\boldsymbol{x})\in D} |\boldsymbol{f}(t,\boldsymbol{x})|.$$

证明　初值问题 (4.4)+(4.5) 等价于积分方程

$$\boldsymbol{x}(t) = \boldsymbol{x}_0 + \int_{t_0}^{t} \boldsymbol{f}(s,\boldsymbol{x}(s))\mathrm{d}s, \quad |t-t_0| \leqslant h. \tag{4.7}$$

我们只对 $0 \leqslant t-t_0 \leqslant h$ 考虑积分方程 (4.7) 的解的存在性, 而 $-h \leqslant t-t_0 \leqslant 0$ 的情形可以类似地处理.

对于任意的正整数 n, 将区间 $[t_0, t_0+h]$ 分成 n 等分. 记分点为 $t_1 < t_2 < \cdots < t_n = t_0 + h$. 在小区间 $[t_0, t_1]$ 上作小线段

$$l_1 : \boldsymbol{x} = \boldsymbol{x}_0 + \boldsymbol{f}(t_0,\boldsymbol{x}_0)(t-t_0), \quad t_0 \leqslant t \leqslant t_1.$$

记 $\boldsymbol{x}_1 = \boldsymbol{x}_0 + \boldsymbol{f}(t_0,\boldsymbol{x}_0)(t_1-t_0)$. 在小区间 $[t_1,t_2]$ 上作小线段

$$l_2 : \boldsymbol{x} = \boldsymbol{x}_1 + \boldsymbol{f}(t_1,\boldsymbol{x}_1)(t-t_1), \quad t_1 \leqslant t \leqslant t_2.$$

记 $\boldsymbol{x}_2 = \boldsymbol{x}_1 + \boldsymbol{f}(t_1,\boldsymbol{x}_1)(t_2-t_1)$. 在小区间 $[t_2,t_3]$ 上继续作小线段 l_3, 依次作下去, 于是我们在区间 $[t_0, t_0+h]$ 上作出一条折线 $E_n = \bigcup\limits_{s=1}^{n} l_s$ (称为 **Euler 折线**). 设 $\boldsymbol{x} = \boldsymbol{x}_n(t)$ 为其函数表达式, 并称序列 $\{\boldsymbol{x}_n(t)\}$ 为 **Euler 序列**. 对于任意的 $t \in (t_0, t_0+h]$, 存在整数 j $(0 \leqslant j \leqslant n-1)$, 使得

$$t_j < t \leqslant t_{j+1},$$

于是

$$\boldsymbol{x}_n(t) = \boldsymbol{x}_0 + \sum_{k=0}^{j-1} \boldsymbol{f}(t_k,\boldsymbol{x}_k)(t_{k+1}-t_k) + \boldsymbol{f}(t_j,\boldsymbol{x}_j)(t-t_j).$$

现在在区间 $(t_0, t_0+h]$ 上估计误差

$$\left|\boldsymbol{x}_n(t) - \boldsymbol{x}_0 - \int_{t_0}^{t} \boldsymbol{f}(s,\boldsymbol{x}_n(s))\mathrm{d}s\right|.$$

对于 $t \in (t_0, t_0+h]$, 存在唯一的 j $(0 \leqslant j \leqslant n-1)$, 使得

$$t_0 + \frac{j}{n}h = t_j < t \leqslant t_{j+1} = t_0 + \frac{j+1}{n}h.$$

注意到

$$\boldsymbol{f}(t_i,\boldsymbol{x}_i)(t_{i+1}-t_i) = \int_{t_i}^{t_{i+1}} \boldsymbol{f}(t_i,\boldsymbol{x}_i)\mathrm{d}t,$$

因此

$$\left|\boldsymbol{x}_n(t)-\boldsymbol{x}_0-\int_{t_0}^{t}\boldsymbol{f}(s,\boldsymbol{x}_n(s))\mathrm{d}s\right|\leqslant\sum_{k=0}^{j-1}\int_{t_k}^{t_{k+1}}|\boldsymbol{f}(t_k,\boldsymbol{x}_k)-\boldsymbol{f}(s,\boldsymbol{x}_n(s))|\mathrm{d}s$$
$$+\int_{t_j}^{t}|\boldsymbol{f}(t_j,\boldsymbol{x}_j)-\boldsymbol{f}(s,\boldsymbol{x}_n(s))|\mathrm{d}s.$$

由 Euler 折线的构造可知, 当 $t_i\leqslant t\leqslant t_{i+1}$ 时,

$$|t-t_i|\leqslant\frac{h}{n},\quad |\boldsymbol{x}_n(t)-\boldsymbol{x}_i|\leqslant M|t-t_i|\leqslant\frac{Mh}{n}.$$

由于 $\boldsymbol{f}(t,\boldsymbol{x})$ 在有界闭区域 D 上是连续的, 因此对于任意 $\varepsilon>0$, 存在 $N=N(\varepsilon)>0$, 使得只要 $n>N$, 就有

$$|\boldsymbol{f}(t_i,\boldsymbol{x}_i)-\boldsymbol{f}(t,\boldsymbol{x}_n(t))|<\frac{\varepsilon}{h}\quad(t_i\leqslant t\leqslant t_{i+1}).$$

由此可知

$$\left|\boldsymbol{x}_n(t)-\boldsymbol{x}_0-\int_{t_0}^{t}\boldsymbol{f}(s,\boldsymbol{x}_n(s))\mathrm{d}s\right|<\varepsilon.$$

接下来证明 Euler 序列 $\{\boldsymbol{x}_n(t)\}$ 存在一个一致收敛到积分方程 (4.7) 的解的子序列. 为此, 只需要证明:

(1) Euler 序列是一致有界的. 事实上, 由 Euler 序列的构造可知

$$|\boldsymbol{x}_n(t)-\boldsymbol{x}_0|\leqslant M|t-t_0|\leqslant b.$$

(2) Euler 序列是等度连续的. 实际上, 对于任意 $s,t\in[t_0,t_0+h]$, 有

$$|\boldsymbol{x}_n(s)-\boldsymbol{x}_n(t)|\leqslant M|s-t|.$$

由上面两点以及 Ascoli-Arzelà 引理可知, Euler 序列 $\{\boldsymbol{x}_n(t)\}$ 至少存在一个收敛的子序列 $\{\boldsymbol{x}_{n_j}(t)\}$. 对于这个子序列来讲, 由上面的讨论可知

$$\boldsymbol{x}_{n_j}(t)=\boldsymbol{x}_0+\int_{t_0}^{t}\boldsymbol{f}(s,\boldsymbol{x}_{n_j}(s))\mathrm{d}s+\delta_{n_j}(t),\quad t\in[t_0,t_0+h],\tag{4.8}$$

其中 $\delta_{n_j}(t)$ 满足

$$\lim_{j\to+\infty}\delta_{n_j}(t)\rightrightarrows 0.$$

设

$$\boldsymbol{\phi}(t)=\lim_{j\to+\infty}\boldsymbol{x}_{n_j}(t).$$

在 (4.8) 式两边取极限, 则

$$\boldsymbol{\phi}(t)=\boldsymbol{x}_0+\int_{t_0}^{t}\boldsymbol{f}(s,\boldsymbol{\phi}(s))\mathrm{d}s,\quad t\in[t_0,t_0+h].$$

即 $\boldsymbol{x}=\boldsymbol{\phi}(t)$ 是积分方程 (4.7) 的右侧解 (在区间 $[t_0,t_0+h]$ 上的解).

同理, 可以证明积分方程 (4.7) 的左侧解 (在区间 $[t_0-h,t_0]$ 上的解) 也是存在的. □

注 4.14　从方向场的几何意义可看出, 将 Euler 折线看作初值问题 (4.4)+(4.5) 的一个近似解是合理的; 并且当 n 越大时, 这条折线越接近于真正的解. Euler 在研究初值问题 (4.4)+(4.5) 的解的存在性时试图利用这样的折线来逼近真正的解. 然而, 限于当时的分析工具, 他未能证明其收敛性.

注 4.15　当 $\boldsymbol{f}(t,\boldsymbol{x})$ 不具有连续性时, 初值问题 (4.4)+(4.5) 可能没有连续解. 例如, 设函数

$$f(t,x)=\begin{cases}1, & 1\leqslant |t+x|<+\infty,\\ (-1)^n, & \dfrac{1}{n+1}\leqslant |t+x|\leqslant \dfrac{1}{n}(n=1,2,\cdots),\\ 0, & |t+x|=0.\end{cases}$$

则可以验证初值问题

$$\frac{\mathrm{d}x}{\mathrm{d}t}=f(t,x),\quad x(0)=0$$

没有连续解.

注 4.16　Lavrentieff 构造了一个连续函数 $f(t,x)$ 来说明初值问题 (4.4) + (4.5)可以在区域 D 上的每一点至少存在两个解. 类似的例子可见文献 [23].

例 4.4.1　利用 Peano 定理来证明隐函数定理: 设函数 $F(x,y)$ 在平面区域 G 内连续可微, 且存在 $(x_0,y_0)\in G$, 使得

$$F(x_0,y_0)=0,\quad F_y(x_0,y_0)\neq 0.$$

则存在常数 $h>0$, 使得方程

$$F(x,y)=0$$

在区间 $|x-x_0|\leqslant h$ 上有唯一解 $y=\phi(x)$, 满足 $\phi(x_0)=y_0$.

证明　由于 $F(x,y)$ 在 G 上连续可微, 且 $F_y(x_0,y_0)\neq 0$, 因此存在 $a,b>0$, 使得

$$D:=\{(x,y):|x-x_0|\leqslant a,|y-y_0|\leqslant b\}\subset G,$$

且对于 $(x,y)\in D$, 有

$$F_y(x,y)\neq 0. \tag{4.9}$$

考虑初值问题

$$\frac{\mathrm{d}y}{\mathrm{d}x}=-\frac{F_x(x,y)}{F_y(x,y)},\quad y(x_0)=y_0.$$

由 Peano 定理可知, 存在 $h>0$, 使得该初值问题在区间 $|x-x_0|\leqslant h$ 上至少存在一个解 $y=\phi(x)$, 即

$$\phi'(x)=-\frac{F_x(x,\phi(x))}{F_y(x,\phi(x))},\quad \phi(x_0)=y_0.$$

由此可知

$$\frac{\mathrm{d}}{\mathrm{d}x}F(x,\phi(x))=0.$$

又由于 $\phi(x_0)=y_0$ 和 $F(x_0,y_0)=0$, 可知

$$F(x,\phi(x))\equiv 0,\quad |x-x_0|\leqslant h.$$

接下来证明函数 $y=\phi(x)$ 的唯一性. 假设在区间 $|x-x_0|\leqslant h$ 上有另一个函数 $y=\psi(x)$, 满足

$$F(x,\psi(x))\equiv 0,\quad \psi(x_0)=y_0,$$

则

$$0=F(x,\phi(x))-F(x,\psi(x))=(\phi(x)-\psi(x))\int_0^1 F_y(x,t\phi(x)+(1-t)\psi(x))\mathrm{d}t.$$

由于

$$|\psi(x)-y_0|\leqslant b,\quad |\phi(x)-y_0|\leqslant b,$$

可知 $\{(x,t\psi(x)+(1-t)\phi(x)):|x-x_0|\leqslant a,0\leqslant t\leqslant 1\}\subset D$. 于是, 由 (4.9) 式推出

$$\phi(x)\equiv\psi(x),\quad |x-x_0|\leqslant h.$$

□

例 4.4.2 假设函数 $f(x)$ 是连续的, 证明: 初值问题

$$\begin{cases}\dfrac{\mathrm{d}x}{\mathrm{d}t}=t^2+1+(f(x))^2,\\ x(t_0)=x_0\end{cases}$$

的解存在且唯一.

证明 由 Peano 定理可知, 原初值问题的解是存在的. 假设 $x=\phi(t)$ 是原初值问题的解, 则

$$\phi'(t)=1+t^2+(f(\phi(t)))^2>0.$$

由此可知反函数 $t=\psi(x)$ 是存在的, 且它满足初值问题

$$\frac{\mathrm{d}u}{\mathrm{d}x}=\frac{1}{1+u^2+(f(x))^2},\quad u(x_0)=t_0.$$

注意到这个初值问题中微分方程的右端对 u 是连续可微的, 于是由 Picard 定理可知这个初值问题的解存在且唯一. 再利用反函数的唯一性可知原初值问题的解是存在且唯一的. □

习题 4.4

1. 考虑与初值问题 (4.4)+(4.5) 等价的积分方程

$$\boldsymbol{x}(t)=\boldsymbol{x}_0+\int_{t_0}^{t}\boldsymbol{f}(s,\boldsymbol{x}(s))\mathrm{d}s.$$

在区间 $I=[t_0,t_0+h]$ 上 (h 的意义与 Picard 定理中的相同) 构造序列 $\{\boldsymbol{x}_n(t)\}$ 如下: 对于每个正整数 n, 将区间 I 等分, 其分点为 $t_k=t_0+kd_n$, 其中 $d_n=\dfrac{h}{n}$, $k=0,1,\cdots,n$. 定义

$$\boldsymbol{x}_n(t)=\begin{cases}\boldsymbol{x}_0, & t\in[t_0,t_1],\\ \boldsymbol{x}_0+\displaystyle\int_{t_0}^{t-d_n}\boldsymbol{f}(s,\boldsymbol{x}_n(s))\mathrm{d}s, & t\in[t_1,t_0+h],\end{cases}\qquad n=1,2,\cdots.$$

称序列

$$\boldsymbol{x}_1(t),\ \boldsymbol{x}_2(t),\ \cdots,\ \boldsymbol{x}_n(t),\ \cdots$$

为 **Tonelli 序列**.

(1) 用 Tonelli 序列和 Ascoli-Arzelà 引理来证明 Peano 定理.

(2) 证明: 当 $\boldsymbol{f}(t,\boldsymbol{x})$ 对 $\boldsymbol{x}$ 满足 Lipschitz 条件时, Tonelli 序列是一致收敛的.

2. 令函数

$$\alpha(t)=\begin{cases}0, & t=0,\\ \displaystyle\int_0^t \mathrm{e}^{-\frac{1}{s^2}}\mathrm{d}s, & 0<t\leqslant 1.\end{cases}$$

在条形闭区域

$$G:0\leqslant t\leqslant 1,-\infty<x<+\infty$$

上定义连续函数

$$f(t,x)=\begin{cases}t, & 0\leqslant t\leqslant 1, x>\alpha(t),\\ t\cos\dfrac{\pi}{t}, & 0\leqslant t\leqslant 1, x=0,\\ -t, & 0\leqslant t\leqslant 1, x<-\alpha(t).\end{cases}$$

考虑初值问题

$$\frac{\mathrm{d}x}{\mathrm{d}t}=f(t,x),\quad x(0)=0.$$

将区间 $[0,1]$ 分成 n 等份, 仿照本节的方法得到一条 Euler 折线 $x=\phi_n(t)(0\leqslant t\leqslant 1)$. 证明: 当 $\dfrac{1}{n}\leqslant t\leqslant 1$ 时, 有

(1) 若 n 为偶数, 则 $\phi_n(t)\geqslant\alpha(t)$;

(2) 若 n 为奇数, 则 $\phi_n(t)\leqslant-\alpha(t)$.

由此可知 Euler 序列 $\{\phi_n(t)\}$ 是不收敛的. 进一步, 证明: 该初值问题的解不是唯一的.

4.5 解的延伸

前面的讨论得到了一些关于初值问题解的存在性结果. 无论是 Picard 定理还是 Peano 定理, 所得到的解的存在区间均为闭区间 $|t-t_0|\leqslant h$. 特别地, $\boldsymbol{x}(t_0+h)=\boldsymbol{x}_h$ 有定义, 因此可以考虑初值问题

$$\frac{\mathrm{d}\boldsymbol{x}}{\mathrm{d}t}=\boldsymbol{f}(t,\boldsymbol{x}),\quad \boldsymbol{x}(t_0+h)=\boldsymbol{x}_h.$$

利用 Peano 定理可知, 此初值问题的解在闭区间 $|t-(t_0+h)|\leqslant h_1$ 上存在, 其中 $h_1>0$. 特别地, $\boldsymbol{x}(t_0+h+h_1)=\boldsymbol{x}_{h+h_1}$ 存在, 因此可以考虑初值问题

$$\frac{\mathrm{d}\boldsymbol{x}}{\mathrm{d}t}=\boldsymbol{f}(t,\boldsymbol{x}),\quad \boldsymbol{x}(t_0+h+h_1)=\boldsymbol{x}_{h+h_1}.$$

再由 Peano 定理可知, 此初值问题的解在闭区间 $|t-(t_0+h+h_1)|\leqslant h_2$ 上存在, 其中 $h_2>0$. 一直重复这样的过程, 将微分方程 $\dfrac{\mathrm{d}\boldsymbol{x}}{\mathrm{d}t}=\boldsymbol{f}(t,\boldsymbol{x})$ 的解的存在区间一步一步地扩大. 然而, 并不能认为该方程解的存在区间就是 $\boldsymbol{f}(t,\boldsymbol{x})$ 对 t 有定义的整个区间.

例 4.5.1 考虑初值问题

$$\frac{\mathrm{d}x}{\mathrm{d}t}=1+x^2,\quad x(0)=0.$$

该初值问题有唯一解 $x=\tan t$, 它的存在区间为 $\left(-\dfrac{\pi}{2},\dfrac{\pi}{2}\right)$.

这个例子表明, 尽管微分方程的右端函数在整个 tx-平面上都有定义, 特别地, 关于 t 的定义区间为 $(-\infty,+\infty)$, 然而并不能得到解在 $(-\infty,+\infty)$ 上是存在的.

本节的主要结果是下面的定理.

定理 4.4 (延伸定理) *考虑初值问题*

$$\frac{\mathrm{d}\boldsymbol{x}}{\mathrm{d}t}=\boldsymbol{f}(t,\boldsymbol{x}),\quad \boldsymbol{x}(t_0)=\boldsymbol{x}_0,\tag{4.10}$$

其中 $\boldsymbol{f}(t,\boldsymbol{x})$ 在区域 G 上连续. 该初值问题中微分方程的任意解曲线 $\varGamma$ 均可延伸至 G 的边界, 即对于 G 内的任意有界闭区域 G_1 以及 $(t_0,\boldsymbol{x}_0)\in G_1$, 该初值问题的解曲线 $\varGamma$ 可延伸到 $G\setminus G_1$.

证明 仅考虑解的正向延伸, 即 $t\geqslant t_0$ 的延伸. 设初值问题 (4.10) 的解为 $\boldsymbol{x}=\boldsymbol{\phi}(t)$. 我们来证明 $\boldsymbol{x}=\boldsymbol{\phi}(t)$ 作为初值问题 (4.10) 中微分方程的解必可以正向延伸到 $G\setminus G_1$, 其中 $G_1(G_1\subset G)$ 是包含点 $(t_0,\boldsymbol{x}_0)$ 的任意有界闭区域.

记 $M=\max\limits_{(t,\boldsymbol{x})\in G_1}|\boldsymbol{f}(t,\boldsymbol{x})|+1<+\infty$. 由于 G 是开集, 因此存在 $\delta_0>0$, 使得矩形闭区域

$$\{(t,\boldsymbol{x}):|t-t_0|\leqslant\delta_0,\ |\boldsymbol{x}-\boldsymbol{x}_0|\leqslant\delta_0\}\subset G.$$

在矩形闭区域 $\{(t,\boldsymbol{x}):|t-t_0|\leqslant\delta_0,\ |\boldsymbol{x}-\boldsymbol{x}_0|\leqslant\delta_0\}$ 上考虑初值问题

$$\frac{\mathrm{d}\boldsymbol{x}}{\mathrm{d}t}=\boldsymbol{f}(t,\boldsymbol{x}),\quad \boldsymbol{x}(t_0)=\boldsymbol{x}_0.$$

由 Peano 定理可知, 该初值问题在区间 $|t-t_0|\leqslant\delta_0$ 上存在解 $\boldsymbol{x}=\boldsymbol{\phi}(t)$. 不妨设 $(t_0+\delta_0,\boldsymbol{\phi}(t_0+\delta_0))\in G_1$. 考虑初值问题

$$\frac{\mathrm{d}\boldsymbol{x}}{\mathrm{d}t}=\boldsymbol{f}(t,\boldsymbol{x}),\quad \boldsymbol{x}(t_0+\delta_0)=\boldsymbol{\phi}(t_0+\delta_0).$$

在矩形闭区域

$$\{(t,\boldsymbol{x})\in G:|t-(t_0+\delta_0)|\leqslant\delta_0,|\boldsymbol{x}-\boldsymbol{\phi}(t_0+\delta_0)|\leqslant\delta_0\}$$

上应用 Peano 定理可知, 该初值问题在区间 $|t-(t_0+\delta_0)|\leqslant\delta_0$ 上存在解 $\boldsymbol{x}=\boldsymbol{\phi}(t)$. 这样就将解 $\boldsymbol{x}=\boldsymbol{\phi}(t)$ 向右侧延伸到了区间 $[t_0,t_0+2\delta_0]$ 上. 重复这样的过程, 只要 $(t_0+n\delta_0,\boldsymbol{x}(t_0+n\delta_0))\in G_1$, 就可以将解 $\boldsymbol{x}=\boldsymbol{\phi}(t)$ 向右侧延伸到区间 $[t_0,t_0+(n+1)\delta_0]$. 注意到

$$\lim_{n\to+\infty}n\delta_0=+\infty,$$

必存在一个正整数 n, 使得 $(t_0+n\delta_0,\boldsymbol{\phi}(t_0+n\delta_0))\in G\setminus G_1$. 这就完成了定理的证明. □

由定理 4.4 及 Picard 定理可以立即得到下面的推论.

推论 4.1 设函数 $\boldsymbol{f}(t,\boldsymbol{x})$ 在区域 G 上连续, 对 $\boldsymbol{x}$ 满足**局部 Lipschitz 条件**, 即对于任意点 $(t_0,\boldsymbol{x})\in G$, 存在以它为中心的一个矩形闭区域 $Q\subset G$, 使得 $\boldsymbol{f}(t,\boldsymbol{x})$ 在 Q 内对 $\boldsymbol{x}$ 满足 Lipschitz 条件, 则对于任一点 $P(t_0,\boldsymbol{x}_0)\in G$, 微分方程

$$\frac{\mathrm{d}\boldsymbol{x}}{\mathrm{d}t}=\boldsymbol{f}(t,\boldsymbol{x}),$$

存在唯一的过点 P 的积分曲线 Γ, 并且 Γ 在 G 内可延伸至边界.

注 4.17 如果 G 为有界闭区域, 则 $\boldsymbol{f}(t,\boldsymbol{x})$ 在 G 上对 $\boldsymbol{x}$ 满足局部 Lipschitz 条件等价于它在 G 上对 $\boldsymbol{x}$ 满足 (整体) Lipschitz 条件 (存在常数 $L>0$, 对于任意 $(t,\boldsymbol{x}_1),(t,\boldsymbol{x}_2)\in G$, $|\boldsymbol{f}(t,\boldsymbol{x}_1)-\boldsymbol{f}(t,\boldsymbol{x}_2)|\leqslant L|\boldsymbol{x}_1-\boldsymbol{x}_2|$). 由例子 $f(t,x)=x^2$ 可知, 在开区域上局部 Lipschitz 条件弱于整体 Lipschitz 条件. 如果 $\boldsymbol{f}(t,\boldsymbol{x})$ 关于 $\boldsymbol{x}$ 连续可微, 则 $\boldsymbol{f}(t,\boldsymbol{x})$ 对 $\boldsymbol{x}$ 一定满足局部 Lipschitz 条件.

例 4.5.2 证明: 微分方程

$$\frac{\mathrm{d}x}{\mathrm{d}t}=t^2+x^2$$

的每个解的存在区间均是有界的.

证明 由于函数 $f(t,x)=t^2+x^2$ 对 x 有连续的偏导数, 因此它满足局部 Lipschitz 条件. 由 Picard 定理可知, 该方程的过给定点 P_0 的解是存在且唯一的, 并且由定理 4.4 可知, 解曲线可延伸至无穷远.

接下来我们证明该方程的解的存在区间是有限的. 设 $x=\phi(t)$ 是该方程满足初值条件 $\phi(t_0)=x_0$ 的解. 假设它在区间 $[t_0,\beta)$ 上存在, 我们来证明 $\beta<+\infty$.

不妨设 $\beta>0$, 此时存在 $t_1>0$, 使得 $t_0<t_1<\beta$. 由该方程可知

$$\phi'(t)=t^2+\phi^2(t)>t_1^2+\phi^2(t),\quad t\in(t_1,\beta).$$

由此可知

$$\frac{\mathrm{d}\phi}{t_1^2+\phi^2(t)}>\mathrm{d}t.$$

上式两边在区间 $[t_1,t]$ 上积分, 得到

$$\frac{1}{t_1}\left(\arctan\frac{\phi(t)}{t_1}-\arctan\frac{\phi(t_1)}{t_1}\right)\geqslant t-t_1>0.$$

这意味着

$$0<t-t_1<\frac{\pi}{t_1}\quad(t_1<t<\beta).$$

由此可知

$$\beta\leqslant t_1+\frac{\pi}{t_1}<+\infty.$$

同理, 可以证明: 如果解 $x=\phi(t)$ 在区间 $(\alpha,t_0]$ 上存在, 那么 α 有限. 于是, 解 $x=\phi(t)$ 的存在区间是有限区间. □

例 4.5.3 证明: 微分方程

$$\frac{\mathrm{d}x}{\mathrm{d}t}=(t^2+x^2+1)\sin\pi x$$

的每个解都是单调的, 并且存在区间为 $(-\infty,+\infty)$.

证明 设函数 $f(t,x)=(t^2+x^2+1)\sin\pi x$. 显然, $f(t,x)$ 关于 x 是连续可微的, 因此该方程的过任意初值点 (t_0,x_0) 的解曲线是存在且唯一的.

注意到, $f(t,n)=0\ (n\in\mathbb{Z})$, 于是 $x\equiv n$ 是该方程的解. 由解的唯一性可知, 只要 $x_0=n$, 则 $x\equiv n$ 是该方程满足相应初值条件的解. 再由唯一性可知, 其他的解曲线与直线 $x=n\ (n=0,\pm1,\pm2,\cdots)$ 不相交. 所以, 对于任意点 $(t_0,x_0)\in\mathbb{R}^2$, 如果 $x_0=n$, 那么过点 (t_0,x_0) 的解曲线就是直线 $x=n$. 显然, 这时的解是单调的, 且存在区间为 $(-\infty,+\infty)$.

如果 x_0 不是整数, 那么存在 n, 使得 $n<x_0<n+1$. 由刚才的讨论可知, 此时过点 (t_0,x_0) 的解 $x=\phi(t)$ 一定满足

$$n<\phi(t)<n+1.$$

由此可知

$$f(t,\phi(t))=(t^2+\phi^2(t)+1)\sin(\pi\phi(t))$$

定号, 因此 $\phi'(t)$ 定号, 即解 $x=\phi(t)$ 是单调的. 由于 $n<\phi(t)<n+1$, 因此解曲线一定在 $D=(-\infty,+\infty)\times(n,n+1)$ 内. 由延伸定理 (定理 4.4) 知道解曲线一定可延伸至 D 的边界, 于是解 $x=\phi(t)$ 的存在区间为 $(-\infty,+\infty)$. □

上面两个例子表明, 微分方程解的存在区间依赖于微分方程右端函数 $\boldsymbol{f}(t,\boldsymbol{x})$ 的具体形式. 一般来讲, 没有一个有效的判别办法来确定微分方程解的存在区间的长度.

例 4.5.4　考虑初值问题

$$\frac{\mathrm{d}x}{\mathrm{d}t}=(x^2-2x-3)\mathrm{e}^{(t+x)^2},\quad x(t_0)=x_0,$$

其中 (t_0,x_0) 是平面上任一点. 证明: 该初值问题的解的存在区间为 (a,b), 其中 $a=-\infty$ 和 $b=+\infty$ 中至少有一个成立.

证明　令函数

$$f(t,x)=(x^2-2x-3)\mathrm{e}^{(t+x)^2}.$$

显然, $f(t,x)$ 关于 x 具有连续偏导数. 由此可知, $f(t,x)$ 对 x 满足局部 Lipschitz 条件, 因此该初值问题的解是存在且唯一的.

注意到 $f(t,3)=f(t,-1)=0$, 因此 $x\equiv 3$ 和 $x\equiv -1$ 是该初值问题中微分方程的解. 由此可知, 当 $x_0=3$ 和 $x_0=-1$ 时, 该初值问题的解的存在区间为 $(-\infty,+\infty)$.

记满足初值条件 $x(t_0)=x_0$ 的解曲线为 $\Gamma=\{(t,x):x=\phi(t),t\in J\}$, 其中 J 为解 $x=\phi(t)$ 的最大存在区间.

当 $-1<x_0<3$ 时, 考虑区域 $D_1=\{(t,x):t\in(-\infty,+\infty),-1<x<3\}$. 由延伸定理可知解曲线 Γ 可延伸至 D_1 的边界, 而 $x\equiv -1$ 和 $x\equiv 3$ 均是该初值问题中微分方程的解, 由解的唯一性可知, 解曲线 Γ 不可能与 D_1 的上、下边界相交, 因此解曲线 Γ 只能向左、右两侧延伸至无穷, 此时 $J=(-\infty,+\infty)$.

当 $x_0>3$ 时, 由解的唯一性可知 $\phi(t)>3$, 因此 $f(t,\phi(t))>0$, 即 $\phi'(t)>0$. 这意味着, $\phi(t)$ 是严格单调递增的. 在区域

$$D_2=\{(t,x):-\infty<t<+\infty,3<x<x_0\}$$

上考虑解 $x=\phi(t)$ 向左侧延伸. 由于 $\phi(t)$ 是严格单调递增的, 所以当 $t<t_0$ 时, $\phi(t)<\phi(t_0)=x_0$. 再由解的唯一性可知 $\phi(t)>3$. 由延伸定理可以知道, 解 $x=\phi(t)$ 向左侧延伸至 D_2 的边界, 于是解 $x=\phi(t)$ 向左侧可延伸至 $t=-\infty$.

同理, 可以证明, 当 $x_0<-1$ 时, 解 $x=\phi(t)$ 向右侧可延伸至 $t=+\infty$. □

习题 4.5

1. 对于怎样的 a, 下列微分方程的每个解都能开拓到无穷区间 $(-\infty,+\infty)$ 上去?

(1) $\dfrac{\mathrm{d}x}{\mathrm{d}t}=|x|^a$;

(2) $\dfrac{\mathrm{d}x}{\mathrm{d}t}=(x^2+\mathrm{e}^t)^a$;

(3) $\dfrac{\mathrm{d}x}{\mathrm{d}t}=|x|^{a-1}+t|x|^{\frac{2a}{3}}$.

2. 证明: 初值问题

$$\frac{\mathrm{d}x}{\mathrm{d}t}=t^3-x^3,\quad x(t_0)=x_0$$

的解在区间 $[t_0,+\infty)$ 上存在.

3. 考虑的初值问题

$$\frac{\mathrm{d}x}{\mathrm{d}t}=f(t,x),\quad x(0)=x_0,$$

其中函数 $f(t,x)$ 在闭区域 $D:0\leqslant t\leqslant a,-\infty<x<+\infty$ 上连续且满足

$$|f(t,x)-f(t,z)|\leqslant\frac{q}{t}|x-z|,$$

q $(0<q<1)$ 为常数. 证明: 该初值问题的解在区间 $[0,a]$ 上是存在且唯一的.

4. 假设函数 $f(t,x)$ 在闭区域 $D:0\leqslant t\leqslant a$, $-\infty<x<+\infty$ 上连续. 记 $\phi(t,\xi)$ 是微分方程 $x'=f(t,x)$ 满足初值条件 $\phi(0,\xi)=\xi$ 的解. 进一步, 假设 $\phi(t,\xi)$ 在区间 $[0,\bar{t})$ 上存在, $\bar{t}<a$. 证明下列三条结论之一成立:

(1) $\lim\limits_{t\to\bar{t}-0}\phi(t,\xi)$ 有限, 此时解 $x=\phi(t,\xi)$ 可延伸至 $t=\bar{t}$;

(2) $\lim\limits_{t\to\bar{t}-0}\phi(t,\xi)=+\infty$;

(3) $\lim\limits_{t\to\bar{t}-0}\phi(t,\xi)=-\infty$.

5. 设函数 $f(t,x)$ 在闭区域 $D:0\leqslant t\leqslant a$, $-\infty<x<+\infty$ 上连续, 且存在定义在区间 $[0,+\infty)$ 上的连续函数 $\psi(x)$, 使得 $|f(t,x)|<\psi(|x|)$, 以及存在常数 $\delta_0\geqslant 0$, 使得 $\displaystyle\int_{\delta_0}^{+\infty}\frac{1}{\psi(x)}\mathrm{d}x=+\infty$, 证明: 微分方程 $\dfrac{\mathrm{d}x}{\mathrm{d}t}=f(t,x)$ 满足初值条件 $x(0)=\xi$ 的解的存在区间为 $[0,a]$.

6. 设连续函数 $\boldsymbol{f}(t,\boldsymbol{x})$ 在有界闭区域 G 上对 $\boldsymbol{x}$ 满足局部 Lipschitz 条件, 证明: $\boldsymbol{f}(t,\boldsymbol{x})$ 在 G 上满足 Lipschitz 条件, 即存在常数 $L>0$, 使得对于任意 $(t,\boldsymbol{x}_1),(t,\boldsymbol{x}_2)\in G$, 有

$$|\boldsymbol{f}(t,\boldsymbol{x}_1)-\boldsymbol{f}(t,\boldsymbol{x}_2)|\leqslant L|\boldsymbol{x}_1-\boldsymbol{x}_2|.$$

4.6 比较定理

由上一节得到的结果 (定理 4.4) 可知, 微分方程初值问题的解可延伸至边界, 但是这一结果并不能给出解的存在区间的大小. 在微分方程的研究中, 往往需要知道微分方

程的解在多大范围内存在. 在对微分方程解的存在区间进行估计时, 需要对微分方程中具体的右端函数进行分析. 本节给出的比较定理为这样的分析提供了一般的工具.

定理 4.5 (第一比较定理)　设函数 $f(t,x)$ 与 $F(t,x)$ 在平面区域 G 内连续且

$$f(t,x) < F(t,x), \quad (t,x) \in G, \tag{4.11}$$

又设函数 $x=\phi(t)$ 和 $x=\varPhi(t)$ 在区间 (a,b) 上分别是初值问题

$$\mathrm{E}_1: \frac{\mathrm{d}x}{\mathrm{d}t} = f(t,x), x(t_0) = x_0$$

与

$$\mathrm{E}_2: \frac{\mathrm{d}x}{\mathrm{d}t} = F(t,x), x(t_0) = x_0$$

的解, 其中 $(t_0,x_0) \in G$, 则

$$\begin{cases} \phi(t) < \varPhi(t), & t_0 < t < b, \\ \phi(t) > \varPhi(t), & a < t < t_0. \end{cases} \tag{4.12}$$

证明　令

$$\psi(t) = \varPhi(t) - \phi(t),$$

则 $\psi(t)$ 在区间 (a,b) 内连续可微, 且

$$\psi(t_0) = 0, \quad \psi'(t_0) = F(t_0,x_0) - f(t_0,x_0) > 0.$$

因此, 存在 $\delta > 0$, 使得

$$\begin{cases} \psi(t) > 0, & t \in (t_0, t_0+\delta], \\ \psi(t) < 0, & t \in [t_0-\delta, t_0). \end{cases} \tag{4.13}$$

现在来证明 (4.12) 式中的第一个不等式成立, 第二个不等式的证明类似. 若不然, 存在 $t_1 > t_0$, 使得 $\varPhi(t_1) \leqslant \phi(t_1)$, 即 $\psi(t_1) \leqslant 0$. 令

$$\alpha = \min\{t \in (t_0+\delta, b) : \psi(t) = 0\},$$

则由 (4.13) 式中的第一个式子和 α 的定义可知

$$\psi(\alpha) = 0, \quad \psi(t) > 0,\ t \in (t_0, \alpha).$$

由此可以得到 $\psi'(\alpha) \leqslant 0$. 但是, 由 (4.11) 式可知

$$\psi'(\alpha) = F(\alpha, \varPhi(\alpha)) - f(\alpha, \phi(\alpha)) > 0,$$

得到矛盾. □

注 4.18 定理 4.5 的几何意义是明显的: 斜率小的曲线向右不可能从斜率大的曲线的下方穿越到上方. 由于两个函数只能在同一点比较, 因此该定理的证明中 α 的选择是必要的.

作为定理 4.5 的一个应用, 我们来证明下面的结论.

定理 4.6 设微分方程

$$\frac{\mathrm{d}x}{\mathrm{d}t}=f(t,x), \tag{4.14}$$

其中函数 $f(t,x)$ 在条形区域

$$D: a<t<b, -\infty<x<+\infty$$

内连续, 并且满足

$$|f(t,x)|\leqslant A(t)|x|+B(t), \tag{4.15}$$

这里 $A(t)$, $B(t)$ 是区间 (a,b) 上的非负连续函数, 则方程 (4.14) 的每个解的存在区间均为 (a,b).

为了证明定理 4.6, 我们需要下面两个引理.

引理 4.6 初值问题

$$\frac{\mathrm{d}x}{\mathrm{d}t}=A(t)|x|+B(t)+1, \quad x(t_0)=x_0 \tag{4.16}$$

的解在区间 (a,b) 上存在且唯一, 其中 $A(t),B(t)$ 是 (a,b) 上的非负连续函数.

证明 注意到该初值问题中微分方程的右端函数关于 x 满足局部 Lipschitz 条件, 因此该初值问题的解 $x=\phi(t)$ 是存在且唯一的.

接下来证明解 $x=\phi(t)$ 是大范围存在的. 由于该初值问题中微分方程的右端函数是正的, 因此 $\phi(t)$ 是严格单调递增函数. 由此可知, 函数 $\phi(t)$ 在区间 (a,b) 内至多有一个零点. 假如 $\phi(t)\geqslant 0$, 则 $x=\phi(t)$ 满足微分方程

$$\frac{\mathrm{d}x}{\mathrm{d}t}=A(t)x+B(t)+1.$$

由第二章中关于线性微分方程的结论可知, $x=\phi(t)$ 在 (a,b) 上存在. 如果存在 $t_1\in(a,b)$, 使得 $\phi(t_1)=0$, 则由 $\phi(t)$ 的单调性可知

$$\phi'(t)=A(t)\phi(t)+B(t)+1, \quad \phi(t_1)=0, \quad t\in[t_1,b),$$

$$\phi'(t)=-A(t)\phi(t)+B(t)+1, \quad \phi(t_1)=0, \quad t\in(a,t_1].$$

再由第二章中关于线性微分方程的结论可知, $x=\phi(t)$ 在 (a,b) 上存在. 这样就完成了引理的证明. □

类似地, 可以证明下面的结论.

引理 4.7 初值问题

$$\frac{\mathrm{d}x}{\mathrm{d}t} = -A(t)|x| - B(t) - 1, \quad x(t_0) = x_0, \tag{4.17}$$

的解 $x = \psi(t)$ 在区间 (a,b) 上存在且唯一, 其中 $A(t), B(t)$ 是 (a,b) 上的非负连续函数.

定理 4.6 的证明 假设 $x = \Phi(t)$ 是方程 (4.14) 满足初值条件 $x(t_0) = x_0$ 的解, $t_0 \in (a,b)$. 下面证明 $\Phi(t)$ 的存在区间为 (a,b). 由定理假设可知

$$-A(t)|x| - B(t) - 1 < f(t,x) < A(t)|x| + B(t) + 1.$$

由第一比较定理可知

$$\psi(t) < \Phi(t) < \phi(t), \quad t > t_0,$$

$$\phi(t) < \Phi(t) < \psi(t), \quad t < t_0,$$

其中 $\phi(t)$ 和 $\psi(t)$ 分别是初值问题 (4.16) 和 (4.17) 的解. 由引理 4.6 和引理 4.7 可知, $\phi(t)$ 和 $\psi(t)$ 的存在区间均为 (a,b), 因此 $\Phi(t)$ 的存在区间也为 (a,b). □

考虑初值问题 (4.4)+(4.5), 即

$$\frac{\mathrm{d}x}{\mathrm{d}t} = f(t,x), \quad x(t_0) = x_0. \tag{4.18}$$

假设 $f(t,x)$ 在矩形闭区域

$$D = \{(t,x) : |t - t_0| \leqslant a,\ |x - x_0| \leqslant b\}$$

上连续, 令

$$M = \max_{(t,x)\in D} |f(t,x)|, \quad h = \min\left\{a, \frac{b}{M}\right\}.$$

由 Peano 定理可知, 初值问题 (4.18) 在区间 $|t - t_0| \leqslant h$ 上至少存在一个解. 一般来说, 这样的解不是唯一的.

定义 4.5 如果初值问题 (4.18) 在区间 $|t - t_0| \leqslant a$ 上有两个解 $\Phi(t)$ 和 $\Psi(t)$, 使得对于该初值问题的任意解 $x(t)$, 均有

$$\Psi(t) \leqslant x(t) \leqslant \Phi(t), \quad |t - t_0| \leqslant a,$$

那么分别称 $\Psi(t)$ 和 $\Phi(t)$ 是该初值问题在区间 $|t - t_0| \leqslant a$ 上的**最小解**和**最大解**.

显然, 最大解和最小解是唯一的. 接下来证明它们的存在性.

定理 4.7 存在正数 τ, 使得初值问题 (4.18) 在区间 $|t - t_0| \leqslant \tau$ 上的最大解和最小解存在.

证明 考虑初值问题

$$\frac{\mathrm{d}x}{\mathrm{d}t}=f_n(t,x),\quad x(t_0)=x_0,\tag{4.19}$$

其中 $f_n(t,x)=f(t,x)+\varepsilon_n$, 这里 $\varepsilon_n>0\ (n=1,2,\cdots)$, 并且 $\{\varepsilon_n\}$ 单调递减趋于零. 由 Peano 定理可知, 初值问题 (4.19) 的解在区间 $|t-t_0|\leqslant h_n$ 上存在, 其中

$$h_n=\min\left\{a,\frac{b}{M_n}\right\},\quad M_n=\max_{(t,x)\in D}|f_n(t,x)|.$$

注意到

$$\lim_{n\to+\infty}h_n=h=\min\left\{a,\frac{b}{\max\limits_{(t,x)\in D}|f(t,x)|}\right\}.$$

由此可知, 存在正数 $\tau<h$, 使得初值问题 (4.18) 和 (4.19) 的解均在区间 $I=[t_0-\tau,t_0+\tau]$ 上存在. 假设 $x=\phi_n(t)(n=1,2,\cdots)$ 是初值问题 (4.19) 的解.

接下来证明序列 $\{\phi_n(t)\}$ 存在一个收敛到初值问题 (4.18) 的解的子序列. 事实上, 由初值问题 (4.19), 对于 $t\in I$, 有

$$|\phi_n(t)-x_0|\leqslant b,\quad n=1,2,\cdots;$$

对于 $t_1,t_2\in I$, 有

$$|\phi_n(t_1)-\phi_n(t_2)|\leqslant\left|\int_{t_1}^{t_2}(f(s,\phi_n(s))+\varepsilon_n)\mathrm{d}s\right|\leqslant(M+\varepsilon_1)|t_2-t_1|.$$

因此, 序列 $\{\phi_n(t)\}$ 在有界闭区间 I 上等度连续且一致有界. 由 Ascoli-Arzelà 引理可知, 序列 $\{\phi_n(t)\}$ 存在一个一致收敛的子序列 $\{\phi_{n_j}(t)\}$. 不妨设

$$\lim_{j\to+\infty}\phi_{n_j}(t)=\phi(t),\quad t\in I.$$

再由 $\phi_{n_j}(t)$ 是初值问题 (4.19) 的解可得到

$$\phi_{n_j}(t)=x_0+\int_{t_0}^{t}\left(f(s,\phi_{n_j}(s))+\varepsilon_{n_j}\right)\mathrm{d}s.$$

令 $j\to+\infty$, 则

$$\phi(t)=x_0+\int_{t_0}^{t}f(s,\phi(s))\mathrm{d}s,$$

即 $x=\phi(t)$ 是初值问题 (4.18) 的解.

现在来证明 $x=\phi(t)$ 是初值问题 (4.18) 在区间 $[t_0,t_0+\tau]$ 上的最大解 (称为右行最大解) 和在区间 $[t_0-\tau,t_0]$ 上的最小解 (称为左行最小解), 即对于初值问题 (4.18) 的

任意解 $x=x(t)$, 有

$$\begin{cases} x(t)\leqslant \phi(t), & t\in[t_0,t_0+\tau],\\ x(t)\geqslant \phi(t), & t\in[t_0-\tau,t_0]. \end{cases} \tag{4.20}$$

注意到 $\varepsilon_n>0$, 由比较定理可知

$$\begin{cases} x(t)\leqslant \phi_n(t), & t\in[t_0,t_0+\tau],\\ x(t)\geqslant \phi_n(t), & t\in[t_0-\tau,t_0]. \end{cases}$$

取 $n=n_j$, 然后令 $j\to+\infty$, 就可以得到 (4.20) 式.

在初值问题 (4.19) 中将 ε_n 换成 $-\varepsilon_n$, 可以得到初值问题 (4.18) 的左行最大解和右行最小解 $\psi(t)$. 现在令

$$\Phi(t)=\begin{cases} \phi(t), & t\in[t_0,t_0+\tau],\\ \psi(t), & t\in[t_0-\tau,t_0], \end{cases}\qquad \Psi(t)=\begin{cases} \psi(t), & t\in[t_0,t_0+\tau],\\ \phi(t), & t\in[t_0-\tau,t_0]. \end{cases}$$

则 $\Phi(t)$ 和 $\Psi(t)$ 就是初值问题 (4.18) 在区间 $I=[t_0-\tau,t_0+\tau]$ 上的最大解和最小解. □

注 4.19　初值问题 (4.18) 的解唯一的充要条件是它的最大解和最小解恒相等.

注 4.20　类似于解的延伸定理, 可以将初值问题 (4.18) 的最大解和最小解从局部延伸到闭区域 D 的边界.

注 4.21　对于扇形闭区域 $\{(t,x):t_0\leqslant t\leqslant t_0+\tau,\Psi(t)\leqslant x\leqslant\Phi(t)\}$ 中的任一点 (t_1,x_1), 由解的延伸定理可以证明, 一定存在过点 (t_0,x_0) 和 (t_1,x_1) 的解. 我们称这个扇形为 **Peano 扫帚**.

定理 4.8 (第二比较定理)　设函数 $f(t,x)$ 和 $F(t,x)$ 都在平面区域 G 内连续, 且

$$f(t,x)\leqslant F(t,x),\quad (t,x)\in G,$$

又设 $(t_0,x_0)\in G$, 函数 $x=\phi(t)$ 和 $x=\Phi(t)$ 分别是初值问题

$$\mathrm{E}_1:\frac{\mathrm{d}x}{\mathrm{d}t}=f(t,x),x(t_0)=x_0$$

与

$$\mathrm{E}_2:\frac{\mathrm{d}x}{\mathrm{d}t}=F(t,x),x(t_0)=x_0$$

在区间 (a,b) 上的解, 并且 $x=\phi(t)$ 是初值问题 E_1 的右行最小解和左行最大解 (或者 $x=\Phi(t)$ 是初值问题 E_2 的右行最大解和左行最小解), 则

$$\phi(t)\leqslant\Phi(t),\ t_0\leqslant t<b;\quad \phi(t)\geqslant\Phi(t),\ a<t\leqslant t_0.$$

证明 假设 $x=\phi(t)$ 是初值问题 E_1 的右行最小解和左行最大解. 考虑初值问题

$$\frac{\mathrm{d}x}{\mathrm{d}t}=f(t,x)-\varepsilon_n,\quad x(t_0)=x_0,$$

其中 $\varepsilon_n>0\ (n=1,2,\cdots)$, 且 $\{\varepsilon_n\}$ 是单调递减的. 由定理 4.7 的证明可知, 存在这些初值问题的解序列 $\{\phi_n(t)\}$ 的一个子序列 $\{\phi_{n_j}(t)\}$, 使得

$$\phi_{n_j}(t)\rightrightarrows\phi(t).$$

注意到 $f(t,x)-\varepsilon_n<F(t,x)(n=1,2,\cdots)$, 由第一比较定理可知, $\phi_n(t)$ 满足

$$\begin{cases}\phi_n(t)<\Phi(t), & t>t_0,\\ \phi_n(t)>\Phi(t), & t<t_0.\end{cases}$$

于是, 在上式中取 $n=n_j$, 然后令 $j\to+\infty$, 即可得到结论.

类似可证 $x=\Phi(t)$ 是初值问题 E_2 的右行最大解和左行最小解的情形. □

利用第二比较定理, 可以对解的存在区间做一些精细的估计.

例 4.6.1 设初值问题

$$\frac{\mathrm{d}x}{\mathrm{d}t}=t^2+(x+1)^2,\quad x(0)=0 \tag{4.21}$$

的解向右侧可延伸的最大存在区间为 $[0,\beta)$, 证明: $\dfrac{\pi}{4}<\beta<1$.

证明 由 Picard 定理和解的延伸定理可知, 初值问题 (4.21) 的解是存在且唯一的, 且可延伸至任意包含原点的区域的边界.

先利用第二比较定理来证明 $\dfrac{\pi}{4}\leqslant\beta\leqslant1$. 当 $|t|\leqslant1$ 时, 显然有

$$(x+1)^2\leqslant t^2+(x+1)^2\leqslant1+(x+1)^2.$$

将初值问题 (4.21) 与下面两个初值问题进行比较:

$$\mathrm{E}_1:\frac{\mathrm{d}x}{\mathrm{d}t}=(x+1)^2,x(0)=0,$$

和

$$\mathrm{E}_2:\frac{\mathrm{d}x}{\mathrm{d}t}=1+(x+1)^2,x(0)=0,$$

由第二比较定理可知

$$\phi_1(t)\leqslant\phi(t)\leqslant\phi_2(t),$$

其中 $\phi(t)$ 是初值问题 (4.21) 的解, 而

$$\phi_1(t)=\frac{1}{1-t}-1,\quad \phi_2(t)=-1+\tan\left(t+\frac{\pi}{4}\right)$$

分别是初值问题 E_1 和 E_2 的解, 它们的右侧的存在区间分别是 $[0,1)$ 和 $\left[0,\dfrac{\pi}{4}\right)$. 由此可知 $\dfrac{\pi}{4}\leqslant\beta\leqslant 1$.

下面来证明不等号是严格的. 由初值问题 (4.21) 中的微分方程可知 $\phi'(t)=t^2+(1+\phi(t))^2>0$, 因此 $t=t(\phi)$ 存在且单调递增. 由解的延伸定理可知

$$\lim_{t\to\beta-0}\phi(t)=+\infty,$$

于是

$$\beta=\int_0^{+\infty}\frac{\mathrm{d}\phi}{t^2(\phi)+(1+\phi)^2}.$$

由此可知

$$\int_0^{+\infty}\frac{\mathrm{d}\phi}{1+(1+\phi)^2}<\beta<\int_0^{+\infty}\frac{\mathrm{d}\phi}{(1+\phi)^2}.$$

这个不等式的左端为 $\dfrac{\pi}{2}-\dfrac{\pi}{4}=\dfrac{\pi}{4}$, 而右端为 1, 即 $\dfrac{\pi}{4}<\beta<1$. □

习题 4.6

1. 考虑初值问题

$$\frac{\mathrm{d}x}{\mathrm{d}t}=f(t,x),\quad x(t_0)=x_0.$$

假设函数 $f(t,x)$ 在矩形闭区域 $D=\{(t,x):|t-t_0|\leqslant a,|x-x_0|\leqslant b\}$ 上连续, 令

$$h=\min\left\{a,\frac{b}{M}\right\},\quad M=\max_{(t,x)\in D}|f(t,x)|,$$

证明: 该初值问题的最大解 $x=Z(t)$ 与最小解 $x=W(t)$ 之间充满了其他解, 即对于任一满足

$$|t_1-t_0|\leqslant h,\quad W(t_1)\leqslant x_1\leqslant Z(t_1)$$

的点 (t_1,x_1), 该初值问题在区间 $|t-t_0|\leqslant h$ 上至少有一个解 $x=\phi(t)$, 满足 $\phi(t_1)=x_1$.

2. 证明引理 4.7.

4.7　解对初值和参数的连续依赖性

在将实际问题转化成微分方程的求解问题时, 微分方程中往往带有一个或多个参数, 而微分方程的解与所带的参数有关. 此外, 微分方程的解也与初值有关. 由于初值往往是观测得到的, 存在一定的误差是难以避免的. 人们自然希望微分方程的解在初值的误差

较小的时候与真实的情况相差不大，因此研究解对初值和参数的依赖关系是必要的. 本节的主要任务就是研究解对初值和参数的连续依赖性，而将解对初值和参数的可微性的讨论放在下一节.

例 4.7.1 线性单摆方程

$$\frac{\mathrm{d}^2x}{\mathrm{d}t^2}+a^2x=0,\quad x(t_0)=x_0,\quad x'(t_0)=x'_0,$$

的唯一解为

$$x=x_0\cos a(t-t_0)+\frac{x'_0}{a}\sin a(t-t_0).$$

显然，这个解对初值 x_0,x'_0 和参数 a 是连续依赖的. 注意到，初值 x_0,x'_0 和参数 a 都是实际测量得到的，存在一定的误差. 因此，"解对这些量是连续的" 有着明确的物理意义：只要误差足够小，真实的线性单摆运动和通过求解的方法预测的运动相差很小.

现在来考虑一般 n 阶微分方程的初值问题

$$\frac{\mathrm{d}\boldsymbol{x}}{\mathrm{d}t}=\boldsymbol{f}(t,\boldsymbol{x},\boldsymbol{\lambda}),\quad \boldsymbol{x}(t_0)=\boldsymbol{x}_0 \tag{4.22}$$

的解 $\boldsymbol{x}=\boldsymbol{x}(t;t_0,\boldsymbol{x}_0,\boldsymbol{\lambda})$ 关于初值 $t_0,\boldsymbol{x}_0$ 和参数 $\boldsymbol{\lambda}$ 的依赖性问题，其中 $\boldsymbol{\lambda}\in\mathbb{R}^m$.

做变换

$$\tau=t-t_0,\quad \boldsymbol{u}=\boldsymbol{x}-\boldsymbol{x}_0,$$

其中 τ 为新的自变量，$\boldsymbol{u}(\tau)$ 是新的未知函数，则初值问题 (4.22) 变成

$$\frac{\mathrm{d}\boldsymbol{u}}{\mathrm{d}\tau}=\boldsymbol{f}(\tau+t_0,\boldsymbol{u}+\boldsymbol{x}_0,\boldsymbol{\lambda}),\quad \boldsymbol{u}(0)=\boldsymbol{0}. \tag{4.23}$$

注意，原来的初值 $t_0,\boldsymbol{x}_0$ 在初值问题 (4.23) 中和 $\boldsymbol{\lambda}$ 一样以参数的形式出现，而初值问题 (4.23) 的初值现在固定为 $\boldsymbol{u}(0)=\boldsymbol{0}$ 了.

因此，我们只需要考虑初值问题

$$\frac{\mathrm{d}\boldsymbol{x}}{\mathrm{d}t}=\boldsymbol{f}(t,\boldsymbol{x},\boldsymbol{\lambda}),\quad \boldsymbol{x}(0)=\boldsymbol{0} \tag{4.24}$$

的解对参数 $\boldsymbol{\lambda}$ 的依赖性.

定理 4.9 设 n 维向量函数 $\boldsymbol{f}(t,\boldsymbol{x},\boldsymbol{\lambda})$ 在闭区域

$$G:|t|\leqslant a,|\boldsymbol{x}|\leqslant b,|\boldsymbol{\lambda}|\leqslant c$$

上连续，且对 $\boldsymbol{x}$ 满足 Lipschitz 条件，即对于任意 $(t,\boldsymbol{x}_1,\boldsymbol{\lambda}),(t,\boldsymbol{x}_2,\boldsymbol{\lambda})\in G$，有

$$|\boldsymbol{f}(t,\boldsymbol{x}_1,\boldsymbol{\lambda})-\boldsymbol{f}(t,\boldsymbol{x}_2,\boldsymbol{\lambda})|\leqslant L|\boldsymbol{x}_1-\boldsymbol{x}_2|,$$

其中常数 $L>0$. 令

$$M=\max_{(t,\boldsymbol{x},\boldsymbol{\lambda})\in G}|\boldsymbol{f}(t,\boldsymbol{x},\boldsymbol{\lambda})|,\quad h=\min\left\{a,\frac{b}{M}\right\},$$

则初值问题 (4.24) 的解 $\boldsymbol{x}=\boldsymbol{\phi}(t,\boldsymbol{\lambda})$ 在闭区域

$$D:|t|\leqslant h,|\boldsymbol{\lambda}|\leqslant c$$

上是连续的.

定理 4.9 的证明与 Picard 定理的证明类似, 这里给出证明的梗概:

第一步, 初值问题 (4.24) 等价于

$$\boldsymbol{x}(t,\boldsymbol{\lambda})=\int_0^t \boldsymbol{f}(s,\boldsymbol{x}(s,\boldsymbol{\lambda}),\boldsymbol{\lambda})\mathrm{d}s. \tag{4.25}$$

第二步, 构造 Picard 序列

$$\begin{aligned}&\boldsymbol{\phi}_0(t,\boldsymbol{\lambda})\equiv 0,\\&\boldsymbol{\phi}_k(t,\boldsymbol{\lambda})=\int_0^t \boldsymbol{f}(s,\boldsymbol{\phi}_{k-1}(s,\boldsymbol{\lambda}),\boldsymbol{\lambda})\mathrm{d}s,\quad k=1,2,\cdots.\end{aligned}$$

由此可知 Picard 序列 $\{\boldsymbol{\phi}_k(t,\boldsymbol{\lambda})\}$ 在 D 上是连续的.

第三步, 用数学归纳法证明

$$|\boldsymbol{\phi}_{k+1}(t,\boldsymbol{\lambda})-\boldsymbol{\phi}_k(t,\boldsymbol{\lambda})|\leqslant \frac{M}{L}\cdot\frac{(L|t|)^{k+1}}{(k+1)!}\leqslant\frac{M}{L}\cdot\frac{(Lh)^{k+1}}{(k+1)!},$$

因此 Picard 序列 $\{\boldsymbol{\phi}_k(t,\boldsymbol{\lambda})\}$ 在 D 上是一致收敛的.

第四步, 令

$$\boldsymbol{\phi}(t,\boldsymbol{\lambda})=\lim_{k\to+\infty}\boldsymbol{\phi}_k(t,\boldsymbol{\lambda}),\quad (t,\boldsymbol{\lambda})\in D,$$

则 $\boldsymbol{x}=\boldsymbol{\phi}(t,\boldsymbol{\lambda})$ 是初值问题 (4.24) 的唯一解. 再由 Picard 序列的一致收敛性可知极限函数 $\boldsymbol{\phi}(t,\boldsymbol{\lambda})$ 在 D 上是连续的. □

推论 4.2　设 n 维向量函数 $\boldsymbol{f}(t,\boldsymbol{x})$ 在闭区域

$$R:|t-t_0|\leqslant a,|\boldsymbol{x}-\boldsymbol{x}_0|\leqslant b$$

上连续, 并且对 $\boldsymbol{x}$ 满足 Lipschitz 条件, 则初值问题

$$\frac{\mathrm{d}\boldsymbol{x}}{\mathrm{d}t}=\boldsymbol{f}(t,\boldsymbol{x}),\quad \boldsymbol{x}(t_0)=\boldsymbol{\eta} \tag{4.26}$$

的解 $\boldsymbol{x}=\boldsymbol{\phi}(t,\boldsymbol{\eta})$ 在闭区域

$$Q:|t-t_0|\leqslant\frac{h}{2},|\boldsymbol{\eta}-\boldsymbol{x}_0|\leqslant\frac{b}{2}$$

上连续, 其中

$$h=\min\left\{a,\frac{b}{M}\right\},$$

且 M 是函数 $\boldsymbol{f}(t,\boldsymbol{x})$ 在 R 上的一个上界.

注 4.22 利用这个推论, 可以对初值问题 (4.24) 中微分方程组在点 $(t_0, \boldsymbol{x}_0)$ 邻域内的积分曲线做局部的 “拉直”. 事实上, 变换

$$T: t = t, \boldsymbol{x} = \boldsymbol{\phi}(t, \boldsymbol{\eta})$$

将区域 Q 内的直线

$$L_{\boldsymbol{\eta}_0}: |t - t_0| \leqslant \frac{h}{2}, \boldsymbol{\eta} = \boldsymbol{\eta}_0$$

变成过点 $(t_0, \boldsymbol{\eta}_0)$ 的一段积分曲线

$$\Gamma_{\boldsymbol{\eta}_0}: |t - t_0| \leqslant \frac{h}{2}, \boldsymbol{x} = \boldsymbol{\phi}(t, \boldsymbol{\eta}_0).$$

由解的存在性和唯一性以及解对初值的连续依赖性, 容易验证变换 T 是一个同胚. 由此可知 T^{-1} 将积分曲线族 $\Gamma_{\boldsymbol{\eta}}$ 变成平行直线族 $L_{\boldsymbol{\eta}}$. 换言之, 同胚 T^{-1} 在点 $(t_0, \boldsymbol{\eta}_0)$ 的邻域内将向量场 $(t, \boldsymbol{f}(t, \boldsymbol{x}))$ 变成 $(1, \boldsymbol{0})$. 进一步, 如果 $\boldsymbol{f}(t, \boldsymbol{x})$ 是 C^k 的, 那么同胚 T 是 C^k 的. 这一点将在 6.1 节中讨论.

在定理 4.9 中, “$f(t, \boldsymbol{x})$ 对 $\boldsymbol{x}$ 满足 Lipschitz 条件” 不是必需的. 事实上, 只要假设初值问题 (4.22) 的解存在且唯一即可. 更准确地, 有下面的结论.

定理 4.10 考虑微分方程组

$$\frac{\mathrm{d}\boldsymbol{x}}{\mathrm{d}t} = \boldsymbol{f}(t, \boldsymbol{x}, \boldsymbol{\lambda}), \tag{4.27}$$

其中 $\boldsymbol{f}(t, \boldsymbol{x}, \boldsymbol{\lambda})$ 是区域 $G \subset \mathbb{R} \times \mathbb{R}^n \times \mathbb{R}^m$ 上的有界连续函数. 假设对于任意初值点 $(t_0, \boldsymbol{x}_0)$, 该方程的解 $\boldsymbol{x} = \boldsymbol{\phi}(t; t_0, \boldsymbol{x}_0, \boldsymbol{\lambda})$ 是存在且唯一的, 并且在 I_0 上存在, 这里 I_0 是有界闭区间, 则对于任意 $\varepsilon > 0, (\xi, \boldsymbol{\eta}, \boldsymbol{\lambda}') \in G$, 存在 $\delta > 0$, 只要

$$|(\xi, \boldsymbol{\eta}, \boldsymbol{\lambda}') - (t_0, \boldsymbol{x}_0, \boldsymbol{\lambda})| < \delta,$$

就有

$$|\boldsymbol{\phi}(t; \xi, \boldsymbol{\eta}, \boldsymbol{\lambda}') - \boldsymbol{\phi}(t; t_0, \boldsymbol{x}_0, \boldsymbol{\lambda})| < \varepsilon, \quad t \in I_0,$$

即解对初值和参数是连续依赖的.

证明 类似于定理 4.9 之前的讨论, 我们可以将微分方程的解对初值的依赖性转化成微分方程的解对参数的依赖性, 故以下仅对解 $\boldsymbol{x} = \boldsymbol{x}(t, \boldsymbol{\lambda})$ 中的参数 $\boldsymbol{\lambda}$ 考虑依赖性. 假设初值为 $\boldsymbol{x}(0, \boldsymbol{\lambda}) = \boldsymbol{0}$. 我们要证明的是:

$$\lim_{\boldsymbol{\lambda} \to \boldsymbol{\lambda}_0} \boldsymbol{x}(t, \boldsymbol{\lambda}) = \boldsymbol{x}(t, \boldsymbol{\lambda}_0), \quad t \in I_0.$$

假设结论不对, 即存在 $\bar{t} \in I_0$, 使得

$$\lim_{\boldsymbol{\lambda} \to \boldsymbol{\lambda}_0} \boldsymbol{x}(\bar{t}, \boldsymbol{\lambda}) \neq \boldsymbol{x}(\bar{t}, \boldsymbol{\lambda}_0).$$

注意到

$$\boldsymbol{x}(t,\boldsymbol{\lambda})=\int_0^t \boldsymbol{f}(s,\boldsymbol{x}(s,\boldsymbol{\lambda}),\boldsymbol{\lambda})\mathrm{d}s,$$

容易证明, 对于任意 $\boldsymbol{\lambda}_j\to\boldsymbol{\lambda}_0\ (j\to+\infty)$, 序列 $\{\boldsymbol{x}(t,\boldsymbol{\lambda}_j)\}$ 是一致有界且等度连续的. 事实上, 假设 $|\boldsymbol{f}(t,\boldsymbol{x})|$ 在区域 G 的上界为 M, 则

$$|\boldsymbol{x}(t,\boldsymbol{\lambda}_j)|\leqslant M|I_0|,\quad |\boldsymbol{x}(t,\boldsymbol{\lambda}_j)-\boldsymbol{x}(t',\boldsymbol{\lambda}_j)|\leqslant M|t-t'|.$$

由 Ascoli-Arzelà 引理可知, 当 $\boldsymbol{\lambda}_j\to\boldsymbol{\lambda}_0$ 时, 序列 $\{\boldsymbol{x}(t,\boldsymbol{\lambda}_j)\}$ 存在 I_0 上一致收敛的子序列 $\{\boldsymbol{x}(t,\boldsymbol{\lambda}_{j_k})\}$. 设 $\boldsymbol{x}(t,\boldsymbol{\lambda}_{j_k})\rightrightarrows\boldsymbol{\phi}(t)$. 由于

$$\boldsymbol{x}(t,\boldsymbol{\lambda}_{j_k})=\int_0^t \boldsymbol{f}(s,\boldsymbol{x}(s,\boldsymbol{\lambda}_{j_k}),\boldsymbol{\lambda}_{j_k}))\mathrm{d}s,$$

令 $k\to+\infty$, 得到

$$\boldsymbol{\phi}(t)=\int_0^t \boldsymbol{f}(s,\boldsymbol{\phi}(s),\boldsymbol{\lambda}_0)\mathrm{d}s.$$

由解的唯一性可知 $\boldsymbol{\phi}(t)=\boldsymbol{x}\ (t,\boldsymbol{\lambda}_0)$. □

注 4.23　从定理 4.10 的证明可以看出, 该定理中“对于任意初值点 $(t_0,\boldsymbol{x}_0)$, 该方程的解 $\boldsymbol{x}=\boldsymbol{\phi}(t;t_0,\boldsymbol{x}_0,\boldsymbol{\lambda})$ 是存在且唯一的”这一假设不是必需的. 只要假设对于某个初值点 $(t_0,\boldsymbol{x}_0)$, 相应初值问题的解存在且唯一, 则解 $\boldsymbol{x}=\boldsymbol{x}(t;\xi,\boldsymbol{\eta},\boldsymbol{\lambda})$ 就在点 $(t_0,\boldsymbol{x}_0,\boldsymbol{\lambda})$ 的一个邻域内连续.

注 4.24　函数 $\boldsymbol{f}(t,\boldsymbol{x},\boldsymbol{\lambda})$ 的有界性假设不是必需的. 因为我们讨论的连续性是局部性质, 所以只要假设函数 $\boldsymbol{f}(t,\boldsymbol{x},\boldsymbol{\lambda})$ 是连续的就足够了.

注 4.25　结合定理 4.10 和注 4.22, 可以在积分曲线段 $\{(t,\boldsymbol{x}):\boldsymbol{x}=\boldsymbol{\phi}(t),t\in I_0\}$ 的一个“细长管域”内进行积分曲线的“拉直”.

注 4.26　在定理 4.10 中, 假设区间 I_0 是有界闭区间是必要的. 例如, 初值问题

$$\frac{\mathrm{d}x}{\mathrm{d}t}=x,\quad x(t_0)=x_0$$

的解为 $x(t;t_0,x_0)=x_0\mathrm{e}^{t-t_0}$. 显然, 不等式

$$|x(t;t_0,x_0)-x(t;t_0',x_0')|<\varepsilon \tag{4.28}$$

不可能在无穷区间 $(t_0,+\infty)$ 上成立, 无论 $|t_0-t_0'|,|x_0-x_0'|$ 多么小.

当微分方程的一个解 $\boldsymbol{x}(t;t_0,\boldsymbol{x}_0)$ 在无穷区间 $(t_0,+\infty)$ 上满足像 (4.28) 式这样的不等式时, 称它是 **Lyapunov (正向) 稳定**的. 微分方程解的 Lyapunov 稳定性将在 6.2 节中进行详细讨论.

习题 4.7

1. 举例说明: 当微分方程初值问题的解不唯一时, 它的积分曲线族在局部范围内不能视作平行直线族.

2. 举例说明: 当微分方程初值问题的解不唯一时, 过某个初值点的最大解对于初值不是连续的.

3. 考虑初值问题

$$\frac{\mathrm{d}x}{\mathrm{d}t} = f(t,x), \quad x(t_0) = x_0,$$

其中 $f(t,x)$ 是连续函数. 设 $x = \phi(t;t_0,x_0)$ 是该初值问题的最大解, 证明: $\phi(t;t_0,x_0)$ 对于 x_0 是右半连续的, 即

$$\lim_{\tilde{x}\to x_0+0} \phi(t;t_0,\tilde{x}) = \phi(t;t_0,x_0)$$

在区间 $|t-t_0| \leqslant \alpha$ 上成立, 其中 α 是正常数.

4.8 解对初值和参数的连续可微性

本节将要讨论的是微分方程的解对初值和参数的连续可微性. 与上节的处理类似, 可以将对初值的研究转化成对参数的研究, 因此只考虑微分方程的解对参数的连续可微性即可.

考虑初值问题

$$\frac{\mathrm{d}\boldsymbol{x}}{\mathrm{d}t} = \boldsymbol{f}(t,\boldsymbol{x},\boldsymbol{\lambda}), \quad \boldsymbol{x}(0) = \mathbf{0}. \tag{4.29}$$

定理 4.11 设函数 $\boldsymbol{f}(t,\boldsymbol{x},\boldsymbol{\lambda})$ 在闭区域

$$G: |t| \leqslant a, |\boldsymbol{x}| \leqslant b, |\boldsymbol{\lambda}| \leqslant c$$

上连续, 对 $\boldsymbol{x}$ 和 $\boldsymbol{\lambda}$ 有连续的偏导数, 则初值问题 (4.29) 的解 $\boldsymbol{x} = \boldsymbol{\phi}(t,\boldsymbol{\lambda})$ 在闭区域

$$D: |t| \leqslant h, |\boldsymbol{\lambda}| \leqslant c$$

上是连续可微的, 其中常数 h 的定义见定理 4.9.

证明 记满足线性微分方程组

$$\boldsymbol{U}' = \frac{\partial \boldsymbol{f}}{\partial \boldsymbol{x}}(t,\boldsymbol{\phi}(t,\boldsymbol{\lambda}),\boldsymbol{\lambda})\boldsymbol{U}(t,\boldsymbol{\lambda}) + \frac{\partial \boldsymbol{f}}{\partial \boldsymbol{\lambda}}(t,\boldsymbol{\phi}(t,\boldsymbol{\lambda}),\boldsymbol{\lambda}) \tag{4.30}$$

及初值条件 $\boldsymbol{U}(0,\boldsymbol{\lambda})=\boldsymbol{0}$ 的矩阵为 $\boldsymbol{U}(t,\boldsymbol{\lambda})$. 由 Picard 定理及解对初值和参数的连续依赖性 (见定理 4.9) 可知, $\boldsymbol{U}(t,\boldsymbol{\lambda})$ 在区间 $|t|\leqslant h$ 上存在且唯一, 对 $\boldsymbol{\lambda}$ 连续, 并且

$$\boldsymbol{U}(t,\boldsymbol{\lambda})=\int_0^t\left(\frac{\partial \boldsymbol{f}}{\partial \boldsymbol{x}}(s,\boldsymbol{\phi}(s,\boldsymbol{\lambda}),\boldsymbol{\lambda})\boldsymbol{U}(s,\boldsymbol{\lambda})+\frac{\partial \boldsymbol{f}}{\partial \boldsymbol{\lambda}}(s,\boldsymbol{\phi}(s,\boldsymbol{\lambda}),\boldsymbol{\lambda})\right)\mathrm{d}s.$$

由于

$$\boldsymbol{\phi}(t,\boldsymbol{\lambda})=\int_0^t \boldsymbol{f}(s,\boldsymbol{\phi}(s,\boldsymbol{\lambda}),\boldsymbol{\lambda})\mathrm{d}s,$$

因此

$$\begin{aligned}&\boldsymbol{\phi}(t,\boldsymbol{\lambda})-\boldsymbol{\phi}(t,\boldsymbol{\lambda}_0)-\boldsymbol{U}(t,\boldsymbol{\lambda}_0)(\boldsymbol{\lambda}-\boldsymbol{\lambda}_0)\\&\quad=\int_0^t\Big[\boldsymbol{f}(s,\boldsymbol{\phi}(s,\boldsymbol{\lambda}),\boldsymbol{\lambda})-\boldsymbol{f}(s,\boldsymbol{\phi}(s,\boldsymbol{\lambda}_0),\boldsymbol{\lambda}_0)\\&\qquad-\Big(\frac{\partial \boldsymbol{f}}{\partial \boldsymbol{x}}(s,\boldsymbol{\phi}(s,\boldsymbol{\lambda}_0),\boldsymbol{\lambda}_0)\boldsymbol{U}(s,\boldsymbol{\lambda}_0)+\frac{\partial \boldsymbol{f}}{\partial \boldsymbol{\lambda}}(s,\boldsymbol{\phi}(s,\boldsymbol{\lambda}_0),\boldsymbol{\lambda}_0)\Big)(\boldsymbol{\lambda}-\boldsymbol{\lambda}_0)\Big]\mathrm{d}s.\end{aligned}$$

注意到

$$\begin{aligned}&\boldsymbol{f}(s,\boldsymbol{\phi}(s,\boldsymbol{\lambda}),\boldsymbol{\lambda})-\boldsymbol{f}(s,\boldsymbol{\phi}(s,\boldsymbol{\lambda}_0),\boldsymbol{\lambda}_0)\\&\quad=\boldsymbol{f}(s,\boldsymbol{\phi}(s,\boldsymbol{\lambda}),\boldsymbol{\lambda})-\boldsymbol{f}(s,\boldsymbol{\phi}(s,\boldsymbol{\lambda}_0),\boldsymbol{\lambda})+\boldsymbol{f}(s,\boldsymbol{\phi}(s,\boldsymbol{\lambda}_0),\boldsymbol{\lambda})-\boldsymbol{f}(s,\boldsymbol{\phi}(s,\boldsymbol{\lambda}_0),\boldsymbol{\lambda}_0)\\&\quad=\int_0^1\frac{\partial \boldsymbol{f}}{\partial \boldsymbol{x}}(s,\tau\boldsymbol{\phi}(s,\boldsymbol{\lambda})+(1-\tau)\boldsymbol{\phi}(s,\boldsymbol{\lambda}_0),\boldsymbol{\lambda})(\boldsymbol{\phi}(s,\boldsymbol{\lambda})-\boldsymbol{\phi}(s,\boldsymbol{\lambda}_0))\mathrm{d}\tau\\&\qquad+\int_0^1\frac{\partial \boldsymbol{f}}{\partial \boldsymbol{\lambda}}(s,\boldsymbol{\phi}(s,\boldsymbol{\lambda}_0),\tau\boldsymbol{\lambda}+(1-\tau)\boldsymbol{\lambda}_0)(\boldsymbol{\lambda}-\boldsymbol{\lambda}_0)\mathrm{d}\tau.\end{aligned}$$

令 $\boldsymbol{\phi}(\cdot)=\boldsymbol{\phi}(\cdot,\boldsymbol{\lambda})$, $\boldsymbol{\phi}_0(\cdot)=\boldsymbol{\phi}(\cdot,\boldsymbol{\lambda}_0)$, $\boldsymbol{U}(\cdot)=\boldsymbol{U}(\cdot,\boldsymbol{\lambda})$, $\boldsymbol{U}_0(\cdot)=\boldsymbol{U}(\cdot,\boldsymbol{\lambda}_0)$ 以及

$$\varDelta(t)=|\boldsymbol{\phi}(t,\boldsymbol{\lambda})-\boldsymbol{\phi}(t,\boldsymbol{\lambda}_0)-U(t,\boldsymbol{\lambda}_0)(\boldsymbol{\lambda}-\boldsymbol{\lambda}_0)|,$$

则

$$\begin{aligned}\varDelta(t)\leqslant&\left|\int_0^t\int_0^1\left|\frac{\partial \boldsymbol{f}}{\partial \boldsymbol{x}}(s,\tau\boldsymbol{\phi}+(1-\tau)\boldsymbol{\phi}_0,\boldsymbol{\lambda})\mathrm{d}\tau\right|\varDelta(s)\mathrm{d}s\right|\\&+\left|\int_0^t\int_0^1\left|\frac{\partial \boldsymbol{f}}{\partial \boldsymbol{x}}(s,\tau\boldsymbol{\phi}+(1-\tau)\boldsymbol{\phi}_0,\boldsymbol{\lambda})-\frac{\partial \boldsymbol{f}}{\partial \boldsymbol{x}}(s,\boldsymbol{\phi}_0,\boldsymbol{\lambda}_0)\right||\boldsymbol{U}_0||\boldsymbol{\lambda}-\boldsymbol{\lambda}_0|\mathrm{d}\tau\mathrm{d}s\right|\\&+\left|\int_0^t\left|\int_0^1\left(\frac{\partial \boldsymbol{f}}{\partial \boldsymbol{\lambda}}(s,\boldsymbol{\phi}_0,\tau\boldsymbol{\lambda}+(1-\tau)\boldsymbol{\lambda}_0)-\frac{\partial \boldsymbol{f}}{\partial \boldsymbol{\lambda}}(s,\boldsymbol{\phi}_0,\boldsymbol{\lambda}_0)\right)(\boldsymbol{\lambda}-\boldsymbol{\lambda}_0)\mathrm{d}\tau\right|\mathrm{d}s\right|.\end{aligned}$$

由定理假设以及微分方程的解对初值和参数的连续依赖性可知, 对于任意 $\varepsilon>0$, 存在 $\delta>0$, 只要 $|\boldsymbol{\lambda}-\boldsymbol{\lambda}_0|<\delta$, 则当 $|t|\leqslant h$ 时, 有

$$|\boldsymbol{\phi}(t,\boldsymbol{\lambda})-\boldsymbol{\phi}(t,\boldsymbol{\lambda}_0)|<\varepsilon,$$

$$\left|\frac{\partial \boldsymbol{f}}{\partial \boldsymbol{x}}(s, \tau\boldsymbol{\phi}+(1-\tau)\boldsymbol{\phi}_0, \boldsymbol{\lambda})-\frac{\partial \boldsymbol{f}}{\partial \boldsymbol{x}}(s, \boldsymbol{\phi}_0, \boldsymbol{\lambda}_0)\right|<\varepsilon,$$

$$\left|\frac{\partial \boldsymbol{f}}{\partial \boldsymbol{\lambda}}(s, \boldsymbol{\phi}_0, \tau\boldsymbol{\lambda}+(1-\tau)\boldsymbol{\lambda}_0)-\frac{\partial \boldsymbol{f}}{\partial \boldsymbol{\lambda}}(s, \boldsymbol{\phi}_0, \boldsymbol{\lambda}_0)\right|<\varepsilon,$$

以及存在常数 $M>0$, 使得

$$\left|\frac{\partial \boldsymbol{f}}{\partial \boldsymbol{x}}(s, \tau\boldsymbol{\phi}+(1-\tau)\boldsymbol{\phi}_0, \boldsymbol{\lambda})\mathrm{d}\tau\right| \leqslant M, \quad |\boldsymbol{U}(t, \boldsymbol{\lambda}_0)| \leqslant M.$$

不妨设 $t>0$, 当 $t<0$ 时, 讨论类似. 由上面的式子可知

$$\Delta(t) \leqslant M\int_0^t \Delta(s)\mathrm{d}s+\varepsilon(M+1)h|\boldsymbol{\lambda}-\boldsymbol{\lambda}_0|.$$

由 Gronwall 不等式 (见引理 4.1) 可以得到

$$\Delta(t) \leqslant (M+1)h\mathrm{e}^{Mh}\varepsilon|\boldsymbol{\lambda}-\boldsymbol{\lambda}_0|.$$

这意味着, 当 $\boldsymbol{\lambda}\to\boldsymbol{\lambda}_0$ 时, $\Delta(t)=o(|\boldsymbol{\lambda}-\boldsymbol{\lambda}_0|)$. 因此, 得到

$$\frac{\partial \boldsymbol{\phi}(t, \boldsymbol{\lambda})}{\partial \boldsymbol{\lambda}}=\boldsymbol{U}(t, \boldsymbol{\lambda}).$$

注意到 $\boldsymbol{U}(t, \boldsymbol{\lambda})$ 是方程组 (4.30) 的解, 由定理 4.9 和本定理的条件可知, $\boldsymbol{U}(t, \boldsymbol{\lambda})$ 关于 $\boldsymbol{\lambda}$ 是连续的. 定理证毕. □

推论 4.3 设函数 $\boldsymbol{f}(t, \boldsymbol{x})$ 在闭区域

$$R:\ |t-t_0| \leqslant a,\ |\boldsymbol{x}-\boldsymbol{x}_0| \leqslant b$$

上连续, 对 $\boldsymbol{x}$ 有连续的偏导数 $\boldsymbol{f}_{\boldsymbol{x}}(t, \boldsymbol{x})$, 则初值问题

$$\frac{\mathrm{d}\boldsymbol{x}}{\mathrm{d}t}=\boldsymbol{f}(t, \boldsymbol{x}), \quad \boldsymbol{x}(t_0)=\boldsymbol{\eta}$$

的解 $\boldsymbol{x}=\boldsymbol{\phi}(t, \boldsymbol{\eta})$ 在闭区域

$$D:\ |t-t_0| \leqslant \frac{h}{2},\ |\boldsymbol{\eta}-\boldsymbol{x}_0| \leqslant \frac{b}{2}$$

上是连续可微的.

与定理 4.11 的证明类似, 可以证明下面的定理.

定理 4.12 假设函数 $\boldsymbol{f}(t, \boldsymbol{x}, \boldsymbol{\lambda})$ 在闭区域

$$G: |t-t_0| \leqslant a,\ |\boldsymbol{x}-\boldsymbol{x}_0| \leqslant b,\ |\boldsymbol{\lambda}| \leqslant c$$

上连续, 且对 $\boldsymbol{x}$ 和 $\boldsymbol{\lambda}$ 具有连续的偏导数, 则初值问题

$$\frac{\mathrm{d}\boldsymbol{x}}{\mathrm{d}t}=\boldsymbol{f}(t, \boldsymbol{x}, \boldsymbol{\lambda}), \quad \boldsymbol{x}(t_0)=\boldsymbol{x}_0$$

在闭区域

$$R:|t-t_0|\leqslant h,|\boldsymbol{\lambda}|\leqslant c$$

上的唯一解 $\boldsymbol{x}=\boldsymbol{\phi}(t;t_0,\boldsymbol{x}_0,\boldsymbol{\lambda})$ 对 $(t_0,\boldsymbol{x}_0,\boldsymbol{\lambda})$ 可微.

由上面关于微分方程的解对初值和参数的可微性结果, 可以得到解对初值和参数的微商应该满足的微分方程. 假设 $\boldsymbol{x}=\boldsymbol{\phi}(t;t_0,\boldsymbol{x}_0,\boldsymbol{\lambda})$ 是定理 4.12 中初值问题的解, 则

$$\boldsymbol{\phi}(t;t_0,\boldsymbol{x}_0,\boldsymbol{\lambda})=\boldsymbol{x}_0+\int_{t_0}^{t}\boldsymbol{f}(s,\boldsymbol{\phi}(s;t_0,\boldsymbol{x}_0,\boldsymbol{\lambda}),\boldsymbol{\lambda})\mathrm{d}s. \tag{4.31}$$

在这个等式两边分别对 $t_0,\boldsymbol{x}_0,\boldsymbol{\lambda}$ 求导数, 得到

$$\begin{aligned}
\frac{\partial\boldsymbol{\phi}}{\partial t_0}&=-\boldsymbol{f}(t_0,\boldsymbol{x}_0,\boldsymbol{\lambda})+\int_{t_0}^{t}\frac{\partial\boldsymbol{f}}{\partial\boldsymbol{x}}(s,\boldsymbol{\phi}(s;t_0,\boldsymbol{x}_0,\boldsymbol{\lambda}),\boldsymbol{\lambda})\frac{\partial\boldsymbol{\phi}}{\partial t_0}\mathrm{d}s,\\
\frac{\partial\boldsymbol{\phi}}{\partial\boldsymbol{x}_0}&=\boldsymbol{I}_n+\int_{t_0}^{t}\frac{\partial\boldsymbol{f}}{\partial\boldsymbol{x}}(s,\boldsymbol{\phi}(s;t_0,\boldsymbol{x}_0,\boldsymbol{\lambda}),\boldsymbol{\lambda})\frac{\partial\boldsymbol{\phi}}{\partial\boldsymbol{x}_0}\mathrm{d}s,\\
\frac{\partial\boldsymbol{\phi}}{\partial\boldsymbol{\lambda}}&=\int_{t_0}^{t}\left(\frac{\partial\boldsymbol{f}}{\partial\boldsymbol{x}}(s,\boldsymbol{\phi}(s;t_0,\boldsymbol{x}_0,\boldsymbol{\lambda}),\boldsymbol{\lambda})\frac{\partial\boldsymbol{\phi}}{\partial\boldsymbol{\lambda}}+\frac{\partial\boldsymbol{f}}{\partial\boldsymbol{\lambda}}(s,\boldsymbol{\phi}(s;t_0,\boldsymbol{x}_0,\boldsymbol{\lambda}),\boldsymbol{\lambda})\right)\mathrm{d}s,
\end{aligned}$$

其中 $\boldsymbol{I}_n$ 为 n 阶单位矩阵. 令

$$\begin{aligned}
\boldsymbol{u}(t;t_0,\boldsymbol{x}_0,\boldsymbol{\lambda})&=\frac{\partial\boldsymbol{\phi}}{\partial t_0}(t;t_0,\boldsymbol{x}_0,\boldsymbol{\lambda}),\\
\boldsymbol{V}(t;t_0,\boldsymbol{x}_0,\boldsymbol{\lambda})&=\frac{\partial\boldsymbol{\phi}}{\partial\boldsymbol{x}_0}(t;t_0,\boldsymbol{x}_0,\boldsymbol{\lambda}),\\
\boldsymbol{W}(t;t_0,\boldsymbol{x}_0,\boldsymbol{\lambda})&=\frac{\partial\boldsymbol{\phi}}{\partial\boldsymbol{\lambda}}(t;t_0,\boldsymbol{x}_0,\boldsymbol{\lambda}),\\
\boldsymbol{A}(t;t_0,\boldsymbol{x}_0,\boldsymbol{\lambda})&=\frac{\partial\boldsymbol{f}}{\partial\boldsymbol{x}}(t,\boldsymbol{\phi}(t;t_0,\boldsymbol{x}_0,\boldsymbol{\lambda}),\boldsymbol{\lambda}),\\
\boldsymbol{B}(t;t_0,\boldsymbol{x}_0,\boldsymbol{\lambda})&=\frac{\partial\boldsymbol{f}}{\partial\boldsymbol{\lambda}}(t,\boldsymbol{\phi}(t;t_0,\boldsymbol{x}_0,\boldsymbol{\lambda}),\boldsymbol{\lambda}),
\end{aligned}$$

则 $\boldsymbol{u}$, $\boldsymbol{V}$, $\boldsymbol{W}$ 满足的微分方程组和初值条件分别为

$$\begin{aligned}
&\frac{\mathrm{d}\boldsymbol{u}}{\mathrm{d}t}=\boldsymbol{A}(t;t_0,\boldsymbol{x}_0,\boldsymbol{\lambda})\boldsymbol{u},\quad \boldsymbol{u}(t_0)=-\boldsymbol{f}(t_0,\boldsymbol{x}_0,\boldsymbol{\lambda}),\\
&\frac{\mathrm{d}\boldsymbol{V}}{\mathrm{d}t}=\boldsymbol{A}(t;t_0,\boldsymbol{x}_0,\boldsymbol{\lambda})\boldsymbol{V},\quad \boldsymbol{V}(t_0)=\boldsymbol{I}_n,\\
&\frac{\mathrm{d}\boldsymbol{W}}{\mathrm{d}t}=\boldsymbol{A}(t;t_0,\boldsymbol{x}_0,\boldsymbol{\lambda})\boldsymbol{W}+\boldsymbol{B}(t;t_0,\boldsymbol{x}_0,\boldsymbol{\lambda}),\quad \boldsymbol{W}(t_0)=\boldsymbol{0}.
\end{aligned}$$

注意到, 如果 $\boldsymbol{x},\boldsymbol{\lambda}$ 均是一维的 (分别记为 x,λ), 那么 $\boldsymbol{f},\boldsymbol{u},\boldsymbol{V},\boldsymbol{W},\boldsymbol{A},\boldsymbol{B}$ 均为数量函数, 分别记为 f,u,V,W,A,B, 且 u,V,W 满足的是一阶线性微分方程. 此时, 可以利用第二章中关于线性微分方程的解法得到

$$u=-f(t_0,x_0,\lambda)\mathrm{e}^{\int_{t_0}^{t}A(s)\mathrm{d}s},$$

$$V = \mathrm{e}^{\int_{t_0}^{t} A(s)\mathrm{d}s},$$

$$W = \mathrm{e}^{\int_{t_0}^{t} A(s)\mathrm{d}s} \int_{t_0}^{t} B(\tau)\mathrm{e}^{-\int_{t_0}^{\tau} A(s)\mathrm{d}s}\mathrm{d}\tau.$$

例 4.8.1 设函数 $x = x(t, \mu)$ 是初值问题

$$\frac{\mathrm{d}x}{\mathrm{d}t} = x + \mu(t + x^2), \quad x(0) = 1$$

的解, 求 $\left.\dfrac{\partial x}{\partial \mu}\right|_{\mu=0}$.

解 由假设可知

$$x(t, \mu) = 1 + \int_0^t [x(s, \mu) + \mu(s + x^2(s, \mu))]\mathrm{d}s.$$

由此得到

$$\frac{\partial x}{\partial \mu} = \int_0^t \left[\frac{\partial x}{\partial \mu} + (s + x^2(s, \mu)) + 2\mu x(s, \mu)\frac{\partial x}{\partial \mu}\right]\mathrm{d}s,$$

因此函数 $\dfrac{\partial x}{\partial \mu}$ 满足微分方程

$$u' = t + x^2(t, \mu) + (1 + 2\mu x(t, \mu))u$$

及初值条件 $u(0) = 0$. 上式是一阶线性微分方程, 解这个方程可以得到

$$\mathrm{e}^{-\int_0^t (1+2\mu x(s,\mu))\mathrm{d}s}\frac{\partial x}{\partial \mu} = \int_0^t \mathrm{e}^{-\int_0^{\tau} (1+2\mu x(s,\mu))\mathrm{d}s}(\tau + x^2(\tau, \mu))\mathrm{d}\tau.$$

由微分方程的解对参数的连续性可知 $x(t, 0) = \mathrm{e}^t$, 因此

$$\mathrm{e}^{-t}\left.\frac{\partial x}{\partial \mu}\right|_{\mu=0} = \int_0^t \mathrm{e}^{-\tau}(\tau + \mathrm{e}^{2\tau})\mathrm{d}\tau.$$

所以

$$\left.\frac{\partial x}{\partial \mu}\right|_{\mu=0} = \mathrm{e}^{2t} - t - 1.$$

当初值问题 (4.29) 中微分方程组的右端函数 $\boldsymbol{f}(t, \boldsymbol{x}, \boldsymbol{\lambda})$ 对于 $\boldsymbol{x}, \boldsymbol{\lambda}$ 具有更高的可微性时, 该方程组的解对于 $\boldsymbol{\lambda}$ 也具有更高的可微性. 准确地讲, 我们有下面的结论.

定理 4.13 假设 $\boldsymbol{f}(t, \boldsymbol{x}, \boldsymbol{\lambda})$ 关于 $\boldsymbol{x}$ 和 $\boldsymbol{\lambda}$ 是 r $(r \geqslant 1)$ 次连续可微的函数, 则初值问题 (4.29) 的解 $\boldsymbol{x} = \boldsymbol{\phi}(t, \boldsymbol{\lambda})$ 关于 $\boldsymbol{\lambda}$ 是 r 次可微的.

在本节的最后, 我们讨论当函数 $\boldsymbol{f}(t, \boldsymbol{x}, \boldsymbol{\lambda})$ 对 $\boldsymbol{x}, \boldsymbol{\lambda}$ 解析时, 初值问题

$$\frac{\mathrm{d}\boldsymbol{x}}{\mathrm{d}t} = \boldsymbol{f}(t, \boldsymbol{x}, \boldsymbol{\lambda}), \quad \boldsymbol{x}(t_0) = \boldsymbol{x}_0 \tag{4.32}$$

的唯一解 $\boldsymbol{x} = \boldsymbol{x}(t; t_0, \boldsymbol{x}_0, \boldsymbol{\lambda})$ 对初值 $\boldsymbol{x}_0$ 和参数 $\boldsymbol{\lambda}$ 的依赖性.

定理 4.14 假设函数 $\boldsymbol{f}(t,\boldsymbol{x},\boldsymbol{\lambda})$ 在闭区域 $|t-t_0|\leqslant a$, $|\boldsymbol{x}-\boldsymbol{x}_0|\leqslant b$, $|\boldsymbol{\lambda}|\leqslant c$ 上连续, 对 $\boldsymbol{x},\boldsymbol{\lambda}$ 解析, 则初值问题 (4.32) 的解 $\boldsymbol{x}(t;t_0,\boldsymbol{x}_0,\boldsymbol{\lambda})$ 在区间 $|t-t_0|\leqslant h_0$ 上存在, 并且该解对初值 $\boldsymbol{x}_0$ 和参数 $\boldsymbol{\lambda}$ 是解析的, 即对于任意固定的 t, $\boldsymbol{x}(t;t_0,\boldsymbol{x}_0,\boldsymbol{\lambda})$ 是 $\boldsymbol{x}_0$ 和 $\boldsymbol{\lambda}$ 的解析函数.

注 4.27 称数量函数 x 是向量变量 $\boldsymbol{\lambda}$ 的**解析函数**, 如果 x 对 $\boldsymbol{\lambda}$ 的每个分量均为解析函数. 换句话说, 对于 $\boldsymbol{\lambda}$ 的每个分量 λ_k, 当其他分量 λ_i $(i\neq k)$ 固定时, x 是单变量 λ_k 的解析函数. 如果向量函数 $\boldsymbol{x}$ 的每个分量均为 $\boldsymbol{\lambda}$ 的解析函数, 那么称 $\boldsymbol{x}$ 是 $\boldsymbol{\lambda}$ 的**解析函数**.

证明 与处理微分方程的解对初值和参数的连续性的方法相同, 假设初值问题 (4.32) 的初值条件为 $\boldsymbol{x}(t_0)=\boldsymbol{0}$. 进一步, 由于在定理的结论中并不涉及 t_0, 为简单起见, 假设 $t_0=0$, 即初值条件是

$$\boldsymbol{x}(0)=\boldsymbol{0}.$$

由于 $\boldsymbol{f}(t,\boldsymbol{x},\boldsymbol{\lambda})$ 对 $\boldsymbol{x}$ 和 $\boldsymbol{\lambda}$ 是实解析的, 依据解析函数的延拓理论可知, $\boldsymbol{f}(t,\boldsymbol{x},\boldsymbol{\lambda})$ 在包含有界闭区域

$$|\boldsymbol{x}|\leqslant b,\quad |\boldsymbol{\lambda}|\leqslant c$$

的一个复区域上是复解析的, 即 $\boldsymbol{f}(t,\boldsymbol{x},\boldsymbol{\lambda})$ 是复变量 $\boldsymbol{x}$ 和 $\boldsymbol{\lambda}$ 的解析函数.

利用 Picard 序列来证明解 $\boldsymbol{x}(t,\boldsymbol{\lambda})$ 对 $\boldsymbol{\lambda}$ 的解析依赖性. 取 $\boldsymbol{x}_0(t,\boldsymbol{\lambda})\equiv\boldsymbol{0}$, 定义

$$\boldsymbol{x}_{k+1}(t,\boldsymbol{\lambda})=\int_0^t \boldsymbol{f}(s,\boldsymbol{x}_k(s,\boldsymbol{\lambda}),\boldsymbol{\lambda})\mathrm{d}s,\quad k=0,1,2,\cdots.$$

利用数学归纳法可以证明: $\boldsymbol{x}_k(t,\boldsymbol{\lambda})(k=0,1,2,\cdots)$ 对于 $\boldsymbol{\lambda}$ 是解析依赖的. 再由 $\{\boldsymbol{x}_k(t,\boldsymbol{\lambda})\}$ 的一致收敛性, 可以得到其极限函数

$$\boldsymbol{x}(t,\boldsymbol{\lambda})=\lim_{k\to+\infty}\boldsymbol{x}_k(t,\boldsymbol{\lambda})$$

也是 $\boldsymbol{\lambda}$ 的解析函数. □

习题 4.8

1. 设函数 $x=x(t,\eta)$ 是初值问题

$$\frac{\mathrm{d}x}{\mathrm{d}t}=\sin tx,\quad x(0)=\eta$$

的解, 证明:

$$\frac{\partial x}{\partial \eta}>0.$$

2. 设函数 $\boldsymbol{x}(t;t_0,\boldsymbol{x}_0)$ 是初值问题

$$\frac{\mathrm{d}\boldsymbol{x}}{\mathrm{d}t}=\boldsymbol{f}(t,\boldsymbol{x}),\quad \boldsymbol{x}(t_0)=\boldsymbol{x}_0,$$

的解, 其中函数 $\boldsymbol{f}(t,\boldsymbol{x})$ 关于 $\boldsymbol{x}$ 是连续可微的, 证明:

(1) $\dfrac{\partial \boldsymbol{x}}{\partial t_0}(t;t_0,\boldsymbol{x}_0)$ 连续可微;

(2) $\dfrac{\partial \boldsymbol{x}}{\partial t_0}(t;t_0,\boldsymbol{x}_0)+\dfrac{\partial \boldsymbol{x}}{\partial \boldsymbol{x}_0}(t;t_0,\boldsymbol{x}_0)\boldsymbol{f}(t_0,\boldsymbol{x}_0)\equiv 0.$

3. 考虑二阶微分方程

$$\frac{\mathrm{d}^2x}{\mathrm{d}t^2}+c\frac{\mathrm{d}x}{\mathrm{d}t}+g(x)=p(t),$$

其中 $p(t)$ 是以 2π 为周期的连续函数, $g(x)$ 是连续可微函数, c 为常数. 假设该方程的解是大范围存在的. 考虑 xx'-平面上的变换

$$\boldsymbol{\Phi}:(x(0),x'(0))\mapsto(x(2\pi),x'(2\pi)).$$

证明: 对于 xx'-平面上的有界区域 D, 有

$$\mathrm{Area}(\boldsymbol{\Phi}(D))=\mathrm{e}^{-2\pi c}\mathrm{Area}(D).$$

4. 求微分方程的解对初值或参数的导数:

(1) $y'=2x+\mu y^2, y(0)=\mu-1$, 求 $\left.\dfrac{\partial y}{\partial \mu}\right|_{\mu=0}$.

(2) $y''=\dfrac{2}{x}-\dfrac{2}{y}$, $y(1)=1, y'(1)=\mu$, 求 $\left.\dfrac{\partial y}{\partial \mu}\right|_{\mu=1}$.

5. 证明定理 4.12.

4.9 奇解

本节讨论微分方程初值问题解的唯一性被破坏时的情况. 为此, 先给出奇解的定义.

定义 4.6 考虑微分方程

$$F(t,x,x')=0. \tag{4.33}$$

设 $\Gamma=\{(t,x):x=\phi(t),\ t\in J\}$ 是它的一条解曲线. 如果对于 Γ 上的任一点 Q, 在点 Q 的任意邻域内都有方程 (4.33) 的不同于 Γ 的解曲线与 Γ 在点 Q 处相切, 那么称 $x=\phi(t)$ 是该方程的**奇解**.

注 4.28 所谓微分方程的奇解, 就是指这样的解, 在该解的每一点处, 微分方程的解都不是唯一的, 即微分方程解的唯一性被破坏.

例 4.9.1 微分方程

$$x = tx' - \frac{1}{2}(x')^2$$

的解 $x = \frac{1}{2}t^2$ 是奇解. 事实上, 由隐式方程的解法可知, 该方程的通解为

$$x = ct - \frac{1}{2}c^2$$

(c 为任意常数), 一个特解为

$$x = \frac{1}{2}t^2.$$

对于抛物线 $x = \frac{1}{2}t^2$ 上的任一点, 均有直线族 $x = ct - \frac{1}{2}c^2$ 中的某一条与之在这一点处相切.

例 4.9.2 微分方程

$$x^2 + (x')^2 = 1$$

的解 $x \equiv \pm 1$ 是奇解. 这是因为, 该方程的解为

$$x = \sin(t + c)$$

(c 为任意常数) 和

$$x \equiv \pm 1.$$

显然, 对于直线 $x = \pm 1$ 上的任一点, 均有曲线族 $x = \sin(t + c)$ 中的某一条与之在这一点处相切.

下面给出奇解存在的必要条件.

定理 4.15 假设函数 $F(t, x, p)$ 在区域 G 内连续, 且关于 x 和 p 有连续的偏导数 F_x, F_p. 若函数 $x = \phi(t)$ $(t \in J)$ 是微分方程 (4.33) 的一个奇解, 并且

$$(t, \phi(t), \phi'(t)) \in G \quad (t \in J),$$

则 $x = \phi(t)$ 满足

$$F(t, x, p) = 0, \quad F_p(t, x, p) = 0 \quad (p = x'). \tag{4.34}$$

证明 由于 $x = \phi(t)$ 是方程 (4.33) 的解, 因此 (4.34) 式中的第一个等式成立.

现在来证明 (4.34) 式中的第二个等式成立. 若不然, 存在点 $(t_0, x_0, p_0) \in G$, 使得

$$F_p(t_0, x_0, p_0) \neq 0,$$

其中 $x_0=\phi(t_0)$, $p=\phi'(t_0)$. 由于

$$F(t_0,x_0,p_0)=0,$$

由隐函数存在定理可知, $F(t,x,p)=0$ 在点 (t_0,x_0) 附近唯一地确定了函数 $f(t,x)$, 使得 $p=f(t,x)$, 即

$$\frac{\mathrm{d}x}{\mathrm{d}t}=f(t,x), \tag{4.35}$$

其中 $f(t,x)$ 满足 $f(t_0,x_0)=p_0$. 这意味着, 方程 (4.33) 的满足条件 $x(t_0)=x_0$ 的解均是方程 (4.35) 的解.

由于 $f(t,x)$ 是连续的, 且

$$\frac{\partial f(t,x)}{\partial x}=-\frac{F_x(t,x,f(t,x))}{F_p(t,x,f(t,x))},$$

因此 $f(t,x)$ 对 x 满足局部 Lipschitz 条件. 由 Picard 定理可知, 方程(4.35) 满足初值条件 $x(t_0)=x_0$ 的解是存在且唯一的. 这就证明了, 方程 (4.33) 在点 (t_0,x_0) 附近没有异于 $x=\phi(t)$ 的解与之在点 (t_0,x_0) 处相切 (这里指解曲线相切). 这与 $x=\phi(t)$ 是奇解的假设矛盾. □

注 4.29 设从 (4.34) 式中消去 p 得到方程

$$\varDelta(t,x)=0, \tag{4.36}$$

称 (4.34) 式或 (4.36) 式为方程 (4.33) 的 p-**判别式**, 并称 $\varDelta(t,x)=0$ 所确定的曲线为方程 (4.33) 的 p-**判别曲线**.

例 4.9.3 求微分方程 $x=pt\ln t+(tp)^2$ 的奇解, 其中 $p=x'$.

解 令

$$F(t,x,p)=pt\ln t+(tp)^2-x.$$

由

$$F(t,x,p)=0,\quad F_p(t,x,p)=0$$

解出

$$p=-\frac{\ln t}{2t},\quad x=pt\ln t+(tp)^2.$$

消去 p, 得到

$$x=-\frac{1}{4}(\ln t)^2.$$

这就是该方程的 p-判别式. 由下面的定理 4.16 可知, 它是该方程的奇解.

下面的例子表明, 由微分方程的 p-判别式 (4.36) 得到的函数 $x=\phi(t)$ 可以不是微分方程的解, 即使是微分方程的解, 也未必是奇解.

例 4.9.4　考虑微分方程

$$(x')^2+x-t=0.$$

该方程的 p-判别式为

$$p^2+x-t=0,\quad 2p=0.$$

由此消去 p, 得到 $x=t$. 然而, $x=t$ 并不是该方程的解.

例 4.9.5　微分方程

$$(x')^2-x^2=0$$

的 p-判别式为

$$p^2-x^2=0,\quad 2p=0.$$

消去 p, 得到 $x\equiv 0$. 这个函数是该方程的解, 但是它不是奇解, 因为该方程的所有解为

$$x=c\,\mathrm{e}^{\pm t},$$

其中 c 为任意常数. 这些解与 $x\equiv 0$ 或者重合, 或者不相交.

由上面的例子可以知道, 尽管将寻找奇解的范围缩小到微分方程的 p-判别式, 但是由 p-判别式确定的函数不一定是奇解, 甚至不是解. 下面的定理给出了奇解存在的充分条件.

定理 4.16　设函数 $F(t,x,p)\in C^2(G)$, 再设由方程 (4.33) 的 p-判别式 (4.34) 或 (4.36) 得到的函数 $x=\psi(t)\ (t\in J)$ 是该方程的解, 并且

$$\frac{\partial F}{\partial x}(t,\psi(t),\psi'(t))\neq 0,\quad \frac{\partial^2 F}{\partial p^2}(t,\psi(t),\psi'(t))\neq 0 \tag{4.37}$$

及

$$\frac{\partial F}{\partial p}(t,\psi(t),\psi'(t))=0 \tag{4.38}$$

对 $t\in J$ 成立, 则 $x=\psi(t)\ (t\in J)$ 是方程 (4.33) 的奇解.

我们先看两个例子.

例 4.9.6　考虑微分方程

$$\left[(x-1)\frac{\mathrm{d}x}{\mathrm{d}t}\right]^2=x\mathrm{e}^{tx}.$$

它的 p-判别式为

$$(x-1)^2p^2-x\mathrm{e}^{tx}=0,\quad 2p(x-1)^2=0.$$

由此得到 $x\equiv 0$. 显然, $x\equiv 0$ 是该方程的解. 又由于

$$\frac{\partial}{\partial x}\left\{\left[(x-1)\frac{\mathrm{d}x}{\mathrm{d}t}\right]^2-x\mathrm{e}^{tx}\right\}\Bigg|_{\substack{x=0\\ p=0}}=-1,$$

$$\frac{\partial^2}{\partial p^2}\left\{\left[(x-1)\frac{\mathrm{d}x}{\mathrm{d}t}\right]^2 - x\mathrm{e}^{tx}\right\}\Bigg|_{\substack{x=0\\p=0}} = 2,$$

$$\frac{\partial}{\partial p}\left\{\left[(x-1)\frac{\mathrm{d}x}{\mathrm{d}t}\right]^2 - x\mathrm{e}^{tx}\right\}\Bigg|_{\substack{x=0\\p=0}} = 0,$$

因此由定理 4.16 可知 $x \equiv 0$ 是奇解.

例 4.9.7 考虑 Clairaut 方程

$$x = tp + f(p),$$

其中 $p = x', f''(p) \neq 0$. 令 $F(t,x,p) = tp + f(p) - x$. 该方程的 p-判别式为

$$tp + f(p) - x = 0, \quad t + f'(p) = 0.$$

由 p-判别式的第二个等式及条件 $f''(p) \neq 0$ 可以得到 $p = w(t)(w(t)$ 为某个函数), 然后将其代入第一个等式得到函数 $x = tw(t) + f(w(t)) \triangleq \psi(t)$. 容易验证 $x = \psi(t)$ 是该方程的解. 又由于

$$F_x(t,\psi(t),\psi'(t)) = -1 \neq 0,$$

$$F_{pp}(t,\psi(t),\psi'(t)) = f''(\psi'(t)) \neq 0,$$

$$F_p(t,\psi(t),\psi'(t)) = t + f'(\psi'(t)) = 0,$$

因此由定理 4.16 可知 $x = \psi(t)$ 是奇解.

定理 4.16 可以看作下面结果的推论.

定理 4.17 假设函数 $F(t,x,p)$ 对 $(t,x,p) \in G$ 是光滑的, 且由方程 (4.33) 的 p-判别式

$$F(t,x,p) = 0, \quad F_p(t,x,p) = 0 \tag{4.39}$$

(消去 p 之后) 得到的函数 $x = \psi(t)$ $(t \in J)$ 是方程 (4.33) 的解. 进一步, 假设

$$\begin{cases} \dfrac{\partial^{k+l}F}{\partial x^k \partial p^l}(t,\psi(t),\psi'(t)) = 0, \quad 0 \leqslant k \leqslant m-1, 0 \leqslant l \leqslant n-1, \\ \dfrac{\partial^m F}{\partial x^m}(t,\psi(t),\psi'(t)) \neq 0, \\ \dfrac{\partial^n F}{\partial p^n}(t,\psi(t),\psi'(t)) \neq 0 \end{cases} \tag{4.40}$$

对 $t \in J$ 成立. 如果 $n > m$, 且 m, n 之一为奇数, 那么 $x = \psi(t)$ 是方程 (4.33) 的奇解.

例 4.9.8 考虑微分方程

$$\left(\frac{\mathrm{d}x}{\mathrm{d}t}\right)^4-\left(\frac{\mathrm{d}x}{\mathrm{d}t}\right)^3-x^2\frac{\mathrm{d}x}{\mathrm{d}t}+x^2=0.$$

显然, $x\equiv 0$ 是该方程的一个解. 令

$$F(t,x,p)=p^4-p^3-x^2p+x^2,$$

则

$$\frac{\partial^3F(t,0,0)}{\partial p^3}=-6\neq 0,\quad \frac{\partial^2F(t,0,0)}{\partial x^2}=2\neq 0.$$

容易验证, 对于任意整数 k,l $(k+l\leqslant 3,\ 0\leqslant k\leqslant 1,\ 0\leqslant l\leqslant 2)$, 有

$$\frac{\partial^{k+l}F(t,0,0)}{\partial x^k\partial p^l}=0.$$

因此, 由定理 4.17 可知, $x\equiv 0$ 是该方程的奇解.

为了证明定理 4.17, 先来证明下面的引理.

引理 4.8 设微分方程

$$u'=\pm A(t,u)|u|^{\alpha},\quad 0<\alpha<1, \tag{4.41}$$

其中 $A(t,u)$ 连续, 当 $u\neq 0$ 时连续可微, 且存在常数 c_0,C_0, 使得在闭区域 $D:|t-t_0|\leqslant a,|u|\leqslant b$ 上有

$$0<c_0\leqslant A(t,u)\leqslant C_0$$

成立, 则 $u\equiv 0$ 是该方程的一个奇解.

证明 考虑方程 (4.41) 在初值条件

$$u(t_0)=0$$

下的初值问题. 显然, $u\equiv 0$ 是该初值问题的解.

我们来证明: 该方程存在另一个不恒为零的解 $u=\phi(t)$, 满足 $\phi(t_0)=0$ 以及在 t_0 的一个空心邻域内 $\phi(t)\neq 0$. 于是, 根据奇解的定义可知 $u\equiv 0$ 是奇解.

不妨设方程 (4.41) 的右端符号为正号, 右端符号为负号时可以类似证明. 注意到, 对于 $u\neq 0$, 方程 (4.41) 的右端函数关于 u 是可微的, 因此方程 (4.41) 满足初值条件

$$u(\xi_0)=u_0>0$$

的解存在且唯一, 并且这个解关于初值点 (ξ_0,u_0) 是连续的 (见定理 4.10).

由于 $A(t,u)>0$, 因此当 $\xi_1<\xi_2$ 时, $u(\xi_1)<u(\xi_2)$. 依据解的延伸定理, 将这个解向左侧延伸时, 我们来证明存在 ξ $(t_0-a<\xi<\xi_0)$, 使得

$$u(\xi)=0,\quad u(\eta)>0,\quad \eta\in(\xi,\xi_0),$$

且 ξ 连续依赖于 u_0,ξ_0. 注意到

$$u'(t)=A(t,u)u^{\alpha},$$

于是

$$\int_0^{u_0}\frac{\mathrm{d}u}{u^{\alpha}}=\int_{\xi}^{\xi_0}A(s,u(s))\mathrm{d}s.$$

再由假设 $0<c_0\leqslant A(t,u)\leqslant C_0$, 可知

$$c_0(\xi_0-\xi)\leqslant\frac{1}{1-\alpha}u_0^{1-\alpha}\leqslant C_0(\xi_0-\xi).$$

由此可知

$$\xi_0-\frac{1}{c_0}\cdot\frac{1}{1-\alpha}u_0^{1-\alpha}\leqslant\xi\leqslant\xi_0-\frac{1}{C_0}\cdot\frac{1}{1-\alpha}u_0^{1-\alpha}. \tag{4.42}$$

接下来证明: 存在 ξ_0, 使得 $\xi=t_0$. 事实上, 先选择 $\widetilde{\xi}_0\leqslant t_0$, 则相应的 $\widetilde{\xi}$ 满足 $\widetilde{\xi}<\widetilde{\xi}_0\leqslant t_0$. 再由不等式 (4.42) 可知, 只要 u_0 充分小, 就有 $\widetilde{\xi}>t_0-a$. 再选择 $\bar{\xi}_0\in(t_0,t_0+a)$, 使得相应的 $\bar{\xi}$ 满足 $\bar{\xi}>t_0$. 由不等式 (4.42) 可知, 只要 u_0 充分小, 这一点是可以做到的. 注意到 ξ 是连续依赖于 ξ_0 的, 于是存在 $\xi_0\in(\widetilde{\xi}_0,\bar{\xi}_0)$, 使得相应的 ξ 为 $\xi=t_0$. 由我们的选择可知

$$u(t_0)=0,\quad u(t)>0,\quad t_0<t<\xi_0.$$

这就证明了 $u\equiv0$ 是奇解. 由此引理得证. □

现在回到关于定理 4.17 证明的讨论. 由于 $x=\psi(t)$ 是方程 (4.33) 的解, 因此

$$F(t,\psi(t),\psi'(t))=0,\quad x\in J. \tag{4.43}$$

由条件 (4.40) 可知

$$\frac{\partial}{\partial p}F(t,\psi(t),\psi'(t))=0,\quad x\in J. \tag{4.44}$$

令 $x=\psi(t)+u$, 则方程 (4.33) 可以写成

$$H(t,u,q)=0,\quad q=\frac{\mathrm{d}u}{\mathrm{d}t}, \tag{4.45}$$

其中函数

$$H(t,u,q)=F(t,\psi(t)+u,\psi'(t)+q)$$

对 (t,u,q) 在某个区域内是连续可微的.

要证明 $x=\psi(t)$ 是方程 (4.33) 的奇解, 只要证明 $u\equiv0$ 是方程 (4.45) 的奇解即可. 注意到, $H(t,0,0)=F(t,\psi(t),\psi'(t))=0$, 且由条件 (4.40) 可知

$$\frac{\partial^m H}{\partial u^m}(t,0,0)\neq0,\quad \frac{\partial^n H}{\partial q^n}(t,0,0)\neq0$$

及

$$\frac{\partial^{k+j} H}{\partial u^k \partial q^j}(t,0,0) \equiv 0, \quad 0 \leqslant k \leqslant m-1,\ 0 \leqslant j \leqslant n-1. \tag{4.46}$$

因此, 有下面的引理成立.

引理 4.9 函数 $H(t,u,q)$ 可以写成如下形式:

$$H(t,u,q) = H_1(t,u,q)u^m + H_2(t,u,q)q^n, \tag{4.47}$$

其中函数 $H_1(t,u,q), H_2(t,u,q)$ 是光滑的, 且

$$H_1(t,0,0) = \frac{1}{m!}\cdot\frac{\partial^m H(t,0,0)}{\partial u^m}, \quad H_2(t,0,0) = \frac{1}{n!}\cdot\frac{\partial^n H(t,0,0)}{\partial q^n}.$$

证明 考虑 $H(t,u,q)$ 在点 $q=0$ 处的 Taylor 展开式.

定义

$$H_2(t,u,q) = \begin{cases} \dfrac{H(t,u,q) - T_n(t,u,q)}{q^n}, & q \neq 0, \\[2ex] \dfrac{1}{n!}\cdot\dfrac{\partial^n H(t,u,0)}{\partial q^n}, & q = 0, \end{cases}$$

其中

$$T_n(t,u,q) = H(t,u,0) + \frac{\partial H(t,u,0)}{\partial q}q + \cdots + \frac{1}{(n-1)!}\cdot\frac{\partial^{n-1}H(t,u,0)}{\partial q^{n-1}}q^{n-1}.$$

容易验证 $H_2(t,u,q)$ 是光滑的.

令

$$H_1(t,u,q) = \begin{cases} \dfrac{T_n(t,u,q)}{u^m}, & u \neq 0, \\[2ex] \dfrac{1}{m!}\left[\dfrac{\partial^m H}{\partial u^m} + q\dfrac{\partial^{m+1}H}{\partial u^m \partial q} + \cdots + \dfrac{q^{n-1}}{(n-1)!}\cdot\dfrac{\partial^{m+n-1}H}{\partial u^m \partial q^{n-1}}\right], & u = 0, \end{cases}$$

其中 $H = H(t,0,0)$, 则 H_1 是光滑的.

由 H_1, H_2 的定义可知

$$H(t,u,q) = H_1(t,u,q)u^m + H_2(t,u,q)q^n,$$

且

$$H_1(t,0,0) = \frac{1}{m!}\cdot\frac{\partial^m H(t,0,0)}{\partial u^m}, \quad H_2(t,0,0) = \frac{1}{n!}\cdot\frac{\partial^n H(t,0,0)}{\partial q^n}.$$

引理证毕. □

注 4.30 由定理 4.17 的假设可知, 当 $|u|, |q|$ 充分小时,

$$H_1(t,u,q) \neq 0, \quad H_2(t,u,q) \neq 0.$$

引理 4.10 在定理 4.17 的条件下, 存在连续可微函数 $A(t,u)$, 使得

$$q = \pm A(t,u)|u|^{\frac{m}{n}}.$$

证明 由引理 4.9 可知, $H(t,u,q) = 0$ 等价于

$$H_1(t,u,q)u^m + H_2(t,u,q)q^n = 0.$$

分情况讨论:

(1) n 为奇数. 此时, 得到 q 满足的方程

$$q = \left(-\frac{H_1(t,u,q)}{H_2(t,u,q)}\right)^{\frac{1}{n}} u^{\frac{m}{n}} = \pm\left|\frac{H_1(t,u,q)}{H_2(t,u,q)}\right|^{\frac{1}{n}} \cdot |u|^{\frac{m}{n}}. \tag{4.48}$$

(2) n 为偶数, m 为奇数. 此时, 注意到当 $|u|, |q|$ 充分小时,

$$\frac{H_1(t,u,q)}{H_2(t,u,q)} \neq 0,$$

因此可以选择 u 的符号, 使得

$$-\frac{H_1(t,u,q)}{H_2(t,u,q)}u^m > 0,$$

从而又可以得到方程 (4.48).

如果

$$\frac{\partial^m H(t,0,0)}{\partial u^m} \cdot \frac{\partial^n H(t,0,0)}{\partial q^n} < 0,$$

那么只要 $|u|, |q|$ 充分小, 就有

$$-\frac{H_1(t,u,q)}{H_2(t,u,q)} > 0,$$

此时依然可以得到方程 (4.48).

在方程 (4.48) 中引入变量 $s = |u|^{\frac{m}{n}}$, 则该方程可写成

$$G(t,u,q,s) \triangleq q \pm s\left|\frac{H_1(t,u,q)}{H_2(t,u,q)}\right|^{\frac{1}{n}} = 0. \tag{4.49}$$

注意到 $H_1(t,0,0) \neq 0$ 和 $H_2(t,0,0) \neq 0$, 因此当 u, q 充分小时, $G(t,u,q,s)$ 是连续可微的, 且

$$G(t,u,0,0) = 0, \quad \frac{\partial G(t,u,0,0)}{\partial q} = 1 \neq 0.$$

所以, 当 s 充分小且不为零时,

$$\frac{\partial G(t,u,0,s)}{\partial q} \neq 0.$$

由隐函数存在定理可知, 存在连续可微函数 $Q(t,u,s)$, 使得

$$q = Q(t,u,s), \quad Q(t,u,0) = 0$$

是方程 (4.49) 的解. 再由方程 (4.49) 可知

$$Q_s(t,u,0) = \mp\left|\frac{H_1(t,u,0)}{H_2(t,u,0)}\right|^{\frac{1}{n}} \neq 0.$$

又由于

$$Q(t,u,s) = \int_0^1 Q_s(t,u,s\tau)s\mathrm{d}\tau \triangleq B(x,u,s)s,$$

因此

$$q = B(t,u,|u|^{\frac{m}{n}})|u|^{\frac{m}{n}} \triangleq A(t,u)|u|^{\frac{m}{n}}.$$

这就完成了引理的证明. □

定理 4.17 的证明　注意到 $q = u'$, 因此

$$u'(t) = q = A(t,u)|u|^{\frac{m}{n}}. \tag{4.50}$$

要证明定理, 只需证明方程 (4.50) 的解 $u \equiv 0$ 为奇解即可. 注意到 $n > m$ 及

$$A(t,0) = B(t,0,0) = Q_s(t,0,0) \neq 0,$$

且当 $u \neq 0$ 时, $A(t,u)$ 是连续可微的, 因此方程 (4.50) 满足引理 4.8 的所有条件. 由此得到 $u \equiv 0$ 为奇解. 定理证毕. □

习题 4.9

1. 设连续函数 $E(x)$ 满足条件

$$E(0) = 0, \quad E(x) \neq 0, \quad 0 < x \leqslant 1,$$

证明: $x \equiv 0$ 是微分方程

$$x' = E(x)$$

的奇解的充要条件是 $\displaystyle\int_0^1 \frac{\mathrm{d}x}{E(x)}$ 收敛.

2. 求函数 f, 使得 $x = \sin t$ 是微分方程 $x = tp + f(p)$ 的奇解, 其中 $p = x'$.

3. 给定平面上一条连续可微曲线 $\gamma: x = f(t)$, 请找出一个以 $x = f(t)$ 为奇解的微分方程.

第五章

边值问题

我们讨论了微分方程初值问题的解的存在性和唯一性. 然而, 许多问题的研究涉及的是边值问题的解. 一般来讲, 边值问题的解不一定存在, 即使存在, 也不一定唯一. 本章要讨论的是二阶齐次线性微分方程的 Sturm-Liouville 边值问题, 它不仅在数学物理上有很多重要的应用, 而且也为后续 "泛函分析" 课程中的线性算子谱理论提供了不平凡的例子. 此外, 本章还将讨论另一类重要的边值问题——周期边值问题.

5.1 Sturm 比较定理

J. C. F. Sturm① 是在微分方程研究中较早使用定性方法的数学家. 所谓定性方法, 就是不依赖于微分方程解的具体形式, 而利用微分方程本身的特点来断定具有某些特殊性质的解的存在性, 如周期解、边值问题的解等.

考虑二阶齐次线性微分方程

$$x'' + p(t)x' + q(t)x = 0, \tag{5.1}$$

其中 $p(t)$ 和 $q(t)$ 是区间 J 上的连续函数.

引理 5.1 二阶齐次线性微分方程 (5.1) 的任何非零解在区间 J 上的零点均是孤立的.

证明 用反证法. 假设 $x = \phi(t)$ 是方程 (5.1) 的非零解, 即 $\phi(t) \not\equiv 0$ $(t \in J)$. 假设 $\bar{t}$ 是 $\phi(t)$ 的零点. 进一步, 假设它不是孤立的, 即存在一串 $t_j \in J$ $(j = 1, 2, \cdots)$, 使得

$$\phi(t_j) = 0, \quad \lim_{j\to+\infty} t_j = \bar{t}.$$

于是, 由 ϕ 的连续可微性可知

$$\phi'(\bar{t}) = \lim_{j\to+\infty} \frac{\phi(t_j) - \phi(\bar{t})}{t_j - \bar{t}} = 0.$$

所以, 函数 $x = \phi(t)$ 是方程 (5.1) 满足初值条件 $\phi(\bar{t}) = 0$, $\phi'(\bar{t}) = 0$ 的解. 但是, $x \equiv 0$ 是该方程满足相同初值条件的解. 由初值问题解的唯一性可知

$$\phi(t) \equiv 0.$$

这与假设 $\phi(t)$ 是非零解矛盾. □

假设 $x = \phi(t)$ 是二阶齐次线性微分方程 (5.1) 的一个非零解, t_1 是它的一个零点. 由引理 5.1 可知, t_1 是孤立的零点. 我们可以考虑 $\phi(t)$ 在 t_1 左边 (或右边) 距离 t_1 最

① J. C. F. Sturm (施图姆, 1803—1855), 法国数学家.

近的零点 $t_2 < t_1$ (或 $t_2 > t_1$) (如果有的话). 此时, $\phi(t)$ 在 t_1 和 t_2 之间没有零点. 称 t_1 和 t_2 是 $\phi(t)$ 的**相邻零点**.

引理 5.2 设 $x = \phi_1(t)$ 和 $x = \phi_2(t)$ 是二阶齐次线性微分方程 (5.1) 的两个非零解, 则

(i) 它们是线性相关的, 当且仅当它们有相同的零点;

(ii) 它们是线性无关的, 当且仅当它们的零点是相互交错的.

证明 (i) 如果 $\phi_1(t)$ 与 $\phi_2(t)$ 是线性相关的, 则存在非零常数 c, 使得

$$\phi_2(t) = c\,\phi_1(t) \quad t \in J.$$

由此可见, 它们具有相同的零点. 反之, 如果它们在点 $t = t_0$ 处均为零, 则其 Wronski 行列式 $W(t)$ 在点 $t = t_0$ 处为零. 由此可知, $\phi_1(t)$ 与 $\phi_2(t)$ 是线性相关的.

(ii) 我们假设 $\phi_1(t)$ 与 $\phi_2(t)$ 是线性无关的. 进一步, 假定 t_1 和 t_2 是 $\phi_1(t)$ 的相邻零点. 不妨设

$$\phi_1(t) > 0, \quad t_1 < t < t_2.$$

由此及导数的定义可知

$$\phi_1'(t_1) \geqslant 0, \quad \phi_1'(t_2) \leqslant 0.$$

再利用解的唯一性以及 $\phi_1(t)$ 是非零解, 可推出

$$\phi_1'(t_1) > 0, \quad \phi_1'(t_2) < 0. \tag{5.2}$$

由于 $\phi_1(t)$ 与 $\phi_2(t)$ 线性无关, 由 (i) 可知 $\phi_2(t_1)\phi_2(t_2) \neq 0$. 下面来证明

$$\phi_2(t_1)\phi_2(t_2) < 0. \tag{5.3}$$

由于 $\phi_1(t)$ 与 $\phi_2(t)$ 是线性无关的, 所以它们的 Wronski 行列式 $W(t) \neq 0$ $(t \in J)$. 由此可知

$$W(t_1)W(t_2) > 0.$$

而

$$W(t_1) = \phi_1(t_1)\phi_2'(t_1) - \phi_1'(t_1)\phi_2(t_1) = -\phi_1'(t_1)\phi_2(t_1),$$

$$W(t_2) = -\phi_1'(t_2)\phi_2(t_2),$$

于是

$$W(t_1)W(t_2) = \phi_1'(t_1)\phi_1'(t_2)\phi_2(t_1)\phi_2(t_2),$$

进而由 (5.2) 式可得到 (5.3) 式. 由连续函数的性质知, 存在 $\bar{t} \in (t_1, t_2)$, 使得 $\phi_2(\bar{t}) = 0$. 同样的推理可知, 在 $\phi_2(t)$ 的两个相邻零点之间一定存在 $\phi_1(t)$ 的一个零点, 即 $\phi_1(t)$ 和 $\phi_2(t)$ 的零点是相互交错的.

反之, 如果 $\phi_1(t)$ 与 $\phi_2(t)$ 的零点是相互交错的, 则它们没有相同的零点. 由 (i) 可知, 它们是线性无关的. □

下面的定理是本节的主要结论——Sturm 比较定理.

定理 5.1 (Sturm 比较定理)　考虑两个二阶齐次线性微分方程

$$x'' + p(t)x' + Q(t)x = 0 \tag{5.4}$$

和

$$x'' + p(t)x' + R(t)x = 0, \tag{5.5}$$

其中 $p(t), Q(t), R(t)$ 在区间 J 上连续, 并且

$$R(t) \geqslant Q(t) \quad t \in J \tag{5.6}$$

成立. 设 $x = \phi(t)$ 是方程 (5.4) 的非零解, 并且 t_1, t_2 $(t_1 < t_2)$ 是它的两个相邻零点, 则方程 (5.5) 的任何非零解 $x = \psi(t)$ 至少有一个零点 $t_0 \in [t_1, t_2]$.

证明　由于 t_1 和 t_2 是 $\phi(t)$ 的相邻零点, 不妨设 $\phi(t) > 0, t \in (t_1, t_2)$. 由引理 5.2 的证明可知

$$\phi'(t_1) > 0, \quad \phi'(t_2) < 0. \tag{5.7}$$

假设定理的结论不成立, 即 $\psi(t)$ 在区间 $[t_1, t_2]$ 上无零点. 不妨设

$$\psi(t) > 0, \quad t \in [t_1, t_2]. \tag{5.8}$$

注意到

$$\phi''(t) + p(t)\phi'(t) + Q(t)\phi(t) = 0$$

和

$$\psi''(t) + p(t)\psi'(t) + R(t)\psi(t) = 0,$$

将第一个式子乘以 $\psi(t)$, 第二个式子乘以 $\phi(t)$, 然后相减, 得到

$$(\psi(t)\phi'(t) - \phi(t)\psi'(t))' + p(t)(\psi(t)\phi'(t) - \phi(t)\psi'(t)) = (R(t) - Q(t))\phi(t)\psi(t).$$

令 $v(t) = \psi(t)\phi'(t) - \phi(t)\psi'(t)$ 并注意到假设条件, 则对于 $t \in [t_1, t_2]$, 有

$$v'(t) + p(t)v(t) \geqslant 0.$$

在这个不等式两边乘以 $\mathrm{e}^{\int_{t_1}^{t} p(s)\mathrm{d}s}$, 得到

$$\frac{\mathrm{d}}{\mathrm{d}t}\left(\mathrm{e}^{\int_{t_1}^{t} p(s)\mathrm{d}s} v(t)\right) \geqslant 0, \quad t \in [t_1, t_2].$$

由此可知函数 $\mathrm{e}^{\int_{t_1}^{t} p(s)\mathrm{d}s} v(t)$ 是单调递增的, 于是

$$\mathrm{e}^{\int_{t_1}^{t_2} p(s)\mathrm{d}s} v(t_2) \geqslant \mathrm{e}^{\int_{t_1}^{t_1} p(s)\mathrm{d}s} v(t_1) = v(t_1).$$

然而

$$e^{\int_{t_1}^{t_2} p(s)\mathrm{d}s}v(t_2) = e^{\int_{t_1}^{t_2} p(s)\mathrm{d}s}\psi(t_2)\phi'(t_2) < 0,$$

$$v(t_1) = \psi(t_1)\phi'(t_1) > 0,$$

引出矛盾. 这表明, $\psi(t)$ 在 $[t_1, t_2]$ 上至少有一个零点. □

注 5.1 在定理 5.1 中, 如果 $R(t) > Q(t)$, 则结论可以加强为: 存在 $t_0 \in (t_1, t_2)$, 使得 $\psi(t_0) = 0$.

定义 5.1 设 $x = \phi(t)$ 是二阶齐次线性微分方程 (5.1) 的一个非零解. 如果 $\phi(t)$ 在区间 J 上最多有一个零点, 那么称它是**非振动**的; 否则, 称它是**振动**的. 如果 $\phi(t)$ 在区间 J 上有无穷多个零点, 那么称它是**无限振动**的.

利用 Sturm 比较定理, 可以得到下面的结论.

推论 5.1 设二阶齐次线性微分方程 (5.1) 中的系数函数

$$q(t) \leqslant 0, \quad t \in J,$$

则该方程的一切非零解均是非振动的.

证明 将方程 (5.1) 与方程

$$x'' + p(t)x' = 0$$

进行比较. 显然, 后一个方程有一个解 $x \equiv 1$. 再由 Sturm 比较定理可知, 方程 (5.1) 的任意非零解在区间 J 上至多有一个零点, 否则, 可以推出 $x \equiv 1$ 在方程 (5.1) 的任意非零解的两个零点之间一定有一个零点. □

推论 5.2 考虑微分方程

$$x'' + Q(t)x = 0, \tag{5.9}$$

其中 $Q(t)$ 在区间 $[a, +\infty)$ 上连续, 且存在常数 $m > 0$, 使得

$$Q(t) \geqslant m.$$

方程 (5.9) 的任意非零解 $x = \phi(t)$ 在区间 $[a, +\infty)$ 上是无限振动的, 并且它的任意两个相邻零点的距离不超过 $\dfrac{\pi}{\sqrt{m}}$.

证明 先证明方程 (5.9) 的任意非零解的无限振动性. 为此, 只要证明任何长度为 $\dfrac{\pi}{\sqrt{m}}$ 的区间上均有 $\phi(x)$ 的零点即可. 取任意的实数 $b \geqslant a$, 考虑区间 $I = \left[b, b + \dfrac{\pi}{\sqrt{m}}\right]$. 将方程 (5.9) 与方程

$$x'' + mx = 0$$

进行比较. 后面这个方程有非零解

$$x = \sin(\sqrt{m}(t-b)).$$

这个解以区间 I 的两个端点为零点. 根据 Sturm 比较定理可知, 方程 (5.9) 的任意非零解 $x=\phi(t)$ 在区间 I 上至少有一个零点. 于是, $\phi(t)$ 在

$$\left[b, b+\frac{\pi}{\sqrt{m}}\right], \quad \left[b+\frac{2\pi}{\sqrt{m}}, b+\frac{3\pi}{\sqrt{m}}\right], \quad \cdots$$

中的每个区间上均至少有一个零点, 即方程 (5.9) 的任意非零解均是无限振动的.

再证明方程 (5.9) 的任意非零解的相邻零点的距离不超过 $\frac{\pi}{\sqrt{m}}$. 假设 $x=\phi(t)$ 是方程 (5.9) 的一个非零解, 它有两个相邻零点 t_1, t_2, 且 $t_2 - t_1 > \frac{\pi}{\sqrt{m}}$. 可以选择 $\tilde{t}_1, \tilde{t}_2$, 使得

$$t_1 < \tilde{t}_1 < \tilde{t}_2 < t_2, \quad \tilde{t}_2 - \tilde{t}_1 = \frac{\pi}{\sqrt{m}}.$$

微分方程 $x'' + mx = 0$ 有非零解

$$\tilde{\phi}(t) = \sin(\sqrt{m}(t-\tilde{t}_1)).$$

这个解的两个相邻零点为 $\tilde{t}_1$ 和 $\tilde{t}_2$. 但是, $x=\phi(t)$ 在区间 $[\tilde{t}_1, \tilde{t}_2]$ 上无零点. 这与定理 5.1 矛盾. □

注 5.2　在推论 5.2 中, 条件 $Q(t) \geqslant m > 0$ 不能减弱成 $Q(t) > 0$. 例如, 微分方程

$$x'' + \frac{1}{4t^2}x = 0, \quad t \in [1, +\infty)$$

的非零解为

$$x = \sqrt{t}(c_1 + c_2 \ln t),$$

其中 c_1, c_2 为任意非零常数. 显然, 对于任意给定的非零常数 c_1, c_2, 相应的这个解在区间 $[1, +\infty)$ 上至多有一个零点.

例 5.1.1　设微分方程

$$\frac{\mathrm{d}^2 x}{\mathrm{d}t^2} + P(t)x = 0,$$

其中 $P(t)$ 是连续函数, 并且

$$n^2 < P(t) < (n+1)^2,$$

这里 n 是非负整数, 证明: 该方程的非零解都不是以 2π 为周期的.

证明　用反证法. 假设 $x=\phi(t)$ 是该方程的一个非零解, 且它是以 2π 为周期的, 则

$$\phi(t+2\pi) \equiv \phi(t).$$

由此可知

$$P(t+2\pi)\phi(t) \equiv P(t)\phi(t),$$

于是 $P(t+2\pi) = P(t)$ 对于一切的 $t \in \{t \in \mathbb{R} : \phi(t) \neq 0\}$ 成立. 注意到 $\phi(t) \not\equiv 0$, 可知 $\phi(t)$ 的零点是孤立的, 即对于 $\phi(t)$ 的任意零点 t_0, 存在数列 $\{t_n\}$, 使得 $t_n \to t_0$ $(n \to +\infty)$, 但是 $\phi(t_n) \neq 0$ $(n = 1, 2, \cdots)$. 因此

$$P(t_n + 2\pi) = P(t_n), \quad n = 1, 2, \cdots.$$

再由 $P(t)$ 的连续性可知 $P(t_0 + 2\pi) = P(t_0)$. 由此得到 $P(t)$ 是 2π-周期函数.

再由不等式 $n^2 < P(t) < (n+1)^2$ 可知, 存在常数 $\delta \left(0 < \delta < \dfrac{1}{2}\right)$, 使得

$$0 < (n+\delta)^2 \leqslant P(t) \leqslant (n+1-\delta)^2, \quad t \in \mathbb{R}.$$

由推论 5.2 可知, 该方程的每个非零解在 $\mathbb{R}$ 上是无限振动的, 并且相邻零点间的距离介于 $\dfrac{\pi}{n+1-\delta}$ 和 $\dfrac{\pi}{n+\delta}$ 之间 (见推论 5.2 和习题 5.1 的第 2 题).

由于 $\phi(t) \not\equiv 0$, 如果 t_1 和 t_2 是 $\phi(t)$ 的两个相邻零点, 那么

$$\phi'(t_1)\phi'(t_2) < 0.$$

设 t_0 是 $\phi(t)$ 的一个零点, 则 $t_0 + 2\pi$ 也是它的一个零点, 且

$$\phi'(t_0)\phi'(t_0 + 2\pi) = (\phi'(t_0))^2 > 0.$$

于是, $\phi(t)$ 在区间 $[t_0, t_0 + 2\pi]$ 上的零点可以记为

$$t_0 < t_1 < t_2 < \cdots < t_{2m-1} < t_{2m} = t_0 + 2\pi,$$

并且

$$\frac{\pi}{n+1-\delta} \leqslant t_{j+1} - t_j \leqslant \frac{\pi}{n+\delta}, \quad j = 0, 1, \cdots, 2m-1.$$

将这些不等式相加, 立即得到

$$2m\frac{\pi}{n+1-\delta} \leqslant t_{2m} - t_0 = 2\pi \leqslant 2m\frac{\pi}{n+\delta},$$

即

$$n + \delta \leqslant m \leqslant n + 1 - \delta.$$

这是不可能的. □

习题 5.1

1. 证明注 5.1 的结论: 在定理 5.1 中, 如果 $R(t) > Q(t)$, 那么结论可以加强为 "存在 $t_0 \in (t_1, t_2)$, 使得 $\psi(t_0) = 0$".

2. 考虑微分方程

$$x'' + Q(t)x = 0.$$

假设函数 $Q(t)$ 在 $\mathbb{R}$ 上连续, 且存在正数 m, M, 使得

$$m < Q(t) < M,$$

证明: 该方程的任意非零解 $x = \phi(t)$ 都是无限振动的; 如果 $t_1 < t_2$ 是 $\phi(t)$ 的两个相邻零点, 那么

$$\frac{\pi}{\sqrt{M}} < t_2 - t_1 < \frac{\pi}{\sqrt{m}}.$$

3. 假设 $y(t)$ 和 $z(t)$ 分别是微分方程 $y'' + q(t)y = 0$ 和 $z'' + Q(t)z = 0$ 满足初值条件

$$y(t_0) = z(t_0), \quad y'(t_0) = z'(t_0)$$

的解, 并假定在区间 (t_0, t_1) 上, $Q(t) > q(t)$, $y(t) > 0$, $z(t) > 0$, 证明: 函数 $\dfrac{z(t)}{y(t)}$ 在此区间上是单调递减的.

4. 设 $\phi(t)$ 是微分方程 $x'' + q(t)x = 0$ 的非零解, 其中连续函数 $q(t) > 0$; 又设 $t_1 < t_2 < \cdots < t_n < \cdots$ 是 $\phi(t)$ 的依次增大的零点. 如果 $q(t)$ 是严格单调递增的, 证明: $t_{n+1} - t_n < t_n - t_{n-1}$.

5. 假定上一题的所有假设均成立, 记

$$b_n = \max_{t \in [t_n, t_{n+1}]} |\phi(t)|, \quad n = 1, 2, \cdots,$$

证明:

$$b_1 > b_2 > b_3 > \cdots.$$

6. 在第 4 题的所有假设之下, 进一步假设 $\lim\limits_{t \to +\infty} q(t) = C > 0$, 证明:

$$\lim_{n \to +\infty} b_n > 0.$$

7. 假设函数 $q(t)$ 是连续的且 $q(t) \leqslant 0$, 证明: 微分方程

$$x'' + q(t)x = 0,$$

满足边值条件

$$x(0) = a, \quad x(1) = b$$

的解存在且唯一. 进一步, 如果 $a \neq 0$, $b = 0$, 那么这个解在区间 $[0,1]$ 上是严格单调的.

8. 设函数 $f(t,x,u)$ 是连续可微的, $0 \leqslant t \leqslant 1$. 假设 $\phi(t)$ 是微分方程

$$x'' = f(t,x,x')$$

在区间 $[0,1]$ 上的解, 且 $\phi(0) = a$, $\phi(1) = b$, 又假设 $\dfrac{\partial f(t,x,u)}{\partial x} > 0$ 对于一切的 $t \in [0,1]$ 和 (x,u) 均成立. 证明: 如果 β 充分接近 b, 那么该方程存在解 $x = \psi(t)$, 使得 $\psi(0) = a$, $\psi(1) = \beta$.

5.2 Sturm-Liouville 边值问题

本节讨论二阶齐次线性微分方程

$$(p(t)x')' + (q(t) + \lambda r(t))x = 0 \tag{5.10}$$

满足边值条件

$$Kx(a) + Lx'(a) = 0, \quad Mx(b) + Nx'(b) = 0 \tag{5.11}$$

的非零解的存在性, 其中 λ 是一个参数, 函数 $q(t), r(t)$ 在区间 $[a,b]$ 上连续, 函数 $p(t)$ 在区间 $[a,b]$ 上连续可微, $p(t) > 0, r(t) > 0$, 常数 K, L, M, N 满足

$$K^2 + L^2 > 0, \quad M^2 + N^2 > 0.$$

边值问题 (5.10)+(5.11) 称为 **Sturm-Liouville 边值问题**.

定义 5.2 如果对于 $\lambda = \lambda_0$, 边值问题 (5.10)+(5.11) 有非零解 $x = \phi_0(t)$, 那么称 λ_0 是这个边值问题的**特征值**, 并称解 $x = \phi_0(t)$ 为对应于特征值 λ_0 的**特征函数**.

例 5.2.1 求边值问题

$$x'' + \lambda x = 0, \quad x'(0) = 0, \quad x'(l) = 0$$

的特征值和特征函数.

解 由关于高阶常系数线性微分方程的结论可知, 该边值问题中微分方程的解的形式依赖于 λ 的符号, 因此分别对 $\lambda < 0$, $\lambda = 0$, $\lambda > 0$ 三种情况进行讨论.

当 $\lambda = -a^2 < 0$ 时, 该边值问题中微分方程的通解为

$$x = c_1 \mathrm{e}^{at} + c_2 \mathrm{e}^{-at},$$

其中 c_1, c_2 为任意常数. 利用边值条件可知

$$ac_1 - ac_2 = 0, \quad ac_1 \mathrm{e}^{al} - ac_2 \mathrm{e}^{-al} = 0.$$

由此得到 $c_1=c_2=0$, 即该边值问题没有非零解.

当 $\lambda=0$ 时, 该边值问题中微分方程的通解为

$$x=c_1+c_2t,$$

其中 c_1,c_2 为任意常数. 再由边值条件可知 $c_2=0$. 于是, 该边值问题有一个非零解 $x\equiv 1$.

当 $\lambda=a^2>0$ 时, 该边值问题中微分方程的通解为

$$x=c_1\cos at+c_2\sin at,$$

其中 c_1,c_2 为任意常数. 利用边值条件, 可以得到

$$ac_2=0,\quad -ac_1\sin al+ac_2\cos al=0.$$

若要求 x 不恒为零, 则

$$\sin al=0.$$

于是 $a=\dfrac{n}{l}\pi\ (n=1,2,\cdots)$. 由此得到特征值

$$\lambda_n=\left(\frac{n}{l}\pi\right)^2,\quad n=0,1,\cdots,$$

相应的特征函数是

$$\phi_0(t)\equiv 1,\quad \phi_n(t)=\cos\frac{n}{l}\pi t,\ n=1,2,\cdots. \tag{5.12}$$

注 5.3 当 $n\to+\infty$ 时, 上述特征值 $\lambda_n\to+\infty$. 而且, 由 Fourier 级数理论可知, 特征函数系 (5.12) 在区间 $[0,l]$ 上组成一个完全的正交函数系; 任意在区间 $[0,l]$ 上满足 Dirichlet 条件的函数 $f(t)$ ($f(t)$ 是分段单调的并具有有限个不连续点) 可以展开成 Fourier 级数:

$$f(t)=\sum_{n=0}^{\infty}a_n\cos\frac{n}{l}\pi t,$$

其中 Fourier 系数为

$$a_0=\frac{1}{l}\int_0^l f(t)\mathrm{d}t,\quad a_n=\frac{2}{l}\int_0^l f(t)\cos\frac{n}{l}\pi t\mathrm{d}t,\ n=1,2,\cdots.$$

本节的目的是将例 5.2.1 中谈到的事实推广到一般的 Sturm-Liouville 边值问题 (5.10) +(5.11) 上去.

现在回到方程 (5.10). 首先来做一些变换, 将方程 (5.10) 和边值条件 (5.11) 化成方便讨论的形式. 令

$$\tau=\frac{1}{c_0}\int_a^t\frac{1}{p(s)}\mathrm{d}s,\quad c_0=\int_a^b\frac{1}{p(s)}\mathrm{d}s>0,$$

则 $\tau(a)=0$, $\tau(b)=1$, 并且

$$\frac{\mathrm{d}\tau}{\mathrm{d}t}=\frac{1}{c_0p(t)}>0.$$

于是, 方程 (5.10) 转化成

$$\frac{\mathrm{d}^2x}{\mathrm{d}\tau^2}+(\lambda c_0^2p(t(\tau))r(t(\tau))+c_0^2p(t(\tau))q(t(\tau)))x=0,$$

边值条件 (5.11) 可改写成

$$Kx(0)+\frac{L}{c_0p(a)}x'(0)=0,\quad Mx(1)+\frac{N}{c_0p(b)}x'(1)=0.$$

再令

$$\tilde{r}(\tau)=c_0^2p(t(\tau))r(t(\tau)),\quad \tilde{q}(\tau)=c_0^2p(t(\tau))q(t(\tau)),$$

以及

$$\cos\alpha=\pm\frac{K}{\sqrt{K^2+\left(\dfrac{L}{c_0p(a)}\right)^2}},\quad \sin\alpha=\mp\frac{\dfrac{L}{c_0p(a)}}{\sqrt{K^2+\left(\dfrac{L}{c_0p(a)}\right)^2}},$$

$$\cos\beta=\pm\frac{M}{\sqrt{M^2+\left(\dfrac{N}{c_0p(b)}\right)^2}},\quad \sin\beta=\mp\frac{\dfrac{N}{c_0p(b)}}{\sqrt{M^2+\left(\dfrac{N}{c_0p(b)}\right)^2}},$$

其中 $0\leqslant\alpha<\pi$, $0<\beta\leqslant\pi$. 经过这样的转化, 我们可以将 Sturm-Liouville 边值问题 (5.10)+(5.11) 改写成

$$\frac{\mathrm{d}^2x}{\mathrm{d}t^2}+(\lambda r(t)+q(t))x=0, \tag{5.13}$$

$$x(0)\cos\alpha-x'(0)\sin\alpha=0,\quad x(1)\cos\beta-x'(1)\sin\beta=0, \tag{5.14}$$

其中函数 $r(t),q(t)$ 在区间 $[0,1]$ 上连续, $r(t)>0$, 常数 α,β 满足

$$0\leqslant\alpha<\pi,\quad 0<\beta\leqslant\pi.$$

下面的定理是本节的主要结果.

定理 5.2 Sturm-Liouville 边值问题 (5.13)+(5.14) 有无穷多个特征值:

$$\lambda_0<\lambda_1<\cdots<\lambda_n<\cdots,\quad \lim_{n\to+\infty}\lambda_n=+\infty;$$

并且对应于每个特征值 $\lambda_n\,(n=0,1,\cdots)$ 的特征函数 $\phi(t,\lambda_n)$ 在区间 $(0,1)$ 上恰好有 n 个零点.

注 5.4 对应于 λ_0 的特征函数 $\phi_0(t)$ 在区间 $(0,1)$ 上无零点.

在证明定理 5.2 之前, 先做一些讨论, 并给出几个引理. 记 $x=\phi(t,\lambda)$ 是方程 (5.13) 满足初值条件

$$\phi(0,\lambda)=\sin\alpha,\quad \phi'(0,\lambda)=\cos\alpha \tag{5.15}$$

的解, 则 $\phi(t,\lambda)\not\equiv 0$ 且它满足边值条件 (5.14) 中的第一个等式. 现在来证明, 对于某些 λ, 它也满足边值条件 (5.14) 中的第二个等式, 这样就得到了 Sturm-Liouville 边值问题 (5.13) +(5.14) 的非零解.

为此, 引入变量 $\rho(t,\lambda)>0$ 和 $\theta(t,\lambda)(\mathrm{mod}\ 2\pi)$:

$$\phi(t,\lambda)=\rho(t,\lambda)\sin\theta(t,\lambda),\quad \phi'(t,\lambda)=\rho(t,\lambda)\cos\theta(t,\lambda).$$

由于 $x=\phi(t,\lambda)$ 是方程 (5.13) 满足初值条件 (5.15) 的解, 因此由方程 (5.13) 可知

$$\frac{\mathrm{d}\theta}{\mathrm{d}t}=\cos^2\theta+(\lambda r(t)+q(t))\sin^2\theta \tag{5.16}$$

(这里将 $\theta(t,\lambda)$ 看作 t 的一元函数), 以及有初值条件 $\theta(0,\lambda)=\alpha+2j\pi$. 为确定起见, 取 $j=0$, 即 $\theta(t,\lambda)$ 满足初值条件

$$\theta(0,\lambda)=\alpha. \tag{5.17}$$

由此可知函数 $\theta=\theta(t,\lambda)$ 是初值问题 (5.16)+(5.17) 的唯一解. 由解的延伸定理和解对参数的连续可微性 (见定理 4.11) 可知, 这个解在区间 $[0,1]$ 上存在, 并且关于 λ 是连续可微的.

引理 5.3 对于任意固定的 $t\in(0,1]$, 函数 $\theta(t,\lambda)$ 关于 λ 在区间 $(-\infty,+\infty)$ 上是连续的, 且严格单调递增.

证明 由 (5.16) 式和 (5.17) 式可知

$$\frac{\mathrm{d}}{\mathrm{d}t}\frac{\partial\theta}{\partial\lambda}=(\lambda r(t)+q(t)-1)\sin 2\theta\frac{\partial\theta}{\partial\lambda}+r(t)\sin^2\theta \tag{5.18}$$

及

$$\frac{\partial\theta}{\partial\lambda}(0,\lambda)=0. \tag{5.19}$$

由此得到

$$\frac{\partial\theta}{\partial\lambda}=\int_0^t \mathrm{e}^{\int_s^t E(\tau,\lambda)\mathrm{d}\tau}r(s)\sin^2\theta(s,\lambda)\mathrm{d}s,$$

其中

$$E(\tau,\lambda)=(\lambda r(\tau)+q(\tau)-1)\sin(2\theta(\tau,\lambda)).$$

由假设可知 $r(t) > 0$, 且 $\sin^2\theta(t,\lambda) \not\equiv 0$, 于是

$$\frac{\partial\theta}{\partial\lambda} > 0.$$

引理证毕. □

由引理 5.3 可知, 令 $\omega(\lambda) = \theta(1,\lambda)$, 则 $\omega(\lambda)$ 关于 λ 是单调递增的, 并且关于 $\omega(\lambda)$ 还有下面的结论.

引理 5.4 对于任意固定的 $t \in (0,1]$, 有 $\theta(t,\lambda) > 0$, 且

$$\lim_{\lambda\to-\infty} \theta(t,\lambda) = 0.$$

特别地, 有 $\omega(\lambda) > 0$, 且当 $\lambda \to -\infty$ 时, $\omega(\lambda) \to 0$.

证明 首先, 证明存在 $t_0 \leqslant 1$, 使得

$$\theta(t,\lambda) > 0, \quad t \in (0, t_0]. \tag{5.20}$$

事实上, 如果 $\alpha > 0$, 那么由 $\theta(0,\lambda) = \alpha > 0$ 和 θ 关于 t 的连续性直接得到此结论. 如果 $\alpha = 0$, 那么由方程 (5.16) 可知

$$\theta'(0,\lambda) = \cos^2\theta(0,\lambda) + (\lambda r(0) + q(0))\sin^2\theta(0,\lambda) = 1 > 0.$$

因此, 存在 $t_0 \leqslant 1$, 使得不等式 (5.20) 成立.

其次, 证明不等式 (5.20) 在区间 $(0,1]$ 上成立. 如果不成立, 那么存在 $\bar{t} \in (t_0, 1]$, 使得

$$\theta(\bar{t},\lambda) = 0.$$

取 $\bar{t}$ 是满足上式的最小值, 于是 $\theta(t,\lambda) > 0$, $t \in (0,\bar{t})$. 由导数的定义可知

$$\theta'(\bar{t},\lambda) = \lim_{t\to\bar{t}-0} \frac{\theta(t,\lambda) - \theta(\bar{t},\lambda)}{t - \bar{t}} \leqslant 0.$$

然而, 由方程 (5.16) 可知

$$\theta'(\bar{t},\lambda) = \cos^2\theta(\bar{t},\lambda) + (\lambda r(\bar{t}) + q(\bar{t}))\sin^2\theta(\bar{t},\lambda) = 1 > 0.$$

这个矛盾表明, 不等式 (5.20) 在区间 $(0,1]$ 上成立. 特别地, 有

$$\omega(\lambda) = \theta(1,\lambda) > 0.$$

最后, 证明对于任意固定的 $t_0 \in (0,1]$, 有

$$\lim_{\lambda\to-\infty} \theta(t_0,\lambda) = 0.$$

用反证法. 由于 $\dfrac{\partial\theta}{\partial\lambda}>0$, 不妨假设 $\lim\limits_{\lambda\to-\infty}\theta(t_0,\lambda)=\sigma_0>0$. 注意到 $r(t)>0$, 因此对于任意 $A>0$, 存在 $\lambda_0>0$, 使得当 $\lambda<-\lambda_0$ 时, 有

$$\lambda r(t)+q(t)\leqslant -A^2.$$

显然 $\lim\limits_{\lambda\to-\infty}A=+\infty$, 于是

$$\theta'(t,\lambda)=\cos^2\theta+(\lambda r(t)+q(t))\sin^2\theta<\cos^2\theta-A^2\sin^2\theta.$$

由第一比较定理 (见定理 4.5) 可知

$$\theta(t_0,\lambda)<u(t_0,A),$$

其中 $u(t,A)$ 是微分方程

$$u'=\cos^2 u-A^2\sin^2 u$$

满足初值条件 $u(0)=\alpha$ 的解. 解此方程可得到

$$\frac{A\tan u(t_0,A)-1}{A\tan u(t_0,A)+1}=\frac{A\tan\alpha-1}{A\tan\alpha+1}\mathrm{e}^{-2At_0}.$$

由于

$$\lim_{A\to+\infty}\frac{A\tan\alpha-1}{A\tan\alpha+1}\mathrm{e}^{-2At_0}=0,$$

因此

$$\lim_{A\to+\infty}\tan u(t_0,A)=0,$$

即

$$\lim_{A\to+\infty}u(t_0,A)=0.$$

引理的证明完成. □

引理 5.5　对于任意固定的 $t_0\in(0,1]$, 当 $\lambda\to+\infty$ 时, 有 $\theta(t_0,\lambda)\to+\infty$. 特别地, 有

$$\lim_{\lambda\to+\infty}\omega(\lambda)=+\infty.$$

证明　由引理 5.3 可知 $\theta(t_0,\lambda)$ 关于 λ 是严格单调递增的. 假设结论不对, 则存在正整数 K, 使得

$$0<\theta(t_0,\lambda)\leqslant 2K\pi.$$

注意到, 当 $t\in[0,t_0]$ 时, $r(t)\geqslant m>0$, 因此对于任意正整数 N, 存在 $\Lambda>0$, 使得当 $\lambda>\Lambda$ 时, 有

$$\lambda r(t)+q(t)>N^2,\quad t\in[0,t_0].$$

由 (5.16) 式 可知

$$\frac{\mathrm{d}\theta}{\cos^2\theta + N^2\sin^2\theta} \geqslant \mathrm{d}t.$$

上式两边积分, 得到

$$\int_0^{2K\pi} \frac{\mathrm{d}\theta}{\cos^2\theta + N^2\sin^2\theta} \geqslant \int_\alpha^{\omega(\lambda)} \frac{\mathrm{d}\theta}{\cos^2\theta + N^2\sin^2\theta} \geqslant \int_0^{t_0} \mathrm{d}t = t_0,$$

而其左边的积分为

$$\int_0^{2K\pi} \frac{\mathrm{d}\theta}{\cos^2\theta + N^2\sin^2\theta} = 4K\int_0^{\frac{\pi}{2}} \frac{\mathrm{d}\theta}{\cos^2\theta + N^2\sin^2\theta} = \frac{2K\pi}{N},$$

因此

$$\frac{2K\pi}{N} \geqslant t_0.$$

上式不可能对于任意正整数 N 成立. 引理证毕. □

定理 5.2 的证明 由上面几个引理可知, 对于任意整数 $k \geqslant 0$, 方程

$$\theta(1,\lambda) = \omega(\lambda) = \beta + k\pi$$

有且仅有一个根 λ_k, 并且这个根是单根. 由此可知, Sturm-Liouville 边值问题 (5.13)+(5.14) 对于每个 λ_k 有一个非零解 $\phi(t,\lambda_k)$. 接下来只要说明 $\phi(t,\lambda_k)$ 在区间 $(0,1)$ 上恰有 k 个零点即可.

注意到

$$\theta(0,\lambda_k) = \alpha < \pi, \quad \theta(1,\lambda_k) = \beta + k\pi > k\pi,$$

利用连续函数的介值定理可知, 对于 $1 \leqslant j \leqslant k$, 存在 $t_j \in (0,1)$, 使得

$$\theta(t_j,\lambda_k) = j\pi.$$

再由

$$\phi(t,\lambda) = \rho(t,\lambda)\sin\theta(t,\lambda),$$

可以得到

$$\phi(t_j,\lambda_k) = 0.$$

由方程 (5.16) 可知, 当 $t = t_j$ 时,

$$\theta'(t_j,\lambda_k) = 1 > 0,$$

于是 t_j $(j = 1,2,\cdots,k)$ 均为 $\phi(t,\lambda_k)$ 的简单零点.

当 $k = 0$ 时, 我们来证明 $\theta(t,\lambda_0) \neq j\pi$, $t \in (0,1)$. 注意到 $\theta(1,\lambda_0) = \beta \leqslant \pi$, 利用 $\theta(t,\lambda_0)$ 的连续性可知, 存在 $\delta_0 > 0$, 使得当 $t \in (1-\delta_0,1)$ 时, $\theta(t,\lambda_0) < \pi$. 事实上,

若 $\beta < \pi$, 由 $\theta(t, \lambda_0)$ 关于 t 连续可知, 这样的 δ_0 是存在的. 若 $\beta = \pi$, 由方程 (5.16) 可知

$$\theta'(1, \lambda_0) = \cos^2 \pi + (\lambda_0 r(1) + q(1)) \sin^2 \pi = 1 > 0,$$

因此存在 $\delta_0 > 0$, 使得当 $t \in (1 - \delta_0, 1)$ 时, $\theta(t, \lambda_0) < \pi$.

如果存在 $j \geqslant 1$, 使得 $\theta(t_i, \lambda_0) = j\pi$, 令 $\bar{t}_j = \max\{t_i\colon \theta(t_i, \lambda_0) = j\pi\}$. 由于当 $t \in (1 - \delta_0, 1)$ 时, $\theta(t, \lambda_0) < \pi$, 因此有 $0 < \bar{t}_j < 1 - \delta_0$, 且

$$\theta(\bar{t}_j, \lambda_0) = j\pi, \quad \theta(t, \lambda_0) < j\pi, \quad t \in (\bar{t}_j, 1).$$

由此可知

$$\theta'(\bar{t}_j, \lambda_0) \leqslant 0.$$

但是, 由方程 (5.16) 可知

$$\theta'(\bar{t}_j, \lambda_0) = \cos^2 \theta(\bar{t}_j, \lambda_0) + (\lambda_0 r(\bar{t}_j) + q(\bar{t}_j)) \sin^2 \theta(\bar{t}_j, \lambda_0) = 1,$$

矛盾. 因此 $\theta(t, \lambda_0) \neq j\pi$, $t \in (0, 1)$. 这个结论说明, 特征函数 $\phi_0(t)$ 在区间 $(0, 1)$ 上无零点. 定理的证明完成. □

习题 5.2

1. 求解下列边值问题:

(1) $x'' + \lambda x = 0, x'(0) = 0, x(1) = 0.$

(2) $x'' + \lambda x = 0, x(0) = 0, x'(1) = 0.$

2. 证明: 边值问题

$$\begin{cases} t^2 x'' - \lambda t x + \lambda x = 0, \quad t \in [1, 2], \\ x(1) = 0, x(2) = 0 \end{cases}$$

没有非零解, 其中 λ 为参数.

3. 对于怎样的参数 λ, 边值问题

$$\begin{cases} x'' + \lambda x = 1, \\ x(0) = 0, x(1) = 0 \end{cases}$$

无解?

4. 讨论非齐次线性微分方程的 Sturm-Liouville 边值问题

$$\begin{cases} x'' + (\lambda r(t) + q(t))x = f(t), \\ x(0)\cos\alpha - x'(0)\sin\alpha = 0, x(1)\cos\beta - x'(1)\sin\beta = 0, \end{cases}$$

其中 $r(t), q(t)$ 均为连续函数, $r(t) > 0$. 证明: 当 λ 不是对应的齐次方程的 Sturm-Liouville 边值问题的特征值时, 它有且仅有一个解; 而当 $\lambda = \lambda_m$ 是特征值时, 它有解的充要条件是

$$\int_0^1 f(t)\phi_m(t)\mathrm{d}s = 0,$$

其中 $\phi_m(t)$ 是对应于特征值 λ_m 的特征函数.

5.3 特征函数系的正交性

由定理 5.2 可知, Sturm-Liouville 边值问题 (5.13)+(5.14) 有可数多个特征值:

$$\lambda_0 < \lambda_1 < \cdots < \lambda_n < \cdots \to +\infty;$$

并且, 对应于每个特征值 $\lambda_n (n = 0, 1, \cdots)$, 存在特征函数 $\phi(t, \lambda_n)$, 使得它在区间 $(0, 1)$ 上恰有 n 个零点. 此外, 对于任意非零常数 c, $c\,\phi\,(t, \lambda_n)$ 也是特征函数.

引理 5.6 对应于每个特征值 $\lambda_n (n = 0, 1, \cdots)$, Sturm-Liouville 边值问题 (5.13)+(5.14) 有且只有一个线性无关的特征函数.

证明 设 $x = \phi(t, \lambda_n)$ 和 $x = \psi(t, \lambda_n)$ 是 Sturm-Liouville 边值问题 (5.13) + (5.14) 的两个非零解, 即它们都是方程 (5.13) 当 $\lambda = \lambda_n$ 时的解, 且满足边值条件

$$\phi(0, \lambda_n)\cos\alpha - \phi'(0, \lambda_n)\sin\alpha = 0, \quad \psi(0, \lambda_n)\cos\alpha - \psi'(0, \lambda_n)\sin\alpha = 0.$$

这是一个关于 $\sin\alpha$, $\cos\alpha$ 的线性方程组. 由于 $\sin\alpha$, $\cos\alpha$ 不同时为零, 因此这个线性方程组的系数行列式为零, 即 Wronski 行列式

$$W(\phi, \psi)(0) = \phi(0, \lambda_n)\psi'(0, \lambda_n) - \phi'(0, \lambda_n)\psi(0, \lambda_n) = 0.$$

由此可知 $\phi(t, \lambda_n)$ 与 $\psi(t, \lambda_n)$ 线性相关. □

由这个引理可知, 除了相差一个常数因子外, Sturm-Liouville 边值问题 (5.13)+(5.14) 的全部特征函数为

$$\phi(t, \lambda_0),\ \phi(t, \lambda_1),\ \cdots,\ \phi(t, \lambda_n),\ \cdots.$$

引理 5.7 Sturm-Liouville 边值问题 (5.13)+(5.14) 的特征函数系在区间 $[0, 1]$ 上满足

$$\int_0^1 r(t)\phi(t, \lambda_n)\phi(t, \lambda_m)\mathrm{d}t = \begin{cases} 0, & m \neq n, \\ \delta_n > 0, & m = n, \end{cases} \quad n, m = 0, 1, \cdots.$$

证明　由于 $\phi(t,\lambda_n)\not\equiv 0\ (n=0,1,\cdots)$, $r(t)>0$, 因此

$$\delta_n=\int_0^1 r(t)\phi^2(t,\lambda_n)\mathrm{d}t>0,\quad n=0,1,\cdots.$$

下面来证明: 对于 $n,m=0,1,\cdots$, 当 $m\neq n$ 时,

$$\int_0^1 r(t)\phi(t,\lambda_n)\phi(t,\lambda_m)\mathrm{d}t=0.$$

注意到函数 $\phi(t,\lambda_m)$ 和 $\phi(t,\lambda_n)$ 分别满足方程 (5.13), 得到

$$\phi''(t,\lambda_m)+(\lambda_m r(t)+q(t))\phi(t,\lambda_m)=0,$$

$$\phi''(t,\lambda_n)+(\lambda_n r(t)+q(t))\phi(t,\lambda_n)=0,$$

上两式中第一个等式乘以 $\phi(t,\lambda_n)$, 第二个等式乘以 $\phi(t,\lambda_m)$, 之后相减, 再两边积分, 得到

$$(\lambda_n-\lambda_m)\int_0^1 r(t)\phi(t,\lambda_n)\phi(t,\lambda_m)\mathrm{d}t=[\phi(t,\lambda_n)\phi'(t,\lambda_m)-\phi(t,\lambda_m)\phi'(t,\lambda_n)]\big|_0^1.$$

又由边值条件

$$\begin{cases}\phi(0,\lambda_n)\cos\alpha-\phi'(0,\lambda_n)\sin\alpha=0,\\ \phi(0,\lambda_m)\cos\alpha-\phi'(0,\lambda_m)\sin\alpha=0\end{cases}$$

可推出

$$\phi(0,\lambda_n)\phi'(0,\lambda_m)-\phi(0,\lambda_m)\phi'(0,\lambda_n)=0.$$

同理, 有

$$\phi(1,\lambda_n)\phi'(1,\lambda_m)-\phi(1,\lambda_m)\phi'(1,\lambda_n)=0.$$

由于当 $m\neq n$ 时, $\lambda_m\neq\lambda_n$, 因此

$$\int_0^1 r(t)\phi(t,\lambda_n)\phi(t,\lambda_m)\mathrm{d}t=0.$$

由此引理得证. □

注 5.5　如果令

$$\phi_n(t)=\sqrt{r(t)}\phi(t,\lambda_n),$$

则引理 5.7 的结果意味着区间 $[0,1]$ 上的函数系 $\{\phi_n(t)\}$ 是正交函数系. 特别地, 如果 $r(t)\equiv c>0$, 则特征函数系 $\{\phi(t,\lambda_n)\}$ 组成区间 $[0,1]$ 上的正交函数系.

例 5.3.1 求边值问题

$$\begin{cases} x'' + \lambda x = 0, \\ x(0) - x'(0) = 0, x'(1) = 0, \end{cases} \tag{5.21}$$

的特征值和特征函数, 并讨论函数 $f(t)$ 在区间 $[0,1]$ 上关于该特征函数系的 (广义) Fourier 展开.

解 当 $\lambda = -a^2 < 0$ 时, 该边值问题中微分方程的通解为

$$x = c_1 e^{at} + c_2 e^{-at},$$

其中 c_1, c_2 为任意常数. 利用边值条件, 可以得到

$$(1-a)c_1 + (1+a)c_2 = 0, \quad e^a c_1 - e^{-a} c_2 = 0,$$

因此

$$c_1 = c_2 = 0,$$

即该边值问题没有负的特征值.

当 $\lambda = 0$ 时, 上述微分方程的通解为

$$x = c_1 + c_2 t,$$

其中 c_1, c_2 为任意常数. 利用边值条件, 可得到 $c_1 = c_2 = 0$. 由此可知该边值问题无非零解.

当 $\lambda = a^2 > 0$ 时, 上述微分方程的通解为

$$x = c_1 \cos at + c_2 \sin at,$$

其中 c_1, c_2 为任意常数. 再利用边值条件可知

$$c_1 - c_2 a = 0, \quad -c_1 \sin a + c_2 \cos a = 0.$$

这个线性方程组有非零解的充要条件是

$$\cos a - a \sin a = 0. \tag{5.22}$$

显然, 有无穷多个 a 值:

$$0 < a_1 < a_2 < \cdots < a_n < \cdots,$$

使得 (5.22) 式成立. 因此, $\lambda_n = a_n^2\ (n = 1, 2, \cdots)$ 是正的特征值, 对应的特征函数为

$$\phi_n(t) = a_n \cos a_n t + \sin a_n t.$$

由附注 5.2 可知, 特征函数系

$$\phi_1(t),\ \phi_2(t),\ \cdots,\ \phi_n(t),\ \cdots$$

构成一个正交函数系, 并且

$$\delta_n=\int_0^1 \phi_n^2(t)\mathrm{d}t>0, \quad n=1,2,\cdots.$$

对于任意在区间 $[0,1]$ 上满足 Dirichlet 条件的函数 $f(t)$, 可以将它展开成 (广义) Fourier 级数:

$$f(t)=\sum_{n=1}^{\infty} b_n\phi_n(t),$$

其中

$$b_n=\frac{1}{\delta_n}\int_0^1 f(t)\phi_n(t)\mathrm{d}t, \quad n=1,2,\cdots.$$

5.4 周期边值问题

在现实世界中, 许多现象表现出周而复始的特点, 如月圆月缺、海水的潮汐等. 这些现象本质上是一种周期运动. 因此, 研究微分方程周期解的存在性问题就显得十分重要. 本节考虑二阶微分方程周期解的存在性问题.

考虑二阶微分方程

$$\frac{\mathrm{d}^2x}{\mathrm{d}t^2}=f\left(t,x,\frac{\mathrm{d}x}{\mathrm{d}t}\right), \tag{5.23}$$

其中 f 在 $\mathbb{R}^3$ 上连续, 关于 $x,\dfrac{\mathrm{d}x}{\mathrm{d}t}$ 满足局部 Lipschitz 条件, 且 $f(t+1,\cdot,\cdot)\equiv f(t,\cdot,\cdot)$.

显然, 如果 $x=x(t)$ 是方程 (5.23) 的一个 1-周期解, 即 $x(t+1)\equiv x(t)$, 那么

$$x(0)=x(1), \quad x'(0)=x'(1). \tag{5.24}$$

称 (5.24) 式为方程 (5.23) 的**周期边值条件**.

引理 5.8 若方程 (5.23) 的解 $x=\phi(t)$ 满足周期边值条件 (5.24), 则 $\phi(t)$ 一定是 1-周期的.

证明 令 $\psi(t)=\phi(t+1)$, 则

$$\psi'(t)=\phi'(t+1), \quad \psi''(t)=\phi''(t+1).$$

再由 f 关于 t 是 1-周期的可知, $x=\psi(t)$ 也是方程 (5.23) 的解. 又由于

$$\psi(0)=\phi(1)=\phi(0),\quad \psi'(0)=\phi'(1)=\phi'(0),$$

可知 $x=\phi(t)$ 与 $x=\psi(t)$ 是方程 (5.23) 满足相同初值条件的解, 由初值问题解的唯一性可知

$$\phi(t)\equiv\psi(t)=\phi(t+1),$$

即 $\phi(t)$ 是 1-周期的. □

由此可见, 寻求方程 (5.23) 的 1-周期解等价于寻求方程 (5.23) 满足周期边值条件 (5.24) 的解. 称边值问题 (5.23) + (5.24) 为**周期边值问题**.

考虑微分方程

$$\frac{\mathrm{d}^2x}{\mathrm{d}t^2}+(\lambda r(t)+q(t))x=0 \tag{5.25}$$

满足周期边值条件 (5.24) 的非零解, 其中 $r(t),q(t)\in C^0[0,1]$, $r(t)$, $q(t)$ 均是 1-周期的, 且 $r(t)>0$.

定义 5.3 如果对于某个 λ, 周期边值问题 (5.25)+(5.24) 有非零解 $\varphi(t,\lambda)$, 那么称 λ 为这个周期边值问题的**特征值**, 并称对应的解 $\varphi(t,\lambda)$ 为**特征函数**.

与 Sturm-Liouville 边值问题类似, 我们有下面的结论.

定理 5.3 周期边值问题 (5.25)+(5.24) 存在一串特征值 $\lambda_0,\lambda_1,\cdots,\lambda_n,\cdots$, 满足 $\lambda_0<\lambda_1\leqslant\lambda_2<\lambda_3\leqslant\lambda_4<\cdots<\lambda_{2n+1}\leqslant\lambda_{2n+2}<\cdots$, 以及

$$\lim_{n\to+\infty}\lambda_n=+\infty,$$

使得

(i) 对于 $\lambda=\lambda_0$, 周期边值问题 (5.25)+(5.24) 在线性无关的意义下有唯一的特征函数 $x=\varphi_0(t)$;

(ii) 如果对于某个 $j\geqslant 0$, 有 $\lambda_{2j+1}<\lambda_{2j+2}$, 那么周期边值问题 (5.25)+(5.24) 当 $\lambda=\lambda_{2j+1}$ 时在线性无关的意义下有唯一的特征函数 $x=\varphi_{2j+1}(t)$, 而当 $\lambda=\lambda_{2j+2}$ 时在线性无关的意义下有唯一的特征函数 $x=\varphi_{2j+2}(t)$;

(iii) 如果对于某个 $j\geqslant 0$, 有 $\lambda_{2j+1}=\lambda_{2j+2}$, 那么周期边值问题 (5.25)+(5.24) 当 $\lambda=\lambda_{2j+1}=\lambda_{2j+2}$ 时有两个线性无关的特征函数 $x=\varphi_{2j+1}(t)$ 和 $x=\varphi_{2j+2}(t)$.

进一步, $\varphi_0(t)$ 在区间 $[0,1]$ 上无零点, 而 $\varphi_{2j+1}(t)$ 和 $\varphi_{2j+2}(t)$ 在区间 $[0,1)$ 上恰有 $2j+2$ 个零点.

为了证明定理 5.3, 我们先做一些讨论, 并证明几个引理. 令 $x=\phi(t,\lambda)$ 和 $x=\psi(t,\lambda)$ 是方程 (5.25) 的两个线性无关的解, 它们分别满足初值条件

$$\phi(0,\lambda)=1,\quad \phi'(0,\lambda)=0;$$

$$\psi(0,\lambda)=0,\quad \psi'(0,\lambda)=1.$$

显然, 方程 (5.25) 的任意解 $x(t,\lambda)$ 均是它们的线性组合:

$$x(t,\lambda)=c_1\phi(t,\lambda)+c_2\psi(t,\lambda),$$

其中 c_1,c_2 为常数. 我们的目的是寻找不全为零的常数 c_1, c_2, 使得 $x(t,\lambda)$ 满足周期边值条件 (5.24).

假设 $x(t,\lambda)$ 满足周期边值条件 (5.24), 则

$$\begin{cases}(\phi(1,\lambda)-1)c_1+\psi(1,\lambda)c_2=0,\\ \phi'(1,\lambda)c_1+(\psi'(1,\lambda)-1)c_2=0.\end{cases}\tag{5.26}$$

由 Wronski 行列式的 Liouville 公式可知

$$\phi(t,\lambda)\psi'(t,\lambda)-\phi'(t,\lambda)\psi(t,\lambda)\equiv 1,\tag{5.27}$$

因此线性方程组 (5.26) 的系数行列式为

$$(\phi(1,\lambda)-1)(\psi'(1,\lambda)-1)-\phi'(1,\lambda)\psi(1,\lambda)=2-(\phi(1,\lambda)+\psi'(1,\lambda)).$$

定义

$$f(\lambda)=\phi(1,\lambda)+\psi'(1,\lambda),\tag{5.28}$$

则线性方程组 (5.26) 有非零解的充要条件是

$$f(\lambda)=2,\tag{5.29}$$

有两个线性无关的解的充要条件是

$$\phi(1,\lambda)=\psi'(1,\lambda)=1,\quad \psi(1,\lambda)=\phi'(1,\lambda)=0.\tag{5.30}$$

由这些讨论得出下面的结论.

引理 5.9　假设条件同上面的讨论.

(i) 如果对于某个 $\bar\lambda$, 有 $f(\bar\lambda)=2$, 但是 (5.30) 式不成立, 那么线性方程组 (5.26) 有一个线性无关的解 (c_1^0,c_2^0), $\lambda=\bar\lambda$ 是周期边值问题 (5.25) + (5.24) 的简单特征值, 相应的特征函数为

$$x(t)=c_1^0\phi(t,\bar\lambda)+c_2^0\psi(t,\bar\lambda);$$

(ii) 如果对于某个 $\bar\lambda$, (5.30) 式成立, 那么线性方程组 (5.26) 有两个线性无关的解 (c_1^0,c_2^0), (C_1^0,C_2^0), $\lambda=\bar\lambda$ 是周期边值问题 (5.25)+(5.24) 的重特征值, 相应的特征函数为

$$x_1(t)=c_1^0\phi(t,\bar\lambda)+c_2^0\psi(t,\bar\lambda)\quad 和\quad x_2(t)=C_1^0\phi(t,\bar\lambda)+C_2^0\psi(t,\bar\lambda).$$

考虑方程 (5.25) 在边值条件

$$x(0)=0,\quad x(1)=0 \tag{5.31}$$

下的边值问题. 由定理 5.2 可知, 该边值问题有一串特征值:

$$\mu_0<\mu_1<\mu_2<\cdots\to+\infty.$$

引理 5.10 函数 $\psi(t,\mu_j)(j=0,1,\cdots)$ 是边值问题 (5.25) + (5.31) 的特征函数.

证明 由 $\psi(t,\lambda)$ 的定义可知 $\psi(0,\mu_j)=0$, $\psi'(0,\mu_j)=1$ $(j=0,1,\cdots)$. 由定理 5.2 可知, 对于每个 μ_j $(j=0,1,\cdots)$, 存在非零的函数 $\tilde{\psi}(t,\mu_j)$, 使得它是边值问题 (5.25)+(5.31) 的解, 因此 $\tilde{\psi}(0,\mu_j)=0$, 并且 $\tilde{\psi}'(0,\mu_j)=c\neq 0$ (c 为某个非零常数). 由 Picard 定理可知

$$\tilde{\psi}(t,\mu_j)=c\,\psi(t,\mu_j),\quad j=0,1,\cdots.$$

引理证毕. □

类似地, 可以证明下面的引理成立.

引理 5.11 当 ν 是方程 (5.25) 满足边值条件

$$x'(0)=x'(1)=0$$

的特征值时, $\phi(t,\nu)$ 是特征函数.

下面的引理给出了由 (5.28) 式定义的函数 $f(\lambda)$ 的性质.

引理 5.12 存在 $\nu_0<\mu_0$, 使得

$$f(\nu_0)\geqslant 2,\quad f(\mu_{2j})\leqslant -2,\quad f(\mu_{2j+1})\geqslant 2,\quad j=0,1,\cdots. \tag{5.32}$$

进一步, 对于任意 $j=0,1,\cdots$, 有

(i) 如果对于某个 $\hat{\lambda}\neq\mu_{2j+1}$, 有 $f(\hat{\lambda})=2$, 那么 $\hat{\lambda}$ 是周期边值问题 (5.25)+(5.24) 的简单特征值, 并且此时有

$$\begin{cases} f'(\hat{\lambda})<0, \hat{\lambda}<\mu_0, \\ (-1)^j f'(\hat{\lambda})>0, \mu_j<\hat{\lambda}<\mu_{j+1}; \end{cases} \tag{5.33}$$

(ii) 如果 $f(\mu_{2j+1})=2$, 且 $f'(\mu_{2j+1})\neq 0$, 那么 $\lambda=\mu_{2j+1}$ 是周期边值问题 (5.25)+(5.24) 的简单特征值;

(iii) 如果 $f(\mu_{2j+1})=2$, 且 $f'(\mu_{2j+1})=0$, 那么 $\lambda=\mu_{2j+1}$ 是周期边值问题 (5.25)+(5.24) 的重特征值, 此时该边值问题有两个线性无关的特征函数, 并且

$$f''(\mu_{2j+1})<0. \tag{5.34}$$

证明　由引理 5.10 可知, 对于任意 $j=0,1,\cdots$, 当 μ_j 是边值问题 (5.25) + (5.31) 的特征值时, $\psi(t,\mu_j)$ 是其特征函数. 由定理 5.2 可知, $\psi(1,\mu_j)=0$, 并且 $\psi(t,\mu_j)$ 在区间 $(0,1)$ 上恰有 j 个零点. 因此

$$\begin{cases}\psi'(1,\mu_j)>0, & j=2m+1,\\ \psi'(1,\mu_j)<0, & j=2m,\end{cases}$$

这里用到了 $\psi'(0,\mu_j)=1>0$. 由 (5.27) 式以及 $\psi(1,\mu_j)=0$ 可知

$$\phi(1,\mu_j)\psi'(1,\mu_j)=1,$$

于是

$$f(\mu_j)=\psi'(1,\mu_j)+\frac{1}{\psi'(1,\mu_j)}.$$

注意到, 当 $\psi'(1,\mu_j)>0$ 时, $f(\mu_j)\geqslant 2$; 而当 $\psi'(1,\mu_j)<0$ 时, $f(\mu_j)\leqslant -2$.

令 ν_0 是方程 (5.25) 满足边值条件 $x'(0)=x'(1)=0$ 的最小特征值. 由引理 5.11 可知 $\phi(t,\nu_0)$ 是其特征函数, 从而 $\phi(t,\nu_0)$ 在区间 $(0,1)$ 上无零点. 由此得到 $\nu_0<\mu_0$. 又由 $\phi(0,\nu_0)=1>0$ 可知 $\phi(1,\nu_0)>0$. 由于 $\phi'(1,\nu_0)=0$, 利用 (5.27) 式可以得到

$$\phi(1,\nu_0)\psi'(1,\nu_0)=1,$$

因此

$$f(\nu_0)=\phi(1,\nu_0)+\frac{1}{\phi(1,\nu_0)}\geqslant 2.$$

这样就证明了 (5.32) 式.

下面证明 (5.33) 式. 我们先来计算 $f'(\lambda)$. 注意到

$$f'(\lambda)=\frac{\partial\phi}{\partial\lambda}(1,\lambda)+\frac{\partial\psi'}{\partial\lambda}(1,\lambda).$$

令 $u=\dfrac{\partial\phi}{\partial\lambda}(t,\lambda)$, 则 u (看作 t 的一元函数) 满足的微分方程为

$$u''+(\lambda r(t)+q(t))u=-r(t)\phi(t,\lambda),$$

以及满足的初值条件为

$$u(0)=0,\quad u'(0)=0.$$

利用常数变易法, 可以得到

$$u=\int_0^t(\phi(t,\lambda)\psi(s,\lambda)-\psi(t,\lambda)\phi(s,\lambda))r(s)\phi(s,\lambda)\mathrm{d}s,$$

因此

$$\frac{\partial\phi}{\partial\lambda}(1,\lambda)=\int_0^1(\phi(1,\lambda)\psi(s,\lambda)-\psi(1,\lambda)\phi(s,\lambda))r(s)\phi(s,\lambda)\mathrm{d}s. \tag{5.35}$$

同理可得

$$\frac{\partial\psi'}{\partial\lambda}(1,\lambda)=\int_0^1(\phi'(1,\lambda)\psi(s,\lambda)-\psi'(1,\lambda)\phi(s,\lambda))r(s)\psi(s,\lambda)\mathrm{d}s. \tag{5.36}$$

于是

$$f'(\lambda)=\int_0^1[a\psi^2(s,\lambda)+b\psi(s,\lambda)\phi(s,\lambda)+c\,\phi^2(s,\lambda)]r(s)\mathrm{d}s, \tag{5.37}$$

其中

$$a=\phi'(1,\lambda),\quad b=\phi(1,\lambda)-\psi'(1,\lambda),\quad c=-\psi(1,\lambda).$$

令 (5.37) 式右边方括号内的式子为 $\Delta(s,\lambda)$, 它是 $\phi(s,\lambda)$ 和 $\psi(s,\lambda)$ 的二次三项式.

利用 (5.27) 式推出 $\Delta(s,\lambda)$ 的判别式

$$b^2-4ac=(\phi(1,\lambda)-\psi'(1,\lambda))^2+4\phi'(1,\lambda)\psi(1,\lambda)=f^2(\lambda)-4.$$

由此可知, 当 $f(\lambda)=2$ 时, $\Delta(s,\lambda)$ 是完全平方式或者 -1 乘以完全平方式, 其符号与 $c=-\psi(1,\lambda)$ 的符号相同. 显然, $f'(\lambda)$ 不为零, 除非 $\Delta(s,\lambda)\equiv 0$. 由于 $\phi(t,\lambda)$ 与 $\psi(t,\lambda)$ 是线性无关的, 如果 $\Delta(s,\lambda)\equiv 0$, 那么 $a=b=c=0$, 即

$$\phi'(1,\lambda)=\psi(1,\lambda)=0,\quad \phi(1,\lambda)=\psi'(1,\lambda).$$

再由 $f(\lambda)=2$ 可以得到 $\phi(1,\lambda)=\psi'(1,\lambda)=1$, 即线性方程组 (5.26) 有两个线性无关的解, 也就是特征值是重的.

如果 $\lambda<\mu_0$ 或者 $\mu_j<\lambda<\mu_{j+1}$, 那么 $\psi(1,\lambda)\neq 0$. 所以, 即便 $f(\lambda)=2$, $\Delta(s,\lambda)$ 也不恒为零. 因此, $f'(\lambda)$ 的符号与 $c=-\psi(1,\lambda)$ 的符号相同. 这就完成了 (5.33) 式的证明.

为了完成引理的证明, 只需再证明 (5.34) 式即可. 当 $\lambda=\mu_{2j+1}$, $f(\lambda)=2$ 和 $f'(\lambda)=0$ 时, (5.30) 式成立, 即

$$\psi(1,\mu_{2j+1})=\phi'(1,\mu_{2j+1})=0,\quad \psi'(1,\mu_{2j+1})=\phi(1,\mu_{2j+1})=1. \tag{5.38}$$

记

$$\phi_\lambda=\frac{\partial\phi}{\partial\lambda}(1,\lambda),\quad \psi_\lambda=\frac{\partial\psi}{\partial\lambda}(1,\lambda)$$

和

$$\phi'_\lambda=\frac{\partial\phi'}{\partial\lambda}(1,\lambda),\quad \psi'_\lambda=\frac{\partial\psi'}{\partial\lambda}(1,\lambda),$$

则

$$f''(\lambda)=\phi_{\lambda\lambda}+\psi'_{\lambda\lambda}.$$

在 (5.27) 式两边对 λ 求导数, 得到

$$\psi_\lambda(t,\lambda)\phi'(t,\lambda)+\psi(t,\lambda)\phi'_\lambda(t,\lambda)-\psi'_\lambda(t,\lambda)\phi(t,\lambda)-\psi'(t,\lambda)\phi_\lambda(t,\lambda)=0. \tag{5.39}$$

再利用 (5.38) 式, 得到

$$\psi'_\lambda(1,\mu_{2j+1}) = -\phi_\lambda(1,\mu_{2j+1}). \tag{5.40}$$

在 (5.39) 式两边对 λ 再次求导数, 令 $t=1$ 和 $\lambda=\mu_{2j+1}$, 并利用 (5.38) 式和 (5.40) 式, 得到

$$2\psi_\lambda\phi'_\lambda + 2\phi_\lambda^2 - \psi'_{\lambda\lambda} - \phi_{\lambda\lambda} = 0.$$

因此

$$f''(\lambda) = 2(\phi_\lambda^2(1,\mu_{2j+1}) + \psi_\lambda(1,\mu_{2j+1})\phi'_\lambda(1,\mu_{2j+1})). \tag{5.41}$$

在 (5.35) 式中, 令 $\lambda=\mu_{2j+1}$, 再利用 (5.38)式, 得到

$$\phi_\lambda(1,\mu_{2j+1}) = \int_0^1 \psi(s,\mu_{2j+1})\phi(s,\mu_{2j+1})r(s)\mathrm{d}s.$$

同理可得

$$\psi_\lambda(1,\mu_{2j+1}) = \int_0^1 \psi^2(s,\mu_{2j+1})r(s)\mathrm{d}s,$$

$$\phi'_\lambda(1,\mu_{2j+1}) = -\int_0^1 \phi^2(s,\mu_{2j+1})r(s)\mathrm{d}s.$$

由于 $\phi(t,\lambda)$ 与 $\psi(t,\lambda)$ 线性无关, 注意到 $r(x)>0$, 利用 Cauchy 不等式可知

$$\begin{aligned}
f''(\lambda) =& 2\left[\left(\int_0^1 \psi(s,\mu_{2j+1})\phi(s,\mu_{2j+1})r(s)\mathrm{d}s\right)^2\right.\\
&\left.-\int_0^1 \psi^2(s,\mu_{2j+1})r(s)\mathrm{d}s\cdot\int_0^1 \phi^2(s,\mu_{2j+1})r(s)\mathrm{d}s\right]\\
<& 2\left(\int_0^1 \psi^2(s,\mu_{2j+1})r(s)\mathrm{d}s\cdot\int_0^1 \phi^2(s,\mu_{2j+1})r(s)\mathrm{d}s\right.\\
&\left.-\int_0^1 \psi^2(s,\mu_{2j+1})r(s)\mathrm{d}s\int_0^1 \phi^2(s,\mu_{2j+1})r(s)\mathrm{d}s\right)\\
=& 0.
\end{aligned}$$

引理证毕. □

引理 5.13　周期边值问题 (5.25) + (5.24) 的任意非零解 $x=\varphi(t)$ 在区间 $[0,1)$ 上的零点个数为偶数.

证明　首先利用初值问题解的存在性和唯一性可得, 方程 (5.25) 的任意非零解 $x=\psi(t)$ 的零点都是简单零点, 即如果 $\psi(\bar{t})=0$, 那么 $\psi'(\bar{t})\neq 0$. 由此可知, 如果 t_1,t_2 是 $x=\psi(t)$ 的相邻零点, 那么 $\psi'(t_1)\psi'(t_2)<0$.

(i) 若 $\varphi(0)=0$, 则由周期性可知

$$\varphi(1)=0,\quad \varphi'(0)=\varphi'(1)\neq 0.$$

设 $t_1, t_2, \cdots, t_{j+1}$ $(0 = t_1 < t_2 < \cdots < t_j < t_{j+1} = 1)$ 是 $\varphi(t)$ 在区间 $[0,1]$ 上的零点. 于是, 由刚才的结论可知

$$\varphi'(t_1)\varphi'(t_2) < 0, \quad \varphi'(t_2)\varphi'(t_3) < 0, \quad \cdots, \quad \varphi'(t_j)\varphi'(t_{j+1}) < 0$$

及

$$\varphi'(t_1)\varphi'(t_{j+1}) = \varphi'(0)\varphi'(1) = (\varphi'(0))^2 > 0.$$

由此可知 j 为偶数.

(ii) 若 $\varphi(0) \neq 0$, 不妨设 $\varphi(0) > 0$, 则 $\varphi(1) > 0$. 假设 $t_1, t_2, \cdots, t_j$ $(0 < t_1 < t_2 < \cdots < t_j < 1)$ 是 $\varphi(t)$ 在 $[0,1)$ 上的零点, 则 $\varphi'(t_1) < 0, \varphi'(t_j) > 0$. 再次利用相邻零点的导数异号这一事实, 可知 j 为偶数. 引理的证明完成. □

定理 5.3 的证明 注意到 $f(\lambda)$ 是连续函数, 由引理 5.12 可知, 存在 λ_n 满足

$$\nu_0 \leqslant \lambda_0 < \mu_0 < \lambda_1 \leqslant \mu_1 \leqslant \lambda_2 < \mu_2 < \lambda_3 \leqslant \mu_3 \leqslant \lambda_4 < \cdots, \tag{5.42}$$

使得

$$f(\lambda_n) = 2, \quad n = 0, 1, \cdots,$$

即 λ_n $(n = 0, 1, \cdots)$ 是周期边值问题 (5.25) + (5.24) 的特征值. 再由引理 5.12 可知, 定理中的结论 (i), (ii), (iii) 成立.

由引理 5.13 可知, 周期边值问题 (5.25) + (5.24) 的特征函数 $\varphi(t, \lambda_j)(j = 0, 1, \cdots)$ 在区间 $[0,1)$ 上有偶数个零点. 由引理 5.10 可知, $\psi(t, \mu_j)(j = 0, 1, \cdots)$ 是边值问题 (5.25) + (5.31) 的特征函数. 再由定理 5.2 可知, $\psi(t, \mu_j)(j = 0, 1, \cdots)$ 在区间 $(0,1)$ 上恰有 j 个零点. 由于 $\lambda_0 < \mu_0$ 和 $\psi(t, \mu_0)$ 在区间 $(0,1)$ 上无零点, 利用 Sturm 比较定理 (定理 5.1), $\varphi(t, \lambda_0)$ 在区间 $[0,1]$ 上无零点.

对于任意 $j = 0, 1, \cdots$, 注意到 $\mu_{2j} < \lambda_{2j+1} \leqslant \lambda_{2j+2} < \mu_{2j+2}$, 由 Sturm 比较定理可知, $\varphi(t, \lambda_{2j+1})$ 和 $\varphi(t, \lambda_{2j+2})$ 在区间 $[0,1)$ 上至少有 $2j+1$ 个零点, 但少于 $2j+4$ 个零点. 再由 $\varphi(t, \lambda_j)$ 的零点个数是偶数可知, 函数 $\varphi(t, \lambda_{2j+1})$ 和 $\varphi(t, \lambda_{2j+2})$ 在区间 $[0,1)$ 上恰有 $2j+2$ 个零点. 这样就完成了定理的证明. □

接下来讨论非线性微分方程周期解的存在性, 主要工具是隐函数定理.

考虑二阶微分方程

$$\frac{\mathrm{d}^2 x}{\mathrm{d}t^2} + \omega_0^2 x = p(t) + \varepsilon f\left(t, x, \frac{\mathrm{d}x}{\mathrm{d}t}\right), \tag{5.43}$$

其中 ω_0 是正常数, ε 是小参数, $p(t)$ 是连续的 1-周期函数, 而 $f\left(t, x, \frac{\mathrm{d}x}{\mathrm{d}t}\right)$ 是连续函数, 且关于 t 是 1-周期的, 关于 x 和 $\frac{\mathrm{d}x}{\mathrm{d}t}$ 是连续可微的.

类似于引理 5.8 的证明, 可得到方程 (5.43) 的解 $x=x(t)$ 是 1-周期解当且仅当

$$x(0)=x(1), \quad x'(0)=x'(1). \tag{5.44}$$

假设 $x=x(t;x_0,v_0,\varepsilon)$ 是方程 (5.43) 满足初值条件

$$x(0;x_0,v_0,\varepsilon)=x_0, \quad x'(0;x_0,v_0,\varepsilon)=v_0 \tag{5.45}$$

的解. 由定理 4.11 可知, 当 $|\varepsilon|$ 充分小时, 这个解在区间 $0\leqslant t\leqslant 1$ 上存在, 并且关于 t,x_0,v_0,ε 连续可微.

显然, $x=x(t;x_0,v_0,\varepsilon)$ 是方程 (5.43) 的 1-周期解当且仅当

$$\begin{cases} F(x_0,v_0,\lambda)\triangleq x(1;x_0,v_0,\varepsilon)-x_0=0, \\ G(x_0,v_0,\lambda)\triangleq x'(1;x_0,v_0,\varepsilon)-v_0=0. \end{cases} \tag{5.46}$$

于是, 只要 (x_0,v_0) 满足 (5.46) 式, 则以 (x_0,v_0) 为始值点的方程 (5.43) 的解即为 1-周期解.

定理 5.4 设 $\dfrac{\omega_0}{2\pi}\neq$ 整数, 则当 ε 是小参数 ($|\varepsilon|\ll 1$) 时, 方程 (5.43) 有唯一的 1-周期解.

证明 当 $\varepsilon=0$ 时, 利用常数变易法可以求出方程 (5.43) 的通解:

$$x(t;x_0,v_0,0)=x_0\cos\omega_0 t+\frac{v_0}{\omega_0}\sin\omega_0 t+\frac{1}{\omega_0}\int_0^t p(s)\sin\omega_0(t-s)\mathrm{d}s.$$

此时, (5.46) 式可以写成

$$\begin{cases} (\cos\omega_0-1)x_0+\dfrac{\sin\omega_0}{\omega_0}v_0=-\dfrac{1}{\omega_0}\displaystyle\int_0^1 p(s)\sin\omega_0(2\pi-s)\mathrm{d}s, \\ -(\omega_0\sin\omega_0)x_0+(\cos\omega_0-1)v_0=-\displaystyle\int_0^1 p(s)\cos\omega_0(2\pi-s)\mathrm{d}s. \end{cases}$$

这是一个关于 x_0,v_0 的线性方程组, 它的系数行列式为

$$\varDelta=(\cos\omega_0-1)^2+\sin^2\omega_0=2(1-\cos\omega_0)\neq 0.$$

因此, 该方程组有唯一解, 记为 $x_0=\bar{x}_0, v_0=\bar{v}_0$. 此外, 当 $\varepsilon=0$ 时,

$$\det\frac{\partial(F,G)}{\partial(x_0,v_0)}=\varDelta\neq 0.$$

由隐函数存在定理可知, 当 $|\varepsilon|\ll 1$ 时, 由 (5.46) 式可确定唯一的连续函数

$$x_0=x_0(\varepsilon), \quad v_0=v_0(\varepsilon),$$

满足

$$x_0(0)=\bar{x}_0, \quad v_0(0)=\bar{v}_0,$$

而以 $(x_0(\varepsilon),\ v_0(\varepsilon))$ 为初值点的解 $x=x(t;\ x_0(\varepsilon),\ v_0(\varepsilon),\ \varepsilon)$ 是 1-周期解. 定理的证明完成. □

习题 5.4

1. 证明: 微分方程

$$\frac{\mathrm{d}^2x}{\mathrm{d}t^2}+2x=3\sin t+\lambda x^3$$

当 λ 是小参数时至少有一个 2π-周期解.

2. 证明: 微分方程

$$\frac{\mathrm{d}^2x}{\mathrm{d}t^2}+2x=\lambda\sin t+x^3$$

当 λ 是小参数时至少有一个 2π-周期解.

3. 证明: 微分方程

$$\frac{\mathrm{d}^2x}{\mathrm{d}t^2}+x+\arctan x=4\sin t$$

没有 2π-周期解.

4. 考虑微分方程

$$\frac{\mathrm{d}x^2}{\mathrm{d}t^2}+\omega^2x=p(t),$$

其中 p 是 2π-周期的连续函数, 正数 $\omega\notin\mathbb{Z}$. 证明:

(1) 该方程有唯一的 2π-周期解;

(2) 该方程的所有解均是有界的, 即对于该方程的任一解 $x(t)$, 存在常数 $M>0$, 使得

$$\sup_{t\in\mathbb{R}}\left(|x(t)|+|x'(t)|\right)<M.$$

第六章

定性理论初步

19 世纪 80 年代, Poincaré 开创了微分方程定性理论研究的先河. 同时期, A. M. Lyapunov① 深入研究了微分方程解的稳定性, 成为该理论研究的另一位先驱者. 微分方程定性理论旨在通过微分方程本身的结构来研究和判断微分方程解的性质以及微分方程所定义的积分曲线的分布, 而不是通过求解微分方程来实现. 随后, G. D. Birkhoff② 继承并发展了这一理论, 而且引入了动力系统的概念. 现今, 动力系统理论经历了长足的发展, 已成为数学领域的重要分支, 广泛渗到自然科学和社会科学等多个领域. 本章将对微分方程定性理论的一些基本概念和基本方法做简单的介绍.

6.1 轨道与动力系统

考虑微分系统

$$\frac{\mathrm{d}\boldsymbol{x}}{\mathrm{d}t}=\boldsymbol{f}(t,\boldsymbol{x}), \tag{6.1}$$

其中 $\boldsymbol{x}\in E\subset\mathbb{R}^n$, $\boldsymbol{f}$ 是关于变量 $(t,\boldsymbol{x})\in\mathbb{R}\times E$ 的一个 n 维连续向量函数, 记为 $\boldsymbol{f}\in C^0(\mathbb{R}\times E,\mathbb{R}^n)$. 注意到系统 (6.1) 的右端函数 $\boldsymbol{f}$ 显含 t, 这样的系统是非自治的. 如果连续函数 $\boldsymbol{f}$ 不显含 t, 此时系统为

$$\frac{\mathrm{d}\boldsymbol{x}}{\mathrm{d}t}=\boldsymbol{f}(\boldsymbol{x}), \tag{6.2}$$

其中 $\boldsymbol{f}\in C^0(E,\mathbb{R}^n)$, 这样的系统是自治的.

假设系统 (6.1) 的右端函数 $\boldsymbol{f}(t,\boldsymbol{x})$ 对 $\boldsymbol{x}$ 满足局部 Lipschitz 条件, 以保证其初值问题解的存在性和唯一性. 对于任何初值条件 $\boldsymbol{x}(t_0)=\boldsymbol{x}_0$, 系统 (6.1) 都存在唯一的满足初值条件的解 $\boldsymbol{x}(t)=\boldsymbol{\varphi}(t;t_0,\boldsymbol{x}_0)$. 若将 $\boldsymbol{x},\boldsymbol{f}$ 分别视为质点 M 在 t 时刻的坐标和速度向量, 那么系统 (6.1) 就表示质点 M 运动所满足的微分方程, 它的解 $\boldsymbol{x}(t)=\boldsymbol{\varphi}(t;t_0,\boldsymbol{x}_0)$ 就是质点 M 在初值条件 $\boldsymbol{x}(t_0)=\boldsymbol{x}_0$ 下的运动轨迹. 标记质点 M 的位置的空间 E 称为**相空间**. 解 $\boldsymbol{x}(t)$ 在 $\mathbb{R}\times E$ 中所形成的曲线 $\{(t,\boldsymbol{x}):t\in\mathbb{R},\boldsymbol{x}=\boldsymbol{\varphi}(t;t_0,\boldsymbol{x}_0)\}$ 称为**积分曲线**, 而空间 $\mathbb{R}\times E$ 称为**增广相空间**. 由初值问题解的唯一性可知, 增广相空间中的积分曲线是不相交的. 积分曲线在相空间 E 上的投影 $\{\boldsymbol{x}:\boldsymbol{x}=\boldsymbol{\varphi}(t;t_0,\boldsymbol{x}_0),t\in\mathbb{R}\}$ 称为**轨道**, 其描述质点 M 的运动轨迹.

另外, 对于相空间 E 中的每一点 $\boldsymbol{x}_0$, 系统 (6.1) 在 t_0 时刻给定了向量 $\boldsymbol{f}(t_0,\boldsymbol{x}_0)$, 这确定了经过点 $(t_0,\boldsymbol{x}_0)$ 的积分曲线在此处的方向. 我们称 $\boldsymbol{f}(t,\boldsymbol{x})$ 是系统 (6.1) 的**向量场**. 具体来说, $\boldsymbol{f}(t,\boldsymbol{x})$ 是一个时变场, 即系统 (6.1) 所确定的向量场不仅与点 M 的位置有关, 而且还与时间 t 有关. 注意到, 过相空间 E 中同一点可能有多个甚至无穷多个

① A. M. Lyapunov (李雅普诺夫, 1857—1918), 俄罗斯数学家和物理学家, 稳定性理论的创立者.

② G. D. Birkhoff (伯克霍夫, 1884—1944), 美国数学家.

方向, 它们将随时间 t 不同而不同. 因此, 相空间中的轨道是可能会相交的. 而对于系统 (6.2), 其在相空间 E 中给出了一个定常场 $\boldsymbol{f}(\boldsymbol{x})$, 即向量场 $\boldsymbol{f}(\boldsymbol{x})$ 在相空间 E 中的每一点确定了唯一的方向, 这将表现出与非自治系统截然不同的性质.

定理 6.1 设自治系统 (6.2) 满足解的存在性和唯一性条件, 并且解的存在区间是 $\mathbb{R}$, 则它的解 $\boldsymbol{\varphi}(t;t_0,\boldsymbol{x}_0)$ 具有如下性质:

(i) 积分曲线的平移不变性: 对于任意 $\tau\in\mathbb{R}$, $\boldsymbol{\varphi}(t+\tau;t_0,\boldsymbol{x}_0)$ 也是系统 (6.2) 的解;

(ii) 轨道唯一性: 对于相空间 E 中任一点 $\boldsymbol{x}_0$, 系统 (6.2) 只有唯一的轨道通过;

(iii) 群性质: 对于任意 $t,s,t_0\in\mathbb{R}$, 有

$$\boldsymbol{\varphi}(t_0;t_0,\boldsymbol{x}_0)=\boldsymbol{x}_0,\quad \boldsymbol{\varphi}(t;t_0,\boldsymbol{\varphi}(s;t_0,\boldsymbol{x}_0))=\boldsymbol{\varphi}(t+s-t_0;t_0,\boldsymbol{x}_0).$$

证明 性质 (i) 可以直接验证. 事实上,

$$\frac{\mathrm{d}\boldsymbol{\varphi}(t+\tau;t_0,\boldsymbol{x_0})}{\mathrm{d}t}=\frac{\mathrm{d}\boldsymbol{\varphi}(t+\tau;t_0,\boldsymbol{x_0})}{\mathrm{d}(t+\tau)}\cdot\frac{\mathrm{d}(t+\tau)}{\mathrm{d}t}=\boldsymbol{f}(\boldsymbol{x}),$$

即 $\boldsymbol{\varphi}(t+\tau;t_0,\boldsymbol{x}_0)$ 是系统 (6.2) 的解.

由性质 (i), 对于任意 $(t_0,\boldsymbol{x}_0)\in\mathbb{R}\times E$, 函数 $\boldsymbol{x}=\boldsymbol{\varphi}(t-t_0;0,\boldsymbol{x}_0)$ 也是系统 (6.2) 的解, 而且与解 $\boldsymbol{\varphi}(t;t_0,\boldsymbol{x}_0)$ 满足同样的初值条件 $(t_0,\boldsymbol{x}_0)$. 由初值问题解的唯一性可知, 必有

$$\boldsymbol{\varphi}(t;t_0,x_0)\equiv\boldsymbol{\varphi}(t-t_0;0,\boldsymbol{x}_0).$$

这说明, 任意通过点 $\boldsymbol{x}_0$ 的轨道均为 $\{\boldsymbol{x}:\boldsymbol{x}=\boldsymbol{\varphi}(t;0,\boldsymbol{x}_0),t\in\mathbb{R}\}$. 因此, 系统 (6.2) 的两条轨道要么完全重合, 要么永不相交, 即性质 (ii) 得证.

记 $\boldsymbol{x}(t)=\boldsymbol{\varphi}(t;t_0,\boldsymbol{\varphi}(s;t_0,\boldsymbol{x}_0))$ 是系统 (6.2) 满足 $\boldsymbol{x}(t_0)=\boldsymbol{\varphi}(s;t_0,\boldsymbol{x}_0)$ 的解. 又由性质 (i) 可得, $\widetilde{\boldsymbol{x}}(t)=\boldsymbol{\varphi}(t+s-t_0;t_0,\boldsymbol{x}_0)$ 是系统 (6.2) 的解且满足 $\widetilde{\boldsymbol{x}}(t_0)=\boldsymbol{\varphi}(s;t_0,\boldsymbol{x}_0)$. 注意到 $\boldsymbol{x}(t)$ 与 $\widetilde{\boldsymbol{x}}(t)$ 具有相同的初值条件. 因此, 性质 (iii) 得证. □

性质 (i) 表明, 将自治系统 (6.2) 的任一积分曲线沿 t 平移后仍然是该系统的积分曲线. 因此, 这一族积分曲线在相空间的投影都是一致的, 也就是它们指向同一条轨道. 又由初值问题解的唯一性, 可以很自然地得到性质 (ii). 而性质 (iii) 中第二个式子的意义是: 在相空间中, 如果在 t_0 时刻从点 $\boldsymbol{x}_0$ 出发的轨道经过时间 $s-t_0$ 到达点 $\boldsymbol{x}_1=\boldsymbol{\varphi}(s;t_0,\boldsymbol{x}_0)$, 然后从点 $\boldsymbol{x}_1$ 出发经过时间 t 到达点 $\boldsymbol{x}_2=\boldsymbol{\varphi}(t;t_0,\boldsymbol{\varphi}(s;t_0,\boldsymbol{x}_0))$, 那么在 t_0 时刻从点 $\boldsymbol{x}_0$ 出发的轨道经过时间 $t+s-t_0$ 也到达点 $\boldsymbol{x}_2$. 容易看出, 性质 (ii) 和 (iii) 的成立依赖于性质 (i), 而性质 (i) 对于非自治系统 (6.1) 一般是不成立的. 因此, 可以通过相空间的轨道来研究自治系统的性质.

对于自治系统 (6.2) 及 $\boldsymbol{x}_0\in E$, 记通过点 $\boldsymbol{x}_0$ 的轨道为

$$\gamma(\boldsymbol{x}_0)=\{\boldsymbol{x}:\boldsymbol{x}=\boldsymbol{\varphi}(t;0,\boldsymbol{x}_0),t\in\mathbb{R}\},$$

其中 t 是轨道的参数. 由系统 (6.2) 消去 $\mathrm{d}t$, 得

$$\frac{\mathrm{d}x_1}{f_1(\boldsymbol{x})}=\frac{\mathrm{d}x_2}{f_2(\boldsymbol{x})}=\cdots=\frac{\mathrm{d}x_n}{f_n(\boldsymbol{x})}. \tag{6.3}$$

由此可解得以 x_1 为参量的轨道 $\boldsymbol{\gamma}(\boldsymbol{x}_0)$. 需要说明的是, 虽然系统 (6.2) 与系统 (6.3) 都给出了相同的轨道, 但两个系统所确定的场是不同的. 前者在相空间 E 中给出一个向量场, 而后者仅给出一个方位场或线素场, 即相空间 E 中每一点处只有方向, 而没有大小. 因此, 对系统 (6.3) 重新赋予不同时间参数 $\tau(t,\boldsymbol{x})$, 就可以得到一系列具有相同轨道的不同向量场.

我们可以将上述三条性质归纳起来, 抽象出动力系统的概念. 记 $\boldsymbol{\varphi}_t(\boldsymbol{x})=\boldsymbol{\varphi}(t;0,\boldsymbol{x})$, 则 $\{\boldsymbol{\varphi}_t:t\in\mathbb{R}\}$ 构成相空间 E 上的一个单参数连续变换族, 满足:

(1) $\boldsymbol{\varphi}_t:E\to E$ 是连续的;

(2) $\boldsymbol{\varphi}_0$ 为恒同变换, 即 $\boldsymbol{\varphi}_0(\boldsymbol{x})\equiv\boldsymbol{x}$;

(3) $\boldsymbol{\varphi}_t\circ\boldsymbol{\varphi}_s=\boldsymbol{\varphi}_{t+s}$.

我们将满足这三条性质的单参数连续变换族 $\{\boldsymbol{\varphi}_t:t\in\mathbb{R}\}$ 称为一个**连续动力系统**或**流**. 特别地, 当 t 在 $\mathbb{Z}$ 内取值时, 称 $\{\boldsymbol{\varphi}_t:t\in\mathbb{Z}\}$ 为**离散动力系统**. 它们统称为**动力系统**. 为简便起见, 以下也直接用 $\boldsymbol{\varphi}_t$ 表示流.

注 6.1　由定义可知流 $\boldsymbol{\varphi}_t$ 可以自然诱导出一个以 T 为单位时间的映射 $\boldsymbol{\varphi}_T$ 所产生的离散动力系统 $\boldsymbol{\varphi}_{nT}$ $(n\in\mathbb{Z})$, 其中 T 是非零常数. 反之, 未必所有的离散动力系统 $\boldsymbol{\phi}_n$ $(n\in\mathbb{Z})$ 都能嵌入某个流, 即不一定存在流 $\boldsymbol{\varphi}_t$ $(t\in\mathbb{R})$ 和常数 $T\in\mathbb{R}$, 使得 $\boldsymbol{\varphi}_T=\boldsymbol{\phi}_1$. 例如, $\boldsymbol{\phi}_n(x)=(-1)^n x$ $(n\in\mathbb{Z},x\in\mathbb{R})$ 不能嵌入流. 事实上, 如果存在流 $\boldsymbol{\phi}_t$ $(t\in\mathbb{R})$ 满足 $\boldsymbol{\phi}_1(x)=-x$, 那么对于整数 $m\geqslant 1$, 有

$$\underbrace{\boldsymbol{\phi}_{2/m}(x)\circ\cdots\circ\boldsymbol{\phi}_{2/m}(x)}_{m\text{ 个}}=\boldsymbol{\phi}_2(x)=x. \tag{6.4}$$

首先, 我们证明 $\boldsymbol{\phi}_{2/m}(x)$ 是严格单调的. 如若不然, 由连续性, 存在 $x_1,x_2\in\mathbb{R}$ 且 $x_1<x_2$, 使得 $\boldsymbol{\phi}_{2/m}(x_1)=\boldsymbol{\phi}_{2/m}(x_2)$. 又由 (6.4) 式可知

$$x_1=\boldsymbol{\phi}_{2(m-1)/m}(\boldsymbol{\phi}_{2/m}(x_1))=\boldsymbol{\phi}_{2(m-1)/m}(\boldsymbol{\phi}_{2/m}(x_2))=x_2,$$

这显然与 x_1,x_2 的选取不符. 这表明, $\boldsymbol{\phi}_{2/m}(x)$ 是严格单调的. 那么, $\boldsymbol{\phi}_{2/m}(x)$ 要么是严格单调递增的, 要么是严格单调递减的. 接着我们证明: 如果 $\boldsymbol{\phi}_{2/m}(x)$ 是严格单调递增的, 那么 $\boldsymbol{\phi}_{2/m}(x)=x$. 否则, 存在 $x_0\in\mathbb{R}$, 使得 $\boldsymbol{\phi}_{2/m}(x_0)>x_0$ 或 $\boldsymbol{\phi}_{2/m}(x_0)<x_0$. 不妨设 $\boldsymbol{\phi}_{2/m}(x_0)>x_0$. 注意到 $\boldsymbol{\phi}_{2/m}(x)$ 是严格单调递增的, 因此有

$$x_0=\boldsymbol{\phi}_2(x_0)>\boldsymbol{\phi}_{2(m-1)/m}(x_0)>\cdots>\boldsymbol{\phi}_{2/m}(x_0)>x_0,$$

这导致矛盾. 这表明, 如果 $\phi_{2/m}(x)$ 是严格单调递增的, 那么 $\phi_{2/m}(x)=x$. 下面取定 $m=8$, 那么 $\phi_{2/8}(x)=\phi_{1/4}(x)$. 于是, 如果 $\phi_{1/4}(x)$ 是严格单调递增的, 那么 $\phi_{1/4}(x)=x$, 即有 $\phi_1(x)=x$. 这与题设不符. 如果 $\phi_{1/4}(x)$ 是严格单调递减的, 那么 $\phi_{2/4}(x)$ 是严格单调递增的, 即有 $\phi_{1/2}(x)=x$, 从而有 $\phi_1(x)=x$. 这同样与题设不符. 因此, 最开始的假设不成立, 即 $\phi_n(x)=(-1)^n x\ (n\in\mathbb{Z}, x\in\mathbb{R})$ 不能嵌入流.

动力系统概念的引入, 对微分方程的研究提供便利. 但对于非自治系统 (6.1), 前面所述的性质 (1), (2), (3) 不再成立. 不过, 我们可以增加系统 (6.1) 的维数使之转化为等价的自治系统. 事实上, 可以通过引入 $s=t$ 将系统 (6.1) 转化成高一维的自治系统

$$\frac{\mathrm{d}\boldsymbol{y}}{\mathrm{d}t}=\boldsymbol{F}(\boldsymbol{y}), \tag{6.5}$$

其中

$$\boldsymbol{y}=\begin{pmatrix}\boldsymbol{x}\\ s\end{pmatrix},\quad \boldsymbol{F}(\boldsymbol{y})=\begin{pmatrix}\boldsymbol{f}(s,\boldsymbol{x})\\ 1\end{pmatrix}.$$

一般来讲, 自治系统 (6.2) 的解可能不是大范围存在的. 例如, 一维微分方程 $\dfrac{\mathrm{d}x}{\mathrm{d}t}=1+x^2$ 每个解的存在区间的长度为 π. 注意到, 前面我们假设了系统 (6.2) 的解的存在区间是 $\mathbb{R}$. 为了讨论方便, 我们对微分系统进行修改, 使得它的解的存在区间为 $\mathbb{R}$, 且能保持相空间 E 中轨道的结构. 因此, 对于 $E=\mathbb{R}^n$, 若系统 (6.2) 不满足这个性质, 可以考虑另外的自治系统

$$\frac{\mathrm{d}\boldsymbol{x}}{\mathrm{d}t}=\frac{\boldsymbol{f}(\boldsymbol{x})}{\sqrt{1+|\boldsymbol{f}(\boldsymbol{x})|^2}}. \tag{6.6}$$

因为系统 (6.6) 的右端函数有界, 所以由解的延伸定理可知, 系统 (6.6) 的解的存在区间为 $\mathbb{R}$. 而且, 有下面的结论成立.

引理 6.1 自治系统 (6.2) 与 (6.6) 在相空间中有相同的轨道.

证明 设 $\boldsymbol{x}=\boldsymbol{\varphi}(t)$ 是系统 (6.6) 满足初值条件 $\boldsymbol{x}(0)=\boldsymbol{x}_0$ 的解, 令

$$s=w(t)=\int_0^t\frac{\mathrm{d}\tau}{\sqrt{1+|\boldsymbol{f}(\boldsymbol{\varphi}(\tau))|^2}}.$$

由于 $w'(t)>0$, 因此 $s=w(t)$ 有光滑的反函数 $t=w^{-1}(s)$. 设 $\boldsymbol{\phi}(s)=\boldsymbol{\varphi}(w^{-1}(s))$, 则由系统 (6.6) 可推出

$$\frac{\mathrm{d}\boldsymbol{\phi}}{\mathrm{d}s}=\boldsymbol{f}(\boldsymbol{\phi}(s)),\quad \boldsymbol{\phi}(0)=\boldsymbol{x}_0.$$

因此, 如果我们把系统 (6.2) 的自变量符号改为 s, 那么 $\boldsymbol{x}=\boldsymbol{\phi}(s)$ 是系统 (6.2) 满足初值条件 $\boldsymbol{x}(0)=\boldsymbol{x}_0$ 的解. 从几何上看, 它和 $\boldsymbol{x}=\boldsymbol{\varphi}(t)$ 在相空间 E 中代表同一条曲线, 只是选取了不同的时间参数而已. 这就证明了系统 (6.6) 与 (6.2) 在相空间 E 中有相同的轨道. □

另外, 如果 $E \neq \mathbb{R}^n$, 那么 E 的边界 $\partial E \neq \varnothing$. 此时, 可以考虑自治系统

$$\frac{\mathrm{d}\boldsymbol{x}}{\mathrm{d}t} = \frac{\mathrm{dist}(\boldsymbol{x}, \partial E)\boldsymbol{f}(\boldsymbol{x})}{(\mathrm{dist}(\boldsymbol{x}, \partial E) + 1)(|\boldsymbol{f}(\boldsymbol{x})| + 1)},$$

其中 $\mathrm{dist}(\boldsymbol{x}, \partial E)$ 表示 $\boldsymbol{x}$ 到边界 ∂E 的距离. 与引理 6.1 的证明类似, 同样可以证明该系统的轨道与系统 (6.2) 的轨道是重合的.

注 6.2 有了上面的这些结论, 今后在讨论自治系统 (6.2) 的轨道时, 除非特别声明, 总是假定 $E = \mathbb{R}^n$, 其初值问题的解是大范围存在且唯一的, 即解的存在区间为 $\mathbb{R}$. 需要提醒读者注意的是: 仅仅在讨论一般形式的系统 (6.2) 的轨道的拓扑结构时, 我们可以假定其解的大范围存在性, 而当微分系统的具体形式已经给定时, 还是需要讨论微分系统的解是不是大范围存在的.

6.1.1 不变集与极限集

自治系统 (6.2) 的轨道 $\gamma(\boldsymbol{x}_0)$ 有一些重要的特殊形式, 如平衡点和闭轨.

定义 6.1 假设自治系统 (6.2) 有一个常值解 $\boldsymbol{x} = \boldsymbol{\varphi}(t; 0, \boldsymbol{x}_0) \equiv \boldsymbol{x}_0$, 称 $\boldsymbol{x}_0$ 是系统 (6.2) 的 **平衡点**.

当 $\boldsymbol{x}_0$ 是系统 (6.2) 的平衡点时, $\dfrac{\mathrm{d}}{\mathrm{d}t}\boldsymbol{\varphi}(t; 0, \boldsymbol{x}_0) = \boldsymbol{0}$, 于是 $\boldsymbol{f}(\boldsymbol{x}_0) = \boldsymbol{0}$. 反之, 如果存在 $\boldsymbol{x}_0$, 使得 $\boldsymbol{f}(\boldsymbol{x}_0) = \boldsymbol{0}$, 显然, $\boldsymbol{x}(t) \equiv \boldsymbol{x}_0$ 是该系统的一个常值解. 可以知道, 对于平衡点 $\boldsymbol{x}_0$, 它的轨道就是单点集 $\{\boldsymbol{x}_0\}$. 另外, 从向量场的角度来说, 使得 $\boldsymbol{f}(\boldsymbol{x}) = \boldsymbol{0}$ 的点 $\boldsymbol{x}$ 称作向量场 $\boldsymbol{f}(\boldsymbol{x})$ 的**奇点**. 因此, 系统 (6.2) 的平衡点就是向量场的奇点.

当 $\boldsymbol{x}_0$ 不是系统 (6.2) 的平衡点时, 称 $\boldsymbol{x}_0$ 为**常点**. 因此, $\boldsymbol{x}_0$ 是系统 (6.2) 的常点当且仅当 $\boldsymbol{f}(\boldsymbol{x}_0) \neq \boldsymbol{0}$. 再由初值问题轨道的唯一性可知, 经过常点的轨道不包括任何奇点.

定义 6.2 如果轨道 $\gamma(\boldsymbol{x}_0)$ 是一条闭曲线, 那么称 $\gamma(\boldsymbol{x}_0)$ 为**闭轨**.

引理 6.2 轨道 $\gamma(\boldsymbol{x}_0) = \{\boldsymbol{x} : \boldsymbol{x} = \boldsymbol{\varphi}(t; 0, \boldsymbol{x}_0), t \in \mathbb{R}\}$ 是闭轨, 当且仅当解 $\boldsymbol{x} = \boldsymbol{\varphi}(t; 0, \boldsymbol{x}_0)$ 关于 t 是周期的.

证明 假设 $\gamma(\boldsymbol{x}_0)$ 是一条闭轨. 由初值问题轨道的唯一性可知, 在这条闭轨上的任一点 $\boldsymbol{p}$ 处有 $\boldsymbol{f}(\boldsymbol{p}) \neq \boldsymbol{0}$. 又向量场 $\boldsymbol{f}(\boldsymbol{x})$ 在点 $\boldsymbol{p}$ 处只有唯一的方向 $\boldsymbol{f}(\boldsymbol{p})$. 因此, 解 $\boldsymbol{\varphi}(t; 0, \boldsymbol{x}_0)$ 在轨道 $\gamma(\boldsymbol{x}_0)$ 上的运动是定向的, 即解 $\boldsymbol{\varphi}(t; 0, \boldsymbol{x}_0)$ 从点 $\boldsymbol{x}_0$ 的一侧出去, 只能转一圈从点 $\boldsymbol{x}_0$ 的另一侧回来. 不妨设解 $\boldsymbol{\varphi}(t; 0, \boldsymbol{x}_0)$ 不是周期的, 那么不存在有限的 $T > 0$, 使得 $\boldsymbol{\varphi}(T; 0, \boldsymbol{x}_0) = \boldsymbol{x}_0$. 否则, 由解的群性质可导出矛盾. 于是, 解 $\boldsymbol{\varphi}(t; 0, \boldsymbol{x}_0)$ 在任何有限时间内都无法转一圈从点 $\boldsymbol{x}_0$ 的另一侧回来, 但满足 $\lim\limits_{t \to +\infty} \boldsymbol{\varphi}(t; 0, \boldsymbol{x}_0) = \boldsymbol{x}_0$. 因此, 对于任何足够小的正数 ε, 存在正数 T_1, 使得 $\boldsymbol{p} \in \{\boldsymbol{x} : \boldsymbol{x} = \boldsymbol{\varphi}(t; 0, \boldsymbol{x}_0), t \in [T_1, +\infty)\}$ 时, 有 $|\boldsymbol{f}(\boldsymbol{p})| < \varepsilon$. 又 $\boldsymbol{f}(\boldsymbol{x}_0) \neq \boldsymbol{0}$, 并且 $\boldsymbol{f}(\boldsymbol{x})$ 是连续的, 所以存在 $\boldsymbol{x}_0$ 的某个邻域, 使得该邻域内的所有点的范数均大于 $\dfrac{|\boldsymbol{f}(\boldsymbol{x}_0)|}{2}$. 这与上述分析产生矛盾. 因此,

解 $\boldsymbol{\varphi}(t;0,\boldsymbol{x}_0)$ 是周期的. 反之, 如果 $\boldsymbol{\varphi}(t;0,\boldsymbol{x}_0)$ 是周期函数, 假设它的最小正周期为 T, 则由周期性以及轨道的定义可知 $\boldsymbol{\gamma}(\boldsymbol{x}_0)=\{\boldsymbol{\varphi}(t;0,\boldsymbol{x}_0):t\in\mathbb{R}\}=\{\boldsymbol{\varphi}(t;0,\boldsymbol{x}_0):0\leqslant t\leqslant T\}$. 因此, $\boldsymbol{\gamma}(\boldsymbol{x}_0)$ 是 $\mathbb{R}^n$ 中的一条闭曲线. □

由上面的结论可知, 相空间中的轨道有三种类型:

(1) 平衡点; (2) 闭轨; (3) 开轨.

这里**开轨**是指 $\boldsymbol{\varphi}(\cdot;0,\boldsymbol{x}_0):\mathbb{R}\to\boldsymbol{\gamma}(\boldsymbol{x}_0)$ 是一一映射, 平衡点和闭轨代表的运动分别是静止和周期运动, 而开轨所代表的运动类型非常多, 如拟周期运动、混沌运动等, 对相关内容感兴趣的读者可以参看文献 [18,19].

一般而言, 对微分系统直接在相空间上进行研究会十分复杂, 因此可以先对微分系统在相空间的某些特殊子集上进行研究.

定义 6.3 如果集合 $\Omega\subset E$ 满足 $\varphi_t(\Omega)\subset\Omega$, 其中 $t\in\mathbb{R}$, 那么称集合 Ω 为流 φ_t 的**不变集**. 特别地, 如果 $\varphi_t(\Omega)\subset\Omega$ 仅对 $t\in[t_0,+\infty)$ (或 $t\in(-\infty,t_0]$) 成立, 其中 $t_0\in\mathbb{R}$, 那么称集合 Ω 为流 φ_t 在 t_0 时刻的**正向不变集** (或**负向不变集**).

注意到, 流 φ_t 对所有的 $t\in\mathbb{R}$ 有定义, 所以这个流是一个同胚族. 此时, 可得到 $\varphi_t(\Omega)=\Omega, t\in\mathbb{R}$.

另外, 由不变集的定义可知, 如果 $\boldsymbol{x}_0\in\Omega$, 那么有 $\varphi_t(\boldsymbol{x}_0)\in\Omega$, 即轨道 $\boldsymbol{\gamma}(\boldsymbol{x}_0)\subset\Omega$, 因此不变集 $\Omega=\bigcup\limits_{\boldsymbol{x}_0\in\Omega}\boldsymbol{\gamma}(\boldsymbol{x}_0)$. 特别地, 轨道 $\boldsymbol{\gamma}(\boldsymbol{x}_0)$ 就是包含 $\boldsymbol{x}_0$ 的最小不变集. 记 $\boldsymbol{\gamma}_\pm(\boldsymbol{x}_0)=\{\varphi_t(\boldsymbol{x}_0):t\in\mathbb{R}_\pm\}$, 它们分别称为流 φ_t 的正、负半轨, 其中 $\mathbb{R}_+=[0,+\infty)$, $\mathbb{R}_-=(-\infty,0]$. 同样, 正、负半轨 $\boldsymbol{\gamma}_\pm(\boldsymbol{x}_0)$ 分别是包含点 $\boldsymbol{x}_0$ 的在 0 时刻的最小正向不变集和最小负向不变集.

例 6.1.1 考虑 $\mathbb{R}^2$ 上的齐次线性系统

$$\frac{\mathrm{d}x}{\mathrm{d}t}=x+y,\quad \frac{\mathrm{d}y}{\mathrm{d}t}=3x-y.$$

给出该系统的一个不变集, 并分析该系统的性质.

解 由第三章的知识可求得该系统的解

$$c_1(1,1)^{\mathrm{T}}\mathrm{e}^{2t}+c_2(1,-3)^{\mathrm{T}}\mathrm{e}^{-2t},$$

其中 $c_1,c_2\in\mathbb{R}$. 下面我们将换一种角度考虑这个问题. 考虑该系统的轨道满足的方程

$$\frac{\mathrm{d}y}{\mathrm{d}x}=\frac{3x-y}{x+y}.$$

令 $y=kx$, 代入这个方程, 可解得 $k=1$ 或 -3. 这说明, $y=x$ 和 $y=-3x$ 均是该系统的不变集, 可称它们为该系统的**不变直线**. 下面我们可以分别研究该系统在这两条不变直线上的动力学性质. 将 $y=x$ 代入该系统, 可以得到一个一维的新系统 $\dfrac{\mathrm{d}x}{\mathrm{d}t}=2x$, 从而得到不变直线 $y=x$ 上的解为 $(x(t),y(t))^{\mathrm{T}}=(c_3\mathrm{e}^{2t},c_3\mathrm{e}^{2t})^{\mathrm{T}}(c_3\in\mathbb{R})$, 即不变直线 $y=x$ 由轨道 $\{(x,y)^{\mathrm{T}}\in\mathbb{R}^2:x>0,y=0\}$, $\{(0,0)\}$ 和 $\{(x,y)^{\mathrm{T}}\in\mathbb{R}^2:x<0,y=0\}$ 所组成.

对 $y=-3x$ 可以做类似分析. 此外, 注意到这两条不变直线分别是 $\mathbb{R}^2$ 中的一维子空间且它们的直和就是全空间 $\mathbb{R}^2$. 又因为原系统是齐次线性的, 即任意两个解的和仍然是原系统的解, 所以原系统的任意解可由这两条不变直线上的解的线性组合给出.

正如上面这个例子所示, 对于一些复杂的微分系统, 我们可以寻找微分系统那些具有良好结构的不变集, 从而将原来维数较高的微分系统简化为若干个维数较低的微分系统来研究, 以达到简化问题的目的.

下面介绍一类重要的不变集——极限集.

定义 6.4 对于任意 $\boldsymbol{x}_0 \in E$ 和流 $\boldsymbol{\varphi}_t$, 定义集合

$$\omega(\boldsymbol{x}_0)=\{\boldsymbol{y}\in\mathbb{R}^n: \text{存在 } t_n\in\mathbb{R}_+,\ \lim_{n\to+\infty} t_n=+\infty,\ \text{使得 } \lim_{n\to+\infty}\boldsymbol{\varphi}_{t_n}(\boldsymbol{x}_0)=\boldsymbol{y}\},$$

$$\alpha(\boldsymbol{x}_0)=\{\boldsymbol{y}\in\mathbb{R}^n: \text{存在 } t_n\in\mathbb{R}_-,\ \lim_{n\to+\infty} t_n=-\infty,\ \text{使得 } \lim_{n\to+\infty}\boldsymbol{\varphi}_{t_n}(\boldsymbol{x}_0)=\boldsymbol{y}\},$$

$$L(\boldsymbol{x}_0)=\omega(\boldsymbol{x}_0)\cup\alpha(\boldsymbol{x}_0),$$

它们分别称为轨道 $\boldsymbol{\gamma}(\boldsymbol{x}_0)$ 的 **ω-极限集**、**α-极限集**、**极限集**.

极限集是描述一条轨道正向及负向的最终趋向的集合, 并且由定义容易验证它是不变集. 特别地, 对于平衡点和闭轨而言, 其 ω-极限集、α-极限集和极限集均等于其本身, 而对于微分系统的任一开轨而言, 其 ω-极限集 (或 α-极限集) 不一定存在, 但如果其正半轨 (或负半轨) 包含在一个有界闭集里, 那么正半轨 (或负半轨) 中存在收敛子序列, 即 ω-极限集 (或 α-极限集) 非空.

例 6.1.2 考虑 $\mathbb{R}^2$ 上的微分系统

$$\frac{\mathrm{d}x}{\mathrm{d}t}=-x-y+x\sqrt{x^2+y^2},\quad \frac{\mathrm{d}y}{\mathrm{d}t}=x-y+y\sqrt{x^2+y^2}.$$

求该系统各轨道的极限集.

解 做极坐标变换

$$r=\sqrt{x^2+y^2},\quad \theta=\arctan\frac{y}{x},$$

则该系统可化为新系统

$$\frac{\mathrm{d}r}{\mathrm{d}t}=r(r-1),\quad \frac{\mathrm{d}\theta}{\mathrm{d}t}=1.$$

注意到, $r\equiv 0$ 和 $r\equiv 1$ 是新系统的两个解. 这说明, 原系统有平衡点 $\boldsymbol{x}_0=(0,0)^{\mathrm{T}}$ 和闭轨 $\boldsymbol{\gamma}=\{(x,y)^{\mathrm{T}}\in\mathbb{R}^2: x^2+y^2=1\}$. 又注意到, 对于 $0<r<1$, 有 $\dfrac{\mathrm{d}r}{\mathrm{d}t}<0$; 对于 $r>1$, 有 $\dfrac{\mathrm{d}r}{\mathrm{d}t}>0$ 及 $\dfrac{\mathrm{d}\theta}{\mathrm{d}t}=1>0$. 由此可以证明, 原系统在闭轨 $\boldsymbol{\gamma}$ 内部的轨道是逆时针盘旋趋于平衡点 $\boldsymbol{x}_0$ 的, 而在闭轨 $\boldsymbol{\gamma}$ 外部的轨道是逆时针盘旋远离闭轨 $\boldsymbol{\gamma}$ 的. 这意味着, 闭轨 $\boldsymbol{\gamma}$ 内部任一轨道的 ω-极限集是平衡点 $\boldsymbol{x}_0$, 且 α-极限集是闭轨 $\boldsymbol{\gamma}$; 闭轨 $\boldsymbol{\gamma}$ 外部任一轨道的 α-极限集是闭轨 $\boldsymbol{\gamma}$.

上例中的闭轨就是 6.3 节所述的极限环, 它是常微分方程中的重要课题, 在 6.3 节中将对极限环做进一步介绍.

6.1.2 向量场的等价类

在微分方程定性理论的研究中, 我们关注微分系统在相空间中轨道的拓扑结构图 (称为微分系统的**相图**). 先考察常点附近的轨道是如何分布的.

考虑微分系统 (6.2) 和微分系统

$$\frac{\mathrm{d}\boldsymbol{y}}{\mathrm{d}t}=\boldsymbol{g}(\boldsymbol{y}), \tag{6.7}$$

其中 $\boldsymbol{x},\boldsymbol{y}\in\mathbb{R}^n$, 且 $\boldsymbol{f},\boldsymbol{g}\in C^0(\mathbb{R}^n,\mathbb{R}^n)$. 若 $\boldsymbol{f},\boldsymbol{g}$ 是 C^k 的, k 为非负整数, 则称这两个系统为 C^k **系统**. 记它们所确定的流分别为 $\boldsymbol{\varphi}_t:\mathbb{R}^n\to\mathbb{R}^n$ 和 $\boldsymbol{\phi}_t:\mathbb{R}^n\to\mathbb{R}^n$.

引进如下概念来刻画系统 (6.2) 和 (6.7) 之间的相似性.

定义 6.5 如果存在 C^k $(k\geqslant 0)$ 微分同胚 $\boldsymbol{h}:\mathbb{R}^n\to\mathbb{R}^n$ 将 C^k 系统 (6.2) 的轨道保向地映为 C^k 系统 (6.7) 的轨道, 即对于任意 $t\in\mathbb{R}, \boldsymbol{x}\in\mathbb{R}^n$, 有

$$\boldsymbol{h}(\boldsymbol{\varphi}_t(\boldsymbol{x}))=\boldsymbol{\phi}_{\tau(t,\boldsymbol{x})}(\boldsymbol{h}(\boldsymbol{x})), \tag{6.8}$$

其中 $\tau:\mathbb{R}\times\mathbb{R}^n\to\mathbb{R}$ 是关于 t 的严格单调递增连续函数, 那么称这两个系统是 C^k **等价**的. 此外, 如果 $\boldsymbol{h}$ 还保持对应轨道的时间参数是一致的, 即在 (6.8) 式中 $\tau(t,\boldsymbol{x})=t$, 那么称这两个系统是 C^k **共轭**的.

对于 C^0 等价, 无须给定轨道时间参数, 同胚 $\boldsymbol{h}$ 把系统 (6.2) 的相图保向地映为系统 (6.7) 的相图, 即系统 (6.2) 的一族轨道通过平移和连续形变转化为系统 (6.7) 的一族轨道. 具体来说, 系统 (6.2) 的 C^0 轨道 $\boldsymbol{\gamma}(\boldsymbol{x}_0)$ (平衡点、闭轨、开轨) 映为系统 (6.7) 的相同类型的 C^0 轨道 $\boldsymbol{\gamma}^*(\boldsymbol{h}(\boldsymbol{x}_0))$, 并且 $\boldsymbol{\gamma}(\boldsymbol{x}_0)$ 和 $\boldsymbol{\gamma}^*(\boldsymbol{h}(\boldsymbol{x}_0))$ 的动向是一致的, 即若 $\boldsymbol{\gamma}(\boldsymbol{x}_0)$ 上的点 $\boldsymbol{p}$ 运动到点 $\boldsymbol{q}$, 则 $\boldsymbol{\gamma}^*(\boldsymbol{h}(\boldsymbol{x}_0))$ 上有点 $\boldsymbol{h}(\boldsymbol{p})$, 它运动到点 $\boldsymbol{h}(\boldsymbol{q})$, 反之亦然. 这说明了这两个系统相图具有相同的拓扑结构. 因此, C^0 等价也称为**拓扑等价**. 特别地, 对这两个系统的轨道给定时间参数, 如果同胚 $\boldsymbol{h}$ 还是保持时间参数不变的, 即对每个 t, 同胚 $\boldsymbol{h}$ 把 $\varphi_t(\boldsymbol{x})$ 映为 $\phi_t(\boldsymbol{h}(\boldsymbol{x}))$, 那么这两个系统就是 C^0 共轭的, 也称为**拓扑共轭**的. 需要注意, 因为两个微分系统拓扑共轭时保持时间参数不变, 所以这时两个微分系统对应的闭轨一定是相同周期的. 但若两个微分系统拓扑等价, 则无法保证这一点成立.

对于 C^k $(k\geqslant 1)$ 共轭, C^k 微分同胚 $\boldsymbol{h}$ 把 C^k 流 $\boldsymbol{\varphi}_t$ 保向地映为拓扑结构相同的 C^k 流 $\boldsymbol{\phi}_t$. 而且, C^k 流 $\boldsymbol{\varphi}_t$ 和 $\boldsymbol{\phi}_t$ 的各阶微商 (阶数不高于 k) 之间有明确的关系. 记 $\boldsymbol{f}$ 的 k 阶微商为 $\mathrm{D}^k\boldsymbol{f}$. 下面给出 C^k 共轭的充要条件.

引理 6.3 C^k $(k\geqslant 1)$ 系统 (6.2) 与 (6.7) 是 C^k 共轭的, 当且仅当存在 C^k 微分同胚 $\boldsymbol{h}:\mathbb{R}^n\to\mathbb{R}^n$, 使得

$$\mathrm{D}\boldsymbol{h}(\boldsymbol{x})\boldsymbol{f}(\boldsymbol{x})=\boldsymbol{g}(\boldsymbol{h}(\boldsymbol{x})) \tag{6.9}$$

对于任意 $\boldsymbol{x}\in\mathbb{R}^n$ 成立.

证明　假设存在 C^k 微分同胚 $\boldsymbol{h}$, 满足 (6.9) 式. 对于任意 $\boldsymbol{x}\in\mathbb{R}^n$, 令 $\boldsymbol{\psi}(t)=\boldsymbol{h}(\boldsymbol{\varphi}_t(\boldsymbol{x}))$, 那么有

$$\frac{\mathrm{d}\boldsymbol{\psi}(t)}{\mathrm{d}t}=\mathrm{D}\boldsymbol{h}(\boldsymbol{\varphi}_t(\boldsymbol{x}))\frac{\mathrm{d}\boldsymbol{\varphi}_t(\boldsymbol{x})}{\mathrm{d}t}=\mathrm{D}\boldsymbol{h}(\boldsymbol{\varphi}_t(\boldsymbol{x}))\boldsymbol{f}(\boldsymbol{\varphi}_t(\boldsymbol{x}))=\boldsymbol{g}(\boldsymbol{\psi}(t)).$$

因此, 可以得到 (6.8) 式. 此时 $\tau(t,\boldsymbol{x})=t$, 所以系统 (6.2) 与 (6.7) 是 C^k 共轭的. 反之, 假设系统 (6.2) 与 (6.7) 是 C^k 共轭的, 即存在 C^k 微分同胚 $\boldsymbol{h}$, 满足 (6.8) 式, 且 $\tau(t,\boldsymbol{x})=t$. 对 (6.8) 式两边关于 t 求微分, 有

$$\mathrm{D}\boldsymbol{h}(\boldsymbol{\varphi}_t(\boldsymbol{x}))\boldsymbol{f}(\boldsymbol{x})=\boldsymbol{g}(\boldsymbol{h}(\boldsymbol{x})).$$

取 $t=0$, 即得 (6.9) 式. 引理证毕. □

进一步, 由引理 6.3 可知, 如果两个微分系统是 C^k $(k\geqslant 1)$ 共轭的, 那么它们在对应平衡点处的 Jacobi 矩阵是相似的. 具体来说, 由引理 6.3 可知, 对于两个 C^k 共轭的系统 (6.2) 与 (6.7), 在平衡点 $\boldsymbol{x}_0$ 处有

$$\mathrm{D}\boldsymbol{h}(\boldsymbol{x}_0)\mathrm{D}\boldsymbol{f}(\boldsymbol{x}_0)=\mathrm{D}\boldsymbol{g}(\boldsymbol{y}_0)\mathrm{D}\boldsymbol{h}(\boldsymbol{x}_0), \tag{6.10}$$

其中 $\boldsymbol{y}_0=\boldsymbol{h}(\boldsymbol{x}_0)$. 事实上, 当 $k>1$ 时, 对 (6.9) 式两边进行微分有

$$\mathrm{D}^2\boldsymbol{h}(\boldsymbol{x})\boldsymbol{f}(\boldsymbol{x})+\mathrm{D}\boldsymbol{h}(\boldsymbol{x})\mathrm{D}\boldsymbol{f}(\boldsymbol{x})=\mathrm{D}\boldsymbol{g}(\boldsymbol{h}(\boldsymbol{x}))\mathrm{D}\boldsymbol{h}(\boldsymbol{x}).$$

又注意到 $\boldsymbol{f}(\boldsymbol{x}_0)=\boldsymbol{g}(\boldsymbol{h}(\boldsymbol{x}_0))=\mathbf{0}$, 因此可以得到 (6.10) 式. 而当 $k=1$ 时, 上式左边用

$$\frac{\mathrm{D}\boldsymbol{h}(\boldsymbol{x})-\mathrm{D}\boldsymbol{h}(\boldsymbol{x}_0)}{\boldsymbol{x}-\boldsymbol{x}_0}\boldsymbol{f}(\boldsymbol{x})+\mathrm{D}\boldsymbol{h}(\boldsymbol{x})\frac{\boldsymbol{f}(\boldsymbol{x})-\boldsymbol{f}(\boldsymbol{x}_0)}{\boldsymbol{x}-\boldsymbol{x}_0}$$

在 $\boldsymbol{x}_0$ 处的极限替代.

需要注意的是, 条件 (6.10) 是两个系统 (6.2) 与 (6.7) C^k 共轭的必要条件, 但不是充分条件. 例如, 微分系统

$$\frac{\mathrm{d}\boldsymbol{x}}{\mathrm{d}t}=\begin{pmatrix}0 & -1\\ 1 & 0\end{pmatrix}\boldsymbol{x}$$

与

$$\frac{\mathrm{d}\boldsymbol{x}}{\mathrm{d}t}=\begin{pmatrix}0 & -1\\ 1 & 0\end{pmatrix}\boldsymbol{x}+|\boldsymbol{x}|^2\boldsymbol{x}$$

在平衡点 $(0,0)$ 处的线性部分是相同的, 但是不存在微分同胚 $\boldsymbol{h}$, 它将其中的一个变成另一个. 事实上, 假如这样的微分同胚 $\boldsymbol{h}$ 存在, 那么这两个系统是拓扑共轭的. 由此可知, $\boldsymbol{h}$ 将第一个系统的轨道映射到第二个系统的轨道. 然而, 第一个系统的轨道除平衡点 $\boldsymbol{x}=\mathbf{0}$ 之外均为闭轨, 而第二个系统的轨道除平衡点 $\boldsymbol{x}=\mathbf{0}$ 之外均不是闭轨. 由此得到矛盾.

注 6.3 对于给定的两个离散动力系统 φ_n 和 ϕ_n, 其中 $n \in \mathbb{Z}$, 可类似定义 C^k 共轭的概念来说明两个动力系统是"一致的": 如果存在 C^k 微分同胚 $\boldsymbol{h}: \mathbb{R}^n \to \mathbb{R}^n$, 使得 $\boldsymbol{h}(\varphi_n(\boldsymbol{x})) = \phi_n(\boldsymbol{h}(\boldsymbol{x}))$ 对于任意 $n \in \mathbb{Z}, \boldsymbol{x} \in \mathbb{R}^n$ 成立, 那么称两个离散动力系统 φ_n 和 ϕ_n 是 C^k **共轭**的.

利用上面的概念, 对于给定点处的向量场, 可以给出它的一个等价类. 一般而言, 我们总是希望能在其等价类中找到较为简单的形式, 以便于研究. 通常情况下, 要求两个微分系统在 $\mathbb{R}^n$ 上整体具有 C^k 等价性是比较困难的. 但是, 我们可以关注两个微分系统在局部范围内的相似性. 具体来说, 对于 $\mathbb{R}^n$ 中的两点 $\boldsymbol{p}$ 和 $\boldsymbol{q}$, 以及点 $\boldsymbol{p}$ 的邻域 U, 点 $\boldsymbol{q}$ 的邻域 V, 如果存在 C^k 微分同胚 $\boldsymbol{h}$: $U \to V$, 将 C^k 系统 (6.2) 在邻域 U 内的轨道保向地映为 C^k 系统 (6.7) 在邻域 V 内的轨道, 那么称系统 (6.2) 在点 $\boldsymbol{p}$ 处与系统 (6.7) 在点 $\boldsymbol{q}$ 处是**局部** C^k **等价**的. 特别地, 如果 $\boldsymbol{h}$ 还保持对应的轨道时间参数一致, 那么称这两个系统是**局部** C^k **共轭**的. 下面我们利用上述思想来研究系统 (6.2) 在常点附近的轨道族的拓扑结构.

命题 6.1 *C^k 系统 (6.2) 在常点 $\boldsymbol{p}$ 处与系统*

$$\frac{\mathrm{d}\boldsymbol{x}}{\mathrm{d}t} = (1, 0, \cdots, 0)^{\mathrm{T}} \tag{6.11}$$

在常点 $\boldsymbol{0}$ 处是局部 C^k 共轭的.

证明 不妨设 $\boldsymbol{p} = \boldsymbol{0}$, 且 $\boldsymbol{f}(\boldsymbol{p}) = (1, 0, \cdots, 0)^{\mathrm{T}}$. 事实上, 对向量场 $\boldsymbol{f}(\boldsymbol{x})$ 做平移变换 $\boldsymbol{h}_1(\boldsymbol{x}) = \boldsymbol{x} - \boldsymbol{p}$, 得到新向量场 $\boldsymbol{f}_1(\boldsymbol{x}) = \boldsymbol{f}(\boldsymbol{h}_1(\boldsymbol{x}))$. 那么, 由引理 6.3 可知, 新向量场 $\boldsymbol{f}_1(\boldsymbol{x})$ 与原向量场 $\boldsymbol{f}(\boldsymbol{x})$ 是 C^k 共轭的, 且满足 $\boldsymbol{f}_1(\boldsymbol{0}) = \boldsymbol{f}(\boldsymbol{p})$. 因为 $\boldsymbol{f}_1(\boldsymbol{0}) \neq \boldsymbol{0}$, 所以在 $\mathbb{R}^n$ 中存在一组基 $\boldsymbol{f}_1(\boldsymbol{0}), \boldsymbol{P}_2, \cdots, \boldsymbol{P}_n$. 记 $\boldsymbol{P} = (\boldsymbol{f}_1(\boldsymbol{0}), \boldsymbol{P}_2, \cdots, \boldsymbol{P}_n)$, 则有 $\boldsymbol{P}^{-1}\boldsymbol{f}_1(\boldsymbol{0}) = (1, 0, \cdots, 0)^{\mathrm{T}}$. 同样, 利用引理 6.3 可知, 向量场 $\boldsymbol{f}_2(\boldsymbol{x}) = \boldsymbol{P}^{-1}\boldsymbol{f}_1(\boldsymbol{P}\boldsymbol{x})$ 就是所需的向量场, 且其和原向量场 $\boldsymbol{f}(\boldsymbol{x})$ 是 C^k 共轭的.

假设 $\boldsymbol{\eta}_{\boldsymbol{p}} : S_\varepsilon \to \mathbb{R}^n$ 是足够光滑的映射, 并且 $\boldsymbol{\eta}_{\boldsymbol{p}}(\boldsymbol{0}) = \boldsymbol{p}$, 而 $\mathrm{D}\boldsymbol{\eta}_{\boldsymbol{p}}(\boldsymbol{u}) = \dfrac{\partial \boldsymbol{\eta}_{\boldsymbol{p}}(\boldsymbol{u})}{\partial \boldsymbol{u}}$ 在 S_ε 上的秩是 $n-1$, 其中 $S_\varepsilon = \{\boldsymbol{u} \in \mathbb{R}^{n-1} : |\boldsymbol{u}| < \varepsilon\}$ 是 $n-1$ 维开球. 那么, 集合 $\Delta_{\boldsymbol{p}} \triangleq \{\boldsymbol{x} \in \mathbb{R}^n : \boldsymbol{x} = \boldsymbol{\eta}_{\boldsymbol{p}}(\boldsymbol{u}), \boldsymbol{u} \in S_\varepsilon\}$ 称为过点 $\boldsymbol{p}$ 的一个 $n-1$ 维截面. 对于任意点 $\boldsymbol{q} \in \Delta_{\boldsymbol{p}}$, 如果系统 (6.2) 通过该点的轨道 $\gamma(\boldsymbol{q})$ 与 $\Delta_{\boldsymbol{p}}$ 不相切, 那么我们称过点 $\boldsymbol{p}$ 的轨道 $\gamma(\boldsymbol{p})$ 与 $n-1$ 维截面 $\Delta_{\boldsymbol{p}}$ 是**无切**的. 具体来说, 轨道无切地穿过截面说明向量场 $\boldsymbol{f}(\boldsymbol{x})$ 在点 $\boldsymbol{\eta}(\boldsymbol{u})$ 处的向量无法被 $\mathrm{D}\boldsymbol{\eta}_{\boldsymbol{p}}(\boldsymbol{u})$ 的列向量线性表出, 即对于 $\boldsymbol{u} \in S_\varepsilon$, 有

$$\mathcal{D}(\boldsymbol{q}, \boldsymbol{u}) \triangleq \det\left(\boldsymbol{f}(\boldsymbol{q}), \mathrm{D}\boldsymbol{\eta}(\boldsymbol{u})\right) \neq 0, \quad \boldsymbol{q} = \boldsymbol{\eta}(\boldsymbol{u}).$$

如果 $\mathcal{D}(\boldsymbol{p}, \boldsymbol{0}) \neq 0$, 注意到 $\mathcal{D}(\boldsymbol{q}, \boldsymbol{u})$ 是连续的, 那么对于足够小的正数 ε, 有 $\boldsymbol{u} \in S_\varepsilon$, 使得 $\mathcal{D}(\boldsymbol{q}, \boldsymbol{u})$ 不为零, 即此时 $\gamma(\boldsymbol{p})$ 无切地穿过 $\Delta_{\boldsymbol{p}}$. 如果 $\boldsymbol{p}$ 是常点, 那么 $\boldsymbol{f}(\boldsymbol{p}) \neq \boldsymbol{0}$. 因此, 我们选取合适的截面, 总能使得常点局部的轨道无切地穿过该截面. 又常点 $\boldsymbol{p}$ 附近的轨道会无切地穿过 $\Delta_{\boldsymbol{p}}$, 那么过点 $\boldsymbol{p}$ 的一小段轨道上每点处无切的截面组成一个管状邻域

就刻画了常点附近轨道的结构. 下面我们将说明这个管状邻域可以“拉直”为一个圆柱体, 而圆柱体内与底边垂直的线段则是“拉直”后的轨道.

记 $\boldsymbol{\varphi}_t$ 是系统 (6.2) 所产生的流, $\gamma(\boldsymbol{p})$ 是过点 $\boldsymbol{p}$ 的轨道. 令 $\boldsymbol{\eta}_0(\boldsymbol{u}) = (0, \boldsymbol{u}^{\mathrm{T}})^{\mathrm{T}}$, 其中 $\boldsymbol{u} \in S_\varepsilon$. 由此得到轨道 $\gamma(\mathbf{0})$ 在点 $\mathbf{0}$ 处的 $n-1$ 维无切的截面 $\varDelta_{\mathbf{0}}$. 定义映射 $\boldsymbol{T}$: $I \times S_\varepsilon \to \mathbb{R}^n, \boldsymbol{T}(t, \boldsymbol{u}) = \boldsymbol{\varphi}_t(\boldsymbol{\eta}_0(\boldsymbol{u}))$, 其中 $I = [-\delta, \delta]$, δ 是足够小的正数. 由微分系统的解对参数的连续可微性可知, 映射 $\boldsymbol{T}$ 对 $I \times S_\varepsilon$ 是 C^k 的. 对 $\boldsymbol{x} \in \mathbb{R}^n, (t, \boldsymbol{u}) \in I \times S_\varepsilon$ 定义 C^k 映射

$$\boldsymbol{F}(\boldsymbol{x}, t, \boldsymbol{u}) = -\boldsymbol{x} + \boldsymbol{\eta}_0(\boldsymbol{u}) + \int_0^t \boldsymbol{f}(\boldsymbol{\varphi}_s(\boldsymbol{\eta}_0(\boldsymbol{u})))\mathrm{d}s,$$

那么有 $\boldsymbol{F}(\boldsymbol{T}(t, \boldsymbol{u}), t, \boldsymbol{u}) = \boldsymbol{F}(\boldsymbol{\varphi}_t(\boldsymbol{\eta}_0(\boldsymbol{u})), t, \boldsymbol{u}) \equiv \mathbf{0}$. 现在考虑 $\boldsymbol{F}(\boldsymbol{x}, t, \boldsymbol{u}) = \mathbf{0}$ 所确定的映射 $(t(\boldsymbol{x}), \boldsymbol{u}(\boldsymbol{x}))$. 注意到

$$\det \frac{\partial \boldsymbol{F}(\boldsymbol{x}, t, \boldsymbol{u})}{\partial (t, \boldsymbol{u})} = \det \left(\boldsymbol{f}(\boldsymbol{\varphi}_t(\boldsymbol{\eta}_0(\boldsymbol{u}))), \frac{\partial \boldsymbol{\eta}_0(\boldsymbol{u})}{\partial \boldsymbol{u}} + \int_0^t \frac{\partial \boldsymbol{f}(\boldsymbol{\varphi}_s(\boldsymbol{\eta}_0(\boldsymbol{u})))}{\partial \boldsymbol{u}} \mathrm{d}s \right),$$

那么有

$$\det \left. \frac{\partial \boldsymbol{F}(\boldsymbol{x}, t, \boldsymbol{u})}{\partial (t, \boldsymbol{u})} \right|_{(0, \mathbf{0})} = \mathcal{D}(\mathbf{0}, \mathbf{0}) \neq 0.$$

由隐函数存在定理可知, 存在 C^k 映射 $\boldsymbol{R} : \boldsymbol{T}(I \times S_\varepsilon) \to I \times S_\varepsilon$, 使得 $\boldsymbol{F}(\boldsymbol{x}, \boldsymbol{R}(\boldsymbol{x})) \equiv \mathbf{0}$, 其中 $\varepsilon, \delta > 0$ 且它们足够小. 因此, $\boldsymbol{R} = \boldsymbol{T}^{-1}$, 即 $\boldsymbol{R}$ 是一个 C^k 微分同胚. 又注意到, $(t, \boldsymbol{u}^{\mathrm{T}})^{\mathrm{T}}$ 可视为系统 (6.11) 在初值点 $(0, (0, \boldsymbol{u}^{\mathrm{T}})^{\mathrm{T}})$ 下的解. 因此, 系统 (6.2) 的解通过 $\boldsymbol{R}$ 作用变为系统 (6.11) 的解并且时间 t 是相对应的. 由此得证. □

上面的结果告诉我们: 任意微分系统在常点附近的轨道可以看作一族直线. 这表明, 任意微分系统在常点处的局部相图是平凡的. 然而, 在平衡点附近, 微分系统的轨道拓扑结构可以变得非常复杂.

6.2 Lyapunov 稳定性

4.7 节中已经介绍了微分系统的解在有限时间内对初值的连续依赖性, 另一个值得关注的问题是解在无限时间内对初值的连续依赖性, 也就是 Lyapunov 稳定性. 这也是本节我们要讨论的问题.

考虑微分系统

$$\frac{\mathrm{d}\boldsymbol{x}}{\mathrm{d}t} = \boldsymbol{f}(t, \boldsymbol{x}), \tag{6.12}$$

其中 $\boldsymbol{f}(t, \boldsymbol{x}) \in C^0(\mathbb{R} \times E, \mathbb{R}^n)$, $E \subseteq \mathbb{R}^n$, $\boldsymbol{f}(t, \boldsymbol{x})$ 对 $\boldsymbol{x}$ 满足局部 Lipschitz 条件. 设 $\boldsymbol{x} = \boldsymbol{\varphi}(t)$ 是系统 (6.12) 的一个特解, 且在区间 $(-\infty, +\infty)$ 上有定义.

定义 6.6 如果对于任意 $\varepsilon > 0$, 存在 $\delta = \delta(\varepsilon, t_0) > 0$, 使得当 $|\boldsymbol{x}_0 - \boldsymbol{\varphi}(t_0)| < \delta$ 时, 系统 (6.12) 满足初值条件 $\boldsymbol{x}(t_0) = \boldsymbol{x}_0$ 的解 $\boldsymbol{x}(t; t_0, \boldsymbol{x}_0)$ 在区间 $[t_0, +\infty)$ 上有定义, 并且

$$|\boldsymbol{x}(t; t_0, \boldsymbol{x}_0) - \boldsymbol{\varphi}(t)| < \varepsilon, \quad \forall\, t \geqslant t_0,$$

那么称系统 (6.12) 的解 $\boldsymbol{x} = \boldsymbol{\varphi}(t)$ 是 **Lyapunov 稳定**的 (简称**稳定**的).

定义 6.7 如果定义 6.6 中 $\delta = \delta(\varepsilon, t_0)$ 不依赖于时间 t_0, 那么称系统 (6.12) 的解 $\boldsymbol{x} = \boldsymbol{\varphi}(t)$ 是 **Lyapunov 一致稳定**的 (简称**一致稳定**的).

定义 6.8 如果系统 (6.12) 的解 $\boldsymbol{x} = \boldsymbol{\varphi}(t)$ 是稳定的, 并且解 $\boldsymbol{x} = \boldsymbol{\varphi}(t)$ 还是吸引的, 即存在 $\delta_0 = \delta(t_0) > 0$, 使得只要 $|\boldsymbol{x}_0 - \boldsymbol{\varphi}(t_0)| < \delta_0$, 就有

$$\lim_{t \to +\infty} |\boldsymbol{x}(t; t_0, \boldsymbol{x}_0) - \boldsymbol{\varphi}(t)| = 0, \tag{6.13}$$

那么称系统 (6.12) 的解 $\boldsymbol{x} = \boldsymbol{\varphi}(t)$ 是 **Lyapunov 渐近稳定**的 (简称**渐近稳定**的).

极限式 (6.13) 在 (ε, T)-语言下的表达为: 对于任意 $\varepsilon, t_0 > 0$, $|\boldsymbol{x}_0 - \boldsymbol{\varphi}(t_0)| < \delta_0$, 均存在 $T = T(\varepsilon, t_0, \boldsymbol{x}_0) > 0$, 使得

$$|\boldsymbol{x}(t; t_0, \boldsymbol{x}_0) - \boldsymbol{\varphi}(t)| < \varepsilon, \quad \forall t > t_0 + T(\varepsilon, t_0, \boldsymbol{x}_0).$$

注意到, 渐近稳定性包括稳定性和吸引性. 称点 $\boldsymbol{\varphi}(t_0)$ 的邻域 $U_{\delta_0} = \{\boldsymbol{x} \in \mathbb{R}^n : |\boldsymbol{\varphi}(t_0) - \boldsymbol{x}| < \delta_0\}$ 为 t_0 时刻的一个**吸引区域**. 若 $\delta_0 = +\infty$, 则称解 $\boldsymbol{x} = \boldsymbol{\varphi}(t)$ 是**全局渐近稳定**的.

虽然由一维微分系统解的吸引性可以推出稳定性, 但一般的微分系统并不具有这个性质, 即由吸引性并不能推出稳定性. 例如, 设微分系统

$$\frac{\mathrm{d}x}{\mathrm{d}t} = x - y - x(x^2 + y^2) + \frac{xy}{\sqrt{x^2 + y^2}}, \quad \frac{\mathrm{d}y}{\mathrm{d}t} = x + y - y(x^2 + y^2) - \frac{x^2}{\sqrt{x^2 + y^2}}.$$

计算得到该系统的平衡点为 $(1, 0)$. 在极坐标下, 该系统为

$$\frac{\mathrm{d}r}{\mathrm{d}t} = r(1 - r^2), \quad \frac{\mathrm{d}\theta}{\mathrm{d}t} = 2\sin^2\frac{\theta}{2}. \tag{6.14}$$

由此可得图 6.1 所示的相图. 容易看出, 该系统的平衡点 $(1, 0)$ 具有吸引性, 但不是稳定的.

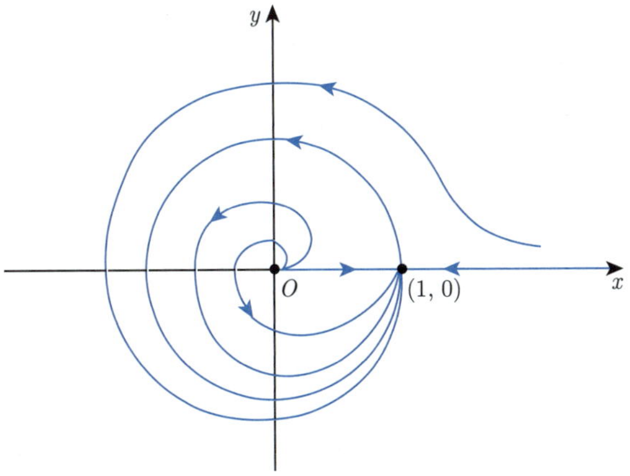

图 6.1 系统 (6.14) 的相图

定义 6.9　如果系统 (6.12) 的解 $\boldsymbol{x}=\boldsymbol{\varphi}(t)$ 是渐近稳定的, 且满足:

(i) $\delta(t_0)$ 不依赖于 t_0;

(ii) $T(\varepsilon,t_0,\boldsymbol{x}_0)$ 不依赖于 t_0 和 $\boldsymbol{x}_0$,

那么称系统 (6.12) 的解 $\boldsymbol{x}=\boldsymbol{\varphi}(t)$ 是 **Lyapunov 一致渐近稳定**的 (简称**一致渐近稳定**的).

定义 6.10　如果存在 $\varepsilon>0$, 使得对于任意 $\delta>0$, 都存在 $\boldsymbol{x}_0$, 满足 $|\boldsymbol{x}_0-\boldsymbol{\varphi}(t_0)|<\delta$, 并存在 $t_1>t_0$, 使得

$$|\boldsymbol{x}(t_1;t_0,\boldsymbol{x}_0)-\boldsymbol{\varphi}(t_1)|\geqslant\varepsilon,$$

那么称系统 (6.12) 的解 $\boldsymbol{x}=\boldsymbol{\varphi}(t)$ 是**不稳定**的.

注意到, 上面所考虑的解均是微分系统的正向解, 即解中 $t\in(t_0,+\infty)$. 因此, 上述的稳定性 (或不稳定性) 可更为准确地称为相应的正向稳定性 (或正向不稳定性). 反之, 如果考虑负向解, 即解中 $t\in(-\infty,t_0)$, 且上面的各个稳定性条件的成立范围是 $(-\infty,t_0)$, 那么可以相应地定义负向稳定性 (或负向不稳定性) 的概念.

例 6.2.1　讨论微分系统

$$\frac{\mathrm{d}x}{\mathrm{d}t}=-y+x(x^2+y^2-1),\quad \frac{\mathrm{d}y}{\mathrm{d}t}=x+y(x^2+y^2-1) \tag{6.15}$$

的稳定性.

解　显然, $(x,y)=(0,0)$ 是该系统的解. 而对于其他解来讲, 均满足

$$\frac{\mathrm{d}r}{\mathrm{d}t}=r(r^2-1),\quad \frac{\mathrm{d}\theta}{\mathrm{d}t}=1,$$

其中 $x=r\cos\theta,\ y=r\sin\theta$. 由此可知, 只要 $0\leqslant r<1$, $r=r(t)$ 就是单调递减的. 因此, 对于任意 $\varepsilon>0$, 取 $\delta=\varepsilon$, 则当 $0\leqslant r_0<\delta$ 时, $r(t)<\varepsilon$, $t>0$, 这里 $r_0=r(0)$. 由此得到解 $(x,y)=(0,0)$ 的稳定性. 进一步, 可以证明当 $r_0<1$ 时, $\lim\limits_{t\to+\infty}r(t)=0$, 即 $(0,0)$ 是渐近稳定的.

容易证明, 系统 (6.12) 的任一特解 $\boldsymbol{x}=\boldsymbol{\varphi}(t)$ 的稳定性问题都可以通过变换 $\boldsymbol{y}=\boldsymbol{x}-\boldsymbol{\varphi}(t)$ 转化微分系统

$$\frac{\mathrm{d}\boldsymbol{y}}{\mathrm{d}t}=\boldsymbol{f}(t,\boldsymbol{y}+\boldsymbol{\varphi}(t))-\boldsymbol{f}(t,\boldsymbol{\varphi}(t))\triangleq\widetilde{\boldsymbol{f}}(t,\boldsymbol{y}) \tag{6.16}$$

的零解 $\boldsymbol{\phi}(t)\equiv\boldsymbol{0}$ 的稳定性问题. 因此, 只需讨论系统 (6.12) 的零解的稳定性问题即可.

6.2.1　按线性近似判断稳定性

假定 $\boldsymbol{\varphi}(t)\equiv\boldsymbol{0}$ 是系统 (6.12) 的解, 则 $\boldsymbol{f}(t,\boldsymbol{0})\equiv\boldsymbol{0}$. 假设系统 (6.12) 在点 $\boldsymbol{x}=\boldsymbol{0}$ 处可微, 于是可将系统 (6.12) 的右端函数 $\boldsymbol{f}(t,\boldsymbol{x})$ 展开成 $\boldsymbol{x}$ 的线性部分与高阶部分之和, 从而该系统可化为如下形式:

$$\frac{\mathrm{d}\boldsymbol{x}}{\mathrm{d}t}=\boldsymbol{A}(t)\boldsymbol{x}+\boldsymbol{N}(t,\boldsymbol{x}), \tag{6.17}$$

其中 $\boldsymbol{A}(t)$ 是 $\boldsymbol{n}$ 阶矩阵函数, 而函数 $\boldsymbol{N}(t,\boldsymbol{x})$ 是系统 (6.17) 的**高阶项**, 即对于 t 一致满足

$$\lim_{|\boldsymbol{x}|\to\boldsymbol{0}}\frac{|\boldsymbol{N}(t,\boldsymbol{x})|}{|\boldsymbol{x}|}=0. \tag{6.18}$$

假定 $\boldsymbol{A}(t)$ 是连续的且 $\boldsymbol{N}(t,\boldsymbol{x})$ 对 $\boldsymbol{x}$ 满足局部 Lipschitz 条件, 那么系统 (6.17) 的解具有存在性和唯一性. 可以注意到, 在点 $\boldsymbol{x}=\boldsymbol{0}$ 的充分小邻域内, 高阶项 $\boldsymbol{N}(t,\boldsymbol{x})$ 对系统 (6.17) 影响极小. 因此, 系统 (6.17) 可视为线性系统

$$\frac{\mathrm{d}\boldsymbol{x}}{\mathrm{d}t}=\boldsymbol{A}(t)\boldsymbol{x} \tag{6.19}$$

在函数 $\boldsymbol{N}(t,\boldsymbol{x})$ 的扰动下所得到的非线性系统, 从而系统 (6.19) 称为系统 (6.17) 在点 $\boldsymbol{x}=\boldsymbol{0}$ 处的**线性近似系统**, 且 $\boldsymbol{N}(t,\boldsymbol{x})$ 称为系统 (6.19) 的**扰动项**. 我们希望通过系统 (6.19) 的性质来判断系统 (6.17) 的零解的稳定性. 令 $\boldsymbol{X}(t)$ 是系统 (6.19) 的基解矩阵. 记 $\boldsymbol{U}(t,s)=\boldsymbol{X}(t)\boldsymbol{X}^{-1}(s)$, 则系统 (6.19) 满足初值条件 $\boldsymbol{x}(s)=\boldsymbol{x}_0$ 的解为

$$\boldsymbol{x}(t;s,\boldsymbol{x}_0)=\boldsymbol{X}(t)\boldsymbol{X}^{-1}(s)\boldsymbol{x}_0=\boldsymbol{U}(t,s)\boldsymbol{x}_0.$$

称 $\boldsymbol{U}(t,s)$ 为系统 (6.19) 的**发展算子**. 下面给出系统 (6.19) 的零解稳定性的充要条件.

定理 6.2 令 $\beta\in\mathbb{R}$, 对于线性系统 (6.19) 的零解, 有

(i) 对于任意 $t_0\in\mathbb{R}$, 它是稳定的, 当且仅当存在 $K=K(t_0)>0$, 使得

$$\|\boldsymbol{X}(t)\|\leqslant K,\quad t_0\leqslant t<+\infty; \tag{6.20}$$

(ii) 对于 $t_0\geqslant\beta$, 它是一致稳定的, 当且仅当存在 $K=K(\beta)>0$, 使得

$$\|\boldsymbol{U}(t,s)\|\leqslant K,\quad t_0\leqslant s\leqslant t<+\infty; \tag{6.21}$$

(iii) 对于任意 $t_0\in\mathbb{R}$, 它是渐近稳定的, 当且仅当

$$\|\boldsymbol{X}(t)\|\to 0,\quad t\to+\infty; \tag{6.22}$$

(iv) 对于 $t_0\geqslant\beta$, 它是一致渐近稳定的, 当且仅当它是**指数渐近稳定**的, 即存在 $K=K(\beta)>0,\alpha=\alpha(\beta)>0$, 使得

$$\|\boldsymbol{U}(t,s)\|\leqslant K\mathrm{e}^{-\alpha(t-s)},\quad \beta\leqslant s\leqslant t<+\infty. \tag{6.23}$$

证明 (i) 假设 t_0 是任意给定的实数, 并且 (6.20) 式成立. 注意到, 系统 (6.19) 满足初值条件 $\boldsymbol{x}(t_0)=\boldsymbol{x}_0$ 的解为 $\boldsymbol{x}(t;t_0,\boldsymbol{x}_0)=\boldsymbol{U}(t,t_0)\boldsymbol{x}_0$. 记 $\|\boldsymbol{X}^{-1}(t_0)\|=L>0$. 对于任意 $\varepsilon>0$, 如果 $|\boldsymbol{x}_0|<\dfrac{\varepsilon}{KL}$, 那么对于 $t\geqslant t_0$, 有

$$|\boldsymbol{x}(t)|\leqslant KL|\boldsymbol{x}_0|<\varepsilon.$$

故系统 (6.19) 的零解稳定. 反之, 如果对于任意 $\varepsilon > 0$, 存在 $\delta = \delta(\varepsilon, t_0) > 0$, 使得当 $|\boldsymbol{x}(t_0)| < \delta$ 时, 对于 $t \geqslant t_0$, 有 $|\boldsymbol{x}(t)| < \varepsilon$, 那么对于 $t \geqslant t_0$, 有

$$\begin{aligned}\|\boldsymbol{X}(t)\| &\leqslant \|\boldsymbol{U}(t,t_0)\|\|\boldsymbol{X}(t_0)\| = K_1 \sup_{|\boldsymbol{\xi}|\leqslant 1} |\boldsymbol{U}(t,t_0)\boldsymbol{\xi}| = K_1 \sup_{|\boldsymbol{x}(t_0)|\leqslant \delta} |\boldsymbol{U}(t,t_0)\delta^{-1}\boldsymbol{x}(t_0)| \\ &= K_1\delta^{-1}|\boldsymbol{x}(t)| \leqslant K_1\delta^{-1}\varepsilon,\end{aligned}$$

其中 $K_1 = \|\boldsymbol{X}(t_0)\|$. 取 $K = K_1\delta^{-1}\varepsilon$, 即得到 (6.20) 式.

(ii) 如果 (6.21) 式成立, 那么对于任意 $t_0 \geqslant \beta$, 由于总有 $\boldsymbol{x}(t; t_0, \boldsymbol{x}_0) = \boldsymbol{U}(t, t_0)\boldsymbol{x}_0$, 故只要 $|\boldsymbol{x}_0| < \dfrac{\varepsilon}{K}$, 当 $t \geqslant t_0$ 时, 便有 $|\boldsymbol{x}(t)| \leqslant K|\boldsymbol{x}_0| < \varepsilon$, 从而得到系统 (6.19) 的零解的一致稳定性. 反之, 如果系统 (6.19) 的零解是一致稳定的, 注意到 δ 与 t_0 无关, 由 (i) 可得结论.

(iii) 如果 (6.22) 式成立, 那么对于任意 $t_0 \in \mathbb{R}$, 存在 $K = K(t_0)$, 使得 $t \geqslant t_0$ 时 $\|\boldsymbol{X}(t)\| \leqslant K$, 进而从 (i) 推得零解的稳定性. 由于 $\boldsymbol{x}(t; t_0, \boldsymbol{x}_0) = \boldsymbol{U}(t, t_0)\boldsymbol{x}_0$, 我们有 $t \to +\infty$ 时 $|\boldsymbol{x}(t)| \to 0$, 即系统 (6.19) 的零解是渐近稳定的. 反之, 显然成立.

(iv) 如果 (6.23) 式成立, 则从 (ii) 推知系统 (6.19) 的零解是一致稳定的. 假定 $|\boldsymbol{x}_0| \leqslant 1$, 对于任意 $0 < \eta < K$, 令 $T = -\alpha^{-1}\ln(K^{-1}\eta)$, 则如果 $t \geqslant t_0 + T$ 且 $t_0 \geqslant \beta$, 便有

$$|\boldsymbol{x}(t; t_0, \boldsymbol{x}_0)| = |\boldsymbol{U}(t, t_0)\boldsymbol{x}_0| \leqslant K\mathrm{e}^{-\alpha(t-t_0)}|\boldsymbol{x}_0| \leqslant \eta.$$

也就是说, 系统 (6.19) 的零解是一致渐近稳定的.

反过来, 假设系统 (6.19) 的零解是一致渐近稳定的, 那么存在正数 b, 使得对于任意 $0 < \eta < b$, 有 $T = T(\eta) > 0$, 并且对于 $|\boldsymbol{x}_0| < b$, 有

$$|\boldsymbol{U}(t, t_0)\boldsymbol{x}_0| < \eta, \quad \forall t \geqslant t_0 + T \geqslant \beta + T.$$

于是, 对于 $t \geqslant t_0 + T$ 且 $t_0 \geqslant \beta$, 有 $\|\boldsymbol{U}(t, t_0)\| < b^{-1}\eta$. 特别地, 有

$$\|\boldsymbol{U}(t + T, t)\| < b^{-1}\eta < 1, \quad \forall t \geqslant \beta. \tag{6.24}$$

又由于零解的一致稳定性, 我们从 (ii) 得知, 存在 $K_1 = K_1(\beta)$, 使得

$$\|\boldsymbol{U}(t, s)\| \leqslant K_1, \quad \forall t \geqslant s \geqslant \beta.$$

取 $\alpha = -T^{-1}\ln(b^{-1}\eta)$, 且 $K = K_1\mathrm{e}^{\alpha T}$. 对于任意 $t \geqslant t_0$, 存在整数 $k \geqslant 0$, 使得 $kT \leqslant t - t_0 < (k+1)T$. 于是, 利用 (6.24) 式得

$$\begin{aligned}\|\boldsymbol{U}(t, t_0)\| &\leqslant \|\boldsymbol{U}(t, t_0 + kT)\| \cdot \|\boldsymbol{U}(t_0 + kT, t_0)\| \\ &\leqslant K_1\|\boldsymbol{U}(t_0 + kT, t_0)\| \\ &\leqslant K_1(b^{-1}\eta)\,\|\boldsymbol{U}(t_0 + (k-1)T, t_0)\|\end{aligned}$$

$$\leqslant K_1(b^{-1}\eta)^k = K_1\mathrm{e}^{-\alpha kT}$$

$$= K\mathrm{e}^{-\alpha(k+1)T} \leqslant K\mathrm{e}^{-\alpha(t-t_0)}.$$

这便证明了 (6.23) 式. □

由定理 6.2 可以得到如下关于线性系统 (6.19) 的零解稳定性的判据:

(1) 如果系统 (6.19) 的每个解当 $t\to+\infty$ 时都有界, 则其零解是稳定的;

(2) 如果系统 (6.19) 的每个解当 $t\to+\infty$ 时趋于零, 则其零解是渐近稳定的;

(3) 如果系统 (6.19) 至少有一个 $t\to+\infty$ 时无界的解, 则其零解不是稳定的.

如果 $\boldsymbol{A}(t)$ 为常数矩阵 $\boldsymbol{A}$, 那么系统 (6.19) 的基解矩阵为 $\boldsymbol{X}(t)=\mathrm{e}^{\boldsymbol{A}t}$ 且发展算子为 $\boldsymbol{U}(t,s)=\mathrm{e}^{\boldsymbol{A}(t-s)}$. 为了对 $\boldsymbol{X}(t)$ 和 $\boldsymbol{U}(t,s)$ 进行估计, 我们给出下面的引理.

引理 6.4 假设矩阵 $\boldsymbol{A}$ 的特征值的实部均为负数, 那么存在正数 K,σ, 使得

$$\|\mathrm{e}^{\boldsymbol{A}t}\| \leqslant K\mathrm{e}^{-\sigma t}, \quad \forall t \geqslant 0.$$

证明 下面我们把 $\mathbb{R}$ 上的绝对值 $|*|$ 延拓为 $\mathbb{C}$ 上的模, 则可将 $\|*\|$ 保范地延拓到 $\mathbb{C}$ 上. 对于 $t\geqslant 0$, 可以得到

$$\|\mathrm{e}^{\boldsymbol{A}t}\| = \|\mathrm{e}^{\boldsymbol{Q}\boldsymbol{J}_-\boldsymbol{Q}^{-1}t}\| = \|\boldsymbol{Q}\mathrm{e}^{\boldsymbol{J}_-t}\boldsymbol{Q}^{-1}\|$$

$$\leqslant \|\boldsymbol{Q}\|\cdot\|\boldsymbol{Q}^{-1}\|\cdot\|\mathrm{e}^{\boldsymbol{J}_-}\| = K_1\|\mathrm{e}^{\boldsymbol{J}_-}\|,$$

其中 $K_1=\|\boldsymbol{Q}\|\cdot\|\boldsymbol{Q}^{-1}\|$, 且 $\boldsymbol{Q}$ 是使得 $\boldsymbol{J}_-=\boldsymbol{Q}^{-1}\boldsymbol{A}\boldsymbol{Q}$ 为 Jordan 标准形的复可逆矩阵. $\boldsymbol{J}_-$ 中每个 Jordan 块有如下形式: $\boldsymbol{J}_\lambda=\lambda\boldsymbol{I}_l+\boldsymbol{N}_l$, 其中 $\mathrm{Re}(\lambda)<0$, $l<n$, 且 $\boldsymbol{I}_l$ 和 $\boldsymbol{N}_l$ 分别为 l 阶单位矩阵和 l 阶幂零矩阵. 注意到, 如果 $j\geqslant l$, 那么有 $\boldsymbol{N}_l^j=\boldsymbol{0}$. 于是, 可以得到

$$\mathrm{e}^{\boldsymbol{J}_\lambda t} = \sum_{i=0}^{\infty}\frac{t^i}{i!}(\lambda\boldsymbol{I}_l+\boldsymbol{N}_l)^i = \sum_{i=0}^{\infty}\frac{t^i}{i!}\sum_{j=0}^{i}\mathrm{C}_i^j\lambda^{i-j}\boldsymbol{N}_l^j$$

$$= \sum_{j=0}^{l-1}\frac{t^j}{j!}\boldsymbol{N}_l^j\sum_{i=0}^{\infty}\frac{\lambda^i t^i}{i!} = \mathrm{e}^{\lambda t}\sum_{i=0}^{l-1}\frac{t^i}{i!}\boldsymbol{N}_l^i.$$

因此

$$\|\mathrm{e}^{\boldsymbol{J}_-t}\| \leqslant \max_{1\leqslant i\leqslant n}|\mathrm{e}^{\lambda_i t}|N(t) \leqslant K_2\mathrm{e}^{(-\min\limits_{1\leqslant i\leqslant n}|\mathrm{Re}(\lambda_i)|+\delta)t},$$

其中 λ_i $(i=1,2,\cdots,n)$ 是 $\boldsymbol{A}$ 的特征值, $N(t)$ 是 t 的一个 n 次正系数多项式, K_2 是一个足够大的正数, 且 δ 是一个足够小的正数.

综上所述, 有

$$\|\mathrm{e}^{\boldsymbol{A}t}\| \leqslant K\mathrm{e}^{-\sigma t}, \quad \forall t \geqslant 0,$$

其中 $K = K_1K_2, \sigma = \min\limits_{1\leqslant i\leqslant n} |\mathrm{Re}(\lambda_i)| - \delta \geqslant 0$. □

对于线性系统 (6.19), 如果 $\boldsymbol{A}(t)$ 为常数矩阵 $\boldsymbol{A}$, 那么由定理 6.2 和引理 6.4, 即可得到关于零解稳定性的推论 6.1 (i), (ii). 再由关于常系数线性系统解的结论, 即可构造出不稳定解.

推论 6.1 设 $\boldsymbol{A}(t)$ 为常数矩阵 $\boldsymbol{A}$, 则

(i) 系统 (6.19) 的零解是一致渐近稳定的, 当且仅当 $\boldsymbol{A}$ 的全部特征值的实部都是负数;

(ii) 系统 (6.19) 的零解是稳定的, 当且仅当 $\boldsymbol{A}$ 的全部特征值的实部都是非正数, 且实部为零的特征值所对应的 Jordan 块都是一阶的;

(iii) 系统 (6.19) 的零解是不稳定的, 当且仅当 $\boldsymbol{A}$ 至少有一个实部为正数的特征值, 或至少有一个实部为零且对应 Jordan 块的阶数大于 1 的特征值.

下面我们将利用线性近似来判断非线性系统的零解的稳定性.

定理 6.3 如果线性系统 (6.19) 的零解是一致渐近稳定的, 那么非线性系统 (6.17) 的零解是一致渐近稳定的.

证明 设系统 (6.19) 的零解是一致渐近稳定的, 因此由定理 6.2 可知, 对于 $t_0 \in \mathbb{R}$, 存在 $K, \sigma > 0$, 使得

$$\|\boldsymbol{U}(t,s)\| \leqslant K\mathrm{e}^{-\sigma(t-s)}, \quad \forall t \geqslant s \geqslant t_0.$$

利用常数变易法可知, 系统 (6.17) 满足初值条件 $\boldsymbol{x}(t_0) = \boldsymbol{x}_0$ 的解为

$$\boldsymbol{x}(t; t_0, \boldsymbol{x}_0) = \boldsymbol{U}(t,t_0)\boldsymbol{x}_0 + \int_{t_0}^{t} \boldsymbol{U}(t,s)\boldsymbol{N}(s, \boldsymbol{x}(s; t_0, \boldsymbol{x}_0))\mathrm{d}s, \quad \forall t \geqslant t_0. \tag{6.25}$$

由条件 (6.18) 可知, 对于任意 $\varepsilon > 0$, 存在 $\delta > 0$, 使得只要 $|\boldsymbol{x}| < \delta$, 就有

$$|\boldsymbol{N}(t, \boldsymbol{x})| \leqslant \varepsilon|\boldsymbol{x}|.$$

选择 $|\boldsymbol{x}_0| < \delta$, 由微分系统解的连续性可知, 存在 $t_1 > 0$, 使得当 $t_0 \leqslant t < t_1$ 时, 有

$$|\boldsymbol{x}(t; t_0, \boldsymbol{x}_0)| \leqslant \delta.$$

于是, 在 $t \in (t_0, t_1)$ 上考虑积分方程 (6.25). 由上面的讨论可知

$$|\boldsymbol{x}(t; t_0, \boldsymbol{x}_0)| \leqslant K|\boldsymbol{x}_0|\mathrm{e}^{-\sigma t} + K\varepsilon \int_{t_0}^{t} \mathrm{e}^{-\sigma(t-s)}|\boldsymbol{x}(s; t_0, \boldsymbol{x}_0)|\mathrm{d}s. \tag{6.26}$$

令

$$V(t) = \int_{t_0}^{t} \mathrm{e}^{\sigma s}|\boldsymbol{x}(s; t_0, \boldsymbol{x}_0)|\mathrm{d}s,$$

则由 (6.26) 式可知

$$V'(t) \leqslant K|\boldsymbol{x}_0| + K\varepsilon V(t).$$

由此可以得到

$$V(t) \leqslant \frac{|\boldsymbol{x}_0|}{\varepsilon}\left(\mathrm{e}^{K\varepsilon t}-1\right).$$

将其代入 (6.26) 式中, 则对于 $t_0<t<t_1$, 有

$$|\boldsymbol{x}(t;t_0,\boldsymbol{x}_0)| \leqslant K|\boldsymbol{x}_0|\mathrm{e}^{-(\sigma-K\varepsilon)t}. \tag{6.27}$$

只要选择 $|\boldsymbol{x}_0|$ 和 ε 充分小, 由上式就知可取到 $t_1=+\infty$. 一致渐近稳定性可由 (6.27) 式得到. □

如果线性部分中 $\boldsymbol{A}(t)$ 是常数矩阵, 那么对于非线性系统 (6.17), 有如下结果:

定理 6.4 若 $\boldsymbol{A}(t)$ 为常数矩阵 $\boldsymbol{A}$, 则

(i) 当 $\boldsymbol{A}$ 的全部特征值的实部都是负数时, 系统 (6.17) 的零解是一致渐近稳定的;

(ii) 当 $\boldsymbol{A}$ 至少有一个实部为正数的特征值时, 系统 (6.17) 的零解是不稳定的.

证明 (i) 由推论 6.1 和定理 6.3 即可得到结论.

(ii) 首先做变换 $\boldsymbol{x}=\boldsymbol{P}_1\tilde{\boldsymbol{x}}$ (有界变换并不会改变解的稳定性), 将系统 (6.17) 中的矩阵 $\boldsymbol{A}$ 化成分块对角矩阵:

$$\boldsymbol{P}_1{}^{-1}\boldsymbol{A}\boldsymbol{P}_1=\tilde{\boldsymbol{A}}=\begin{pmatrix}\tilde{\boldsymbol{A}}_1 & \boldsymbol{0}\\ \boldsymbol{0} & \tilde{\boldsymbol{A}}_2\end{pmatrix},$$

其中 $\tilde{\boldsymbol{A}}_1$ 是 k 阶矩阵, $\tilde{\boldsymbol{A}}_2$ 为 $n-k$ 阶矩阵, 并且 $\tilde{\boldsymbol{A}}_1$ 是 $\boldsymbol{A}$ 的所有具有正实部的特征值 (共有 k 个) 所对应的 Jordan 标准形, $\tilde{\boldsymbol{A}}_2$ 是其余特征值所对应的 Jordan 标准形. 已知 Jordan 标准形是由 Jordan 块组成的矩阵, 而对于任一特征值为 λ 的 l 阶 Jordan 块, $\lambda\in\mathbb{C}$, 都可以将其改写为 $\lambda\boldsymbol{I}_l+\boldsymbol{N}_l$ 的形式, 其中 $\boldsymbol{I}_l$ 和 $\boldsymbol{N}_l$ 分别为 l 阶单位矩阵和 l 阶幂零矩阵. 可以验证, 对于任意 $\gamma\neq 0$, 存在一个 l 阶对角矩阵 $\boldsymbol{Q}_l=\mathrm{diag}\{\gamma^{1-l},\gamma^{2-l},\cdots,1\}$, 使得

$$\boldsymbol{Q}_l{}^{-1}(\lambda\boldsymbol{I}_l+\boldsymbol{N}_l)\boldsymbol{Q}_l=\lambda\boldsymbol{I}_l+\gamma\boldsymbol{N}_l,$$

这说明, $\lambda\boldsymbol{I}_l+\boldsymbol{N}_l$ 和 $\lambda\boldsymbol{I}_l+\gamma\boldsymbol{N}_l$ 是相似的. 由于 Jordan 标准形 $\tilde{\boldsymbol{A}}_1$ 和 $\tilde{\boldsymbol{A}}_2$ 中的每个 Jordan 块都可以找到这样的相似关系, 因此对于任意小的 $\varepsilon>0$, 存在变换 $\tilde{\boldsymbol{x}}=\boldsymbol{P}_2\boldsymbol{y}$, 使得

$$\boldsymbol{P}_2{}^{-1}\tilde{\boldsymbol{A}}\boldsymbol{P}_2=\boldsymbol{B}=\begin{pmatrix}\boldsymbol{B}_1 & \boldsymbol{0}\\ \boldsymbol{0} & \boldsymbol{B}_2\end{pmatrix},$$

其中 $\boldsymbol{B}_1$ 是 k 阶矩阵, $\boldsymbol{B}_2$ 为 $n-k$ 阶矩阵, 且它们对角线上的非零元素均为 γ. 记 $\boldsymbol{P}=\boldsymbol{P}_1\boldsymbol{P}_2$, 且令 $\boldsymbol{g}(t,\boldsymbol{y})=\boldsymbol{P}^{-1}\boldsymbol{N}(t,\boldsymbol{P}\boldsymbol{y})$, 则在变换 $\boldsymbol{x}=\boldsymbol{P}\boldsymbol{y}$ 下, 系统 (6.17) 化成

$$\frac{\mathrm{d}\boldsymbol{y}}{\mathrm{d}t}=\boldsymbol{B}\boldsymbol{y}+\boldsymbol{g}(t,\boldsymbol{y}). \tag{6.28}$$

令 σ $(\sigma>0)$ 是 $\boldsymbol{B}_1$ 的特征值实部的最小值. 由于

$$\lim_{|\boldsymbol{x}|\to 0}\frac{|\boldsymbol{N}(t,\boldsymbol{x})|}{|\boldsymbol{x}|}=0,$$

对于 $0<\varepsilon<\dfrac{\sigma}{10}$, 存在 $\eta>0$, 使得当 $|\boldsymbol{y}|\leqslant\eta$ 时, 有

$$|\boldsymbol{g}(t,\boldsymbol{y})|\leqslant\varepsilon|\boldsymbol{y}|,\quad t\in\mathbb{R}.$$

令 $\boldsymbol{\phi}(t)=(\phi_1(t),\phi_2(t),\cdots,\phi_n(t))^{\mathrm{T}}=\boldsymbol{y}(t;0,\boldsymbol{y}(0))$, 记

$$R^2(t)=\sum_{j=1}^{k}|\phi_j(t)|^2,\quad \rho^2(t)=\sum_{j=k+1}^{n}|\phi_j(t)|^2.$$

假设系统 (6.17) 的平衡点 $\boldsymbol{x}=\boldsymbol{0}$ 是稳定的, 即 $\boldsymbol{y}=\boldsymbol{0}$ 是系统 (6.28) 的稳定平衡点. 于是, 存在 $\delta>0$, 使得只要

$$R(0)+\rho(0)<\delta,$$

对于任意 $t>0$, 就有

$$R(t)+\rho(t)<\eta.$$

注意到

$$2R(t)\frac{\mathrm{d}R}{\mathrm{d}t}=\sum_{j=1}^{k}(\bar{\phi}_j(t)\phi_j'(t)+\phi_j(t)\bar{\phi}_j'(t))\geqslant 2\sigma R^2(t)-2\gamma R^2(t)-2\varepsilon(\rho(t)+R(t))R(t),$$

其中 $\bar{\phi}_j(t)$ 和 $\bar{\phi}_j'(t)$ 分别表示对 $\phi_j(t)$ 和 $\phi_j'(t)$ 取复共轭. 由于可以选择任意小的 $\gamma>0$, 不妨设 $0<\gamma<\dfrac{\sigma}{20}$. 由此得到

$$\frac{\mathrm{d}R}{\mathrm{d}t}\geqslant\frac{1}{2}\sigma R(t)-\varepsilon\rho(t). \tag{6.29}$$

类似地, 有

$$\frac{\mathrm{d}\rho}{\mathrm{d}t}\leqslant\varepsilon(\rho(t)+R(t))+\frac{\sigma}{20}\rho(t). \tag{6.30}$$

由这两个不等式可以得到

$$\frac{\mathrm{d}(R(t)-\rho(t))}{\mathrm{d}z}\geqslant\frac{1}{4}\sigma(R(t)-\rho(t)),$$

于是

$$R(t)-\rho(t)\geqslant(R(0)-\rho(0))\mathrm{e}^{\frac{1}{4}\sigma t}.$$

若选择 $R(0)=2\rho(0)$, 则 $R(t)\geqslant\rho(0)\mathrm{e}^{\frac{1}{4}\sigma t}$. 这与 $R(t)+\rho(t)<\eta$ 矛盾. □

6.2.2 Lyapunov 第二方法

所谓 **Lyapunov 第二方法**, 就是通过构造一个辅助函数来直接判断微分系统解的稳定性的方法, 又称为**直接方法**.

例 6.2.2 考虑微分系统 (6.15). 判断该系统的平衡点 $(0,0)$ 的稳定性.

解 前面已经研究过这个系统的平衡点 $(0,0)$ 的稳定性. 现在换一个角度来考虑这个问题.

令 $V(x,y)=\dfrac{1}{2}(x^2+y^2)$, 则 $V(x,y)>0,(x,y)\neq(0,0)$. 设 $(x(t),y(t))$ 是该系统的解, 则

$$\frac{\mathrm{d}}{\mathrm{d}t}V(x(t),y(t))=(x^2(t)+y^2(t))(x^2(t)+y^2(t)-1).$$

由此可知, 只要初值点 (x_0,y_0) 在单位圆内部, 则

$$V(x(t),y(t))\leqslant V(x(0),y(0))=\frac{1}{2}(x_0^2+y_0^2),$$

即 $x^2(t)+y^2(t)\leqslant x_0^2+y_0^2$. 这样立即得到平衡点 $(0,0)$ 的稳定性. 进一步, 还可以证明平衡点 $(0,0)$ 是渐近稳定的. □

在例子 6.2.2 中, 函数 $V(x,y)$ 起到了重要的作用. 下面考虑更为一般的情形, 即考虑如下自治系统的零解的稳定性:

$$\frac{\mathrm{d}\boldsymbol{x}}{\mathrm{d}t}=\boldsymbol{f}(\boldsymbol{x}),\quad \boldsymbol{x}\in\mathbb{R}^n, \tag{6.31}$$

其中函数 $\boldsymbol{f}:\mathbb{R}^n\to\mathbb{R}^n$ 满足 $\boldsymbol{f}(\boldsymbol{0})=\boldsymbol{0}$, 并且其初值问题的解是存在且唯一的. Lyapunov 提出, 可通过构造一个正定函数来判断系统 (6.31) 的零解的稳定性. 这个函数被称为 Lyapunov 函数. 我们先介绍正定函数的概念.

定义 6.11 假设连续可微函数 $V:U\subset\mathbb{R}^n\to\mathbb{R}$ 满足 $V(\boldsymbol{0})=0$. 如果对于任意 $\boldsymbol{x}\in U\backslash\{\boldsymbol{0}\}$, 有 $V(\boldsymbol{x})>0$ (或 $V(\boldsymbol{x})<0$), 则称 $V(\boldsymbol{x})$ 为**正定** (**或负定**) **函数**; 如果对于任意 $\boldsymbol{x}\in U$, 有 $V(\boldsymbol{x})\geqslant 0$ (或 $V(\boldsymbol{x})\leqslant 0$), 则称 $V(\boldsymbol{x})$ 为**半正定** (**或半负定**) **函数**.

对于正定函数 $V(\boldsymbol{x})$, 可以得到: 当 $c>0$ 充分小时, $V(\boldsymbol{x})=c$ 是包围原点的闭曲面, 且随着 c 趋于零, $V(\boldsymbol{x})=c$ 也随之收缩到原点. 事实上, 因为在 U 内的一条闭曲线 $|\boldsymbol{x}|=\varepsilon$ 上有 $V(\boldsymbol{x})>0$, 其中 ε 是某个正数, 所以 $\eta=\min\limits_{|\boldsymbol{x}|=\varepsilon}V(\boldsymbol{x})>0$. 因此, 当 $0<c<\eta$ 时, 连接原点与闭曲线 $|\boldsymbol{x}|=\varepsilon$ 上任一点的任一条连续曲线上至少有一点 $\boldsymbol{x}_0$, 使得 $V(\boldsymbol{x}_0)=c$, 即 $V(\boldsymbol{x})=c$ 是包围原点的闭曲面 (如果上述的 $\boldsymbol{x}_0$ 是唯一的, 那么 $V(\boldsymbol{x})=c$ 是一条闭曲线).

根据上述性质可知, 在原点的邻域 $\{\boldsymbol{x}\in U:|\boldsymbol{x}|<\varepsilon\}$ 内有一族 "同心" 闭曲线 $\{\boldsymbol{x}\in U:V(\boldsymbol{x})=c\}$, 其中 $\varepsilon>0$ 足够小且 $0<c<\varepsilon$. 这可以帮助我们判断系统 (6.31) 的零解的稳定性, 见下面的定理.

定理 6.5 如果连续可微函数 $V:U\subset\mathbb{R}^n\to\mathbb{R}$ 满足:

(i) 函数 V 是正定 (或负定) 的;

(ii) 函数 V 沿着系统 (6.31) 的导数

$$\left.\frac{\mathrm{d}V}{\mathrm{d}t}\right|_{(6.31)}\triangleq\frac{\mathrm{d}}{\mathrm{d}t}V(\boldsymbol{x}(t))=\frac{\mathrm{d}V(\boldsymbol{x}(t))}{\mathrm{d}\boldsymbol{x}}\boldsymbol{f}(\boldsymbol{x}(t))$$

是半负定 (或半正定) 的, 其中 $\boldsymbol{x}(t)$ 是系统 (6.31) 的任一解,

那么系统 (6.31) 的零解是稳定的. 此外, 若在 (ii) 中的导数 $\left.\dfrac{\mathrm{d}V}{\mathrm{d}t}\right|_{(6.31)}$ 是负定 (或正定) 的, 则系统 (6.31) 的零解是渐近稳定的.

证明　这里只需证明 V 是正定函数的情形. 事实上, V 是负定函数时, 可以通过考虑函数 $-V$ 转化为正定函数的情形. 令 $\varepsilon_0 > 0$, 使得 $\{\boldsymbol{x} : |\boldsymbol{x}| \leqslant \varepsilon_0\} \subset \boldsymbol{U}$. 对于任意 $\varepsilon > 0$ $(\varepsilon < \varepsilon_0)$, 令 $\eta = \min\limits_{|\boldsymbol{x}|=\varepsilon} V(\boldsymbol{x})$. 由条件 (i) 可知, $\eta > 0$. 再由 $V(\mathbf{0}) = 0$ 及 V 的连续性可知, 存在 $\delta > 0$, 使得只要 $|\boldsymbol{x}| < \delta$, 就有 $V(\boldsymbol{x}) < \eta$. 记 $\boldsymbol{x}(t; 0, \boldsymbol{x}_0)$ 是系统 (6.31) 的从点 $\boldsymbol{x}_0$ 出发的解, $|\boldsymbol{x}_0| < \delta$. 由已知条件可知 $\dfrac{\mathrm{d}V(\boldsymbol{x}(t))}{\mathrm{d}t} \leqslant 0$, 于是

$$V(\boldsymbol{x}(t)) \leqslant V(\boldsymbol{x}(0)) < \eta.$$

再由 η 的定义可知 $|\boldsymbol{x}(t)| < \varepsilon$, 即 $\boldsymbol{x} \equiv \mathbf{0}$ 是稳定的.

现在来证明, 如果 $\left.\dfrac{\mathrm{d}V}{\mathrm{d}t}\right|_{(6.31)} < 0, \boldsymbol{x} \neq \mathbf{0}$, 则 $\boldsymbol{x} \equiv \mathbf{0}$ 是渐近稳定的, 即

$$\lim_{t\to+\infty} |\boldsymbol{x}(t)| = 0.$$

注意到 $V(\boldsymbol{x}(t))$ 关于 t 是单调递减的, 如果上式不成立, 则存在常数 $c_0 > 0$, 使得

$$\lim_{t\to+\infty} V(\boldsymbol{x}(t)) = c_0.$$

由此可知 $V(\boldsymbol{x}(0)) \geqslant V(\boldsymbol{x}(t)) \geqslant c_0$. 因此, $\boldsymbol{x}(t)$ 位于一个环域 B 内, 点 $\mathbf{0}$ 位于这个环域的内边界之内. 再由条件 (ii) 可知, 存在 $\alpha > 0$, 使得

$$\max_{\boldsymbol{x}\in B} \frac{\mathrm{d}V(\boldsymbol{x})}{\mathrm{d}\boldsymbol{x}} \boldsymbol{f}(\boldsymbol{x}) \leqslant -\alpha < 0.$$

由此可知

$$V(\boldsymbol{x}(t)) - V(\boldsymbol{x}(0)) \leqslant -\alpha t \to -\infty.$$

这与 $V \geqslant 0$ 矛盾. □

例 6.2.3　考虑 Hamilton 系统

$$\frac{\mathrm{d}x}{\mathrm{d}t} = \frac{\partial H}{\partial y}, \quad \frac{\mathrm{d}y}{\mathrm{d}t} = -\frac{\partial H}{\partial x}, \tag{6.32}$$

其中 Hamilton 函数 $H : \mathbb{R}^2 \to \mathbb{R}$ 关于 (x, y) 是二次连续可微的. 假设 $(0, 0)$ 是系统 (6.32) 的平衡点, 即

$$\frac{\partial H}{\partial x}(0,0) = \frac{\partial H}{\partial y}(0,0) = 0.$$

证明: 如果 $(0, 0)$ 是函数 $H(x, y)$ 的极值点, 那么它是稳定的, 但并不是渐近稳定的.

证明　不妨假设 $(0, 0)$ 为极小值点. 定义函数 $V(x, y) = H(x, y) - H(0, 0)$, 则

$$V(x,y)|_{\mathbb{R}^2\setminus\{(0,0)\}} > 0, \quad V(0,0) = 0,$$

$$\left.\frac{\mathrm{d}V}{\mathrm{d}t}\right|_{(6.32)} = \frac{\partial H}{\partial x}\cdot\frac{\partial H}{\partial y} - \frac{\partial H}{\partial y}\cdot\frac{\partial H}{\partial x} = 0.$$

由定理 6.5 可知, $(0,0)$ 是稳定的 (双向稳定). 注意到, 曲面

$$V(x,y) = c > 0$$

在流映射之下是不变的 (从该曲面出发的解永远在该曲面上运动), 因此 $(0,0)$ 不是渐近稳定的. □

习题 6.2

1. 证明:

(1) 系统 (6.12) 的任一特解 $\boldsymbol{x} = \boldsymbol{\varphi}(t)$ 的稳定性问题等价于系统 (6.16) 的零解 $\boldsymbol{\phi}(t) \equiv \mathbf{0}$ 的稳定性问题;

(2) 线性系统零解的渐近稳定性等价于它的全局渐近稳定性;

(3) 如果 $\mathbb{R}$ 上一个微分系统满足解的存在性和唯一性条件, 那么该系统解的吸引性蕴含稳定性.

2. 假设连续可微函数 $V: U\subset\mathbb{R}^n\to\mathbb{R}$ 满足:

(1) 函数 V 不是半负定 (或半正定) 的;

(2) 函数 V 沿着系统 (6.31) 的导数是正定 (或负定) 的.

证明: 系统 (6.31) 的零解是不稳定的.

3. 设 $x\in\mathbb{R}$, 函数 $g(x)$ 连续, 且当 $x\neq 0$ 时, $xg(x)>0$, 证明: 微分系统

$$\frac{\mathrm{d}^2x}{\mathrm{d}t^2} + g(x) = 0$$

的零解是稳定的, 但不是渐近稳定的.

4. 讨论下列微分系统零解的稳定性:

(1) $\dfrac{\mathrm{d}x}{\mathrm{d}t} = -tx + (\cos t)xy, \dfrac{\mathrm{d}y}{\mathrm{d}t} = -ty + x^4y;$

(2) $\dfrac{\mathrm{d}x}{\mathrm{d}t} = x + 2y + xy^2, \dfrac{\mathrm{d}y}{\mathrm{d}t} = 2x + y - x^2y.$

(3) $\dfrac{\mathrm{d}x}{\mathrm{d}t} = y, \dfrac{\mathrm{d}y}{\mathrm{d}t} = -x(2+\sin y) - y^3.$

5. 考虑二阶常系数线性系统

$$\frac{\mathrm{d}\boldsymbol{x}}{\mathrm{d}t} = \boldsymbol{A}\boldsymbol{x},$$

其中 $\boldsymbol{A}$ 为二阶常数矩阵. 令

$$p = -\mathrm{tr}\boldsymbol{A}, \quad q = \det\boldsymbol{A},$$

再假设 $p^2+q^2\neq 0$, 证明:

(1) 当 $p>0$ 且 $q>0$ 时, 该系统的零解是渐近稳定的;

(2) 当 $p>0$ 且 $q=0$ 或 $p=0$ 且 $q>0$ 时, 该系统的零解是稳定的, 但不是渐近稳定的;

(3) 在其他情形下, 该系统零解均是不稳定的.

6.3 平面平衡点与极限环

本节考虑平面微分系统

$$\frac{\mathrm{d}x}{\mathrm{d}t}=X(x,y),\quad \frac{\mathrm{d}y}{\mathrm{d}t}=Y(x,y), \tag{6.33}$$

其中 $X(x,y),Y(x,y)$ 均是连续可微实函数. 显然, 系统 (6.33) 的初值问题的解是存在且唯一的. 再由定理 6.2 可知, 该系统在相空间 xy-平面上的轨道也是不相交的. 根据平面上的 Jordan 曲线定理可知, 平面上的任意简单闭曲线将平面分成两部分, 连接分别位于这两部分的任意两点的连续曲线必定与该闭曲线相交. 这表明, 系统 (6.33) 的轨道分布相比较高维微分系统而言要简单些.

6.3.1 平面平衡点分类

由引理 6.1 可知, 常点附近轨道的拓扑结构是清楚的, 因此只需要讨论平衡点附近轨道的拓扑结构. 如果点 (x_0,y_0) 是系统 (6.33) 的平衡点, 那么有 $X^2(x_0,y_0)+Y^2(x_0,y_0)=0$. 为简单起见, 在本小节中主要讨论系统 (6.33) 在初等平衡点附近轨道的拓扑结构.

定义 6.12 如果

$$X^2(x_0,y_0)+Y^2(x_0,y_0)=0,\quad 且\quad \det \boldsymbol{A}\neq 0,$$

其中

$$\boldsymbol{A}=\left.\frac{\partial(X,Y)}{\partial(x,y)}\right|_{(x,y)=(x_0,y_0)},$$

那么称点 (x_0,y_0) 是系统 (6.33) 的**初等平衡点**.

如果存在点 (x_0,y_0) 的某个邻域, 使得 (x_0,y_0) 是该邻域内唯一的平衡点, 那么称该平衡点为**孤立平衡点**. 容易得到, 初等平衡点 (x_0,y_0) 是孤立平衡点. 事实上, 因为 $\boldsymbol{f}(x,y)=(X(x,y),Y(x,y))^{\mathrm{T}}$ 在平衡点 (x_0,y_0) 处的微商是可逆的, 由反函数存在定理, $\boldsymbol{f}(x,y)$ 在点 (x_0,y_0) 的某个邻域 U 内是可逆的. 这说明, $\boldsymbol{f}(x,y)$ 在 U 内具有唯一零点, 即 (x_0,y_0) 是系统 (6.33) 的孤立平衡点.

由引理 6.3 可知, 对于任意 C^k 向量场 $\boldsymbol{f}(\boldsymbol{\mu})$, 利用可逆仿射变换 $\boldsymbol{h}(\boldsymbol{\mu})=\boldsymbol{P}(\boldsymbol{\mu}+\boldsymbol{\mu}_0)$ (平移变换和线性变换的复合) 都可以得到与原系统 C^k 共轭的新系统, 且其对应的向量场为 $\boldsymbol{g}(\boldsymbol{\nu})=\boldsymbol{P}\boldsymbol{f}(\boldsymbol{\mu})$, 其中 $\boldsymbol{P}$ 是可逆矩阵, 表示一个可逆线性变换, $\boldsymbol{\mu}_0$ 是相空间的某个向量, 且 $\boldsymbol{\nu}=\boldsymbol{h}(\boldsymbol{\mu})$. 此外, $\boldsymbol{f}$ 和 $\boldsymbol{g}$ 的 r 阶微商 (r 不大于 k) 还满足 $\boldsymbol{P}(\mathrm{D}^r\boldsymbol{f}(\boldsymbol{\mu}))=(\mathrm{D}^r\boldsymbol{g}(\boldsymbol{\nu}))\boldsymbol{P}$. 因此, 在这个意义下, 原系统与新系统是完全一致的.

假设 (x_0,y_0) 是系统 (6.33) 的初等平衡点. 做可逆仿射变换

$$\begin{pmatrix}\xi\\ \eta\end{pmatrix}=\boldsymbol{h}(x,y)=\boldsymbol{P}\begin{pmatrix}x-x_0\\ y-y_0\end{pmatrix},$$

其中 $\boldsymbol{P}$ 为可逆矩阵. 因此, 新向量场为 $\boldsymbol{g}(\xi,\eta)=\boldsymbol{P}\boldsymbol{f}(\boldsymbol{h}^{-1}(\xi,\eta))$. 此时, $(0,0)$ 为新系统的初等平衡点, 记为 O. 将 $(\xi,\eta)^{\mathrm{T}}$ 记为 $(x,y)^{\mathrm{T}}$. 现在转而研究如下新系统:

$$\frac{\mathrm{d}}{\mathrm{d}t}\begin{pmatrix}x\\ y\end{pmatrix}=\boldsymbol{J}\begin{pmatrix}x\\ y\end{pmatrix}+\begin{pmatrix}\Phi_1(x,y)\\ \Phi_2(x,y)\end{pmatrix},\tag{6.34}$$

其中 $\boldsymbol{J}=\boldsymbol{P}\boldsymbol{A}\boldsymbol{P}^{-1}$, 这里矩阵 $\boldsymbol{A}$ 的表达式见定义 6.12, 而 $\Phi_1(x,y)$ 和 $\Phi_2(x,y)$ 是关于 x,y 的高阶项, 即若令 $r=\sqrt{x^2+y^2}$, 则有 $\lim\limits_{r\to0}r^{-1}|\Phi_1(x,y)|=\lim\limits_{r\to0}r^{-1}|\Phi_2(x,y)|=0$, 且记为 $\Phi_1(x,y)=o(r),\Phi_2(x,y)=o(r)$. 通常称 $\Phi_1(x,y),\Phi_2(x,y)$ 为系统 (6.34) 的**高阶项**, 或者称为其对应的线性系统

$$\frac{\mathrm{d}}{\mathrm{d}t}\begin{pmatrix}x\\ y\end{pmatrix}=\boldsymbol{J}\begin{pmatrix}x\\ y\end{pmatrix}\tag{6.35}$$

的**扰动项**. 选择合适的矩阵 $\boldsymbol{P}$, 可使得 $\boldsymbol{J}$ 是 $\boldsymbol{A}$ 的实标准形, 共有如下三种形式:

$$(1)\ \begin{pmatrix}\lambda&0\\ 0&\mu\end{pmatrix},\quad(2)\ \begin{pmatrix}\lambda&0\\ 1&\lambda\end{pmatrix},\quad(3)\ \begin{pmatrix}\alpha&\beta\\ -\beta&\alpha\end{pmatrix},$$

其中 $\lambda\mu\neq0$, $\alpha\in\mathbb{R}$, $\beta>0$. 当 $\Phi_1(x,y)=\Phi_2(x,y)=0$ 时, 称平衡点 O 为**线性平衡点**; 否则, 称平衡点 O 为**非线性平衡点**.

为简单起见, 首先考虑 $\Phi_1(x,y)=\Phi_2(x,y)=0$ 的情形, 即考虑系统 (6.35). 我们按 $\boldsymbol{A}$ 的实标准形分情况讨论.

(1) $\boldsymbol{A}$ 的实标准形为

$$\boldsymbol{J}=\begin{pmatrix}\lambda&0\\ 0&\mu\end{pmatrix}.$$

此时, 系统 (6.35) 化为

$$\frac{\mathrm{d}x}{\mathrm{d}t} = \lambda x, \quad \frac{\mathrm{d}y}{\mathrm{d}t} = \mu y,$$

其解为

$$x(t) = c_1\mathrm{e}^{\lambda t}, \quad y(t) = c_2\mathrm{e}^{\mu t},$$

其中 c_1, c_2 均是任意常数. 由此可知, 该系统的全部轨道可以表示为

$$|y|^{\lambda} = c|x|^{\mu}, \tag{6.36}$$

其中 c 是任意非负常数. 下面再分两种情形讨论轨道的拓扑结构.

1° $\lambda\mu < 0$, 即 $\boldsymbol{A}$ 有两个异号的特征值. 此时, 在曲线族 (6.36) 中, 除了直线 $x = 0$ 和 $y = 0$ 之外, 其余曲线均是以它们为渐近线的双曲线. 因此, 系统 (6.35) 的轨道是由正、负 x 轴, 正、负 y 轴, 以及双曲线族组成的. 对于 $\lambda > 0, \mu < 0$, 当 $t \to +\infty$ 时, x 轴上的点 $(x(t), 0)$ 远离平衡点 O, y 轴上的点 $(0, y(t))$ 趋于平衡点 O, 而双曲线族上的点 $(x(t), y(t))$ 则先随着 y 轴方向靠近平衡点 O, 再随着 x 轴方向远离平衡点 O. 对于 $\lambda < 0, \mu > 0$, 轨道上点 $(x(t), y(t))$ 的运动方向与 $\lambda > 0, \mu < 0$ 的情形相反. 因此, 沿着每条双曲线轨道, 当 $t \to \pm\infty$ 时, 点 $(x(t), y(t))$ 均远离平衡点 O. 这样的平衡点 O 称为**鞍点**, 并且是不稳定的, 图形如图 6.2 所示.

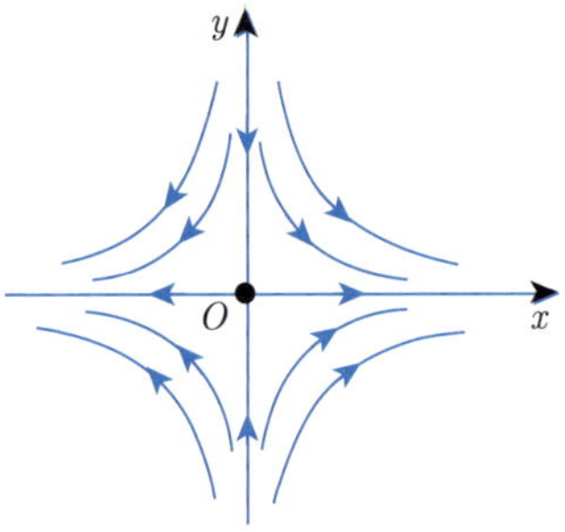

图 6.2 鞍点附近轨道的拓扑结构 ($\lambda > 0, \mu < 0$)

2° $\lambda\mu > 0$, 即 $\boldsymbol{A}$ 有两个同号的特征值. 首先, 我们考虑 $\lambda = \mu$ 的情形, 即 $\boldsymbol{A}$ 有两个相等的实特征值. 此时, 从平衡点 O 出发的射线均为系统 (6.35) 的轨道. 我们称此时的平衡点 O 为**星形结点**. 当 $\lambda < 0$ 时, 其图形如图 6.3 (a) 所示. 然后, 我们考虑 $\lambda \neq \mu$, $\lambda\mu > 0$ 的情形, 即 $\boldsymbol{A}$ 有两个同号但不相等的特征值. 此时, 系统 (6.35) 的轨道除了 x 轴和 y 轴之外, 都是以平衡点 O 为顶点的抛物线. 当 $|\mu| > |\lambda|$ 时, 它们均与 x 轴相切; 当 $|\mu| < |\lambda|$ 时, 它们均与 y 轴相切. 曲线族 (6.36) 中的每条曲线均被平衡点 O 分割成两条轨道. 我们称平衡点 O 为**双向结点**. 当 $\mu < \lambda < 0$ 时, 其图形如图 6.3 (b) 所示.

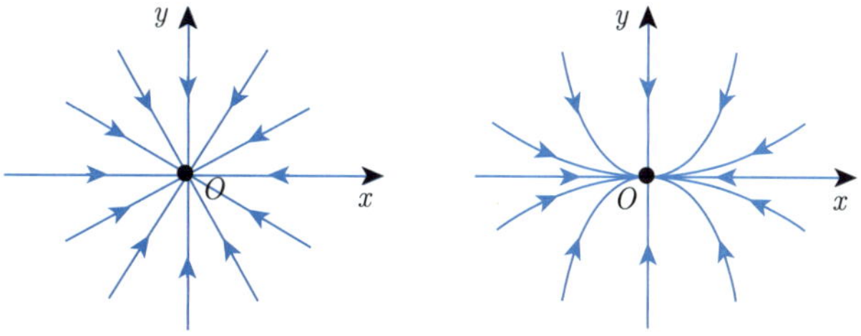

(a) 星形结点 ($\lambda=\mu<0$)　　(b) 双向结点 ($\mu<\lambda<0$)

图 6.3 星形结点和双向结点附近轨道的拓扑结构

(2) $\boldsymbol{A}$ 的实标准形为

$$\boldsymbol{J}=\begin{pmatrix}\lambda & 0\\ 1 & \lambda\end{pmatrix}.$$

此时, $\boldsymbol{A}$ 有重特征值, 但是不能对角化, 系统 (6.35) 的轨道为

$$y=cx+\frac{x}{\lambda}\ln|x| \tag{6.37}$$

和 $x=0$, 其中 c 为任意常数. 显然

$$\lim_{x\to0}y=0,\quad \lim_{x\to0}\frac{\mathrm{d}y}{\mathrm{d}x}=\begin{cases}+\infty, & \lambda<0,\\ -\infty, & \lambda>0.\end{cases}$$

由此可知, 曲线族 (6.37) 中的每条曲线都在平衡点 O 处与 y 轴相切. 这时, 称平衡点 $\boldsymbol{O}$ 为**单向结点**. 当 $\lambda<0$ 时, 其图形见图 6.4.

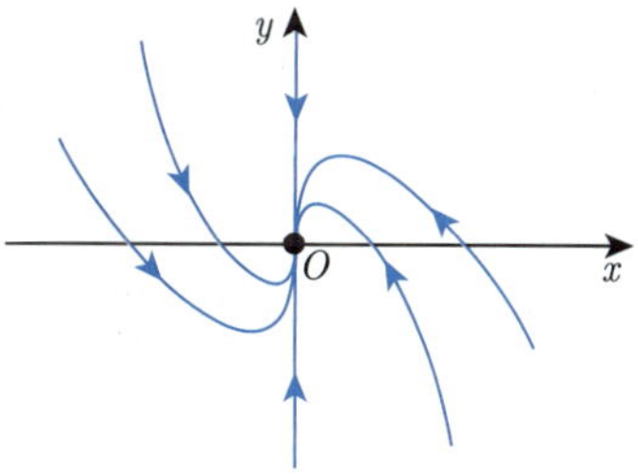

图 6.4 单向结点附近轨道的拓扑结构 ($\lambda<0$)

情形 2° 和情形 (2) 下系统 (6.35) 的平衡点 O 统称为**结点**. 容易证明, 在情形 2° 中的两种情况以及情形 (2) 下, 当 $\boldsymbol{A}$ 的特征值符号相同时, 系统 (6.35) 的轨道的拓扑结构是一致的. 具体来说, 若 $\lambda,\mu<0$, 沿着每条轨道当 $t\to+\infty$ 时, $(x(t),y(t))\to(0,0)$, 此时平衡点 O 是全局渐近稳定的; 若 $\lambda,\mu>0$, 沿着每条轨道当 $t\to-\infty$ 时, $(x(t),y(t))\to(0,0)$, 此时平衡点 O 是全局负向渐近稳定的.

(3) $\boldsymbol{A}$ 的实标准形为

$$\boldsymbol{J}=\begin{pmatrix}\alpha & -\beta\\ \beta & \alpha\end{pmatrix}.$$

此时, $\boldsymbol{A}$ 有一对共轭复特征值, 利用极坐标变换 $x=r\cos\theta, y=r\sin\theta$, 系统 (6.35) 化成

$$\frac{\mathrm{d}r}{\mathrm{d}t}=\alpha r,\quad \frac{\mathrm{d}\theta}{\mathrm{d}t}=\beta.$$

可以求得它的通解

$$r=c\,\mathrm{e}^{\frac{\alpha}{\beta}\theta}, \tag{6.38}$$

其中 c 为任意非负常数. 当 $c>0$ 时, 曲线族 (6.38) 不能通过平衡点 O (即 $r=0$). 曲线族 (6.38) 就是新系统的轨道, 而 β 的符号决定轨道的旋转方向: 当 $\beta>0$ 时, 轨道沿逆时针方向旋转; 当 $\beta<0$ 时, 轨道沿顺时针方向旋转. 显然, α 决定了轨道的形状. 具体地, 有

1° 若 $\alpha<0, \beta>0$, 则轨道为螺线族, 逆时针盘旋, 当 $t\to+\infty$ 时趋于 $r=0$ [图 6.5 (a)], 即平衡点 O 是全局渐近稳定的;

2° 若 $\alpha>0, \beta>0$, 则轨道为螺线族, 逆时针盘旋, 当 $t\to-\infty$ 时趋于 $r=0$, 即平衡点 O 是全局负向渐近稳定的;

3° 若 $\alpha=0, \beta>0$, 则轨道为圆族, 逆时针盘旋 [图 6.5 (b)], 即平衡点 O 是稳定的.

前两种情况中的平衡点 O 称为**焦点**, 而第三种情况中的平衡点 O 称为**中心**.

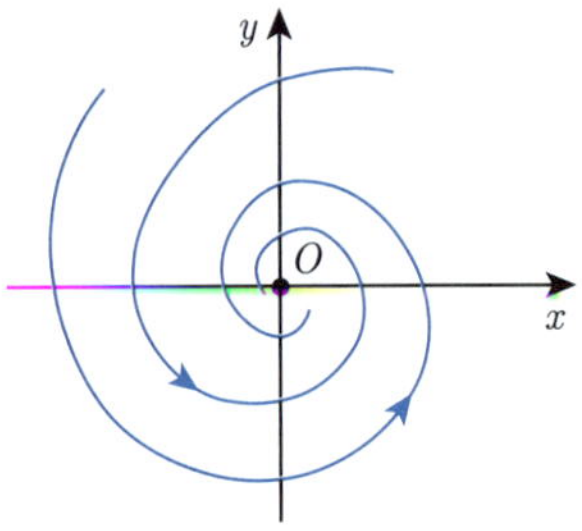

(a) 焦点 (α<0, β>0)

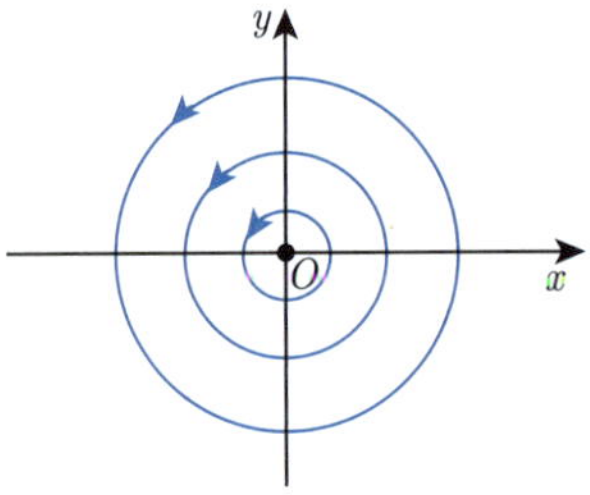

(b) 中心 (α=0, β>0)

图 6.5 焦点和中心附近轨道的拓扑结构

综合上面的讨论, 得到下面的定理.

定理 6.6 对于线性系统

$$\frac{\mathrm{d}}{\mathrm{d}t}\begin{pmatrix}x\\y\end{pmatrix}=\boldsymbol{A}\begin{pmatrix}x\\y\end{pmatrix},$$

记

$$T=\mathrm{tr}\boldsymbol{A},\quad D=\det\boldsymbol{A},$$

则

(i) 当 $D<0$ 时, $(0,0)$ 为鞍点 (鞍点是不稳定的);

(ii) 当 $D>0, T^2>4D$ 时, $(0,0)$ 为双向结点;

(iii) 当 $D>0, T^2=4D$ 时, $(0,0)$ 为单向结点 (特征值的几何重数为 1) 或者星形结点 (特征值的几何重数为 2);

(iv) 当 $D>0, 0<T^2<4D$ 时, $(0,0)$ 为焦点;

(v) 当 $D>0, T=0$ 时, $(0,0)$ 为中心 (中心是稳定的).

进一步, 在 (ii), (iv) 中, 若 $T<0$, 则点 $(x(t),y(t))$ 沿轨道当 $t\to+\infty$ 时趋于平衡点 (0,0), 当 $t\to-\infty$ 时远离平衡点 (0,0), 平衡点 (0,0) 是渐近稳定的; 若 $T>0$, 则结论正好相反.

上述定理可以总结为如图 6.6 所示的 T-D 图.

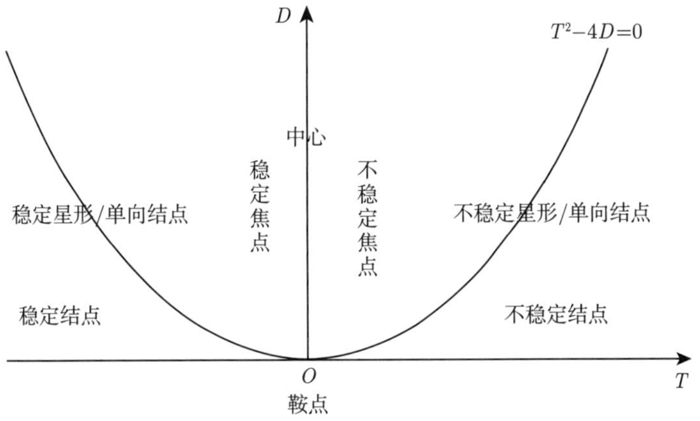

图 6.6 T-D 图

从上面对线性系统 (6.35) 的轨道分析中可以发现, 除了焦点和中心, 其他平衡点附近的轨道将会沿着某个方向逼近平衡点. 而这启发我们讨论系统 (6.33) 是否也有这样的现象. 为此, 我们先介绍平衡点处固定方向和特殊方向的定义.

定义 6.13 设原点 O 为系统 (6.33) 的孤立平衡点, 又设 Γ 是该系统的轨道, 点 $\boldsymbol{x}$ 是 Γ 上的动点, 其对应的极坐标为 (r,θ). 若当 $r\to0$ 时, 有 $\theta\to\theta_0$, 则称 $\theta=\theta_0$ 为系统 (6.33) 在平衡点 O 处的**固定方向**.

为了研究系统 (6.33) 在平衡点附近的轨道的拓扑结构, 假设原点 O 为该系统的平衡点, 并且 $X(x,y)$ 和 $Y(x,y)$ 在平衡点 O 附近关于 x 和 y 有足够高阶的连续偏导数. 将 $X(x,y)$ 和 $Y(x,y)$ 在平衡点 O 处做 Taylor 展开, 并将它们的最低次齐次多项式分别记为 $X_m(x,y)$ 和 $Y_n(x,y)$, 其中 m,n 分别是这两个齐次多项式的次数, 再将它们的其余高次项分别记为 $\Psi_1(x,y)$ 和 $\Psi_2(x,y)$, 则系统 (6.33) 化为

$$\frac{\mathrm{d}}{\mathrm{d}t}\begin{pmatrix}x\\y\end{pmatrix}=\begin{pmatrix}X_m(x,y)\\Y_n(x,y)\end{pmatrix}+\begin{pmatrix}\Psi_1(x,y)\\\Psi_2(x,y)\end{pmatrix}. \tag{6.39}$$

注意到 $m,n\geqslant1$, 并且当 $r\to0$ 时, $\Psi_1(x,y)=o(r^m)$, $\Psi_2(x,y)=o(r^n)$. 我们希望可以通

过研究系统 (6.39) 中不含高次项 $\Psi_1(x,y)$ 和 $\Psi_2(x,y)$ 的近似系统

$$\frac{\mathrm{d}}{\mathrm{d}t}\begin{pmatrix} x \\ y \end{pmatrix} = \begin{pmatrix} X_m(x,y) \\ Y_n(x,y) \end{pmatrix} \tag{6.40}$$

在平衡点 O 附近的轨道的拓扑结构来了解原系统 (6.39) 在平衡点 O 附近的轨道的拓扑结构. 为此, 我们进一步假设系统 (6.39) 及其近似系统 (6.40) 的平衡点 O 都是孤立的. 下面我们先给出系统 (6.39) 的平衡点 O 具有固定方向的必要条件.

引理 6.5　若 $\theta=\theta_0$ 是系统 (6.39) 在平衡点 O 处的固定方向, 则 $G(\theta_0)=0$, 其中

$$G(\theta)=\alpha(m,n)\sin\theta X_m(\cos\theta,\sin\theta)+\beta(m,n)\cos\theta Y_n(\cos\theta,\sin\theta),$$

$$\alpha(m,n)=\begin{cases}-1, & m\leqslant n,\\ 0, & m>n,\end{cases}\qquad \beta(m,n)=\begin{cases}1, & m\geqslant n,\\ 0, & m<n.\end{cases}$$

证明　在极坐标下, 设 Γ 是沿着系统 (6.39) 在平衡点 O 处的固定方向 $\theta=\theta_0$ 当 $t\to-\infty$ 时逼近平衡点 O 的轨道, 并且点 $\boldsymbol{x}(r,\theta)$ 是 Γ 上的一个动点, 其中 r, θ 为极坐标. $t\to+\infty$ 的情形可类似证明结论成立. 又设 α 是轨道 Γ 上点 $\boldsymbol{x}$ 处从坐标向量逆时针转向场向量的夹角, 如图 6.7 所示. 随着点 $\boldsymbol{x}$ 逼近平衡点 O, 夹角 α 将趋于零, 进而

$$\tan\alpha\to 0,\quad r\to 0. \tag{6.41}$$

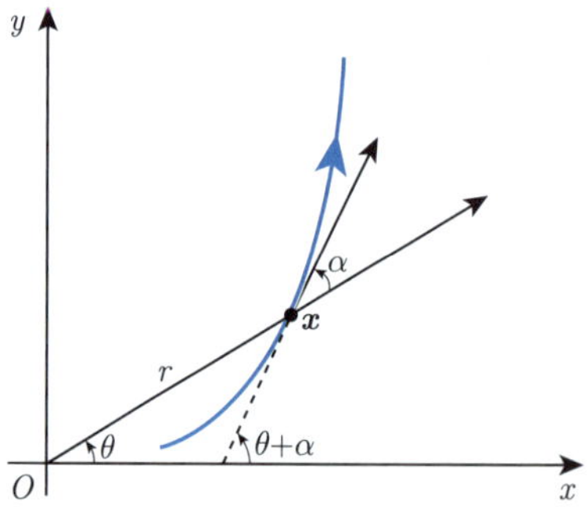

图 6.7　$\tan\alpha$ 的推导示意图

下面我们试图找到 $\tan\alpha$ 的表达式. 注意到场向量满足关系式

$$\frac{\mathrm{d}y}{\mathrm{d}x}=\tan(\theta+\alpha)=\frac{\tan\theta+\tan\alpha}{1-\tan\theta\tan\alpha}. \tag{6.42}$$

对极坐标变换式 $x=r\cos\theta, y=r\sin\theta$ 两边微分, 得到

$$\mathrm{d}x=\cos\theta\mathrm{d}r-r\sin\theta\mathrm{d}\theta,\quad \mathrm{d}y=\sin\theta\mathrm{d}r+r\cos\theta\mathrm{d}\theta. \tag{6.43}$$

两式相除, 再将分子、分母同时除以 $\cos\theta$, 得到

$$\frac{\mathrm{d}y}{\mathrm{d}x}=\frac{\tan\theta\mathrm{d}r+r\mathrm{d}\theta}{\mathrm{d}r-r\tan\theta\mathrm{d}\theta}. \tag{6.44}$$

将 (6.42) 式和 (6.44) 式联立, 整理后解得

$$\tan\alpha=r\frac{\mathrm{d}\theta}{\mathrm{d}r}. \tag{6.45}$$

另外, 联立 (6.43) 式中的两个方程, 求得

$$\mathrm{d}r=\cos\theta\mathrm{d}x+\sin\theta\mathrm{d}y,\quad r\mathrm{d}\theta=-\sin\theta\mathrm{d}x+\cos\theta\mathrm{d}y.$$

将它们代入 (6.45) 式的右边, 再将分子、分母同时除以 $\mathrm{d}t$, 有

$$\tan\alpha=\frac{-\sin\theta\dfrac{\mathrm{d}x}{\mathrm{d}t}+\cos\theta\dfrac{\mathrm{d}y}{\mathrm{d}t}}{\cos\theta\dfrac{\mathrm{d}x}{\mathrm{d}t}+\sin\dfrac{\mathrm{d}y}{\mathrm{d}t}}.$$

将系统 (6.39) 代入上式, 再结合 $X_m(x,y)$ 与 $Y_n(x,y)$ 的齐次性, 得到

$$\tan\alpha=\frac{-\sin\theta X_m(\cos\theta,\sin\theta)r^m+\cos\theta Y_n(\cos\theta,\sin\theta)r^n+\psi_1(r,\theta)}{\cos\theta X_m(\cos\theta,\sin\theta)r^m+\sin\theta Y_n(\cos\theta,\sin\theta)r^n+\psi_2(r,\theta)}, \tag{6.46}$$

其中

$$\psi_1(r,\theta)=-\sin\theta\Psi_1(r\cos\theta,r\sin\theta)+\cos\theta\Psi_2(r\cos\theta,r\sin\theta),$$

$$\psi_2(r,\theta)=\cos\theta\Psi_1(r\cos\theta,r\sin\theta)+\sin\theta\Psi_2(r\cos\theta,r\sin\theta).$$

当 $r\to 0$ 时, 根据 $\Psi_1(x,y)=o(r^m)$, $\Psi_2(x,y)=o(r^n)$, 我们知道 $\psi_1(r,\theta)=o(r^{\min\{m,n\}})$, $\psi_2(r,\theta)=o(r^{\min\{m,n\}})$. 下面分三种情形进行讨论.

(1) 当 $m<n$ 时, r^n 是 r^m 的高阶无穷小量, 于是我们将 (6.46) 式右边的分子、分母同时除以 r^m, 有

$$\tan\alpha=\frac{-\sin\theta X_m(\cos\theta,\sin\theta)+o(1)}{\cos\theta X_m(\cos\theta,\sin\theta)+o(1)},\quad r\to 0.$$

(2) 当 $m>n$ 时, r^m 是 r^n 的高阶无穷小量, 于是我们将 (6.46) 式右边的分子、分母同时除以 r^n, 有

$$\tan\alpha=\frac{\cos\theta Y_n(\cos\theta,\sin\theta)+o(1)}{\sin\theta Y_n(\cos\theta,\sin\theta)+o(1)},\quad r\to 0.$$

(3) 当 $m=n$ 时, 我们将 (6.46) 式右边的分子、分母同时除以 r^m 或 r^n, 有

$$\tan\alpha=\frac{-\sin\theta X_m(\cos\theta,\sin\theta)+\cos\theta Y_n(\cos\theta,\sin\theta)+o(1)}{\cos\theta X_m(\cos\theta,\sin\theta)+\sin\theta Y_n(\cos\theta,\sin\theta)+o(1)},\quad r\to 0.$$

将上述三种情形整理在一起, 得到

$$\tan\alpha=\frac{G(\theta)+o(1)}{H(\theta)+o(1)},\quad r\to 0, \tag{6.47}$$

其中 $G(\theta)$ 见题设, 并且

$$H(\theta)=-\alpha(m,n)\cos\theta X_m(\cos\theta,\sin\theta)+\beta(m,n)\sin\theta Y_n(\cos\theta,\sin\theta).$$

由于 $H(\theta)$ 是 $\cos\theta$ 和 $\sin\theta$ 的多项式, 故 $H(\theta)$ 有界, 进而当 $r\to 0$ 时 (6.47) 式右边的分母有界. 由于分母有为零的可能, 我们不妨将 (6.47) 式改写为

$$\frac{1}{\tan\alpha}=\frac{H(\theta)+o(1)}{G(\theta)+o(1)},\quad r\to 0. \tag{6.48}$$

根据 (6.41) 式可知, 当 $r\to 0$ 时, 有 $\dfrac{1}{\tan\alpha}\to\infty$. 因此, 结合 (6.48) 式及 $H(\theta)$ 的有界性, 我们得到 $\theta=\theta_0$ 为固定方向的必要条件是 $G(\theta_0)=0$. 引理证毕. □

根据固定方向的定义, 我们要求出系统 (6.33) 的固定方向, 就必须求出该系统的解, 而对该系统直接求解往往是困难的. 为此, 我们需要引入特殊方向的概念.

定义 6.14　*若存在 $\theta_0\in[0,2\pi)$ 满足 $G(\theta_0)=0$, 则称 $\theta=\theta_0$ 是系统 (6.39) 的一个***特殊方向***, 并且称 $G(\theta)=0$ 为系统 (6.39) 的***示性方程***.*

显然, 如果系统 (6.39) 存在沿着特殊方向进入平衡点的轨道, 则该特殊方向就是固定方向. 但是, 沿着特殊方向不一定有轨道进入平衡点, 具体例子见习题 6.3 的第 3 题.

根据上面的分析可知, 对于线性系统, 星形结点对应无穷多个特殊方向, 并且每个特殊方向上只有一条轨道进入; 双向结点对应四个特殊方向, 其中一对特殊方向上分别有一条轨道进入, 另一对特殊方向上分别有无穷多条轨道进入; 单向结点对应两个特殊方向, 并且每个特殊方向上有无穷多条轨道进入; 鞍点对应四个特殊方向, 并且每个特殊方向上有一条轨道进入; 焦点和中心不对应特殊方向. 此外, 对于结点和鞍点, 如果 $(x_1,y_1)^{\mathrm T}$ 是矩阵 $\boldsymbol{A}$ 的一个特征向量, 那么直线 $\dfrac{y}{y_1}=\dfrac{x}{x_1}$ 给出系统 (6.35) 的一条不变直线, 且这条直线被平衡点分割成的两条射线均是该系统的轨道, 它们对应两个固定方向.

例 6.3.1　作出微分系统

$$\frac{\mathrm dx}{\mathrm dt}=2x+3y,\quad \frac{\mathrm dy}{\mathrm dt}=2x-3y \tag{6.49}$$

在平面上的相图.

解　注意到

$$D=\begin{vmatrix}2 & 3\\ 2 & -3\end{vmatrix}=-12<0,$$

所以平衡点 (0,0) 为鞍点, 该系统有四个固定方向. 设 $y=kx$ 是该系统的不变直线, 则

$$k=\frac{\mathrm dy}{\mathrm dx}=\frac{2x-3y}{2x+3y}=\frac{2-3k}{2+3k}.$$

解之, 得到 $k_1=\dfrac{1}{3}$ 和 $k_2=-2$. 再注意到向量场 $f(\boldsymbol{x})=\begin{pmatrix}2x+3y\\2x-3y\end{pmatrix}$ 在点 (1,0) 处的向

量为 $\begin{pmatrix}2\\2\end{pmatrix}$. 可以利用向量场 $f(\boldsymbol{x})$ 的连续性和鞍点附近轨道的拓扑结构作出如图 6.8 所示的相图. □

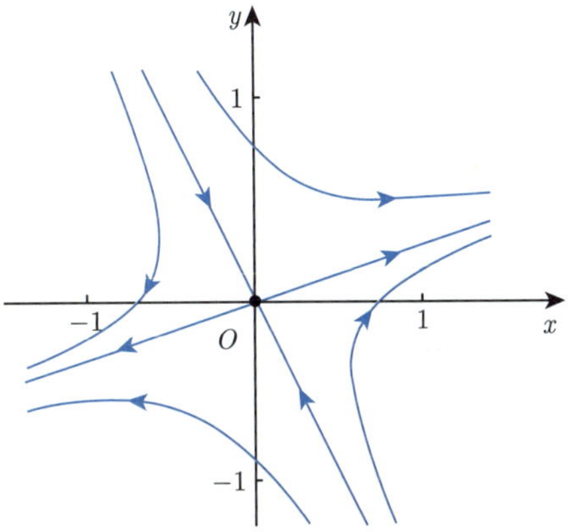

图 6.8 系统 (6.49) 的相图

对于具有初等平衡点的非线性系统 (6.33), 我们希望通过上面对其平衡点处线性近似系统的分析来得到它在平衡点附近的轨道的拓扑结构. 记系统 (6.33) 在初等平衡点处的高阶项为 $\Psi_1(x,y), \Psi_2(x,y)$. 对于线性近似系统的平衡点是结点或焦点的情形, 利用本章第四节介绍的线性化定理可知, 如果系统 (6.33) 是 C^1 的, 即其高阶项满足 $\Psi_1(x,y) = o(r), \Psi_2(x,y) = o(r), r \to 0$, 那么系统 (6.33) 与其线性近似系统在平衡点处是局部拓扑共轭的. 需要注意的是, 这并不能保证系统 (6.33) 与其线性近似系统具有相同类型的平衡点, 因为两个系统是拓扑等价的并不能保证它们的平衡点所具有特殊方向的数目以及沿着特殊方向连接平衡点的轨道的数目是相同的 (如习题 6.3 的第 1 题). 因此, 我们需要分析系统 (6.33) 的示性方程, 确定所有的特殊方向, 并讨论沿着这些特殊方向是否有轨道连接平衡点以及有多少条轨道连接平衡点. 由此可以得到, 如果系统 (6.33) 的高阶项满足 $\Psi_1(x,y) = o(r^2), \Psi_2(x,y) = o(r^2), r \to 0$, 那么系统 (6.33) 与其线性近似系统的平衡点具有相同的类型. 结论的具体细节可参见文献 [44]. 对于线性近似系统的平衡点是中心的情形, 无论系统 (6.33) 的高阶项 $\Psi_1(x,y), \Psi_2(x,y)$ 的阶数有多高, 系统 (6.33) 与其线性近似系统在平衡点处仍然可能不是局部拓扑等价的. 因此, 中心的判别问题是平衡点问题的难点之一, 而 3.3 节中提到的 Poincaré 映射是研究该问题的有力工具. 进一步的介绍可参见文献 [18, 44].

6.3.2 极限环的存在性

在平面微分系统的研究中, 闭轨的研究是重要的. D. Hilbert① 在 1900 年国际数学家大会上提出了 20 世纪人们应该关注的 23 个数学问题, 这些问题推动了 20 世纪数学

① D. Hilbert (希尔伯特, 1862—1943), 德国数学家, 20 世纪最杰出的数学家之一.

的发展. Hibert 第 16 问题就是有关平面多项式系统的极限环的个数问题. 经过一个多世纪的努力, 尽管人们在微分方程定性理论上已经有了丰富的结果, 但是这个问题本身尚未解决.

定义 6.15 如果系统 (6.33) 在闭轨 Γ 的某个环形邻域内不再有别的闭轨, 那么称 Γ 为系统 (6.33) 的**极限环**.

例如, 例 6.1.2 中的闭轨就是极限环.

关于极限环存在性的判断, 有下面的经典结果.

定理 6.7 (Poincaré-Bendixson 环域定理) 假设平面区域 D 是由两条简单闭曲线 L_1 和 L_2 所围成的环域, 在闭区域 $\overline{D}=L_1\cup D\cup L_2$ 上系统 (6.33) 无平衡点, 系统 (6.33) 的从 L_1 和 L_2 上出发的轨道都不能离开 (或进入) 闭区域 $\overline{D}$, 并且假设 L_1 和 L_2 均不是系统 (6.33) 的闭轨, 则系统 (6.33) 在环域 D 内至少有一条闭轨 Γ, 并且它在环域 D 内不能收缩到一点.

本定理的证明可参见文献 [19, 44]. 下面以 van del Pol① 方程为例, 说明如何利用 Poincaré-Bendixson② 环域定理来证明极限环存在.

例 6.3.2 考虑微分方程

$$\frac{\mathrm{d}^2x}{\mathrm{d}t^2}+\mu(x^2-1)\frac{\mathrm{d}x}{\mathrm{d}t}+x=0, \tag{6.50}$$

其中常数 $\mu>0$. 这个方程称为 **van del Pol 方程**. 证明: van del Pol 方程至少有一条闭轨.

证明 不妨设 $\mu=1$. 考虑与方程 (6.50) 等价的一阶微分系统

$$\frac{\mathrm{d}x}{\mathrm{d}t}=y-F(x),\quad \frac{\mathrm{d}y}{\mathrm{d}t}=-x, \tag{6.51}$$

其中

$$F(x)=\frac{x^3}{3}-x.$$

为了应用 Poincaré-Bendixson 环域定理, 需要构造 xy-平面上的环域 D.

先构造环域 D 的内边界 L_1. 令 $V(x,y)=\dfrac{x^2+y^2}{2}$, 则

$$\left.\frac{\mathrm{d}V}{\mathrm{d}t}\right|_{(6.51)}=x^2\left(1-\frac{x^2}{3}\right)\geqslant 0,\quad |x|<\sqrt{3},$$

并且等号仅在 $x=0$ 时成立. 因此, 对于足够小的 c, 令 $L_1: x^2+y^2=c$, 则系统 (6.51) 的从 L_1 出发的轨道当 t 增加时走向 L_1 所围区域的外部.

---

① B. van der Pol (范德波尔, 1889—1959), 荷兰物理学家.

② I. O. Bendixson (本迪克森, 1861—1935), 瑞典数学家.

再构造环域 D 的外边界 L_2. 注意到函数 $F(x)=\dfrac{x^3}{3}-x$ 的极小值在点 $\left(1,-\dfrac{2}{3}\right)$ 处达到. 取 x^* $(x^*>0)$ 足够大, 以点 $\boldsymbol{a}_0=\left(0,-\dfrac{2}{3}\right)$ 为圆心, 分别以 $x^*+\dfrac{4}{3}$ 和 x^* 为半径作圆弧 $\widehat{\boldsymbol{a}_1\boldsymbol{a}_2}$ 和 $\widehat{\boldsymbol{a}_3\boldsymbol{a}_4}$, 它们与 y 轴分别交于点 $\boldsymbol{a}_1$ 和 $\boldsymbol{a}_4$, 而与直线 $x=x^*$ 分别交于点 $\boldsymbol{a}_2$ 和 $\boldsymbol{a}_3$. 再作圆弧 $\widehat{\boldsymbol{a}_4\boldsymbol{a}_5}$, $\widehat{\boldsymbol{a}_6\boldsymbol{a}_1}$ 和线段 $\overline{\boldsymbol{a}_5\boldsymbol{a}_6}$, 使得它们分别与圆弧 $\widehat{\boldsymbol{a}_1\boldsymbol{a}_2}$, $\widehat{\boldsymbol{a}_3\boldsymbol{a}_4}$ 和线段 $\overline{\boldsymbol{a}_2\boldsymbol{a}_3}$ 关于原点对称. 取 L_2 为从点 $\boldsymbol{a}_1$ 开始, 沿上述圆弧和线段依次走过点 $\boldsymbol{a}_2$, $\boldsymbol{a}_3$, $\cdots$, $\boldsymbol{a}_6$, 再回到点 $\boldsymbol{a}_1$ 的路径即可. 此时, 可以证明从 L_2 出发的系统 (6.51) 的轨道当 t 增加时均走向 L_2 所围成区域的内部. 于是, 环域 D 构造完成, 如图 6.9 所示. 依据 Poincaré-Bendixson 环域定理可知, 在环域 D 内部至少有一条闭轨. □

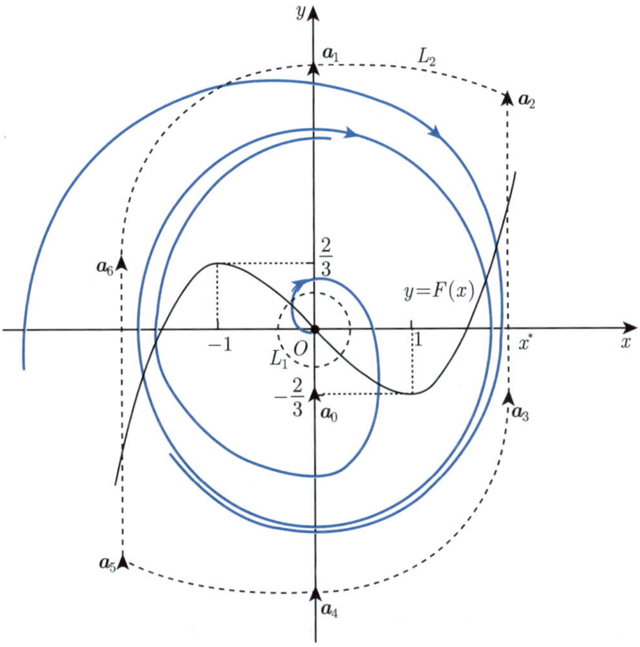

图 6.9 环域 D 示意图

关于极限环的不存在性, 有下面的 Bendixson 判据.

定理 6.8 设函数 $P(x,y),Q(x,y)$ 在单连通区域 D 上连续可微, 且当 $(x,y)\in D$ 时,

$$\frac{\partial P}{\partial x}+\frac{\partial Q}{\partial y}\neq 0,$$

则微分系统

$$\frac{\mathrm{d}x}{\mathrm{d}t}=P(x,y),\quad \frac{\mathrm{d}y}{\mathrm{d}t}=Q(x,y) \tag{6.52}$$

在区域 D 内不存在闭轨.

证明 假设 $\Gamma: x=\phi(t), y=\psi(t)$ 是系统 (6.52) 在区域 D 内的一条闭轨, 则

$$\phi'(t)=P(\phi(t),\psi(t)),\quad \psi'(t)=Q(\phi(t),\psi(t)).$$

再假设该闭轨的周期为 $T>0$, 则

$$\int_0^T (P(\phi(t),\psi(t))\psi'(t)-Q(\phi(t),\psi(t))\phi'(t))\,\mathrm{d}t=0. \tag{6.53}$$

由定理的假设可知

$$\frac{\partial P}{\partial x}+\frac{\partial Q}{\partial y}\neq 0.$$

于是, 不妨设存在 $a>0$, 使得上式大于 a. 假设 Γ 所围成的闭区域为 D_0. 由 Green 公式可知

$$\int_\Gamma P(x,y)\mathrm{d}y-Q(x,y)\mathrm{d}x=\iint_{D_0}\left(\frac{\partial P}{\partial x}+\frac{\partial Q}{\partial y}\right)\mathrm{d}x\mathrm{d}y\geqslant a\cdot\mathcal{A}(D_0)>0,$$

其中 $\mathcal{A}(D_0)$ 是闭区域 D_0 的面积. 这与 (6.53) 式矛盾. □

注 6.4 一般来说, 判断一个微分系统有无极限环和确定极限环的个数都是非常困难的问题. Hilbert 第 16 问题的后半部分可以陈述为: 记 $P_n(x,y)$, $Q_n(x,y)$ 是 x,y 的 n 次多项式, 那么对于给定的 n 和任意的 $P_n(x,y)$, $Q_n(x,y)$, n 次多项式系统

$$\frac{\mathrm{d}x}{\mathrm{d}t}=P_n(x,y),\quad \frac{\mathrm{d}y}{\mathrm{d}t}=Q_n(x,y)$$

可能出现的极限环个数的最大值 $H(n)$ 以及极限环可能的相对位置如何? 由于线性系统可以有闭轨 (中心), 但没有极限环 (孤立的闭轨), 因此该问题只对 $n\geqslant 2$ 有意义.

自 1900 年起至今, 关于上述问题的研究已发表了大量论文, 但这个问题仍未得到解决. 1923 年, H. Dulac① 试图证明: 平面上每个给定的多项式系统只有有限个极限环, 即**极限环的有限性定理**. 但 Yu. Ilyashenko② 在 1982 年发现了 Dulac 证明的漏洞, 并且他和 J. Écalle③ 分别在 1991 年和 1992 年独立给出了极限环的有限性定理的新证明. 另外, 对于 $H(n)$ 的研究, 1955 年苏联科学院院士 I. G. Petrovskii 和他的学生 Y. Landis 宣布证明了 $H(2)=3$, 但 1979 年三位中国数学家史松龄、陈兰荪和王明淑分别举出了至少有 4 个极限环的二次多项式系统的例子. 目前, 对 $H(n)$ 是否有界的问题, 即使在 $n=2$ 的情形都尚无结果, 但人们普遍猜测 $H(n)$ 应该是一个与 n 有关的有限数. 基于此, 现在对 $H(n)$ 的下界已经有了一些估计, 如 $H(2)\geqslant 4, H(3)\geqslant 13, H(4)\geqslant 28, H(5)\geqslant 37$ 等. 上面提到的结果可参见文献 [6,15,24,33,36], Hilbert 第 16 个问题可参见文献 [25,28].

① H. Dulac (杜拉克, 1870—1955), 法国数学家.

② Yu. Ilyashenko (伊利亚申科, 1943—), 俄罗斯数学家.

③ J. Écalle (埃卡勒, 1947—), 法国数学家.

习题 6.3

1. 证明: 线性系统的稳定的焦点和结点是局部拓扑共轭的, 但不是局部 C^1 共轭的. 进一步, 可以证明它们是全局拓扑共轭的. (提示: 稳定的焦点或结点总可以将相空间中任一点 (x, y) 经过足够大的正向 T 时间带到点 $(0, 0)$ 的足够小的邻域.)

2. 判断下列微分系统的平衡点的类型, 并作出平衡点附近的相图:

(1) $\dfrac{\mathrm{d}x}{\mathrm{d}t} = -x + y,\ \dfrac{\mathrm{d}y}{\mathrm{d}t} = -5x + y;$

(2) $\dfrac{\mathrm{d}x}{\mathrm{d}t} = x + 2y,\ \dfrac{\mathrm{d}y}{\mathrm{d}t} = -2x + 5y + x^3;$

(3) $\dfrac{\mathrm{d}x}{\mathrm{d}t} = (\mathrm{e}^x - 1)(y^2 + 1),\ \dfrac{\mathrm{d}y}{\mathrm{d}t} = \cos y.$

3. 讨论微分系统

$$\frac{\mathrm{d}x}{\mathrm{d}t} = -x, \quad \frac{\mathrm{d}y}{\mathrm{d}t} = -y + \frac{x \cos \ln \ln \dfrac{1}{|x|}}{\ln \dfrac{1}{|x|}}$$

在平衡点 $(0, 0)$ 附近的轨道的拓扑结构, 试说明不一定有沿着特殊方向进入平衡点的轨道.

4. 证明: 如果微分系统

$$\frac{\mathrm{d}x}{\mathrm{d}t} = mx + ny, \quad \frac{\mathrm{d}y}{\mathrm{d}t} = ax + by$$

的平衡点为中心, 则微分方程

$$(ax + by)\mathrm{d}x - (mx + ny)\mathrm{d}y = 0$$

是恰当方程, 其中 m, n, a, b 均为常数. 举例说明, 反之不成立.

5. 证明: 若 Γ 是 系统 (6.33) 的极限环, 则存在 Γ 的一个外侧邻域 U, 使得从这个邻域内一点出发的轨道当 $t \to +\infty$ (或 $t \to -\infty$) 时都盘旋着趋于 Γ. 类似地, Γ 也存在这样的内侧邻域.

6. 证明: 微分系统

$$\frac{\mathrm{d}x}{\mathrm{d}t} = x(1 + 3x - x^2 - y), \quad \frac{\mathrm{d}y}{\mathrm{d}t} = y(-1 + x)$$

在第一象限内存在极限环.

7. 设在单连通区域 D 内系统 (6.52) 的右端函数 $P(x, y), Q(x, y)$ 是连续可微的, 证明: 如果存在 $B(x, y) \in C^1(D, \mathbb{R})$, 使得

$$\frac{\partial BP}{\partial x} + \frac{\partial BQ}{\partial y} \neq 0, \quad (x, y) \in D,$$

那么系统 (6.52) 在区域 D 内无闭轨.

6.4 双曲性与线性化

微分方程定性理论的一个基本问题是确定微分系统在平衡点附近的轨道的拓扑结构. 微分系统在平衡点附近的轨道的拓扑结构可能千变万化. 人们关心非线性系统与其线性近似系统在平衡点附近是否有相同的轨道拓扑结构. 对于双曲平衡点, 答案是肯定的. 本节我们将介绍关于具有双曲平衡点的微分系统的一个重要定理——Hartman-Grobman 线性化定理.

给定 C^1 系统

$$\frac{\mathrm{d}\boldsymbol{x}}{\mathrm{d}t}=\boldsymbol{f}(\boldsymbol{x}),\quad \boldsymbol{x}\in\mathbb{R}^n, \tag{6.54}$$

设点 $\tilde{\boldsymbol{x}}$ 是该系统的平衡点, 考虑该系统在平衡点 $\tilde{\boldsymbol{x}}$ 处的线性近似系统

$$\frac{\mathrm{d}\boldsymbol{x}}{\mathrm{d}t}=\mathrm{D}\boldsymbol{f}(\tilde{\boldsymbol{x}})(\boldsymbol{x}-\tilde{\boldsymbol{x}}). \tag{6.55}$$

根据 $\mathrm{D}\boldsymbol{f}(\tilde{\boldsymbol{x}})$ 的所有特征值是否具有非零实部, 可将平衡点分为两类: 双曲平衡点和非双曲平衡点.

定义 6.16 设 $\tilde{\boldsymbol{x}}$ 是系统 (6.54) 的一个平衡点. 如果 $\mathrm{D}\boldsymbol{f}(\tilde{\boldsymbol{x}})$ 的一切特征值都有非零实部, 则称 $\tilde{\boldsymbol{x}}$ 是系统 (6.54) 的**双曲平衡点**; 否则, 称 $\tilde{\boldsymbol{x}}$ 是系统 (6.54) 的**非双曲平衡点**.

容易验证, 6.3 节中所提到的鞍点、结点和焦点均是双曲平衡点. 通常, 我们把双曲平衡点附近的微分系统称为**双曲系统**.

如果 $\tilde{\boldsymbol{x}}$ 是系统 (6.54) 的一个双曲平衡点, 那么容易知道 $\tilde{\boldsymbol{x}}$ 是该系统的孤立平衡点, 并且利用平移变换可以将 $\boldsymbol{0}$ 变为新系统的双曲平衡点. 因此, 本节我们总是假设 $\tilde{\boldsymbol{x}}=\boldsymbol{0}$. 下面我们先研究具有双曲平衡点 $\boldsymbol{0}$ 的线性系统 (6.55) 的性质. 记该系统的相空间为 E, $\boldsymbol{A}=\mathrm{D}\boldsymbol{f}(\boldsymbol{0})$, 那么该系统的基解矩阵为 $\boldsymbol{X}(t)=\mathrm{e}^{\boldsymbol{A}t}$, 且发展算子为 $\boldsymbol{U}(t,s)=\mathrm{e}^{\boldsymbol{A}(t-s)}$.

引理 6.6 线性系统 (6.55) 具有双曲平衡点 $\boldsymbol{0}$, 当且仅当存在与 $\boldsymbol{A}$ 可交换的投影 $\boldsymbol{P}_-$ 和常数 $K\geqslant 1,\alpha>0$, 使得

$$\begin{aligned}\|\mathrm{e}^{\boldsymbol{A}(t-s)}\boldsymbol{P}_-\|&\leqslant K\mathrm{e}^{-\alpha(t-s)},\quad t\geqslant s,\\ \|\mathrm{e}^{\boldsymbol{A}(t-s)}\boldsymbol{P}_+\|&\leqslant K\mathrm{e}^{-\alpha(s-t)},\quad t\leqslant s\end{aligned} \tag{6.56}$$

对 $t,s\in\mathbb{R}$ 成立, 其中 $\boldsymbol{A}=\mathrm{D}\boldsymbol{f}(\boldsymbol{0})$ 且 $\boldsymbol{P}_+=\boldsymbol{I}-\boldsymbol{P}_-$.

证明 因为 $\boldsymbol{A}$ 是实矩阵且将其特征值按实部是否为正数分类并不会拆散其中的共轭特征值对, 所以存在实可逆矩阵 $\boldsymbol{Q}$, 使得 $\boldsymbol{AQ}=\boldsymbol{Q}\,\mathrm{diag}\{\boldsymbol{A}_-,\boldsymbol{A}_+\}$, 其中 $\mathrm{diag}\{\cdot,\cdot\}$ 表示分块对角矩阵, 并且 r 阶实矩阵 $\boldsymbol{A}_-$ 的特征值实部为负数, 而 $n-r$ 阶实矩阵 $\boldsymbol{A}_+$ 的特征值实部为正数, 这里 r 为某个正整数. 由此, 可以将相空间 E 分解为 $\boldsymbol{A}$ 的两个不变闭子空间 E_- 和 E_+ 的直和, 其中 E_- 和 E_+ 分别是 $\boldsymbol{Q}$ 前 r 个列向量和后 $n-r$ 个

列向量所生成的空间. 由矩阵指数的定义, 有

$$\mathrm{e}^{\boldsymbol{A}(t-s)}\boldsymbol{Q} = \boldsymbol{Q}\ \mathrm{diag}\{\mathrm{e}^{\boldsymbol{A}_-(t-s)}, \mathrm{e}^{\boldsymbol{A}_+(t-s)}\}.$$

这说明, E_- 和 E_+ 也是实矩阵 $\mathrm{e}^{\boldsymbol{A}(t-s)}$ 的不变闭子空间. 因此, 定义投影

$$\boldsymbol{P}_- = \boldsymbol{Q}\ \mathrm{diag}\{\boldsymbol{I}_r, \boldsymbol{0}_{n-r}\}\boldsymbol{Q}^{-1}$$

和与之互补的投影 $\boldsymbol{P}_+ = \boldsymbol{I} - \boldsymbol{P}_-$. 可以验证, $\boldsymbol{A}$ 与投影 $\boldsymbol{P}_\mp$ 可以交换, 从而有

$$\mathrm{e}^{\boldsymbol{A}(t-s)}\boldsymbol{P}_\mp = \boldsymbol{P}_\mp\mathrm{e}^{\boldsymbol{A}(t-s)}.$$

这表明, 初值选取为 $E_\mp$ 上的点时所发展出的轨道始终在 $E_\mp$ 上, 即有 $\boldsymbol{\varphi}_t(E_\mp) = E_\mp(t \in \mathbb{R})$. 这说明, $E_\mp$ 是系统 (6.55) 的不变集. 注意到, $E_\mp$ 还是相空间的闭子空间, 因此称 $E_\mp$ 是系统 (6.55) 的**不变闭子空间**.

下面我们在不变闭子空间 $E_\mp$ 上对系统 (6.55) 的发展算子 $\mathrm{e}^{\boldsymbol{A}(t-s)}$ 进行估计. 利用引理 6.4 可知, 在 E_- 上, 存在常数 $K_- \geqslant 1, \alpha_- > 0$, 使得

$$\|\mathrm{e}^{\boldsymbol{A}(t-s)}\boldsymbol{P}_-\| \leqslant K_-\mathrm{e}^{-\alpha_-(t-s)}, \quad t \geqslant s, t, s \in \mathbb{R}.$$

在 E_+ 上, 考虑 $-\boldsymbol{A}$, 从而类似可得

$$\|\mathrm{e}^{\boldsymbol{A}(t-s)}\boldsymbol{P}_+\| \leqslant K_+\mathrm{e}^{-\alpha_+(s-t)}, \quad t \leqslant s, t, s \in \mathbb{R},$$

其中常数 $K_+ \geqslant 1$, $\alpha_+ > 0$. 由此引理得证. □

记 $\boldsymbol{x}(t; 0, \boldsymbol{x}_0)$ 是线性系统 (6.55) 的满足 $\boldsymbol{x}(0) = \boldsymbol{x}_0$ 的解, 即 $\boldsymbol{x}(t; 0, \boldsymbol{x}_0) = \mathrm{e}^{\boldsymbol{A}t}\boldsymbol{x}_0$. 注意到 $\boldsymbol{A}$ 与 $\boldsymbol{P}_\mp$ 可交换, 从而 $\mathrm{e}^{\boldsymbol{A}t}$ 与 $\boldsymbol{P}_\mp$ 可交换. 引理 6.6 表明, 系统 (6.55) 的解 $\boldsymbol{x}(t)$ 可分解为两个解 $\boldsymbol{P}_-\boldsymbol{x}(t)$ 和 $\boldsymbol{P}_+\boldsymbol{x}(t)$ 的组合, 其中 $\boldsymbol{P}_-\boldsymbol{x}(t)$ 是 E_- 上的解且满足 $|\boldsymbol{P}_-\boldsymbol{x}(t)| \leqslant K_-\mathrm{e}^{-\alpha_-(t-s)}|\boldsymbol{x}(s)|$ $(t \geqslant s)$, 即该解随正向时间以指数速率衰减到原点, 而 $\boldsymbol{P}_+\boldsymbol{x}(t)$ 是 E_+ 上的解且满足 $|\boldsymbol{P}_-\boldsymbol{x}(t)| \leqslant K_+\mathrm{e}^{-\alpha_+(s-t)}|\boldsymbol{x}(s)|$ $(t \leqslant s)$, 即该解随负向时间以指数速率衰减到原点. 这时, 称系统 (6.55) 在 $\mathbb{R}$ 上存在**不变分解**, 并且不变闭子空间 E_- 和 E_+ 分别称为系统 (6.55) 在双曲平衡点 $\boldsymbol{0}$ 处的**稳定子空间**和**不稳定子空间**.

一般地, 对于非自治线性系统

$$\frac{\mathrm{d}\boldsymbol{x}}{\mathrm{d}t} = \boldsymbol{A}(t)\boldsymbol{x}, \tag{6.57}$$

$\boldsymbol{A}(t)$ 是在区间 J 上的 n 阶连续矩阵函数, 而 J 可取 $\mathbb{R}, \mathbb{R}_+ = [0, +\infty)$ 或 $\mathbb{R}_- = (-\infty, 0]$. 考虑系统 (6.57) 在区间 J 上是否存在类似的不变分解.

定义 6.17 考虑非自治线性系统 (6.57), 且令该系统的基解矩阵为 $\boldsymbol{X}(t)$. 如果存在投影 $\boldsymbol{P}$ 和常数 $K \geqslant 1, \alpha > 0$, 使得

$$\|\boldsymbol{X}(t)\boldsymbol{P}\boldsymbol{X}^{-1}(s)\| \leqslant K\mathrm{e}^{-\alpha(t-s)}, \quad t \geqslant s,$$

$$\|\boldsymbol{X}(t)(\boldsymbol{I} - \boldsymbol{P})\boldsymbol{X}^{-1}(s)\| \leqslant K\mathrm{e}^{-\alpha(s-t)}, \quad t \leqslant s$$

对 $t,s\in J$ 成立, 那么称该系统在 J 上具有**指数二分**.

注意到 $\boldsymbol{A}$ 与 $\boldsymbol{P}_{\mp}$ 可交换, 从而 $\mathrm{e}^{\boldsymbol{A}t}$ 与 $\boldsymbol{P}_{\mp}$ 可交换. 因此, 引理 6.6 表明, 线性系统 (6.55) 具有双曲平衡点 $\mathbf{0}$ 意味着线性系统 (6.55) 在 $\mathbb{R}$ 上具有指数二分. 关于指数二分的更多内容可见文献 [10].

对于非自治系统, 利用指数二分性, 可以证明非自治系统的线性化定理 (文献 [32]). 我们利用相同的方法来证明下面的线性化定理.

定理 6.9 (Hartman-Grobman 线性化定理)　设 $U\subset\mathbb{R}^n$ 是包含点 $\mathbf{0}$ 的开集, 点 $\mathbf{0}$ 是 C^1 系统 (6.54) 的双曲平衡点, 则存在点 $\mathbf{0}$ 的邻域 $V\subset U$, 使得系统 (6.54) 与其在平衡点 $\mathbf{0}$ 处的线性近似系统 (6.55) 在 V 上拓扑共轭.

注 6.5　在 19 世纪 60 年代初, 苏联数学家 D. Grobman (文献 [17]) 和美国数学家 P. Hartman (文献 [22]) 各自独立证明了定理 6.9. 该定理揭示了在双曲平衡点的一个邻域内, 非线性系统与其线性近似系统有着相同的拓扑性质. 具体来说, 记系统 (6.54) 和其线性近似系统 (6.55) 所产生的流分别为 $\boldsymbol{\varphi}_t(\boldsymbol{x})$ 和 $\mathrm{e}^{\mathrm{D}\boldsymbol{f}(\mathbf{0})t}$, 其中 $\tilde{\boldsymbol{x}}=\mathbf{0}$ 是系统 (6.54) 的双曲平衡点, 那么存在点 $\mathbf{0}$ 的邻域 V 和该邻域内的同胚 $\boldsymbol{H}$, 使得对于任意 $t\in\mathbb{R}$, 都有

$$\boldsymbol{H}(\boldsymbol{\varphi}_t(\boldsymbol{x}))=\mathrm{e}^{\mathrm{D}\boldsymbol{f}(\mathbf{0})t}\boldsymbol{H}(\boldsymbol{x}).$$

换言之, 同胚 $\boldsymbol{H}$ 将邻域 V 内系统 (6.54) 的解映为系统 (6.55) 的解, 反之亦然.

在证明定理 6.9 前, 我们需要先证明一些引理. 考虑定理 6.9 中的系统 (6.54). 由引理 6.6 可知, 其在双曲平衡点 $\tilde{\boldsymbol{x}}=\mathbf{0}$ 处的线性近似系统 (6.55) 在 $\mathbb{R}$ 上具有指数二分, 即满足 (6.56) 式. 下面我们将利用指数二分的性质来研究微分系统

$$\frac{\mathrm{d}\boldsymbol{x}}{\mathrm{d}t}=\mathrm{D}\boldsymbol{f}(\mathbf{0})\boldsymbol{x}+\boldsymbol{R}(\boldsymbol{x}),\quad \boldsymbol{x}\in\mathbb{R}^n,\tag{6.58}$$

其中扰动项 $\boldsymbol{R}(\boldsymbol{x})\in C^0(\mathbb{R}^n,\mathbb{R}^n)$.

引理 6.7　假设系统 (6.55) 具有双曲平衡点 $\mathbf{0}$, 并且记 $\boldsymbol{A}=\mathrm{D}\boldsymbol{f}(\mathbf{0})$. 定义

$$\boldsymbol{G}(t,s)=\begin{cases}\mathrm{e}^{\boldsymbol{A}(t-s)}\boldsymbol{P}_-, & t\geqslant s,\\ -\mathrm{e}^{\boldsymbol{A}(t-s)}\boldsymbol{P}_+, & t<s.\end{cases}$$

又令连续函数 $\boldsymbol{R}(\boldsymbol{x})$ 对于任意 $\boldsymbol{x}\in\mathbb{R}^n$ 满足

$$|\boldsymbol{R}(\boldsymbol{x})|\leqslant\max\{M_1|\boldsymbol{x}|,M_2\},\tag{6.59}$$

其中 M_1,M_2 为正常数. 那么, 系统 (6.58) 在 $\mathbb{R}$ 上存在有界解 $\boldsymbol{x}(t)$ 当且仅当方程

$$\boldsymbol{x}(t)=\int_{-\infty}^{+\infty}\boldsymbol{G}(t,\tau)\boldsymbol{R}(\boldsymbol{x}(\tau))\mathrm{d}\tau,\quad t\in\mathbb{R}\tag{6.60}$$

在 $\mathbb{R}$ 上存在有界连续解 $\boldsymbol{x}(t)$.

证明 因为系统 (6.55) 具有双曲平衡点 $\mathbf{0}$, 所以系统 (6.55) 在 $\mathbb{R}$ 上具有指数二分, 即满足 (6.56) 式. 直接计算可得该定理的充分性, 下面我们只需证明必要性. 令 $\boldsymbol{x}(t)$ 是系统 (6.58) 的解, 由常数变易法, 对于任意 $t, s \in \mathbb{R}_+$, 有

$$\boldsymbol{x}(t)=\mathrm{e}^{\boldsymbol{A}(t-s)}\boldsymbol{x}(s)+\int_s^t \mathrm{e}^{\boldsymbol{A}(t-\tau)}\boldsymbol{R}(\boldsymbol{x}(\tau))\mathrm{d}\tau.$$

注意到 $\boldsymbol{x}(t)=\boldsymbol{P}_+\boldsymbol{x}(t)+\boldsymbol{P}_-\boldsymbol{x}(t)$, 并且有

$$\boldsymbol{P}_+\boldsymbol{x}(t)=\mathrm{e}^{\boldsymbol{A}(t-s)}\boldsymbol{P}_+\boldsymbol{x}(s)+\int_s^t \mathrm{e}^{\boldsymbol{A}(t-\tau)}\boldsymbol{P}_+\boldsymbol{R}(\boldsymbol{x}(\tau))\mathrm{d}\tau,$$

$$\boldsymbol{P}_-\boldsymbol{x}(t)=\mathrm{e}^{\boldsymbol{A}(t-s)}\boldsymbol{P}_-\boldsymbol{x}(s)+\int_s^t \mathrm{e}^{\boldsymbol{A}(t-\tau)}\boldsymbol{P}_-\boldsymbol{R}(\boldsymbol{x}(\tau))\mathrm{d}\tau.$$

对于 $t_1 \geqslant t$ $(t \in \mathbb{R})$, 有

$$\begin{aligned}\mathrm{e}^{\boldsymbol{A}(t-t_1)}\boldsymbol{P}_+\boldsymbol{x}(t_1)&=\boldsymbol{P}_+\boldsymbol{x}(t)+\int_t^{t_1}\mathrm{e}^{\boldsymbol{A}(t-t_1)}\cdot\mathrm{e}^{\boldsymbol{A}(t_1-\tau)}\boldsymbol{P}_+\boldsymbol{R}(\boldsymbol{x}(\tau))\mathrm{d}\tau\\&=\boldsymbol{P}_+\boldsymbol{x}(t)+\int_t^{t_1}\mathrm{e}^{\boldsymbol{A}(t-\tau)}\boldsymbol{P}_+\boldsymbol{R}(\boldsymbol{x}(\tau))\mathrm{d}\tau.\end{aligned}$$

又设 $\boldsymbol{x}(t)$ 是 $\mathbb{R}_+$ 上的有界解, 则存在 $M_{\boldsymbol{x}}>0$, 使得在 $\mathbb{R}_+$ 上有 $|\boldsymbol{x}(t)|\leqslant M_{\boldsymbol{x}}$. 注意到条件 (6.59), 因此在 $\mathbb{R}$ 上有

$$|\boldsymbol{R}(\boldsymbol{x}(t))|\leqslant\max\{M_1M_{\boldsymbol{x}},M_2\}.$$

由指数二分的条件, 即 (6.56) 式, 对于 $t_1 \geqslant t$ $(t \in \mathbb{R})$, 有

$$\|\mathrm{e}^{\boldsymbol{A}(t-t_1)}\boldsymbol{P}_+\|\cdot|\boldsymbol{x}(t_1)|\leqslant\max\{M_1M_{\boldsymbol{x}},M_2\}K\mathrm{e}^{-\alpha(t_1-t)},$$

$$\begin{aligned}\left|\int_t^{t_1}\mathrm{e}^{\boldsymbol{A}(t-\tau)}\boldsymbol{P}_+\boldsymbol{R}(\boldsymbol{x}(\tau))\mathrm{d}\tau\right|&\leqslant\int_t^{t_1}\|\mathrm{e}^{\boldsymbol{A}(t-\tau)}\boldsymbol{P}_+\|\cdot|\boldsymbol{R}(\boldsymbol{x}(\tau))|\mathrm{d}\tau\\&\leqslant\max\{M_1M_{\boldsymbol{x}},M_2\}K\int_t^{t_1}\mathrm{e}^{-\alpha(\tau-t)}\mathrm{d}\tau\\&\leqslant\frac{\max\{M_1M_{\boldsymbol{x}},M_2\}K}{\alpha}.\end{aligned}$$

因此, $\mathrm{e}^{\boldsymbol{A}(t-t_1)}\boldsymbol{P}_+\boldsymbol{x}(t_1)$ 当 $t_1\to+\infty$ 时趋于零, 且 $\displaystyle\int_t^{+\infty}\mathrm{e}^{\boldsymbol{A}(t-\tau)}\boldsymbol{P}_+\boldsymbol{R}(\boldsymbol{x}(\tau))\mathrm{d}\tau$ 存在. 换言之, 对于任意 $t\in\mathbb{R}$, 有

$$\boldsymbol{P}_+\boldsymbol{x}(t)=-\int_t^{+\infty}\mathrm{e}^{\boldsymbol{A}(t-\tau)}\boldsymbol{P}_+\boldsymbol{R}(\boldsymbol{x}(\tau))\mathrm{d}\tau=\int_t^{+\infty}\boldsymbol{G}(t,\tau)\boldsymbol{R}(\boldsymbol{x}(\tau))\mathrm{d}\tau.$$

类似地, 对于任意 $t\in\mathbb{R}$, 有

$$\boldsymbol{P}_-\boldsymbol{x}(t)=\int_{-\infty}^t\mathrm{e}^{\boldsymbol{A}(t-\tau)}\boldsymbol{P}_-\boldsymbol{R}(\boldsymbol{x}(\tau))\mathrm{d}\tau=\int_{-\infty}^t\boldsymbol{G}(t,\tau)\boldsymbol{R}(\boldsymbol{x}(\tau))\mathrm{d}\tau.$$

所以, 我们得到系统 (6.58) 在 $\mathbb{R}$ 上的解形如 (6.60) 式, 即方程 (6.60) 在 $\mathbb{R}$ 上存在有界连续解 $\boldsymbol{x}(t)$. □

引理 6.8 在引理 6.7的条件下, 还假设连续函数 $\boldsymbol{R}(\boldsymbol{x})$ 对于任意 $\boldsymbol{x_1}, \boldsymbol{x_2} \in \mathbb{R}^n$ 满足

$$|\boldsymbol{R}(\boldsymbol{x_1}) - \boldsymbol{R}(\boldsymbol{x_2})| \leqslant L|\boldsymbol{x_1} - \boldsymbol{x_2}|, \tag{6.61}$$

其中 L 为正常数. 如果

$$L < \frac{\alpha}{2K}, \tag{6.62}$$

那么系统 (6.58) 在 $\mathbb{R}$ 上存在唯一的有界连续解.

证明 因为系统 (6.55) 具有双曲平衡点 $\mathbf{0}$, 所以系统 (6.55) 在 $\mathbb{R}$ 上具有指数二分, 即满足 (6.56) 式. 由引理 6.7 可知, 系统 (6.58) 在 $\mathbb{R}$ 上存在唯一的有界解当且仅当方程 (6.60) 在 $\mathbb{R}$ 上存在唯一的有界连续解.

类似 4.3 节中 Picard 定理的证明, 下面我们对方程 (6.60) 构造其对应的向量函数序列来证明有界连续解的存在性和唯一性. 取 $\boldsymbol{x}_0(t) \equiv \mathbf{0}$, 定义向量函数序列 $\{\boldsymbol{x}_n(t)\}$, 满足

$$\boldsymbol{x}_{n+1}(t) = \int_{-\infty}^{+\infty} \boldsymbol{G}(t,\tau)\boldsymbol{R}(\boldsymbol{x}_n(\tau))\mathrm{d}\tau, \quad n = 0, 1, \cdots.$$

定义 $M_{\boldsymbol{x}} = \sup\limits_{t\in\mathbb{R}} |\boldsymbol{x}(t)|$, 其中 $\boldsymbol{x}(t)$ 是在 $\mathbb{R}$ 上有界的任意连续向量函数.

下面利用数学归纳法证明 $\boldsymbol{x}_n(t)(n = 0, 1, \cdots)$ 在 $\mathbb{R}$ 上是有界连续向量函数. 当 $n = 0$ 时, $\boldsymbol{x}_0(t)$ 在 $\mathbb{R}$ 上自然是有界连续向量函数. 假设 $\boldsymbol{x}_n(t)$ 在 $\mathbb{R}$ 上是有界连续向量函数. 令 $\tilde{M} = \max\{M_1 M_{\boldsymbol{x}_n}, M_2\}$. 一方面, 对于任意 $t \in \mathbb{R}$, 有

$$\begin{aligned}
|\boldsymbol{x}_{n+1}(t)| &\leqslant \int_{-\infty}^{t} |\mathrm{e}^{\boldsymbol{A}(t-\tau)}\boldsymbol{P}_-\boldsymbol{R}(\boldsymbol{x}_n(\tau))|\mathrm{d}\tau + \int_{t}^{+\infty} |\mathrm{e}^{\boldsymbol{A}(t-\tau)}\boldsymbol{P}_+\boldsymbol{R}(\boldsymbol{x}_n(\tau))|\mathrm{d}\tau \\
&\leqslant K\tilde{M}\left[\int_{-\infty}^{t} \mathrm{e}^{-\alpha(t-\tau)}\mathrm{d}\tau + \int_{t}^{+\infty} \mathrm{e}^{-\alpha(\tau-t)}\mathrm{d}\tau\right] \\
&\leqslant 2K\tilde{M}\int_{0}^{+\infty} \mathrm{e}^{-\alpha\tau}\mathrm{d}\tau \\
&\leqslant \frac{2K\tilde{M}}{\alpha} < +\infty.
\end{aligned}$$

另一方面, 对于任意 $t_1 < t_2$ $(t_1, t_2 \in \mathbb{R})$, 有

$$\begin{aligned}
|\boldsymbol{x}_{n+1}(t_1) - \boldsymbol{x}_{n+1}(t_2)| &\leqslant \left|\int_{-\infty}^{+\infty} (\boldsymbol{G}(t_1,\tau) - \boldsymbol{G}(t_2,\tau))\boldsymbol{R}(\boldsymbol{x}_n(\tau))\mathrm{d}\tau\right| \\
&\leqslant \left|\int_{-\infty}^{t_1} [\mathrm{e}^{\boldsymbol{A}(t_1-\tau)} - \mathrm{e}^{\boldsymbol{A}(t_2-\tau)}]\boldsymbol{P}_-\boldsymbol{R}(\boldsymbol{x}_n(\tau))\mathrm{d}\tau\right| \\
&\quad + \left|\int_{t_2}^{+\infty} [\mathrm{e}^{\boldsymbol{A}(t_1-\tau)} - \mathrm{e}^{\boldsymbol{A}(t_2-\tau)}]\boldsymbol{P}_+\boldsymbol{R}(\boldsymbol{x}_n(\tau))\mathrm{d}\tau\right|
\end{aligned}$$

$$+\int_{t_1}^{t_2}[|\mathrm{e}^{\boldsymbol{A}(t_2-\tau)}\boldsymbol{P}_-\boldsymbol{R}(\boldsymbol{x}_n(\tau))|+|\mathrm{e}^{\boldsymbol{A}(t_1-\tau)}\boldsymbol{P}_+\boldsymbol{R}(\boldsymbol{x}_n(\tau))|]\mathrm{d}\tau.$$

固定 t_1, 假定 $|t_1-t_2|<1$. 对于任意 $\varepsilon>0$, 存在 $T>|t_1|+1$, 使得

$$\int_{\tilde{T}}^{+\infty}\mathrm{e}^{-\alpha\tau}\mathrm{d}\tau<\frac{\varepsilon}{12K\tilde{M}},$$

其中 $\tilde{T}=\min\{T-t_1-1,T+t_1\}$. 因为 $\mathrm{e}^{\boldsymbol{A}h}$ 关于 h 是连续的, 所以存在 $\delta>0\left(\delta<\dfrac{\varepsilon}{3K\tilde{M}}\right)$, 使得对于任意 t_2, 只要满足 $|t_2-t_1|<\delta$, 就有

$$\|\mathrm{e}^{\boldsymbol{A}(t_1-\tau)}-\mathrm{e}^{\boldsymbol{A}(t_2-\tau)}\|\leqslant\frac{\varepsilon}{6\tilde{M}M_*\max\{t_1+T,T-t_1+1\}},$$

其中 $M_*=\max\{\|\boldsymbol{P}_-\|,\|\boldsymbol{P}_+\|\}$. 由此可得

$$\begin{aligned}|\boldsymbol{x}_{n+1}(t_1)-\boldsymbol{x}_{n+1}(t_2)|\leqslant&\tilde{M}\int_{-T}^{t_1}\|\mathrm{e}^{\boldsymbol{A}(t_1-\tau)}-\mathrm{e}^{\boldsymbol{A}(t_2-\tau)}\|\cdot\|\boldsymbol{P}_-\|\mathrm{d}\tau\\&+\tilde{M}\int_{-\infty}^{-T}\|\mathrm{e}^{\boldsymbol{A}(t_1-\tau)}\boldsymbol{P}_-\|+\|\mathrm{e}^{\boldsymbol{A}(t_2-\tau)}\boldsymbol{P}_-\|\mathrm{d}\tau\\&+\tilde{M}\int_{t_2}^{T}\|\mathrm{e}^{\boldsymbol{A}(t_1-\tau)}-\mathrm{e}^{\boldsymbol{A}(t_2-\tau)}\|\cdot\|\boldsymbol{P}_+\|\mathrm{d}\tau\\&+\tilde{M}\int_{T}^{+\infty}\|\mathrm{e}^{\boldsymbol{A}(t_1-\tau)}\boldsymbol{P}_+\|+\|\mathrm{e}^{\boldsymbol{A}(t_2-\tau)}\boldsymbol{P}_+\|\mathrm{d}\tau\\&+\tilde{M}\int_{t_1}^{t_2}[\|\mathrm{e}^{\boldsymbol{A}(t_2-\tau)}\boldsymbol{P}_-\|+\|\mathrm{e}^{\boldsymbol{A}(t_1-\tau)}\boldsymbol{P}_+\|]\mathrm{d}\tau\leqslant\varepsilon.\end{aligned}$$

综上所述, 由数学归纳法可得, $\boldsymbol{x}_n(t)(n=0,1,\cdots)$ 在 $\mathbb{R}$ 上是有界连续向量函数.

下面我们证明向量函数序列 $\{\boldsymbol{x}_n(t)\}$ 的极限是存在的, 并且该极限仍然是 $\mathbb{R}$ 上的有界连续向量函数. 对于任意 $t\in\mathbb{R}$ 和非负整数 n,m, 有

$$\begin{aligned}|\boldsymbol{x}_{n+1}(t)-\boldsymbol{x}_{m+1}(t)|\leqslant&\sup_{t\in\mathbb{R}}\left\{\int_{-\infty}^{+\infty}\|\boldsymbol{G}(t,\tau)\|\cdot|\boldsymbol{R}(\boldsymbol{x}_n(\tau))-\boldsymbol{R}(\boldsymbol{x}_m(\tau))|\mathrm{d}\tau\right\}\\\leqslant&LK\sup_{t\in\mathbb{R}}\left\{\int_{-\infty}^{t}\mathrm{e}^{-\alpha(t-\tau)}\mathrm{d}\tau+\int_{t}^{+\infty}\mathrm{e}^{-\alpha(\tau-t)}\mathrm{d}\tau\right\}M_{\boldsymbol{x}_n-\boldsymbol{x}_m}\\\leqslant&LK\sup_{t\in\mathbb{R}}\left\{2\int_{0}^{+\infty}\mathrm{e}^{-\alpha\tau}\mathrm{d}\tau\right\}M_{\boldsymbol{x}_n-\boldsymbol{x}_m}\\\leqslant&\frac{2KL}{\alpha}M_{\boldsymbol{x}_n-\boldsymbol{x}_m}.\end{aligned}\tag{6.63}$$

对不等式 (6.63) 两边关于 $t\in\mathbb{R}$ 取上确界, 就有 $M_{\boldsymbol{x}_{n+1}-\boldsymbol{x}_{m+1}}\leqslant(2\alpha^{-1}KL)M_{\boldsymbol{x}_n-\boldsymbol{x}_m}$, 那么有

$$|\boldsymbol{x}_{n+1}(t)-\boldsymbol{x}_n(t)|\leqslant\frac{2KL}{\alpha}M_{\boldsymbol{x}_n-\boldsymbol{x}_{n-1}}\leqslant\left(\frac{2KL}{\alpha}\right)^nM_{\boldsymbol{x}_1-\boldsymbol{x}_0},$$

其中 $t \in \mathbb{R}, n = 0, 1, \cdots$. 注意到条件 (6.62), 即有 $2\alpha^{-1}KL < 1$, 所以 $\boldsymbol{x}_n(t) = \boldsymbol{x}_0(t) + \sum_{i=1}^{n}(\boldsymbol{x}_i(t) - \boldsymbol{x}_{i-1}(t))$ 在 $\mathbb{R}$ 上是一致收敛的. 因此, $\boldsymbol{x}_*(t) = \lim_{n\to+\infty} \boldsymbol{x}_n(t)$ 是 $\mathbb{R}$ 上的有界连续向量函数且满足方程 (6.60).

最后, 我们说明方程 (6.60) 在 $\mathbb{R}$ 上的有界连续解是唯一的. 假设该方程在 $\mathbb{R}$ 上存在另一个有界连续解 $\boldsymbol{y}_*(t)$. 类似上面的估计可得

$$|\boldsymbol{y}_*(t) - \boldsymbol{x}_*(t)| \leqslant \frac{2KL}{\alpha} M_{\boldsymbol{y}_* - \boldsymbol{x}_*} < M_{\boldsymbol{y}_* - \boldsymbol{x}_*}.$$

这会导出矛盾. 因此, 向量函数序列 $\{\boldsymbol{x}_n(t)\}$ 的极限 $\boldsymbol{x}_*(t)$ 就是方程 (6.60) 在 $\mathbb{R}$ 上唯一的有界连续解. 换言之, 系统 (6.58) 在 $\mathbb{R}$ 上存在唯一的有界解 $\boldsymbol{x}_*(t)$. □

从引理 6.7 和引理 6.8 的证明过程可以看到, 如果将系统 (6.58) 的扰动项 $\boldsymbol{R}(\boldsymbol{x})$ 改进为满足相同条件的非自治扰动项 $\boldsymbol{R}(t, \boldsymbol{x})$, 那么仍然可以得到相同的结果. 因此, 可以推广引理 6.7 和引理 6.8, 得到下面的引理.

引理 6.9 假设系统 (6.55) 具有双曲平衡点 $\mathbf{0}$, 并且记矩阵 $\boldsymbol{A} = \mathrm{D}\boldsymbol{f}(\mathbf{0})$; 又假设 $\boldsymbol{R}(t, \boldsymbol{x}, \eta) : \mathbb{R} \times \mathbb{R}^n \times \mathbb{R} \to \mathbb{R}^n$ 是连续函数, 并且对于任意 $t, \eta \in \mathbb{R}$ 和 $\boldsymbol{x}, \boldsymbol{x}_1, \boldsymbol{x}_2 \in \mathbb{R}^n$, 满足

$$|\boldsymbol{R}(t, \boldsymbol{x}, \eta)| \leqslant M, \quad |\boldsymbol{R}(t, \boldsymbol{x}_1, \eta) - \boldsymbol{R}(t, \boldsymbol{x}_2, \eta)| \leqslant L|\boldsymbol{x}_1 - \boldsymbol{x}_2|,$$

其中 $M, L > 0$ 且 L 满足条件 (6.62). 那么, 对于每个 $\eta \in \mathbb{R}$, 系统

$$\frac{\mathrm{d}\boldsymbol{x}}{\mathrm{d}t} = \boldsymbol{A}\boldsymbol{x} + \boldsymbol{R}(t, \boldsymbol{x}, \eta) \tag{6.64}$$

在 $\mathbb{R}$ 上存在唯一的有界解 $\boldsymbol{x}_*(t) = \boldsymbol{x}_*(t, \eta)$. 此外, $\boldsymbol{x}_*(t, \eta)$ 在 $\mathbb{R} \times \mathbb{R}$ 上连续, 并且对于任意 $t, \eta \in \mathbb{R}$, 有 $|\boldsymbol{x}_*(t, \eta)| \leqslant 2\alpha^{-1}KM$.

证明 证明类似于引理 6.7 和引理 6.8, 下面我们仅展示证明中不一样的地方. 因为系统 (6.55) 具有双曲平衡点 $\mathbf{0}$, 所以该系统在 $\mathbb{R}$ 上具有指数二分, 即满足 (6.56) 式. 类似于引理 6.7, 可证系统 (6.64) 的有界解的形式为

$$\boldsymbol{x}(t, \eta) = \int_{-\infty}^{+\infty} \boldsymbol{G}(t, \tau)\boldsymbol{R}(\tau, \boldsymbol{x}(\tau, \eta), \eta)\mathrm{d}\tau, \quad (t, \eta) \in \mathbb{R} \times \mathbb{R}.$$

取 $\boldsymbol{x}_0(t, \eta) \equiv \mathbf{0}$, 定义向量函数序列 $\{\boldsymbol{x}_n(t, \eta)\}$:

$$\boldsymbol{x}_{n+1}(t, \eta) = \int_{-\infty}^{+\infty} \boldsymbol{G}(t, \tau)\boldsymbol{R}(\tau, \boldsymbol{x}_n(\tau, \eta), \eta)\mathrm{d}\tau, \quad n = 0, 1, \cdots.$$

利用数学归纳法可以证明 $\boldsymbol{x}_n(t, \eta)(n = 0, 1, \cdots)$ 在 $\mathbb{R} \times \mathbb{R}$ 上是有界连续向量函数. 当 $n = 0$ 时, $\boldsymbol{x}_0(t, \eta)$ 在 $\mathbb{R} \times \mathbb{R}$ 上自然是有界连续向量函数. 假设 $\boldsymbol{x}_n(t, \eta)$ 在 $\mathbb{R} \times \mathbb{R}$ 上是有界连续向量函数. 下面我们先证明 $\boldsymbol{x}_{n+1}(t, \eta)$ 是有界的. 对于任意 $(t, \eta) \in \mathbb{R} \times \mathbb{R}$, 有

$$|\boldsymbol{x}_{n+1}(t, \eta)| \leqslant \int_{-\infty}^{t} |\mathrm{e}^{\boldsymbol{A}(t-\tau)}\boldsymbol{P}_-\boldsymbol{R}(\tau, \boldsymbol{x}_n(\tau, \eta), \eta)|\mathrm{d}\tau$$

$$
\begin{aligned}
&+\int_t^{+\infty}|\mathrm{e}^{\boldsymbol{A}(t-\tau)}\boldsymbol{P}_+\boldsymbol{R}(\tau,\boldsymbol{x}_n(\tau,\eta),\eta)|\mathrm{d}\tau\\
\leqslant &KM\left[\int_{-\infty}^t \mathrm{e}^{-\alpha(t-\tau)}\mathrm{d}\tau+\int_t^{+\infty}\mathrm{e}^{-\alpha(\tau-t)}\mathrm{d}\tau\right]\\
\leqslant &\frac{2KM}{\alpha}<+\infty.
\end{aligned}
$$

我们再证明 $\boldsymbol{x}_{n+1}(t,\eta)$ 是连续的, 而这只需说明 $\boldsymbol{x}_{n+1}(t,\eta)$ 对 η 是连续的即可. 对于任意 $t,\eta_1,\eta_2\in\mathbb{R}$, 令

$$
\boldsymbol{u}_1(t,\eta_1,\eta_2)=\boldsymbol{R}(t,\boldsymbol{x}_n(t,\eta_1),\eta_1)-\boldsymbol{R}(t,\boldsymbol{x}_n(\tau,\eta_2),\eta_1),
$$

$$
\boldsymbol{u}_2(t,\eta_1,\eta_2)=\boldsymbol{R}(t,\boldsymbol{x}_n(t,\eta_2),\eta_1)-\boldsymbol{R}(t,\boldsymbol{x}_n(\tau,\eta_2),\eta_2),
$$

那么有

$$
\begin{aligned}
&|\boldsymbol{x}_{n+1}(t,\eta_1)-\boldsymbol{x}_{n+1}(t,\eta_2)|\\
&\leqslant\int_{-\infty}^{+\infty}\|\boldsymbol{G}(t,\tau)\|\cdot|\boldsymbol{u}_1(\tau,\eta_1,\eta_2)|\mathrm{d}\tau+\int_{-\infty}^{+\infty}\|\boldsymbol{G}(t,\tau)\|\cdot|\boldsymbol{u}_2(\tau,\eta_1,\eta_2)|\mathrm{d}\tau\\
&\leqslant K\int_{-\infty}^{t}\mathrm{e}^{-\alpha(t-\tau)}|\boldsymbol{u}_1(\tau,\eta_1,\eta_2)|\mathrm{d}\tau+K\int_t^{+\infty}\mathrm{e}^{-\alpha(\tau-t)}|\boldsymbol{u}_1(\tau,\eta_1,\eta_2)|\mathrm{d}\tau\\
&\quad+K\int_{-\infty}^{t}\mathrm{e}^{-\alpha(t-\tau)}|\boldsymbol{u}_2(\tau,\eta_1,\eta_2)|\mathrm{d}\tau+K\int_t^{+\infty}\mathrm{e}^{-\alpha(\tau-t)}|\boldsymbol{u}_2(\tau,\eta_1,\eta_2)|\mathrm{d}\tau\\
&\leqslant K\int_0^{+\infty}\mathrm{e}^{-\alpha\tau}\sum_{i=1}^{2}(|\boldsymbol{u}_i(t-\tau,\eta_1,\eta_2)|+|\boldsymbol{u}_i(\tau-t,\eta_1,\eta_2)|)\mathrm{d}\tau.
\end{aligned}
$$

对于任意 $\varepsilon>0$, 存在 $T>0$, 使得 $\displaystyle\int_T^{+\infty}\mathrm{e}^{-\alpha\tau}\mathrm{d}\tau<(8MK)^{-1}\varepsilon\alpha$. 固定 t 和 η_1. 因为 $\boldsymbol{R}(t,\boldsymbol{x},\eta)$ 和 $\boldsymbol{x}_n(t,\eta)$ 是连续函数, 所以存在 $\delta>0$, 当 η_2 满足 $|\eta_2-\eta_1|<\delta$ 时, 对于任意 $\tau\in[\min\{-t,t-T\},\max\{t,T-t\}]$, 就有 $|\boldsymbol{u}_i(\tau,\eta_1,\eta_2)|<(8K)^{-1}\varepsilon\alpha, i=1,2$. 由此, 上式可化为

$$
\begin{aligned}
&|\boldsymbol{x}_{n+1}(t,\eta_1)-\boldsymbol{x}_{n+1}(t,\eta_2)|\\
&\quad\leqslant K\int_0^{T}\mathrm{e}^{-\alpha\tau}\sum_{i=1}^{2}(|\boldsymbol{u}_i(t-\tau,\eta_1,\eta_2)|+|\boldsymbol{u}_i(\tau-t,\eta_1,\eta_2)|)\,\mathrm{d}\tau\\
&\qquad+K\int_T^{+\infty}\mathrm{e}^{-\alpha\tau}\sum_{i=1}^{2}(|\boldsymbol{u}_i(t-\tau,\eta_1,\eta_2)|+|\boldsymbol{u}_i(\tau-t,\eta_1,\eta_2)|)\,\mathrm{d}\tau\leqslant\varepsilon.
\end{aligned}
$$

综上所述, 由数学归纳法可知, $\boldsymbol{x}_n(t,\eta)(n=0,1,\cdots)$ 在 $\mathbb{R}\times\mathbb{R}$ 上是有界连续向量函数.

类似于引理 6.8, 可证向量函数序列 $\{\boldsymbol{x}_n(t,\eta)\}$ 是一致收敛的有界连续向量函数序列, 并且该序列的极限 $\boldsymbol{x}^*(t,\eta)$ 是系统 (6.64) 在 $\mathbb{R}\times\mathbb{R}$ 上唯一的有界连续解. 又由上面

的计算可知, 对于任意 $(t,\eta)\in\mathbb{R}\times\mathbb{R}$, $\boldsymbol{x}_n(t,\eta)(n=0,1,\cdots)$ 有一致的界 $2\alpha^{-1}KM$. 因此, 有

$$|\boldsymbol{x}^*(t,\eta)|\leqslant\frac{2KM}{\alpha},\quad \forall t,\eta\in\mathbb{R}.$$

由此引理得证. □

下面我们给出证明定理 6.9 时构造同胚所需的关键引理.

引理 6.10　假设条件与引理 6.8 一致, 除了将其中的条件 (6.59) 和 (6.62) 分别修改为 $|\boldsymbol{R}(\boldsymbol{x})|<M$ 和 $L<(4K)^{-1}\alpha$, 又假设 $\boldsymbol{S}(\boldsymbol{x})$ 是另一个连续函数且满足和 $\boldsymbol{R}(\boldsymbol{x})$ 相同的条件, 那么存在唯一的连续函数 $\boldsymbol{H}(\boldsymbol{x})$, 使得下列结论成立:

(i) $\boldsymbol{H}(\boldsymbol{x})-\boldsymbol{x}$ 在 $\mathbb{R}^n$ 上是有界的.

(ii) 若 $\boldsymbol{x}(t)$ 是系统 (6.58) 的解, 则 $\boldsymbol{H}(\boldsymbol{x}(t))$ 是微分系统

$$\frac{\mathrm{d}\boldsymbol{x}}{\mathrm{d}t}=\mathrm{D}\boldsymbol{f}(\boldsymbol{0})\boldsymbol{x}+\boldsymbol{S}(\boldsymbol{x}),\quad \boldsymbol{x}\in\mathbb{R}^n \tag{6.65}$$

的解. 此外, 对于 $\boldsymbol{H}(\boldsymbol{x})$, 有如下估计:

$$|\boldsymbol{H}(\boldsymbol{x})-\boldsymbol{x}|\leqslant\frac{4KM}{\alpha}. \tag{6.66}$$

证明　令 $\boldsymbol{X}(t)=\boldsymbol{X}(t;0,\boldsymbol{\xi})$ 表示系统 (6.58) 满足 $\boldsymbol{X}(0)=\boldsymbol{\xi}$ 的唯一解. 定义

$$\boldsymbol{h}_{\boldsymbol{\xi}}(t,\boldsymbol{z})=\boldsymbol{S}(\boldsymbol{X}(t;0,\boldsymbol{\xi})+\boldsymbol{z})-\boldsymbol{R}(\boldsymbol{X}(t;0,\boldsymbol{\xi})),$$

那么对于任意 $t\in\mathbb{R},\boldsymbol{z},\boldsymbol{z}_1,\boldsymbol{z}_2,\boldsymbol{\xi}\in\mathbb{R}^n$, 有

$$|\boldsymbol{h}_{\boldsymbol{\xi}}(t,\boldsymbol{z})|\leqslant 2M,\quad |\boldsymbol{h}_{\boldsymbol{\xi}}(t,\boldsymbol{z}_1)-\boldsymbol{h}_{\boldsymbol{\xi}}(t,\boldsymbol{z}_1)|\leqslant L|\boldsymbol{z}_1-\boldsymbol{z}_2|.$$

由引理 6.9 可知, 微分系统

$$\frac{\mathrm{d}\boldsymbol{x}}{\mathrm{d}t}=\mathrm{D}\boldsymbol{f}(\boldsymbol{0})\boldsymbol{x}+\boldsymbol{h}_{\boldsymbol{\xi}}(t,\boldsymbol{x}),\quad t\in\mathbb{R},\boldsymbol{x}\in\mathbb{R}^n \tag{6.67}$$

对 $\boldsymbol{\xi}\in\mathbb{R}^n$ 在 $\mathbb{R}_+$ 上存在唯一的有界解 $\boldsymbol{z}_{\boldsymbol{\xi}}(t)$. 此外, $\boldsymbol{z}_{\boldsymbol{\xi}}(t)$ 对于 t 和 $\boldsymbol{\xi}$ 是连续的, 且有

$$|\boldsymbol{z}_{\boldsymbol{\xi}}(t)|\leqslant\frac{4KM}{\alpha}.$$

定义 $\boldsymbol{H}:\mathbb{R}^n\to\mathbb{R}^n$ 为

$$\boldsymbol{H}(\boldsymbol{\xi})=\boldsymbol{\xi}+\boldsymbol{z}_{\boldsymbol{\xi}}(0),\quad \boldsymbol{\xi}\in\mathbb{R}^n,$$

那么 $\boldsymbol{H}(\boldsymbol{\xi})$ 在 $\mathbb{R}^n$ 上是连续的, 且有

$$|\boldsymbol{H}(\boldsymbol{\xi})-\boldsymbol{\xi}|\leqslant\frac{4KM}{\alpha}.$$

假设 $\boldsymbol{x}(t)$ 是系统 (6.58) 的任意解, 那么

$$\boldsymbol{H}(\boldsymbol{x}(t))=\boldsymbol{x}(t)+\boldsymbol{z}_{\boldsymbol{x}(t)}(0).$$

注意到 $\boldsymbol{X}(0;0,\boldsymbol{x}(t))=\boldsymbol{X}(t;0,\boldsymbol{x}(0))$, 即有

$$\boldsymbol{h}_{\boldsymbol{x}(t)}(s,\boldsymbol{z})=\boldsymbol{h}_{\boldsymbol{x}(0)}(s+t,\boldsymbol{z}).$$

因此, $\boldsymbol{z}_{\boldsymbol{x}(t)}(0)=\boldsymbol{z}_{\boldsymbol{x}(0)}(t)$, 即 $\boldsymbol{H}(\boldsymbol{x}(t))$ 是系统 (6.65) 的解.

令 $\boldsymbol{Y}(t)=\boldsymbol{Y}(t;0,\boldsymbol{\xi})$ 表示系统 (6.65) 满足 $\boldsymbol{Y}(0)=\boldsymbol{\xi}$ 的唯一解, 那么 $\boldsymbol{Y}(t;0,\boldsymbol{H}(\boldsymbol{\xi}))$ 是系统 (6.65) 的解中唯一使得 $\boldsymbol{y}(t)-\boldsymbol{X}(t;0,\boldsymbol{\xi})$ 有界的解, 其中 $\boldsymbol{y}(t)$ 是系统 (6.65) 的任意解. 而这说明了 $\boldsymbol{H}(\boldsymbol{x})$ 的唯一性. □

定理 6.9 的证明 因为 $\mathbf{0}$ 是 C^1 系统 (6.54) 的双曲平衡点, 所以系统 (6.54) 在点 $\mathbf{0}$ 处的线性近似系统 (6.55) 在 $\mathbb{R}$ 上具有指数二分, 即满足 (6.56) 式. 这里将系统 (6.54) 改写为系统 (6.58), 其中 $\boldsymbol{R}(\boldsymbol{x})=\boldsymbol{f}(\boldsymbol{x})-\mathrm{D}\boldsymbol{f}(\mathbf{0})\boldsymbol{x}$ 是 C^1 的且满足 $\mathrm{D}\boldsymbol{R}(\mathbf{0})=\mathbf{0}$. 注意到, 扰动项 $\boldsymbol{R}(\boldsymbol{x})$ 仅在局部满足引理 6.10 的条件, 而在全空间 $\mathbb{R}^n$ 上并不满足该条件. 因此, 我们需要截断 $\boldsymbol{R}(\boldsymbol{x})$, 即构造一个在局部与原扰动项 $\boldsymbol{R}(\boldsymbol{x})$ 一致而在全空间满足引理 6.10 的新扰动项 $\widetilde{\boldsymbol{R}}(\boldsymbol{x})$(称为**截断扰动项**).

令 $U_\varepsilon=\{\boldsymbol{x}:|\boldsymbol{x}|\leqslant r_\varepsilon\}$, 使得 $|\boldsymbol{R}(\boldsymbol{x})|<1$ 且 $\|\mathrm{D}\boldsymbol{R}(\boldsymbol{x})\|<\dfrac{\varepsilon}{2}$, 其中 ε 为足够小的正数, r_ε 是某个与 ε 有关的正数, 从而对于任意 $\boldsymbol{x}_1,\boldsymbol{x}_2\in\mathbb{R}^n$, 有

$$\begin{aligned}|\boldsymbol{R}(\boldsymbol{x}_2)-\boldsymbol{R}(\boldsymbol{x}_1)|&\leqslant\left|\int_0^1\mathrm{D}\boldsymbol{R}(\boldsymbol{x}_2+(\boldsymbol{x}_1-\boldsymbol{x}_2)t)\mathrm{d}(\boldsymbol{x}_1-\boldsymbol{x}_2)t\right|\\&\leqslant\left(\int_0^1|\mathrm{D}\boldsymbol{R}(\boldsymbol{x}_2+(\boldsymbol{x}_1-\boldsymbol{x}_2)t)|\mathrm{d}t\right)|\boldsymbol{x}_2-\boldsymbol{x}_1|\\&<\frac{\varepsilon}{2}|\boldsymbol{x}_2-\boldsymbol{x}_1|,\end{aligned}$$

即有 $\mathrm{Lip}(\boldsymbol{R}|_{U_\varepsilon})<\dfrac{\varepsilon}{2}$, 其中 Lip 表示映射的 Lipschitz 常数. 定义截断扰动项

$$\widetilde{\boldsymbol{R}}(\boldsymbol{x}):=\begin{cases}\boldsymbol{R}(\boldsymbol{x}), & \boldsymbol{x}\in U_\varepsilon,\\ \boldsymbol{R}\left(\dfrac{r_\varepsilon\boldsymbol{x}}{|\boldsymbol{x}|}\right), & \boldsymbol{x}\in\mathbb{R}^n\backslash U_\varepsilon.\end{cases}$$

显然, $\widetilde{\boldsymbol{R}}(\boldsymbol{x})$ 是连续的. 又 $\left|\dfrac{r_\varepsilon\boldsymbol{x}}{|\boldsymbol{x}|}\right|=r_\varepsilon$, 在全空间上就有 $|\widetilde{\boldsymbol{R}}(\boldsymbol{x})|<1$. 下面检验 $\mathrm{Lip}(\widetilde{\boldsymbol{R}})<\varepsilon$, 而这只需检验如下两种情形即可:

情形 1 $\boldsymbol{x}_1\in U_\varepsilon$, $\boldsymbol{x}_2\in\mathbb{R}^n\backslash U_\varepsilon$. 在该情形下, 有

$$\begin{aligned}\left|\widetilde{\boldsymbol{R}}(\boldsymbol{x}_2)-\widetilde{\boldsymbol{R}}(\boldsymbol{x}_1)\right|&=\left|\widetilde{\boldsymbol{R}}\left(\frac{r_\varepsilon\boldsymbol{x}_2}{|\boldsymbol{x}_2|}\right)-\widetilde{\boldsymbol{R}}(\boldsymbol{x}_1)\right|<\frac{\varepsilon}{2}\left|\frac{r_\varepsilon\boldsymbol{x}_2}{|\boldsymbol{x}_2|}-\boldsymbol{x}_1\right|\\&\leqslant\frac{\varepsilon}{2}\left(|\boldsymbol{x}_2-\boldsymbol{x}_1|+\left|\boldsymbol{x}_2-\frac{r_\varepsilon\boldsymbol{x}_2}{|\boldsymbol{x}_2|}\right|\right)\\&=\frac{\varepsilon}{2}\left[|\boldsymbol{x}_2-\boldsymbol{x}_1|+\left(1-\frac{r_\varepsilon}{|\boldsymbol{x}_2|}\right)|\boldsymbol{x}_2|\right]\end{aligned}$$

$$<\varepsilon\left|\boldsymbol{x}_2-\boldsymbol{x}_1\right|.$$

情形 2　$\boldsymbol{x}_1,\boldsymbol{x}_2\in\mathbb{R}^n\backslash U_\varepsilon$. 在该情形下, 有

$$\begin{aligned}\left|\widetilde{\boldsymbol{R}}(\boldsymbol{x}_2)-\widetilde{\boldsymbol{R}}(\boldsymbol{x}_1)\right|&=\left|\widetilde{\boldsymbol{R}}\left(\frac{r_\varepsilon\boldsymbol{x}_2}{|\boldsymbol{x}_2|}\right)-\widetilde{\boldsymbol{R}}\left(\frac{r_\varepsilon\boldsymbol{x}_2}{|\boldsymbol{x}_1|}\right)\right|<\frac{\varepsilon r_\varepsilon}{2}\left|\frac{\boldsymbol{x}_2}{|\boldsymbol{x}_2|}-\frac{\boldsymbol{x}_1}{|\boldsymbol{x}_1|}\right|\\&\leqslant\frac{\varepsilon}{2}\cdot\frac{r_\varepsilon}{|\boldsymbol{x}_2|}\left[|\boldsymbol{x}_2-\boldsymbol{x}_1|+\left(1-\frac{|\boldsymbol{x}_2|}{|\boldsymbol{x}_1|}\right)|\boldsymbol{x}_1|\right]\\&<\varepsilon|\boldsymbol{x}_2-\boldsymbol{x}_1|.\end{aligned}$$

因此, 截断扰动项 $\widetilde{\boldsymbol{R}}(\boldsymbol{x})$ 满足 $\widetilde{\boldsymbol{R}}|_{U_\varepsilon}=\boldsymbol{R}|_{U_\varepsilon}$, 并且在全空间中满足

$$|\widetilde{\boldsymbol{R}}(\boldsymbol{x})|<1\leqslant M,\quad |\widetilde{\boldsymbol{R}}(\boldsymbol{x}_2)-\widetilde{\boldsymbol{R}}(\boldsymbol{x}_1)|<\varepsilon|\boldsymbol{x}_2-\boldsymbol{x}_1|,$$

其中 M 为某个正常数.

令 $\varepsilon<\dfrac{\alpha}{4K}$. 下面我们考虑微分系统

$$\frac{\mathrm{d}\boldsymbol{x}}{\mathrm{d}t}=\mathrm{D}\boldsymbol{f}(\mathbf{0})\boldsymbol{x}+\widetilde{\boldsymbol{R}}(\boldsymbol{x}),\quad \boldsymbol{x}\in\mathbb{R}^n.\tag{6.68}$$

由引理 6.10 可知, 存在唯一的连续函数 $\boldsymbol{H}(\boldsymbol{x})$, 满足下列性质:

(1) $\boldsymbol{H}(\boldsymbol{x})-\boldsymbol{x}$ 在 $\mathbb{R}^n$ 上是有界的, 具体而言,

$$|\boldsymbol{H}(\boldsymbol{x})-\boldsymbol{x}|\leqslant\frac{4KM}{\alpha},\quad \forall\boldsymbol{x}\in\mathbb{R}^n;$$

(2) 如果 $\boldsymbol{x}(t)$ 是系统 (6.68) 的解, 那么 $\boldsymbol{H}(\boldsymbol{x}(t))$ 是系统 (6.55) 的解 (这里取 $\boldsymbol{S}=\mathbf{0}$).

调换系统 (6.68) 和系统 (6.55) 的位置. 同样, 由引理 6.10 可知, 存在唯一的连续函数 $\boldsymbol{L}(\boldsymbol{x})$, 满足下列性质:

(1) $\boldsymbol{L}(\boldsymbol{x})-\boldsymbol{x}$ 在 $\mathbb{R}^n$ 上是有界的, 具体而言,

$$|\boldsymbol{L}(\boldsymbol{x})-\boldsymbol{x}|\leqslant\frac{4KM}{\alpha},\quad \forall\boldsymbol{x}\in\mathbb{R}^n;$$

(2) 如果 $\boldsymbol{y}(t)$ 是系统 (6.55) 的解, 那么 $\boldsymbol{L}(\boldsymbol{y}(t))$ 是系统 (6.68) 的解.

令 $\boldsymbol{J}(\boldsymbol{x})=\boldsymbol{L}(\boldsymbol{H}(\boldsymbol{x}))$. 如果 $\boldsymbol{x}(t)$ 是系统 (6.68) 的解, 那么 $\boldsymbol{H}(\boldsymbol{x}(t))$ 是系统 (6.55) 的解, 即 $\boldsymbol{J}(\boldsymbol{x}(t))=\boldsymbol{L}(\boldsymbol{H}(\boldsymbol{x}(t)))$ 是系统 (6.68) 的解. 另外, 我们有

$$\begin{aligned}|\boldsymbol{J}(\boldsymbol{x})-\boldsymbol{x}|&=|\boldsymbol{L}(\boldsymbol{H}(\boldsymbol{x}))-\boldsymbol{x}|\\&\leqslant|\boldsymbol{L}(\boldsymbol{H}(\boldsymbol{x}))-\boldsymbol{H}(\boldsymbol{x})|+|\boldsymbol{H}(\boldsymbol{x})-\boldsymbol{x}|\\&\leqslant\frac{8KM}{\alpha}<+\infty.\end{aligned}$$

于是, 由引理 6.10 可知, 当 $\boldsymbol{R}=\boldsymbol{S}$ 时, 满足上述性质 (1) 和 (2) 的连续函数只能为 $\boldsymbol{H}(\boldsymbol{x})=\boldsymbol{x}$. 但由上面的讨论可知, 对于 $\boldsymbol{R}=\boldsymbol{S}$ 的情况, $\boldsymbol{J}(\boldsymbol{x})$ 也是满足性质 (1)

和 (2) 的连续函数. 这说明了 $\boldsymbol{J}(\boldsymbol{x})=\boldsymbol{L}(\boldsymbol{H}(\boldsymbol{x}))=\boldsymbol{x}$. 反之, 有 $\boldsymbol{H}(\boldsymbol{L}(\boldsymbol{x}))=\boldsymbol{x}$. 综上所述, $\boldsymbol{H}(\boldsymbol{x})$ 是一个同胚, 且 $\boldsymbol{L}(\boldsymbol{x})$ 是其连续逆映射. 由此说明, 系统 (6.68) 和 (6.55) 所产生的流在全空间是拓扑共轭的, 即系统 (6.58) 和 (6.55) 所产生的流在 U_ε 上是拓扑共轭的. 由此定理得证. □

注 6.6 对于定理 6.9, 我们有如下两点补充:

(1) 由定理 6.9 的证明过程可知, 如果有界扰动项 $\boldsymbol{R}(\boldsymbol{x})$ 在全空间满足条件 (6.61) 和 (6.62), 那么系统 (6.58) 的线性化是全空间的.

(2) 由 (1) 中的结果知, 如果 C^1 扰动项 $\boldsymbol{R}(\boldsymbol{x})$ 满足

$$\boldsymbol{R}(\boldsymbol{0})=\boldsymbol{0} \quad 和 \quad \|\mathrm{D}\boldsymbol{R}(\boldsymbol{0})\|<\frac{\alpha}{2K},$$

那么系统 (6.55) 和 (6.58) 是局部拓扑共轭的.

习题 6.4

1. 考虑线性系统 $\dfrac{\mathrm{d}\boldsymbol{x}}{\mathrm{d}t}=\boldsymbol{A}(t)\boldsymbol{x}$, 其中 $\boldsymbol{A}(t)$ 是区间 J 上连续的 n 阶矩阵函数, 这里 J 可取 $\mathbb{R}$, $\mathbb{R}_+$ 或 $\mathbb{R}_-$. 令该系统的基解矩阵为 $\boldsymbol{X}(t)$, 且发展算子为 $\boldsymbol{U}(t,s)=\boldsymbol{X}(t)\boldsymbol{X}^{-1}(s)$. 证明: 该系统在 J 上具有指数二分, 当且仅当该系统存在对 t 连续且满足

$$\boldsymbol{P}_-(t)\boldsymbol{U}(t,s)=\boldsymbol{U}(t,s)\boldsymbol{P}_-(s), \quad \forall t,s\in J \tag{6.69}$$

的投影 $\boldsymbol{P}_-(t)$ 和常数 $K\geqslant 1,\alpha>0$, 使得

$$\begin{aligned}\|\boldsymbol{U}(t,s)\boldsymbol{P}_-(s)\|&\leqslant K\mathrm{e}^{-\alpha(t-s)}, \quad t\geqslant s,\\ \|\boldsymbol{U}(t,s)\boldsymbol{P}_+(s)\|&\leqslant K\mathrm{e}^{-\alpha(s-t)}, \quad t\leqslant s\end{aligned}$$

对 $t,s\in J$ 成立, 其中 $\boldsymbol{P}_+(t)=\boldsymbol{I}-\boldsymbol{P}_-(t),\forall t\in J$.

2. 证明: 如果两个具有双曲平衡点的线性系统是局部拓扑共轭的, 那么它们也就全局拓扑共轭. (提示: 实现这个局部拓扑共轭的同胚, 在局部把一个系统的稳定子空间变到另一个系统的稳定子空间, 把一个系统的不稳定子空间变到另一个系统的不稳定子空间.)

3. 对 $\mathbb{R}^3$ 上所有具有双曲平衡点的线性系统按其相图的拓扑结构进行分类.

6.5 结构稳定性

正如 6.4 节的注 6.6 所述, 具有双曲平衡点的 C^1 系统在一类 C^1 小扰动影响下其局部拓扑结构不变. 这启发我们思考: 是否存在 C^1 系统, 使得它在所有的 C^1 小扰动

影响下仍然保持原先的拓扑结构? 这就是所谓的 "结构稳定性问题". 而为了描述所有的 C^1 小扰动, 我们需要在全体 C^1 系统组成的集合中定义开集的概念. 在这个意义下, C^1 向量场 $\boldsymbol{f}$ 所有的 C^1 小扰动构成 $\boldsymbol{f}$ 的某个邻域.

假设 U 是 $\mathbb{R}^n$ 中的一个开集. 记所有从 U 到 $\mathbb{R}^n$ 的 C^r 函数组成的集合为 $C^r(U,\mathbb{R}^n)$, 其中 $r\geqslant 1$. 在叙述函数集合 $C^r(U,\mathbb{R}^n)$ 的开集前, 首先回顾一下在 $\mathbb{R}^n$ 中如何定义开集.

在 $\mathbb{R}^n$ 上引入**度量函数** d, 即函数 $d:\mathbb{R}^n\times\mathbb{R}^n\to\mathbb{R}_+$ 对所有 $\boldsymbol{x},\boldsymbol{y},\boldsymbol{z}\in\mathbb{R}^n$ 满足:

(1) 正定性: $d(\boldsymbol{x},\boldsymbol{y})\geqslant 0$, 且 $d(\boldsymbol{x},\boldsymbol{y})=0 \iff \boldsymbol{x}=\boldsymbol{y}$;

(2) 对称性: $d(\boldsymbol{x},\boldsymbol{y})=d(\boldsymbol{y},\boldsymbol{x})$;

(3) 三角不等式: $d(\boldsymbol{x},\boldsymbol{y})\leqslant d(\boldsymbol{x},\boldsymbol{z})+d(\boldsymbol{z},\boldsymbol{y})$.

可以验证, $|\boldsymbol{x}-\boldsymbol{y}|$ 便是 $\mathbb{R}^n$ 上的一个度量函数, 其中 $|\cdot|$ 是 $\mathbb{R}^n$ 上的范数. 利用度量函数 d, 对于任意 $\boldsymbol{x}\in\mathbb{R}^n$, 可以定义 $\boldsymbol{x}$ 的 ε-**开球** $U_\varepsilon(\boldsymbol{x})=\{\boldsymbol{y}\in\mathbb{R}^n: d(\boldsymbol{x},\boldsymbol{y})<\varepsilon\}$, 其中 $\varepsilon>0$. 那么, 对于 $\mathbb{R}^n$ 的子集 U, 如果对于任意 $\boldsymbol{x}\in U$, 都存在某个 $\varepsilon=\varepsilon(\boldsymbol{x})>0$, 使得 $U_\varepsilon(\boldsymbol{x})\subset U$ 成立, 则称 U 是 $\mathbb{R}^n$ 中的**开集**. 具体来说, $\mathbb{R}^n$ 中所有的开集都可表示为开球有限交的并集.

对于映射集合 $C^r(U,\mathbb{R}^n)$, 如果可以在 $C^r(U,\mathbb{R}^n)$ 上引入度量函数, 那么可以采用类似于在 $\mathbb{R}^n$ 上定义开集的做法, 定义 $C^r(U,\mathbb{R}^n)$ 中的开集. 定义

$$d_r(\boldsymbol{f},\boldsymbol{g})=\sum_{N=1}^{\infty}\frac{\|\boldsymbol{f}-\boldsymbol{g}\|_{K_N}^{(r)}}{2^N\left(1+\|\boldsymbol{f}-\boldsymbol{g}\|_{K_N}^{(r)}\right)},$$

其中

$$K_N=\left\{\boldsymbol{x}\in U:|\boldsymbol{x}|\leqslant N,\ \rho(\boldsymbol{x},\mathbb{R}^n\backslash U)\geqslant\frac{1}{N}\right\},\quad N\in\mathbb{N}\backslash\{0\},$$

$$\rho(\boldsymbol{x},\mathbb{R}^n\backslash U)=\inf_{\boldsymbol{y}\in\mathbb{R}^n\backslash U}|\boldsymbol{x}-\boldsymbol{y}|\quad(\text{点 }\boldsymbol{x}\text{ 到集合 }\mathbb{R}^n\backslash U\text{ 的距离}),$$

$$\|\boldsymbol{f}\|_K^{(r)}=\max_{0\leqslant j\leqslant r}\sup_{\boldsymbol{x}\in K}\|\mathrm{D}^j\boldsymbol{f}(\boldsymbol{x})\|,\quad \text{任意有界闭集 }K\subset U.$$

可以验证, 函数 d_r 满足正定性和对称性. 注意到, 对于任意 $\boldsymbol{f},\boldsymbol{g},\boldsymbol{h}\in C^r(U,\mathbb{R}^n)$ 和任意有界闭集 $K\subset U$, 有

$$\|\boldsymbol{f}-\boldsymbol{g}\|_K^{(r)}\leqslant\|\boldsymbol{f}-\boldsymbol{h}\|_K^{(r)}+\|\boldsymbol{h}-\boldsymbol{g}\|_K^{(r)},$$

从而对于任意 $\boldsymbol{f},\boldsymbol{g},\boldsymbol{h}\in C^r(U,\mathbb{R}^n)$ 且 $\boldsymbol{f}-\boldsymbol{g}\neq\boldsymbol{0}$ 和任意正整数 N, 有

$$\begin{aligned}\frac{\|\boldsymbol{f}-\boldsymbol{g}\|_{K_N}^{(r)}}{2^N\left(1+\|\boldsymbol{f}-\boldsymbol{g}\|_{K_N}^{(r)}\right)}&=\frac{1}{2^N\left(1+\dfrac{1}{\|\boldsymbol{f}-\boldsymbol{g}\|_{K_N}^{(r)}}\right)}\\&\leqslant\frac{1}{2^N\left(1+\dfrac{1}{\|\boldsymbol{f}-\boldsymbol{h}\|_{K_N}^{(r)}+\|\boldsymbol{h}-\boldsymbol{g}\|_{K_N}^{(r)}}\right)}\end{aligned}$$

$$\leqslant \frac{\|\boldsymbol{f}-\boldsymbol{h}\|_{K_N}^{(r)}}{2^N\left(1+\|\boldsymbol{f}-\boldsymbol{h}\|_{K_N}^{(r)}\right)}+\frac{\|\boldsymbol{h}-\boldsymbol{g}\|_{K_N}^{(r)}}{2^N\left(1+\|\boldsymbol{h}-\boldsymbol{g}\|_{K_N}^{(r)}\right)},$$

即函数 d_r 满足三角不等式. 所以, 可以定义 d_r 是 $C^r(U,\mathbb{R}^n)$ 上的**度量函数**. 对于任意 $\boldsymbol{f}\in C^r(U,\mathbb{R}^n)$, 再定义 $\boldsymbol{f}$ 的 ε-C^r **开球**为 $\mathcal{U}_\varepsilon(\boldsymbol{f}):=\{\boldsymbol{g}\in C^r(U,\mathbb{R}^n):d_r(\boldsymbol{f},\boldsymbol{g})<\varepsilon\}$. 于是, 类似于 $\mathbb{R}^n$ 上定义开集的做法, 可以定义 $C^r(U,\mathbb{R}^n)$ 内的开集, 并且称其为 C^r **开集**. 如果 $\boldsymbol{f}$ 属于某个 C^r 开集, 则称该 C^r 开集为 $\boldsymbol{f}$ 的 C^r **邻域**.

假设 $\mathcal{U}$ 是 $\boldsymbol{f}$ 的有界 C^r 邻域, 其中 $\boldsymbol{f}\in C^r(U,\mathbb{R}^n)$, 那么存在 $\varepsilon>0$, 使得 $\mathcal{U}_\varepsilon(\boldsymbol{f})\subset\mathcal{U}\subset\mathcal{U}_{2\varepsilon}(\boldsymbol{f})$. 对于任意有界闭集 $K\subset U$, 存在 $N_1>0$, 使得 $K\subset K_{N_1}$. 因此, 对于任意 $\boldsymbol{g}\in\mathcal{U}$, 如果 $d_r(\boldsymbol{f},\boldsymbol{g})<\varepsilon$, 那么有

$$\frac{\|\boldsymbol{f}-\boldsymbol{g}\|_{K_{N_1}}^{(r)}}{2^{N_1}\left(1+\|\boldsymbol{f}-\boldsymbol{g}\|_{K_{N_1}}^{(r)}\right)}<\varepsilon.$$

这说明, 随着不断选取更小的邻域 $\mathcal{U}$, 使得 ε 趋于零, $\|\boldsymbol{f}-\boldsymbol{g}\|_{K_{N_1}}^{(r)}$ 也随之趋于零, 从而 $\|\boldsymbol{f}-\boldsymbol{g}\|_K^{(r)}$ 也随之趋于零. 这表明, 邻域 $\mathcal{U}$ 内的任意元素 $\boldsymbol{g}$ 与 $\boldsymbol{f}$ 的前 r 阶微分在 K 上是足够接近的. 简言之, 我们在映射集合 $C^r(U,\mathbb{R}^n)$ 上引入的度量函数 d_r, 使得 $C^r(U,\mathbb{R}^n)$ 上的元素序列的收敛可以表示为该序列在 U 的任意有界闭集上有直到 r 阶微分的一致收敛. 另外, 由上可知, 对于任意 $\varepsilon>0$ 和任意有界闭集 $K\subset U$, 存在 $\boldsymbol{f}$ 的一个 C^r 邻域 $\mathcal{U}(\varepsilon,K)$, 使得对于任意 $\boldsymbol{g}\in\mathcal{U}$, 有 $\|\boldsymbol{f}-\boldsymbol{g}\|_K^{(r)}<\varepsilon$. 我们称 $\boldsymbol{g}\in\mathcal{U}(\varepsilon,K)$ 是 $\boldsymbol{f}$ 在有界闭集 K 上的一个 ε-C^r **扰动**.

定义 6.18 设 $\boldsymbol{f}\in C^1(U,\mathbb{R}^n)$. 如果存在 $\boldsymbol{f}$ 的某个 C^1 邻域 $\mathcal{U}$, 使得对于任意 $\boldsymbol{g}\in\mathcal{U}$, 微分系统

$$\frac{\mathrm{d}\boldsymbol{x}}{\mathrm{d}t}=\boldsymbol{g}(\boldsymbol{x}) \tag{6.70}$$

与

$$\frac{\mathrm{d}\boldsymbol{x}}{\mathrm{d}t}=\boldsymbol{f}(\boldsymbol{x}) \tag{6.71}$$

都是局部拓扑等价的, 那么称系统 (6.71) 是**局部结构稳定**的.

如果把定义 6.18 中的 “ C^1 邻域” 减弱为 “ C^0 邻域”, 则系统 (6.71) 总可以扰动出不同的轨道拓扑结构, 因此无结构稳定性可言. 例如, 在 $t\in[-1,1]$ 上, 考虑微分系统 $\dfrac{\mathrm{d}x}{\mathrm{d}t}=2x$, 那么微分系统 $\dfrac{\mathrm{d}x}{\mathrm{d}t}=2x-\varepsilon\sqrt{x}$ $(0<\varepsilon\ll 1)$ 在所考虑系统的一个足够小的 C^0 邻域内有意义, 且前者有一个平衡点, 而后者有两个平衡点, 显然二者没有相同的轨道拓扑结构.

另外, 如果把定义 6.18 中的 “C^1 邻域” 和 “拓扑等价” 分别加强为 “C^r 邻域” 和 “C^r 等价”, 则可定义所谓的局部 C^r 结构稳定. 此时, 系统 (6.71) 与 C^r 邻域内的系

统 (6.70), 不仅轨道的拓扑结构相同, 而且轨道的直到 r 阶微分也在某种意义上是“相同”的, 例如它们在对应平衡点处的 Jacobi 矩阵是相似的.

在 6.2 节中, 我们介绍了动力系统研究中所关心的另一稳定性问题——Lyapunov 稳定性. 这与结构稳定性所研究的内容是截然不同的. Lyapunov 稳定性研究的是一个动力系统中相邻一族轨道运动位置的稳定性, 而结构稳定性研究的是相邻的一族动力系统拓扑性质的稳定性. 那么, 微分系统在什么条件下具有结构稳定性? 下面我们将说明具有双曲平衡点的微分系统是局部结构稳定的.

首先, 我们证明微分系统的双曲平衡点在 C^1 邻域不会消失.

引理 6.11 *假设 $\boldsymbol{f} \in C^1(U, \mathbb{R}^n)$, 其中 $U \subset \mathbb{R}^n$ 且是点 $\mathbf{0}$ 的邻域. 如果 $\mathbf{0}$ 是系统 (6.71) 的平衡点, 且 $\mathrm{D}\boldsymbol{f}(\mathbf{0})$ 可逆, 那么存在 $\boldsymbol{f}$ 的 C^1 邻域 $\mathcal{U}$, 使得对于任意 $\boldsymbol{g} \in \mathcal{U}$, 系统 (6.70) 在点 $\mathbf{0}$ 的邻域 $U_{\boldsymbol{g}}$ 内存在孤立平衡点 $\boldsymbol{c}_{\boldsymbol{g}}$.*

证明 因为 $\mathrm{D}\boldsymbol{f}(\mathbf{0})$ 可逆, 且 $\boldsymbol{f}$ 是 C^1 的, 由反函数存在定理知, $\boldsymbol{f}$ 在 $\mathbf{0}$ 的邻域 U_0 上具有反函数, 且其也是 C^1 的. 这说明了 $\boldsymbol{f}$ 在 U_0 上具有唯一零点, 即 $\mathbf{0}$ 是系统 (6.71) 的孤立平衡点. 不妨设 U_0 是一个有界闭集, 并且令 ε 是一个足够小的正数. 考虑 $\boldsymbol{f}$ 在 U_0 上的一个 ε-C^1 扰动 $\boldsymbol{g}$. 定义 $V_0 = \boldsymbol{f}(U_0)$ 和 $\boldsymbol{R} = \boldsymbol{g} - \boldsymbol{f}$, 那么 $\boldsymbol{f}|_{U_0}$ 是一个 C^1 同胚, 且有

$$\sup_{\boldsymbol{x}\in U_0} |\boldsymbol{R}(\boldsymbol{x})| < \varepsilon, \quad \sup_{\boldsymbol{x}\in U_0} \|\mathrm{D}\boldsymbol{R}(\boldsymbol{x})\| < \varepsilon.$$

注意到 ε 足够小, 那么有 $\boldsymbol{R}(U_0) \subset V_0$, 即有 $\boldsymbol{f}^{-1}(\boldsymbol{R}(U_0)) \subset U_0$.

由上面的分析可知, 定义映射 $\boldsymbol{\mathcal{F}}_{\boldsymbol{g}} : U_0 \to U_0$, $\boldsymbol{\mathcal{F}}_{\boldsymbol{g}}(\boldsymbol{x}) = \boldsymbol{f}^{-1}(\boldsymbol{R}(\boldsymbol{x}))$ 是合理的. 容易知道, $\boldsymbol{\mathcal{F}}_{\boldsymbol{g}}$ 是 C^1 的, 且 $\mathrm{D}\boldsymbol{\mathcal{F}}_{\boldsymbol{g}}(\boldsymbol{x}) = (\mathrm{D}\boldsymbol{f})^{-1}(\boldsymbol{R}(\boldsymbol{x}))\mathrm{D}\boldsymbol{R}(\boldsymbol{x})$. 因此

$$\sup_{\boldsymbol{x}\in U_0} \|\mathrm{D}\boldsymbol{\mathcal{F}}_{\boldsymbol{g}}(\boldsymbol{x})\| < \frac{\varepsilon}{M},$$

其中 $M = \min\limits_{\boldsymbol{x}\in U_0} \|\mathrm{D}\boldsymbol{f}(\boldsymbol{x})\| > 0$. 又 ε 足够小, 从而有 $\dfrac{\varepsilon}{M} < 1$, 即 $\boldsymbol{\mathcal{F}}_{\boldsymbol{g}}$ 在 U_0 上的 Lipschitz 系数 $\dfrac{\varepsilon}{M}$ 小于 1. 对 $\boldsymbol{x}_0 \in U_0$, 定义 $\boldsymbol{x}_{n+1} = \boldsymbol{\mathcal{F}}_{\boldsymbol{g}}(\boldsymbol{x}_n)$, 其中 $n \in \mathbb{N}$. 由于 $\boldsymbol{\mathcal{F}}_{\boldsymbol{g}}$ 在 U_0 上的 Lipschitz 系数小于 1, 因此序列 $\{\boldsymbol{x}_n\}$ 是 U_0 上的 Cauchy 列, 从而有 $\boldsymbol{c}_{\boldsymbol{g}} \triangleq \lim\limits_{n\to+\infty} \boldsymbol{x}_n$ 存在且属于 U_0. 这说明了 $\boldsymbol{c}_{\boldsymbol{g}}$ 是 $\boldsymbol{\mathcal{F}}_{\boldsymbol{g}}$ 在 U_0 上的一个不动点. 下面将说明该不动点在 U_0 上是唯一的. 不妨设 $\tilde{\boldsymbol{c}}_{\boldsymbol{g}}$ 是不同于 $\boldsymbol{c}_{\boldsymbol{g}}$ 的 $\boldsymbol{\mathcal{F}}_{\boldsymbol{g}}$ 在 U_0 上的另一个不动点. 因此, 有

$$|\tilde{\boldsymbol{c}}_{\boldsymbol{g}} - \boldsymbol{c}_{\boldsymbol{g}}| = |\boldsymbol{\mathcal{F}}_{\boldsymbol{g}}(\tilde{\boldsymbol{c}}_{\boldsymbol{g}}) - \boldsymbol{\mathcal{F}}_{\boldsymbol{g}}(\boldsymbol{c}_{\boldsymbol{g}})| < \frac{\varepsilon}{M}|\tilde{\boldsymbol{c}}_{\boldsymbol{g}} - \boldsymbol{c}_{\boldsymbol{g}}|.$$

这会导出矛盾. 由此可知, 不动点 $\boldsymbol{c}_{\boldsymbol{g}}$ 在 U_0 上是唯一的, 即它为系统 (6.70) 的孤立平衡点. □

注意到, 当 $\boldsymbol{f}$ 和 $\boldsymbol{g}$ 在 C^1 意义下接近时, $\mathrm{D}\boldsymbol{g}(\boldsymbol{x})$ 在 $\mathbf{0}$ 的小邻域内与 $\mathrm{D}\boldsymbol{f}(\mathbf{0})$ 是足够接近的. 如果 $\mathrm{D}\boldsymbol{f}(\mathbf{0})$ 的特征值不具有非零实部, 那么在 $\mathbf{0}$ 的小邻域内 $\mathrm{D}\boldsymbol{g}(\boldsymbol{x})$ 的特征值不会穿过虚轴. 因此, 由引理 6.11 可知, 对于具有双曲平衡点的系统 (6.71), 有如下推论:

推论 6.2 假设 $\boldsymbol{f} \in C^1(U, \mathbb{R}^n)$, 其中 $U \subset \mathbb{R}^n$ 且是 $\mathbf{0}$ 的邻域. 如果 $\mathbf{0}$ 是系统 (6.71) 的双曲平衡点, 那么存在 $\boldsymbol{f}$ 的 C^1 邻域 $\mathcal{U}$, 使得对于任意 $\boldsymbol{g} \in \mathcal{U}$, 系统 (6.70) 在点 $\mathbf{0}$ 的邻域内存在双曲平衡点 $\boldsymbol{c_g}$.

定理 6.10 (双曲平衡点的局部结构稳定性) 假设 $\boldsymbol{f} \in C^1(U, \mathbb{R}^n)$, 且 $\mathbf{0}$ 是系统 (6.71) 的双曲平衡点, 其中 $U \subset \mathbb{R}^n$ 且是 $\mathbf{0}$ 的邻域, 则系统 (6.71) 在点 $\mathbf{0}$ 附近局部结构稳定.

证明 由推论 6.2 可知, 只要 $\boldsymbol{g}$ 在 C^1 意义下接近于 $\boldsymbol{f}$, 那么系统 (6.70) 在点 $\mathbf{0}$ 的某个邻域内有双曲平衡点 $\boldsymbol{c_g}$. 记 $\boldsymbol{h}(\boldsymbol{x}) = \boldsymbol{x} + \boldsymbol{c_g}$. 由引理 6.3 可知, 两个 C^1 系统 (6.70) 与

$$\frac{\mathrm{d}\boldsymbol{x}}{\mathrm{d}t} = \widetilde{\boldsymbol{g}}(\boldsymbol{x}) = \boldsymbol{g}(\boldsymbol{h}(\boldsymbol{x})) \tag{6.72}$$

是 C^1 拓扑共轭的, 并且 C^1 映射 $\widetilde{\boldsymbol{g}}$ 满足

$$\widetilde{\boldsymbol{g}}(\mathbf{0}) = \mathbf{0}, \quad \mathrm{D}\widetilde{\boldsymbol{g}}(\mathbf{0}) = \mathrm{D}\boldsymbol{g}(\boldsymbol{c_g}).$$

因此, $\widetilde{\boldsymbol{g}}$ 也在 C^1 意义下接近于 $\boldsymbol{f}$. 由注 6.6 可知, 系统 (6.72) 与 (6.71) 是局部拓扑共轭的. 由拓扑共轭的传递性, 系统 (6.70) 与 (6.71) 是局部拓扑共轭的, 这自然也就说明它们是局部拓扑等价的. 综上所述, 系统 (6.71) 在点 $\mathbf{0}$ 附近局部结构稳定. 由此定理得证. □

具有双曲平衡点的微分系统是局部结构稳定的, 但还有大量的微分系统并不具有局部结构稳定性. 例如, 假设平面线性系统的平衡点是中心, 那么该系统加扰后的平衡点类型就可能会变为焦点或中心焦点 (文献 [45, 46]). 这种与局部结构稳定性相对的现象称为**分岔**. 简单来说, 分岔就是结构不稳定的微分系统在扰动下其拓扑结构发生了改变.

例 6.5.1 考察 $\mathbb{R}$ 上的微分系统

$$\frac{\mathrm{d}x}{\mathrm{d}t} = \mu x - x^3, \tag{6.73}$$

其中 $|\mu| \ll 1$. 可以看出, 系统 (6.73) 在微分系统

$$\frac{\mathrm{d}x}{\mathrm{d}t} = -x^3$$

的一个 C^k 邻域内有定义. 容易知道, 无论 μ 取什么值, $x = 0$ 都是系统 (6.73) 的平衡点. 当 $\mu < 0$ 时, $x = 0$ 是系统 (6.73) 的唯一的平衡点且是双曲平衡点; 当 $\mu = 0$ 时, $x = 0$ 仍然是系统 (6.73) 的唯一的平衡点, 但它是非双曲平衡点; 当 $\mu > 0$ 时, 除了 $x = 0$ 外, 系统 (6.73) 还有两个平衡点 $x = -\sqrt{\mu}$ 和 $x = \sqrt{\mu}$, 且这三个平衡点都是双曲平衡点. 图 6.10 给出了 $\mu < 0, \mu = 0, \mu > 0$ 这三种情况下系统 (6.73) 的相图.

图 6.10 系统 (6.73) 的相图

由此可以看出, 当参数 μ 连续变化经过 $\mu=0$ 时, 系统 (6.73) 的相图发生了突变, 即系统 (6.73) 在 $\mu=0$ 处发生分岔. 我们称 $\mu=0$ 为系统 (6.73) 的**分岔值**. 通常把系统 (6.73) 所发生的分岔现象称为**叉分岔**, 而图 6.11 是相应的**分岔图**, 其中黑色实线和黑色虚线分别表示稳定平衡点和不稳定平衡点在参数 μ 变动下的变化情况, 而蓝色直线 $\mu=0, \mu=\mu_-$, $\mu=\mu_+$ 分别表示该系统在参数 μ 取 $0, \mu_-$, μ_+ 时的相图.

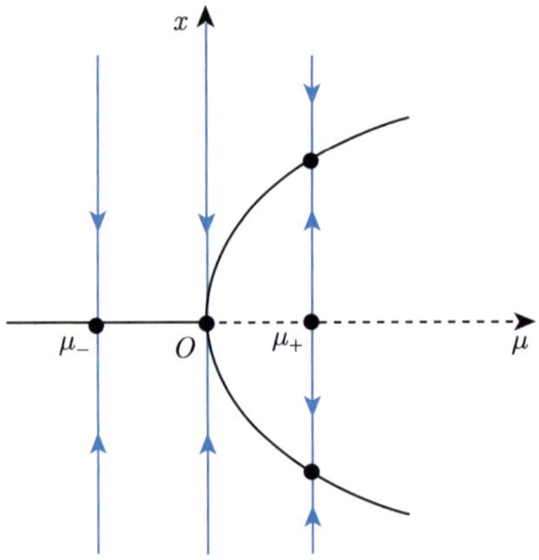

图 6.11 叉分岔图

更多关于分岔的内容, 读者可以参见文献 [8, 18, 45].

习题 6.5

1. 设有 $\mathbb{R}$ 上的微分系统

$$\frac{\mathrm{d}x}{\mathrm{d}t}=\mu-x^2,$$

其中 $|\mu|\ll 1$, 讨论该系统所产生的分岔现象.

2. 设有 $\mathbb{R}^2$ 上的微分系统

$$\frac{\mathrm{d}x}{\mathrm{d}t}=\mu-x^2, \quad \frac{\mathrm{d}y}{\mathrm{d}t}=-y,$$

其中 $|\mu|\ll 1$, 讨论该系统所产生的分岔现象.

3. 设有 $\mathbb{R}^2$ 上的微分系统

$$\frac{\mathrm{d}x}{\mathrm{d}t}=\mu x-y-x(x^2+y^2), \quad \frac{\mathrm{d}y}{\mathrm{d}t}=x+\mu y-y(x^2+y^2),$$

其中 $|\mu|\ll 1$, 讨论该系统所产生的分岔现象. (提示: 在极坐标下讨论该问题.)

名词索引

A

B

C

D

K

L

M

P

Q

R

S

T

W

参 考 文 献

[1] Abel N H. Ueber einige bestimmte integrale [J]. Journal für die Reine und Angewandte Mathematik, 2009, 1827(2): 22–30.

[2] Arnold V I. Geometrical Methods in the Theory of Ordinary Differential Equations [M]. Second Edition. New York: Springer, 1988.

[3] Arnold V I. Mathematical Methods of Classical Mechanics [M]. Second Edition. New York: Springer, 1989.

[4] Arnold V I. Ordinary Differential Equations [M]. Berlin: Springer, 1992.

[5] Barreira L, Pesin Y B. Lyapunov Exponents and Smooth Ergodic Theory [M]. Providence: American Mathematical Society, 2002.

[6] 陈兰荪, 王明淑. 二次系统极限环的相对位置与个数 [J]. 数学学报, 1979, 22(6): 751–758.

[7] Chicone C. Ordinary Differential Equations with Applications [M]. New York: Springer, 1999.

[8] Chow S-N, Hale J K. Methods of Bifurcation Theory [M]. New York: Springer, 1982.

[9] Coddington E A, Levinson N. Theory of Ordinary Differential Equations [M]. New York: McGraw-Hill Inc, 1955.

[10] Coppel W A. Dichotomies in Stability Theory [M]. Berlin: Springer, 1978.

[11] 丁同仁. 常微分方程定性方法的应用 [M]. 北京: 高等教育出版社, 2004.

[12] 丁同仁, 李承治. 常微分方程教程 [M]. 2 版. 北京: 高等教育出版社, 2004.

[13] 东北师范大学微分方程教研室. 常微分方程 [M]. 2 版. 北京: 高等教育出版社, 2005.

[14] Dumortier F, Llibre J, Artés J C. Qualitative Theory of Planar Differential Systems [M]. Berlin: Springer, 2006.

[15] Écalle J. Introduction Aux Fonctions Analysables et Preuve Constructive de la Conjecture de Dulac [M]. Paris: Hermann, 1992.

[16] 菲利波夫 A Φ. 常微分方程习题集 [M]. 孙广成, 张德厚, 译. 上海: 上海科学技术出版社, 1981.

[17] Grobman D M. Homeomorphism of systems of differential equations [J]. Doki Akad Nauk SSSR, 1959, 128: 880-881.

[18] Guckenheimer J, Holmes P. Nonlinear Oscillations, Dynamical Systems, and Bifurcations of Vector Fields [M]. New York: Springer, 1983.

[19] Hale J K. Ordinary Differential Equations [M]. Second Edition. Malabar: Krieger Publishing Company, 1980.

[20] Hale J K, Lunel S M V. Introduction to Functional Differential Equations [M]. New York: Springer, 1993.

[21] 韩茂安, 周盛凡, 邢业朋, 等. 常微分方程 [M]. 2 版. 北京: 高等教育出版社, 2018.

[22] Hartman P. A lemma in the theory of structural stability of differential equations [J]. Proceedings of the Amerian Mathematical Society, 1960, 11: 610–620.

[23] Hartman P. Ordinary Differential Equations [M]. Second Edition. Boston: Birkhäuser, 1982.

[24] Il'yashenko Yu. Finiteness Theorems for Limit Cycles [M]. Providence: American Mathematical Society, 1991.

[25] Il'yashenko Yu. Centennial history of Hilbert's 16th problem [J]. Bulletin of the American Mathematical Society: New Series, 2002, 39(3): 301–354.

[26] Katok A. Hasselblatt B. Introduction to the Modern Theory of Dynamical Systems [M]. Cambridge: Cambridge University Press, 1995.

[27] Kermack W O. Mckendrica A G. A contribution to the mathematical theory of epidemics [J]. Proceedings of the Royal Society of London: Series A, 1927, 115(772): 700–721.

[28] Li J-B. Hilbert's 16th problem and bifurcations of planar polynomial vector fields [J]. International Journal of Bifurcation and Chaos, 2003, 13(1): 47–106.

[29] Moser J, Zehnder E J. Notes on Dynamical Systems [M]. Providence: American Mathematical Society, 2005.

[30] Murray J D. Mathematical Biology I: An Introduction [M]. Third Edition. New York: Springer, 2002.

[31] Nemytskii V V, Stepanov V V. Qualitative Theory of Differential Equations [M]. Princeton: Princeton University Press, 1960.

[32] Palmer K J. A generalization of Hartman's linearization theorem [J]. Journal of Mathematical Analysis and Application, 1973, 41(3): 753–758.

[33] Prohens R, Torregrosa J. New lower bounds for the Hilbert numbers using reversible centers [J]. Nonlinearity, 2018, 32(1): 331–355.

[34] Puu T. Attractors, Bifurcations, & Chaos: Nonlinear Phenomena in Economics [M]. Second Edition. New York: Springer, 2003.

[35] Rosenthal A. The history of calculus [J]. Mathematical Association of America, 1951, 58(2): 75–86.

[36] 史松龄. 二次系统 (E_2) 出现至少四个极限环的例子 [J]. 中国科学, 1979 (11): 1051–1056.

[37] Siegel C L. Moser J K. Lectures on Celestial Mechanics [M]. New York: Springer, 1971.

[38] Stoker J J. Nonlinear Vibrations in Mechanical and Electrical Systems [M]. New York: Interscience Publishers, 1950.

[39] Strauss W A. Partial Differential Equations: An Introduction [M]. Second Edition. Hoboken: John Wiley, 2007.

[40] 苏育才, 姜翠波, 张跃辉. 矩阵理论 [M]. 北京: 科学出版社, 2006.

[41] Tritton D J. Physical Fluid Dynamics [M]. Second Edition. New York: Oxford University Press, 1988.

[42] 袁荣. 常微分方程 [M]. 北京: 高等教育出版社, 2012.

[43] 张伟年, 杜正东, 徐冰. 常微分方程 [M]. 2 版. 北京: 高等教育出版社, 2014.

[44] 张芷芬, 丁同仁, 黄文灶, 等. 微分方程定性理论 [M]. 北京: 科学出版社, 1985.

[45] 张芷芬, 李承治, 郑志明, 等. 向量场的分岔理论基础 [M]. 北京: 高等教育出版社, 1997.

[46] 张筑生. 微分动力系统原理 [M]. 北京: 科学出版社, 1987.

[47] 卓里奇 B A. 数学分析: 第 7 版: 第 1 卷 [M]. 李植, 译. 北京: 高等教育出版社, 2019.

[48] 朱德明, 韩茂安. 光滑动力系统 [M]. 上海: 华东师范大学出版社, 1993.

图书在版编目 (CIP) 数据

微分方程. I / 柳彬, 肖冬梅, 张伟年编著. 北京 ：北京大学出版社, 2025. 7. -- (“101 计划” 核心教材数学领域). -- ISBN 978-7-301-36484-0

Ⅰ. O175

中国国家版本馆 CIP 数据核字第 2025QP1594 号

书　　名：微分方程 I
　　　　　WEIFEN FANGCHENG I
著作责任者：柳　彬　肖冬梅　张伟年　编著
责 任 编 辑：曾琬婷
标 准 书 号：ISBN 978-7-301-36484-0
出 版 发 行：北京大学出版社
地　　址：北京市海淀区成府路 205 号　100871
网　　址：http://www.pup.cn　新浪微博：@北京大学出版社
电 子 邮 箱：zpup@pup.cn
电　　话：邮购部 010-62752015　发行部 010-62750672
　　　　　编辑部 010-62754819
印　刷　者：北京市科星印刷有限责任公司
经　销　者：新华书店
　　　　　787 毫米×1092 毫米　16 开本　18.75 印张　446 千字
　　　　　2025 年 7 月第 1 版　2025 年 7 月第 1 次印刷
定　　价：56.00 元

数学“101 计划”已出版教材目录

1. 《基础复分析》	崔贵珍　高　延
2. 《代数学（一）》	李　方　邓少强　冯荣权　刘东文
3. 《代数学（二）》	李　方　邓少强　冯荣权　刘东文
4. 《代数学（三）》	冯荣权　邓少强　李　方　徐彬斌
5. 《代数学（四）》	冯荣权　邓少强　李　方　徐彬斌
6. 《代数学（五）》	邓少强　李　方　冯荣权　常　亮
7. 《数学物理方程》	雷　震　王志强　华波波　曲　鹏　黄耿耿
8. 《概率论（上册）》	李增沪　张　梅　何　辉
9. 《概率论（下册）》	李增沪　张　梅　何　辉
10. 《概率论和随机过程 上册》	林正炎　苏中根　张立新
11. 《概率论和随机过程 下册》	苏中根
12. 《实变函数》	程　伟　吕　勇　尹会成
13. 《泛函分析》	王　凯　姚一隽　黄昭波
14. 《数论基础》	方江学
15. 《基础拓扑学及应用》	雷逢春　杨志青　李风玲
16. 《微分几何》	黎俊彬　袁　伟　张会春
17. 《最优化方法与理论》	文再文　袁亚湘
18. 《数理统计》	王兆军　邹长亮　周永道　冯　龙
19. 《数学分析》数字教材	张　然　王春朋　尹景学
20. 《微分方程 II》	周蜀林
21. 《数学分析（上册）》	楼红卫　杨家忠　梅加强
22. 《数学分析（中册）》	杨家忠　梅加强　楼红卫
23. 《数学分析（下册）》	梅加强　楼红卫　杨家忠
24. 《微分方程数值解法》	李荣华　李永海　武海军
25. 《数值分析》	包　刚　杨志坚　李铁香　刘　歆　武海军
26. 《数值线性代数》	高卫国　魏　轲　柏兆俊
27. 《复变函数》	王晓光
28. 《微分方程 I》	柳　彬　肖冬梅　张伟年